Drapatz
Franke
Hess
Merten

Rechnungswesen und Controlling
für Versicherungs- und Finanzkaufleute

Merkur
Verlag Rinteln

Wirtschaftswissenschaftliche Bücherei für Schule und Praxis

Begründet von Handelsschul-Direktor Dipl.-Hdl. Friedrich Hutkap †

Verfasser:

Dipl.-Hdl. Herbert Drapatz

Dipl.-Hdl. Rolff Franke

Dipl.-Hdl. Reiner Hess

Dipl-Hdl. Michael Merten

* * * * *

9. Auflage 2015

© 2001 by MERKUR VERLAG RINTELN

Gesamtherstellung:
MERKUR VERLAG RINTELN Hutkap GmbH & Co. KG, 31735 Rinteln

E-Mail: info@merkur-verlag.de
            lehrer-service@merkur-verlag.de
Internet: www.merkur-verlag.de

ISBN 978-3-8120-**0494-7**

VORWORT ZUR ÜBERARBEITETEN SECHSTEN AUFLAGE

Wünsche aus der Praxis, die Inhalte noch konsequenter den Prüfungsanforderungen anzupassen, sowie die veränderte Rechtslage ab 2008 haben uns zu einer Überarbeitung des Buches veranlasst. Den Wünschen sind wir insofern nachgekommen, als wir die nicht mehr unmittelbar prüfungsrelevanten Teile der Buchungssystematik und die Einübung von Buchungssätzen auf ein Mindestmaß reduziert haben. Geschäftsgänge mit Buchungen im Grund- und Hauptbuch bleiben nur insoweit noch Bestandteil des Buches, als sie für das Verständnis der Wirkungen von Geschäftsprozessen erforderlich sind. Dies betrifft insbesondere die im Rahmenlehrplan ausdrücklich genannten Themenbereiche „Gehaltsabrechnung", „Provisionsabrechnung", „Abschreibung" und die „zeitliche Jahresabgrenzung".

Auch die in Lernfeld 12 enthaltene Thematik der „Agentursteuerung" wird im Bereich der Kosten-Leistungsrechnung auf nur noch prüfungsrelevante Anforderungen reduziert. Die für das Verständnis der Zusammenhänge der Kosten-Leistungsrechnung notwendigen Bestandteile bleiben dennoch als Zusammenfassungen erhalten. Die Grundlagen des Controllings sowie die Planungs- und Steuerungsinstrumente einer Versicherungsagentur an Beispielen ausgewählter Kennzahlen bleiben unverändert. Die Auszubildenden sollen mit grundlegenden und zielabhängigen Methoden der Aufbereitung umfangreichen Zahlenmaterials vertraut gemacht werden und Kennzahlen als Entscheidungs- und Steuerungsinstrument einer Agentur begreifen. Neu ist der im Lernfeld 12 enthaltene Bereich „Maßnahmen zur Kundengewinnung und Kundenbindung". Neben einem Überblick über die grundlegenden Marketinginstrumente werden wiederum am Beispiel einer Versicherungsagentur Möglichkeiten eines Marketingmixes dargestellt.

Bei allen Inhalten wird darauf geachtet, dass die Sachverhalte praxisnah und am Beispiel einer Versicherungsagentur dargestellt werden. Die Arbeit mit Lernfeldern wird durch die konsequente Schilderung von betrieblichen Situationen und einer zielgerichteten Aufgabenstellung unterstützt. Damit die Auszubildenden komplexe betriebliche Probleme auch eigenständig analysieren können, werden die Lösungen zunächst in kleinen kompakten Schritten erarbeitet. Umfassendere Handlungssituationen erfordern dann ganzheitlichere Lösungsstrategien. Das Buch ermöglicht deshalb sowohl eine fachsystematische Erarbeitung der Inhalte als auch ihre Einbettung in einen handlungsorientierten Unterricht.

Anhand von Übungsaufgaben können die Leser/-innen die Lernkontrollen eigenständig vornehmen und ihren Lernerfolg an den Lösungen ablesen. Die Übungsaufgaben sind so gestaltet, dass darüber hinaus auch der Kenntnisstand vertieft werden kann. Durch diese Vorgehensweise bleibt den unterrichtenden Lehrer/-innen genügend Raum, um ihre eigenen Arbeitsblätter und Lernkontrollen einzubinden. Eine Besonderheit dieses Schulbuches ist es, dass zu jedem neuen Sachverhalt mit Hilfe von Grafiken, Übersichten, Tabellen und Zusammenfassungen ein hohes Maß an Anschaulichkeit erreicht und damit selbstständiges Arbeiten bzw. das Selbststudium erleichtert wird.

Dazu dienen auch die am Seitenrand ausgewiesenen Symbole, die folgende Bedeutung haben:

 Weist auf wichtige, meist aus einer konkreten Situation abgeleitete Fragestellungen hin.

 Macht auf wichtige Kernaussagen des vorher behandelten Lernstoffs aufmerksam.

 Kennzeichnet die Zusammenfassung eines umfangreicheren, komplexen Sachverhaltes.

 Musteraufgaben

Abhängig vom Lernstoff sind die Lerninhalte überwiegend wie folgt gegliedert:

➡ **Problemstellung**

Eine Fallsituation oder die Schilderung eines praxisbezogenen Vorganges führen in das Thema der Lerneinheit ein und sollen zu einem handlungsorientierten bzw. entscheidungsbezogenen Lernen befähigen.

➡ **Sachdarstellung**

Der Lernende erhält die Sachinformation, die für die Lösung des jeweiligen Problems erforderlich ist.

➡ **Zusammenfassung**

Die Ergebnisse der Lerneinheit werden auf das Wesentliche zurückgeführt.

➡ **Musteraufgaben**

Alle Musteraufgaben sind problemnah formuliert und auf eine individuelle Lernzielkontrolle sowie Vertiefung des Verständnisses ausgerichtet.

Die Verfasser

VORWORT ZUR NEUNTEN AUFLAGE

Da das Konzept der Vorauflagen durchweg auf ein positives Echo gestoßen ist, wurden an der Struktur und den Inhalten des Buches nur wenige Veränderungen vorgenommen. Diese betreffen insbesondere die Aktualisierung der ab 2015 geltenden Rechengrößen in der Sozialversicherung.

Darüber hinaus wurde das Buch um einen Anhang **mit zusätzlichen prüfungsorientierten Aufgaben zu den Bereichen „Agenturbuchführung", „Betriebliche Kennzahlen" sowie „Kosten- und Leistungsrechnung"** erweitert.

Die Verfasser

Inhaltsverzeichnis

1 Buchhalterische Grundlagen des Agenturmanagements

1.1 Die Teile des Rechnungswesens und ihre Aufgaben

Das betriebliche Rechnungswesen besteht aus mehreren Teilen, die jedoch untereinander verflochten sind. Zwischen den einzelnen Teilbereichen besteht einesteils ein einseitiger, anderenteils ein wechselseitiger Informationsfluss.

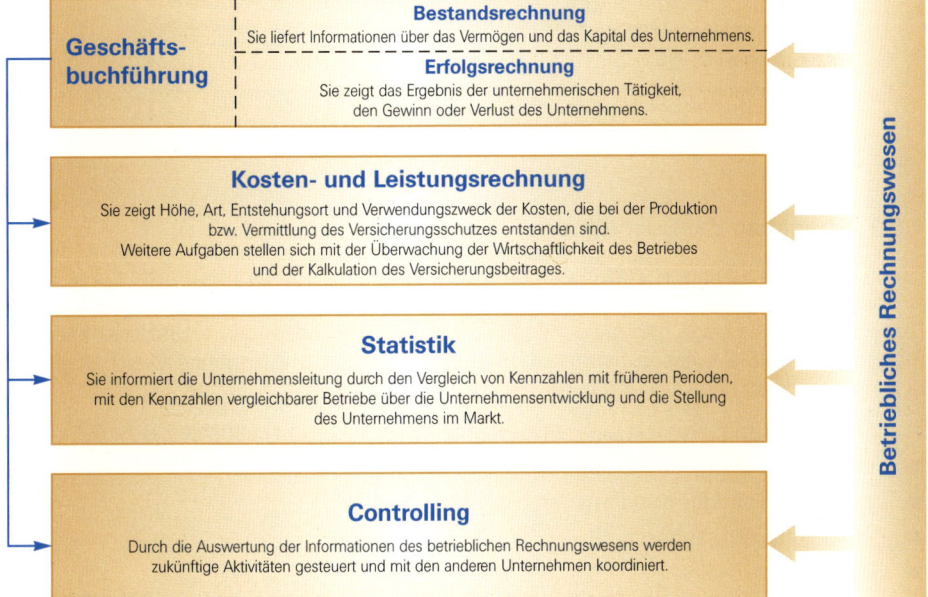

Die Buchführung ist die Grundlage des betrieblichen Rechnungswesens.

Sie sammelt die anfallenden relevanten Zahlen und stellt sie den anderen Teilbereichen des Rechnungswesens zur Verfügung.

1.2 Die Buchführung der Provisionsagenturen

1.2.1 Der Wertefluss in einer Provisionsagentur

Provisionsagenturen sind Wirtschaftsunternehmen, die eine Dienstleistung erbringen. Sie beraten ihre Kunden hinsichtlich ihres Versicherungsbedarfs und vermitteln Versicherungsverträge für ein oder mehrere Versicherungsunternehmen. Für diese Leistungserstellung werden fortlaufend Wirtschaftsgüter und Dienstleistungen beschafft.

Die folgende Grafik verdeutlicht die Stellung der Provisionsagentur im Verhältnis zu der Direktion, den Versicherungsunternehmen, den Untervertretern und den Versicherungsnehmern.

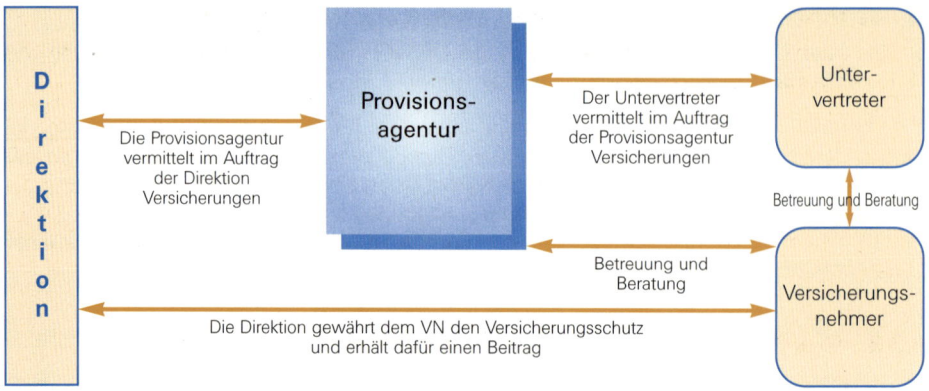

1.2.2 Aufgaben der Buchführung

Durch die Vermittlung von Versicherungen wird das Vermögen und das Kapital der Provisionsagentur verändert. Diese Veränderungen werden aufgezeichnet und allen interessierten (Arbeitnehmer, Kunden) und berechtigten Empfängern (Kreditgeber, Finanzamt) zur Verfügung gestellt. Sie erhalten hiermit Informationen aus den vergangenen Geschäftsjahren und können daraus Entwicklungen für die Zukunft ableiten.

In einer Provisionsagentur fällt eine Vielzahl unterschiedlicher Geschäftsfälle an, z. B.:

➤ betriebliche Fahrzeuge werden gekauft,

➤ einem Untervertreter wird Provision gutgeschrieben,

➤ Büromaterial wird angeschafft,

➤ Gehälter sind zu zahlen,

➤ die Direktion schreibt der Provisionsagentur Provision gut,

➤ die Miete für die Agenturräume wird vom Bankkonto abgebucht.

Aus diesem Katalog, der nur einen ganz kleinen Teil der betrieblichen Geschäftsfälle aufzeigt, ist schon zu erkennen, dass niemand sämtliche Geschäftsfälle einer Unternehmung im Gedächtnis behalten kann. Hieraus erwächst die Notwendigkeit, schriftliche Aufzeichnungen zu führen. Da früher diese Aufzeichnungen in gebundenen Büchern erfolgten, bezeichnet man diese Tätigkeit als Buchführung.

> Die **Buchführung** ist die vollständige Erfassung, Verarbeitung und Verwaltung aller Aktivitäten einer Unternehmung, die in Geldeinheiten ausgedrückt werden können.

Für die Unternehmung selbst erfüllt die Buchführung folgende Aufgaben:

➤ Sie stellt die Vermögens- und Schuldenwerte fest.

➤ Sie gibt einen Überblick über die Geschäftslage, z. B. über
  – die Provisionserträge,
  – die Forderungen an die Direktion,
  – die Schulden bei Untervertretern,
  – den Kassenbestand,
  – die angefallenen Verwaltungskosten.

➤ Sie ermittelt den Unternehmenserfolg, den Gewinn bzw. den Verlust.

➤ Sie liefert die Daten für außerbetriebliche Vergleiche, innerbetriebliche Zeitvergleiche und für innerbetriebliche Kontrollen.

➤ Sie ist ein Beweismittel zur Klärung von gerichtlichen Streitfällen.

Neben dem Eigeninteresse besteht auch ein Fremdinteresse von Außenstehenden an der Buchführung. Für den Staat beispielsweise bildet die Buchführung einer Unternehmung die Grundlage der Besteuerung. Auch die Banken als Kreditgeber, sonstige Gläubiger und Lieferanten haben ein Interesse daran, die Vermögensverhältnisse und die Geschäftslage einer Unternehmung kennenzulernen. Hierzu liefert die Buchführung das Zahlenwerk.

1.2.3 Grundsätze ordnungsmäßiger Buchführung

Eine kaufmännische Buchführung kann ihren Aufgaben nur gerecht werden, wenn sie bestimmte Anforderungen erfüllt. Diese Anforderungen sind überwiegend in Gesetzen enthalten, besonders im Handelsgesetzbuch (HGB). Sie sollen sicherstellen, dass alle Buchungen richtig und vollständig aufgezeichnet wurden und nachprüfbar sind.

Die gesetzliche Verpflichtung zur Buchführung ergibt sich aus dem Handelsgesetzbuch.

> Jeder Kaufmann ist verpflichtet, Bücher zu führen und in diesen seine Handelsgeschäfte und die Lage seines Vermögens nach den Grundsätzen ordnungsmäßiger Buchführung ersichtlich zu machen [HGB § 238].

Zu den Kaufleuten gem. § 1 des Handelsgesetzbuches gehören auch die Versicherungsvertreter, da sie ein Handelsgewerbe betreiben.

In der Praxis haben sich **Grundsätze ordnungsmäßiger Buchführung (GoB)** entwickelt, die von jedem Buch Führenden zu beachten sind.

➤ **Grundsatz der Klarheit, Übersichtlichkeit und Nachprüfbarkeit**

Die Buchführung muss so beschaffen sein, dass ein sachverständiger Dritter innerhalb einer angemessenen Zeit die Geschäftsfälle und die Lage des Unternehmens überblicken kann.

➤ **Vollständigkeit und Richtigkeit**

Alle Geschäftsfälle müssen lückenlos in den Buchführungsaufzeichnungen erfasst werden. Die Buchungen sind chronologisch geordnet und in zeitlicher Nähe zu den Geschäftsfällen vorzunehmen. Kasseneinnahmen und -ausgaben müssen täglich im Kassenbuch aufgezeichnet werden. Der ursprüngliche Buchungsinhalt muss jederzeit ersichtlich bleiben, daher sind Eintragungen mit Bleistift und deren Radierungen nicht gestattet, ebenso die Verwendung von Korrekturflüssigkeiten. Zwischen den Buchungen dürfen keine Leerräume sein, sie sind durch einen Entwertungsstrich ("Buchhalternase") zu entwerten. Die Buchführung wird heute überwiegend mit Hilfe elektronischer Datenverarbeitung erledigt; daher müssen die Programme gewährleisten, dass Änderungen und Korrekturen automatisch aufgezeichnet werden.

➤ **Keine Buchung ohne Beleg**

Buchungen dürfen nicht ohne Beleg (Rechnung, Kontoauszug u. Ä.) vorgenommen werden.

➤ **Aufbewahrungsfristen**

Geschäftsbriefe sind sechs Jahre, Buchungsbelege und Bücher (Konten, Inventare, Bilanzen) sind zehn Jahre aufzubewahren.

1.3 Die Buchungsvorgänge bei der Agenturgründung

1.3.1 Inventur

Florian Schneider hat seine Ausbildung zum Versicherungskaufmann bei der ELBE-Versicherungs-AG abgeschlossen und arbeitet seitdem bei seinem Vater im Außendienst in der Versicherungsagentur Hans Schneider in Hamburg. Es handelt sich hierbei um eine Einfirmenvertretung. Die Agentur Schneider vermittelt ausschließlich das gesamte Angebot der ALBATROS-Versicherungen. Bei der Vermittlung unterstützt ihn ein selbstständiger nebenberuflicher Vertreter, Paul Neumann. Dieser Vertreter wird im folgenden Text auch als Untervertreter bezeichnet.

Aus Altersgründen soll die Agentur an den Sohn übergehen. Die Agentur soll in Zukunft als **Versicherungsagentur Florian Schneider** firmieren. Als Übergabezeitpunkt ist der 01.01.20.. vorgesehen. Zu diesem Datum wird die Agentur auf den Namen von Florian Schneider umgeschrieben und er wird als selbstständiger Kaufmann die Geschäfte betreiben.

Zu Beginn seiner Selbstständigkeit ist es wichtig zu wissen, welche Mittel und Werte sich in seinem neuen Betrieb befinden. Dazu wird eine Bestandsaufnahme vorgenommen.

Bei der Gründung oder Übernahme eines Betriebes und regelmäßig zum Ende eines Geschäftsjahres sind alle Vermögensgegenstände und die Schulden dieses Betriebes festzustellen. Diese Bestandsaufnahme bildet die Grundlage der buchhalterischen Aufzeichnungen.

Diese Bestandsaufnahme heißt **Inventur.** Dazu werden alle Vermögensgegenstände, die sich in seinem Betrieb befinden, gezählt (körperliche Bestandsaufnahme) und in Geld bewertet. Andere nichtkörperliche Gegenstände wie z. B. die Forderungen, das Bankguthaben oder die Schulden werden durch eine Buchinventur ermittelt. Hierbei wird deren Höhe durch Kontoauszüge und Belege ermittelt.

Nach den gesetzlichen Vorschriften ist eine Inventur nur dann ordnungsgemäß, wenn sie den folgenden Mindestanforderungen genügt:

➤ Die Vermögensgegenstände und die Schulden des Unternehmens sind vollständig zu erfassen.

➤ Die Mengenangabe erfolgt nach Zahl, Maß oder Gewicht und ist durch Geldangaben zu bewerten.

➤ Die aufgenommenen Gegenstände müssen verwechslungsfrei bezeichnet und übersichtlich gruppiert werden.

Diese Inventur wird jeder Kaufmann nicht nur zur Eröffnung seines Betriebes vornehmen müssen, sondern auch jeweils zum Ende eines jeden Geschäftsjahres (i. d. R. zum 31. 12.) und bei Auflösung oder Veräußerung seines Betriebes.

Bei der Inventur in der Versicherungsagentur Florian Schneider wurden folgende Werte ermittelt (in der Praxis werden die Vermögensgegenstände einzeln in einer Inventurliste aufgeführt; der besseren Übersicht wegen wurden diese bereits in der nachfolgenden Aufstellung teilweise zusammengefasst):

Inventurliste der Provisionsagentur Schneider zum 31.12.20..	
Grundstück und Agenturgebäude in der Hauptstraße 15	290.000,00 €
ein Pkw (Ford Mondeo)	12.500,00 €
Büromöbel (3 Schreibtische, 3 Bürostühle, 2 Aktenschränke und diverse Kleinmöbel)	8.000,00 €
Computer, Monitore, Drucker, Fotokopierer	6.000,00 €
Forderungen gegen die ALBATROS-Versicherungen wegen bereits verdienter, aber noch nicht bezahlter Provisionen	29.600,00 €
Kassenbestand laut Kassenbericht vom 31.12.20..	210,00 €
Bankguthaben bei der Sparkasse	14.275,00 €
Bankguthaben bei der Postbank	6.795,00 €
Hypothekenverbindlichkeiten bei der Hansebank	160.000,00 €
Darlehen bei der Sparkasse (rückzahlbar bis 20..)	22.900,00 €
Darlehen bei Hans Schneider (rückzahlbar bis 20..)	35.000,00 €
Verbindlichkeiten bei Untervertreter P. Neumann wegen noch nicht bezahlter Provisionen	1.290,00 €

1.3.2 Inventar

Die in der Inventur ermittelten Bestände werden bewertet und geordnet in einem besonderen Verzeichnis, dem **Inventar** (Bestandsverzeichnis), zusammengestellt.

A. Vermögensteile

Das Inventar beginnt mit der Aufstellung der Vermögensgegenstände, die nach ihrer Geldnähe oder Flüssigkeit (Liquidität) geordnet werden, das heißt, wie schnell die Gegenstände in Geld umgewandelt werden können. Die weniger flüssigen Vermögensgegenstände, zum Beispiel Grundstücke und Bauten, werden im Inventar zuerst, die flüssigsten, z.B. der Kassenbestand, werden zuletzt aufgeführt.

Die Vermögensgegenstände werden in zwei Gruppen gegliedert:

I. Anlagevermögen

Dazu zählen alle Vermögensteile, die der Provisionsagentur längerfristig zur Verfügung stehen; wie z.B. Grundstücke und Gebäude, Kraftfahrzeuge, Betriebs- und Geschäftsausstattung.

II. Umlaufvermögen

Zum Umlaufvermögen zählen alle Teile des Vermögens, die nur kurzfristig in der Agentur verbleiben, weil sich ihr Bestand infolge der betrieblichen Tätigkeit laufend verändert. Dazu zählen besonders die Provisionsforderungen gegen die Versicherungsgesellschaft, ferner auch der Kassenbestand und die Bankguthaben.

B. Schulden

Die Schulden werden nach ihrer Fälligkeit bzw. ihrer Dringlichkeit zur Rückzahlung gegliedert. Entsprechend dieser Fälligkeiten werden die Schulden in langfristige und kurzfristige Schulden getrennt.

I. Langfristige Schulden

Hierzu zählen Verbindlichkeiten mit einer Laufzeit von mehr als einem Jahr, z. B. Hypotheken- und Darlehensverbindlichkeiten.

II. Kurzfristige Schulden

Hier werden vor allem die Verbindlichkeiten gegenüber den Untervertretern geführt, denen noch die Provision für die von ihnen vermittelten Versicherungsverträge geschuldet wird. Weiterhin zählen hierzu kurzfristige Bankdarlehen.

C. Reinvermögen

Würden die Vermögenswerte zu den ermittelten Werten am Markt verkauft und die Schulden aus dem Erlös zurückgezahlt, so verbliebe als unbelastetes Vermögen für den Unternehmer das Reinvermögen oder das Eigenkapital.

Für die Provisionsagentur Schneider wird aus den Inventurwerten folgendes Inventar aufgestellt:

Inventar der Agentur Florian Schneider, Hauptstr. 15, 22111 Hamburg, zum 31.12.20..		
A. Vermögenswerte	€	€
I. Anlagevermögen		
1. Grundstücke und Bauten	290.000,00	
2. Kraftfahrzeuge	12.500,00	
3. Betriebs- und Geschäftsausstattung	14.000,00	316.500,00
II. Umlaufvermögen		
1. Forderungen gegen Direktion	29.600,00	
2. Bankguthaben bei		
a) Sparkasse Hamburg	14.275,00	
b) Postbank	6.795,00	
3. Kassenbestand	210,00	50.880,00
Summe der Vermögenswerte		367.380,00
B. Schulden		
I. Langfristige Schulden		
1. Hypothekenverbindlichkeiten	160.000,00	
2. Darlehensverbindlichkeiten bei		
a) Sparkasse Hamburg	22.900,00	
b) H. Schneider	35.000,00	217.900,00
II. Kurzfristige Schulden		
1. Verbindlichkeiten bei P. Neumann	1.290,00	1.290,00
Summe der Schulden (Fremdkapital)		219.190,00
C. Ermittlung des Reinvermögens (Eigenkapital)		
Summe des Vermögens		367.380,00
Summe der Schulden		219.190,00
Reinvermögen (Eigenkapital)		148.190,00

1.3.3 Bilanz

Nachdem das Inventar erstellt wurde, muss entsprechend der Vorschrift des Handelsgesetzbuches (HGB) eine Bilanz aufgestellt werden.

Bilanz zum 31.12.20.. der Agentur Schneider,
Hauptstr. 15, 22111 Hamburg

AKTIVA			PASSIVA
I. Anlagevermögen		I. Eigenkapital	148.190,00
1. Grundstücke und Bauten	290.000,00		
2. Kraftfahrzeuge	12.500,00	II. Fremdkapital	
3. Betriebs- und Geschäfts-		1. Hypothekenverbindlichkeiten	160.000,00
ausstattung	14.000,00	2. Darlehensverbindlichkeiten	57.900,00
II. Umlaufvermögen		3. Verbindlichkeiten bei Unter-	
1. Forderungen gegen Direktion	29.600,00	vertretern.	1.290,00
2. Bank	14.275,00		
3. Postbank	6.795,00		
4. Kasse	210,00		
	367.380,00		367.380,00

Hamburg, den 23.1.20..   *Schneider*

> Die **Bilanz** ist eine Kurzfassung des Inventars in Kontenform.

Sie ermöglicht es, das Verhältnis von Vermögen und Kapital und dessen Zusammensetzung
besser zu überschauen.

Die linke Seite der Bilanz, die **Aktivseite,** enthält die Vermögensteile und gibt Auskunft über
die Mittelverwendung oder Investierung.

Auf der rechten Bilanzseite, der **Passivseite,** werden die Kapitalteile abgebildet. Sie gibt also
Auskunft über die Mittelherkunft oder Finanzierung.

Die Bilanzsumme der Aktivseite entspricht der Bilanzsumme der Passivseite. Das vorhandene
Vermögen einer Provisionsagentur muss durch Eigen- oder Fremdmittel finanziert worden
sein (Kapitalseite). Aus dieser rechnerischen Gleichheit von Aktiva und Passiva – beide Seiten
halten sich die Waage – ergibt sich auch der Name der Bilanz (ital. bilancia = Waage).

Die Bilanz ist vom Kaufmann unter Angabe von Ort und Datum **persönlich** zu unterzeichnen.

Inventur	
	● Inhalt:
	➤ Erfassung aller Vermögensteile und Schulden nach Art, Menge, Einzelwert und Gesamtwert gleichartiger Vermögensteile und Schulden
	● Zeitpunkt:
	➤ Beginn oder Übernahme des Betriebes
	➤ zum Schluss eines Geschäftsjahres
	➤ Auflösung oder Veräußerung des Betriebes
	● Das Ergebnis der Inventur wird im Inventar (Bestandsverzeichnis) festgehalten

17

Gegenüberstellung von Inventar und Bilanz

Inventar der Provisionsagentur ..... zum .....

A. *Vermögensteile*
  - I. Anlagevermögen
  - II. Umlaufvermögen

B. *Schulden*
  - I. Langfristige Schulden (>1 Jahr)
  - II. Kurzfristige Schulden

C. *Ermittlung des Eigenkapitals (Reinvermögen)*

  Summe des Vermögens
  − Summe der Schulden
  Eigenkapital

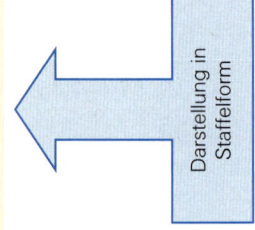

Darstellung in Staffelform

Aktiva   **Bilanz**   **Passiva**

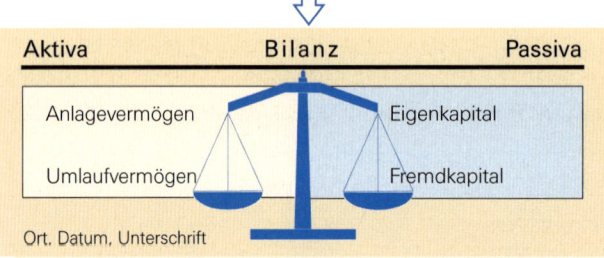

Anlagevermögen   Eigenkapital

Umlaufvermögen   Fremdkapital

Ort, Datum, Unterschrift

Darstellung in Kontenform

Die Aktivseite der Bilanz enthält die Vermögensteile	**Die Passivseite der Bilanz enthält die Kapitalteile**
Vermögen: konkreter Gegenwert des Kapitals Mittelverwendung (Investierung)	Kapital: abstrakter Gegenwert des Vermögens Mittelherkunft (Finanzierung)
Anlagevermögen: dient langfristig dem Betriebszweck	Eigenkapital: vom Unternehmer selbst erbrachte Mittel (Vermögen − Schulden)
Umlaufvermögen: wird im Wirtschaftsprozess umgesetzt und verändert sich ständig	Fremdkapital: von außen zugeführte Mittel; langfristige und kurzfristige
Gliederung nach der Flüssigkeit (Liquidität)	Gliederung nach der Fristigkeit (Dringlichkeit der Rückzahlung)

Musteraufgabe zu Kapitel 1.3

Erstellen Sie aufgrund der nachstehenden Angaben für die Provisionsagentur Heinz Hansen in 22789 Hamburg form- und sachgerecht ein Inventar und eine Bilanz zum 31.12.20.. und ermitteln Sie das Eigenkapital (alle Beträge in €)!

Grundstücke und Bauten	*400.000,00*
Kraftfahrzeuge	*45.000,00*
Betriebs- und Geschäftsausstattung	*90.000,00*
Forderungen gegen Direktion	*23.000,00*
Postbank	*12.000,00*
Bank	*28.000,00*
Kasse	*4.500,00*
Hypothekenverbindlichkeiten	*280.000,00*
Darlehensverbindlichkeiten (Laufzeit 10 Jahre)	*64.000,00*
Verbindlichkeiten bei Untervertretern	*14.000,00*

Lösung der Musteraufgabe zu Kapitel 1.3

Inventar der Provisionsagentur Heinz Hansen, 22789 Hamburg, zum 31.12.20..

	€	€
A. Vermögensteile		
I. Anlagevermögen		
1. Grundstücke und Bauten	400.000,00	
2. Kraftfahrzeuge	45.000,00	
3. Betriebs- und Geschäftsausstattung	90.000,00	535.000,00
II. Umlaufvermögen		
1. Forderungen gegen Direktion	23.000,00	
2. Postbank	12.000,00	
3. Bank	28.000,00	
4. Kasse	4.500,00	67.500,00
Summe des Vermögens		602.500,00
B. Schulden		
I. Langfristige Schulden		
1. Hypothekenverbindlichkeiten	280.000,00	
2. Darlehensverbindlichkeiten	64.000,00	344.000,00
II. Kurzfristige Schulden		
1. Verbindlichkeiten bei Untervertretern	14.000,00	14.000,00
Summe der Schulden		358.000,00
C. Ermittlung des Eigenkapitals		
Summe des Vermögens		602.500,00
Summe der Schulden		358.000,00
Eigenkapital		244.500,00

Bilanz der Provisionsagentur Heinz Hansen

AKTIVA	22789 Hamburg zum 31.12.20..		PASSIVA
I. Anlagevermögen		I. Eigenkapital	244.500,00
1. Grundstücke und Bauten	400.000,00		
2. Kraftfahrzeuge	45.000,00	II. Fremdkapital	
3. Betriebs- und Geschäfts-		1. Hypothekenverbindlichkeiten	280.000,00
ausstattung	90.000,00	2. Darlehensverbindlichkeiten	64.000,00
II. Umlaufvermögen		3. Verbindlichkeiten bei Unter-	
1. Forderungen gegen Direktion	23.000,00	vertretern.	14.000,00
2. Postbank	12.000,00		
3. Bank	28.000,00		
4. Kasse	4.500,00		
	602.500,00		602.500,00

Hamburg, den 31.12.20.. *Heinz Hansen*

1.4 Das System der doppelten Buchführung

1.4.1 Das Buchen auf Bestandskonten

Die Werte in der Bilanz entstammen einer Zeitpunktbetrachtung, sie wurden zum Ende des Geschäftsjahres aufgenommen. Durch die Geschäftstätigkeit können sich die Werte der einzelnen Bilanzpositionen verändern. Alle Aktivitäten, die in der Buchführung aufgezeichnet werden müssen, bezeichnet man als Geschäftsfälle. Damit verändert eine Vielzahl von Geschäftsfällen folglich die Bilanzwerte.

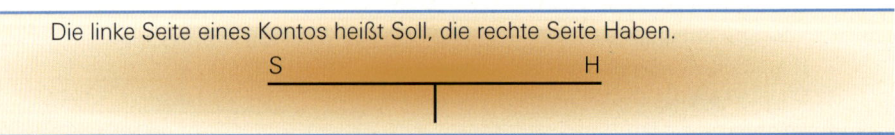

> Die Erfassung der Wertveränderungen findet auf Einzelabrechnungen eines jeden Bilanzpostens statt, dem **Konto**.

Für jede Bilanzposition wird ein eigenes Konto eingerichtet. Entsprechend der beiden Bilanzseiten unterscheidet man Aktiv- und Passivkonten. Sie weisen im Einzelnen die Bestände an Vermögen und Kapital der Provisionsagentur aus, man spricht daher auch von aktiven und passiven **Bestandskonten**.

Ein Konto wird in der Form eines großen T geführt, daher auch der Name **T-Konto**.

> Die linke Seite eines Kontos heißt Soll, die rechte Seite Haben.
>
>   S   H

Die Bezeichnungen Soll und Haben stammen aus den Anfängen der Buchführung, eine schlüssige Erklärung für diese Seitenbezeichnungen gibt es heute dafür nicht mehr.

Neben dem Anfangsbestand und dem Schlussbestand können auf jedem Konto zwei Arten von Veränderungen stattfinden, **Zugänge** oder **Abgänge**.

Der Anfangsbestand wird auf der gleichen Seite auf dem Konto notiert, auf dem dieser Bestand auch in der Bilanz zu finden ist. Die Zugänge werden auf der Seite des Anfangsbestandes erfasst, die Abgänge und der Schlussbestand (in der Regel) auf der gegenüber-

Für **Aktivkonten** gilt:

S	Aktivkonto	H
Anfangsbestand Zugänge	Abgänge Schlussbestand	

Die Bestandskonten werden zum Schluss des Geschäftsjahres abgeschlossen. Der **Abschluss** vollzieht sich in drei Schritten:

➤ die wertmäßig größere Seite wird **addiert,**

➤ die Summe dieser Seite wird auf die andere Kontenseite als Betrag **übertragen,**

➤ die Differenz auf der wertmäßig kleineren Seite wird errechnet. Diese Differenz heißt Saldo. Der Saldo ist der Bestand am Abschlussstichtag **(Schlussbestand).**

Für **Passivkonten** gilt:

S	Passivkonto	H
Abgänge Schlussbestand	Anfangsbestand Zugänge	

Anmerkung: Häufig wird irrtümlicherweise angenommen, dass der Anfangsbestand der Aktivkonten auf der Habenseite des Kontos zu finden ist, „da man diesen Betrag hat". Auch wird gerne das eigene Bankkonto zur Begründung herangezogen, auf dessen Kontoauszug der Anfangsbestand („Guthaben") auf der Habenseite verzeichnet bzw. mit einem H versehen ist. Der Kontoauszug der Bank ist aber nur eine Kopie der Buchungen, die die Bank für sich vorgenommen hat. Unser eigenes „Guthaben" ist für die Bank eine Verbindlichkeit. Somit gehört unser eigenes Bankkonto bei der Bank zu den Passivkonten, bei denen bekanntlich der Anfangsbestand auf der Habenseite steht.

Vorgehensweise

- Auflösung der Bilanz in Bestandskonten
  - ➤ Für alle Posten der Aktiv- und Passivseite wird zur Erfassung der Veränderungen ein eigenes Konto geführt.
  - ➤ Der Anfangsbestand steht auf derselben Seite wie in der Bilanz:
    - – auf Aktivkonten (links = Soll),
    - – auf Passivkonten (rechts = Haben).
- Buchung auf Bestandskonten
  - ➤ Mehrungen stehen unter dem Anfangsbestand.
  - ➤ Minderungen stehen auf der gegenüberliegenden Seite.
  - ➤ Der Endbestand bildet die Differenz (Saldo) zwischen der wertmäßig kleineren und größeren Seite.
  - ➤ Bei Aktivkonten steht der Schlussbestand grundsätzlich auf der Habenseite, bei Passivkonten auf der Sollseite.

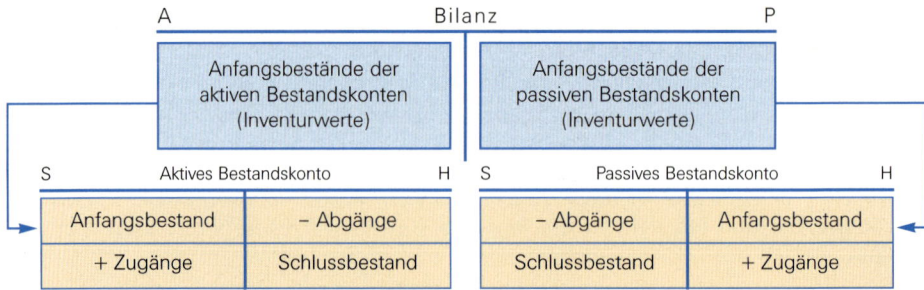

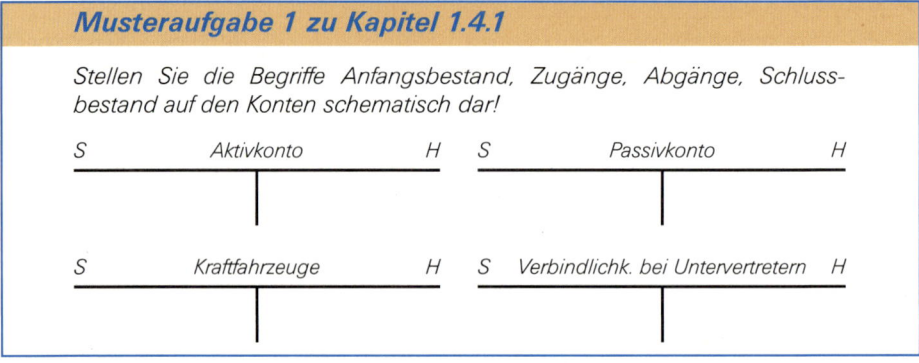

Musteraufgabe 1 zu Kapitel 1.4.1

Stellen Sie die Begriffe Anfangsbestand, Zugänge, Abgänge, Schlussbestand auf den Konten schematisch dar!

S	Aktivkonto	H		S	Passivkonto	H

S	Kraftfahrzeuge	H		S	Verbindlichk. bei Untervertretern	H

Lösung der Musteraufgabe 1 zu Kapitel 1.4.1

S	Aktivkonto	H		S	Passivkonto	H
Anfangsbestand	Abgänge			Abgänge	Anfangsbestand	
Zugänge	Schlussbestand			Schlussbestand	Zugänge	

S	Kraftfahrzeuge	H		S	Verbindlichk. bei Untervertretern	H
Anfangsbestand	Abgänge			Abgänge	Anfangsbestand	
Zugänge	Schlussbestand			Schlussbestand	Zugänge	

Die anfallenden Geschäftsfälle werden auf mindestens zwei Konten gebucht, deshalb gilt immer:

Keine Buchung ohne Gegenbuchung.

Vor der Buchung eines Geschäftsfalles sind folgende Überlegungen anzustellen:

➤ Welche Konten verändern sich durch den Geschäftsfall?

➤ Zu welcher Kontenart gehören die betroffenen Konten (Aktiv- oder Passivkonten)?

➤ Wie ändert sich der Bestand dieser Konten? Liegt ein Zugang oder Abgang vor?

➤ Auf welcher Kontenseite werden die Veränderungen gebucht (Soll oder Haben)?

Beispiel:

Barabhebung vom Bankkonto, 250,00 €

Konten	Kasse	Bank
Kontenart	Aktivkonto	Aktivkonto
Art der Veränderung	+ 250,00	– 250,00
Kontenseite	Soll	Haben

S	Kasse	H	S	Bank	H
Bank	250,00			Kasse	250,00

Am Jahresende werden die Schlussbestände der einzelnen Bestandskonten ermittelt und auf dem **Schlussbilanzkonto (SBK)** gesammelt. Der Kontenabschluss stellt eine Buchinventur dar. Wir nehmen in den folgenden Aufgaben an, dass deren Werte mit der körperlichen Inventur übereinstimmen.

> Die Schlussbestände der aktiven Bestandskonten werden auf die Sollseite des Schlussbilanzkontos (SBK) gebucht, die Schlussbestände der passiven Bestandskonten auf die Habenseite des Schlussbilanzkontos.

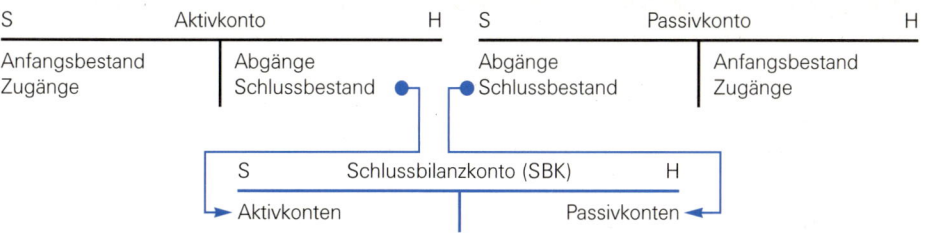

Das folgende **Beispiel** zeigt einen Geschäftsfall von der Eröffnungsbilanz, über die Geschäftsfälle des laufenden Jahres bis zum Jahresabschluss.

Folgende Geschäftsfälle wurden getätigt:[1]	
1. Die Direktion überweist auf das Bankkonto der Agentur zum Ausgleich der Forderungen	1.500,00 €
2. Die Agentur begleicht Verbindlichkeiten bei einem Untervertreter durch Banküberweisung	2.000,00 €
3. Ein alter Computer wird bar verkauft für	100,00 €
4. Die Agentur erwirbt einen Aktenschrank und zahlt dafür bar	2.400,00 €
5. Von dem Bankkonto der Agentur wird eine Darlehensrate abgebucht	1.500,00 €

---

1 Auf die Erörterung des Eröffnungsbilanzkontos wird in diesem Lehrbuch verzichtet.

Aktiva	Eröffnungsbilanz		Passiva
Kraftfahrzeuge	7.000,00	Eigenkapital	36.400,00
Betriebs- und Geschäftsausstatt.	22.000,00	Darlehensverbindlichkeiten	15.000,00
Forderungen gegen Direktion	14.100,00	Verbindl. bei Untervertretern	8.200,00
Bank	12.900,00		
Kasse	3.600,00		
	59.600,00		59.600,00

S	Kraftfahrzeuge		H		S	Eigenkapital		H
AB	7.000,00	SBK	7.000,00		SBK	36.400,00	AB	36.400,00

S	Betriebs- u. Geschäftsausstatt.		H		S	Darlehensverbindlichkeiten		H
AB	22.000,00	3 Kasse	100,00		5 Bank	1.500,00	AB	15.000,00
4	2.400,00	SBK	24.300,00		SBK	13.500,00		
	24.400,00		24.400,00			15.000,00		15.000,00

S	Forderungen gegen Direktion		H		S	Verbindlichk. bei Untervertretern		H
AB	14.100,00	1 Bank	1.500,00		2 Bank	2.000,00	AB	8.200,00
		SBK	12.600,00		SBK	6.200,00		
	14.100,00		14.100,00			8.200,00		8.200,00

S	Bank		H
AB	12.900,00	2 VbUV	2.000,00
1 FgD	1.500,00	5 Dar.v.	1.500,00
		SBK	10.900,00
	14.400,00		14.400,00

S	Kasse		H
AB	3.600,00	4 BGA	2.400,00
3 BGA	100,00	SBK	1.300,00
	3.700,00		3.700,00

Soll	Schlussbilanzkonto (SBK)		Haben
Kraftfahrzeuge	7.000,00	Eigenkapital	36.400,00
Betriebs- und Geschäftsausstatt.	24.300,00	Darlehensverbindlichkeiten	13.500,00
Forderungen gegen Direktion	12.600,00	Verbindl. bei Untervertretern	6.200,00
Bank	10.900,00		
Kasse	1.300,00		
	56.100,00		56.100,00

Zur buchmäßigen Bestandsaufnahme im SBK erfolgt eine Inventur, die körperliche Bestandsaufnahme.		Die buchmäßigen Werte müssen mit den tatsächlichen Inventurbeständen übereinstimmen.

Inventar der ... zum 31.12.20..

	€	€
A. Vermögenswerte		
I. Anlagevermögen		
1. Kraftfahrzeuge	7.000,00	
2. Betriebs- und Geschäftsausstattung	24.300,00	31.300,00
II. Umlaufvermögen		
1. Forderungen gegen Direktion	12.600,00	
2. Bank	10.900,00	
3. Kasse	1.300,00	24.800,00
Summe des Vermögens		56.100,00
B. Schulden		
I. Langfristige Schulden		
1. Darlehensverbindlichkeiten	13.500,00	13.500,00
II. Kurzfristige Schulden		
1. Verbindlichkeiten bei Untervertretern	6.200,00	6.200,00
Summe der Schulden		19.700,00
C. Ermittlung des Reinvermögens (Eigenkapital)		
Summe des Vermögens		56.100,00
Summe der Schulden		19.700,00
Reinvermögen (Eigenkapital)		36.400,00

Aktiva		(Schluss-)Bilanz zum 31.12.20..		Passiva
I. Anlagevermögen		I. Eigenkapital		36.400,00
1. Kraftfahrzeuge	7.000,00	II. Fremdkapital		
2. Betriebs- und Geschäfts-		1. Darlehensverbindlichkeiten		13.500,00
ausstattung	24.300,00	2. Verbindlichkeiten bei Unter-		
II. Umlaufvermögen		vertretern		6.200,00
1. Forderungen gegen Direktion	12.600,00			
2. Bank	10.900,00			
3. Kasse	1.300,00			
	56.100,00			56.100,00

Ort, Datum, Unterschrift

Vorgehensweise beim Buchen

➤ Erstellen der Eröffnungsbilanz am Geschäftsjahresanfang.

➤ Übertragen der Anfangsbestände auf die Bestandskonten am Geschäftsjahresanfang.

➤ Buchen der Geschäftsfälle im Laufe des Geschäftsjahres.

➤ Abschluss der Bestandskonten mit Ermittlung der Schlussbestände am Geschäftsjahresende auf dem Schlussbilanzkonto.

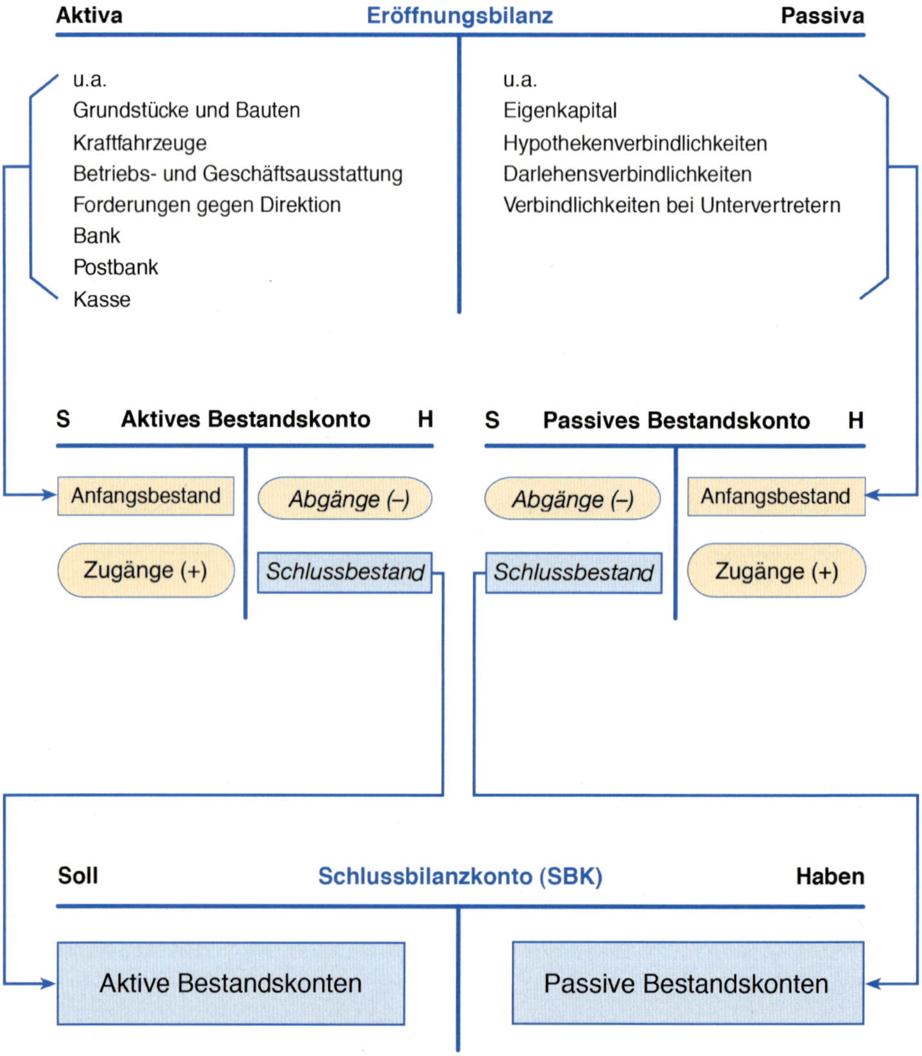

Aktiva	Eröffnungsbilanz	Passiva
u.a.		u.a.
Grundstücke und Bauten		Eigenkapital
Kraftfahrzeuge		Hypothekenverbindlichkeiten
Betriebs- und Geschäftsausstattung		Darlehensverbindlichkeiten
Forderungen gegen Direktion		Verbindlichkeiten bei Untervertretern
Bank		
Postbank		
Kasse		

S	Aktives Bestandskonto	H	S	Passives Bestandskonto	H
Anfangsbestand		*Abgänge (–)*	*Abgänge (–)*		Anfangsbestand
Zugänge (+)		*Schlussbestand*	*Schlussbestand*		*Zugänge (+)*

Soll	Schlussbilanzkonto (SBK)	Haben
Aktive Bestandskonten		Passive Bestandskonten

Musteraufgabe 2 zu Kapitel 1.4.1

Die Inventur einer Provisionsagentur ergab folgende Bestände:

Bank	42.000,00	Eigenkapital	?
Betriebs- u. Geschäftsausst.	40.000,00	Forderungen geg. Direktion	50.000,00
Kasse	4.000,00	Verbindl. bei Untervertretern	20.000,00
Hypothekenverbindlichkeiten	40.000,00	Grundstücke und Bauten	200.000,00
Darlehensverbindlichkeiten	20.000,00		
Kraftfahrzeuge	6.000,00		

Erstellen Sie form- und sachgerecht eine Eröffnungsbilanz!

Eröffnen Sie die entsprechenden Konten!

Buchen Sie die nachstehenden Geschäftsfälle auf Konten!

1. *Wir überweisen an einen Untervertreter zum Ausgleich der Verbindlichkeiten per Bank*   2.500,00 €

2. *Wir kaufen ein neues Kfz. Der Betrag wird durch Bankscheck bezahlt*   22.000,00 €

3. *Wir nehmen bei unserer Hausbank ein neues Darlehen auf*   5.000,00 € *Der Betrag wird unserem Bankkonto gutgeschrieben.*

4. *Gegen Banküberweisung wird ein neuer PC gekauft*   3.500,00 €

5. *Die Bank belastet uns mit einer Darlehenstilgungsrate*   500,00 €

6. *Die Direktion überweist zum Ausgleich unserer Forderungen auf unser Bankkonto*   4.500,00 €

7. *Wir erhalten von der Direktion einen Laserdrucker. Der Betrag wird mit den Forderungen verrechnet.*   1.000,00 €

8. *Eine Darlehensverbindlichkeit wird in eine Hypotheken- verbindlichkeit umgewandelt, Höhe*   10.000,00 €

9. *Wir zahlen bar auf unser Bankkonto ein*   1.000,00 €

Schließen Sie die Konten über das Schlussbilanzkonto (SBK) ab!

Lösung der Musteraufgabe 2 zu Kapitel 1.4.1

Aktiva	Eröffnungsbilanz		Passiva
I. Anlagevermögen		I. EK	262.000,00
1. GuB	200.000,00	II. Fremdkapital	
2. Kfz	6.000,00	1. HypVer	40.000,00
3. BGA	40.000,00	2. DaVer	20.000,00
II. Umlaufvermögen		3. VbUV	20.000,00
1. FgD	50.000,00		
2. Bank	42.000,00		
4. Kasse	4.000,00		
	342.000,00		**342.000,00**

S	Grundstücke und Bauten		H
AB	200.000,00	SBK	200.000,00

S	Kraftfahrzeuge		H
AB	6.000,00	SBK	28.000,00
2 Ba	22.000,00		
	28.000,00		28.000,00

S	Betriebs- und Geschäftsausstattung		H
Ab	40.000,00	SBK	44.500,00
4 Ba	3.500,00		
7 FgD	1.000,00		
	44.500,00		44.500,00

S	Forderungen gegen Direktion		H
AB	50.000,00	6 Ba	4.500,00
		7 BGA	1.000,00
		SBK	44.500,00
	50.000,00		50.000,00

S	Bank		H
AB	42.000,00	1 VbUV	2.500,00
3 DaVer	5.000,00	2 Kfz	22.000,00
6 FgD	4.500,00	4 BGA	3.500,00
9 Ka	1.000,00	5 DaVer	500,00
		SBK	24.000,00
	52.500,00		52.500,00

S	Kasse		H
AB	4.000,00	9 Ba	1.000,00
		SBK	3.000,00
	4.000,00		4.000,00

S	Eigenkapital		H
SBK	262.000,00	AB	262.000,00

S	Hypothekenverbindlichkeiten		H
SBK	50.000,00	AB	40.000,00
		8 DaVer	10.000,00
	50.000,00		50.000,00

S	Darlehensverbindlichkeiten		H
5 Ba	500,00	AB	20.000,00
8 HypVer	10.000,00	3 Ba	5.000,00
SBK	14.500,00		
	25.000,00		25.000,00

S	Verbindlichkeiten bei Untervertretern		H
1 Ba	2.500,00	AB	20.000,00
SBK	17.500,00		
	20.000,00		20.000,00

Soll	Schlussbilanzkonto SBK		Haben
GuB	200.000,00	EK	262.000,00
Kfz	28.000,00	HypVer	50.000,00
BGA	44.500,00	DaVer	14.500,00
FgD	44.500,00	VbUV	17.500,00
Bank	24.000,00		
Kasse	3.000,00		
	344.000,00		344.000,00

1.4.2   Der Buchungssatz

Für jede Buchung muss eine schriftliche Grundlage – ein Beleg – vorhanden sein. Belege können von außen in den Betrieb kommen, z. B. Rechnungen oder Bankbelege. Sie können aber auch im Betrieb selbst entstanden sein, z. B. Gehaltsabrechnungen oder Kassenquittungen. Der Beleg ist das Bindeglied zwischen Geschäftsfall und Buchung.

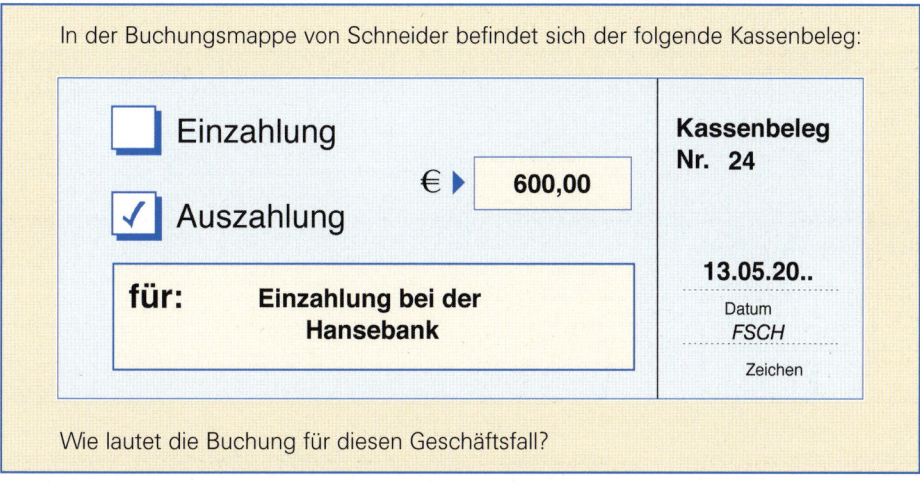

In der Buchungsmappe von Schneider befindet sich der folgende Kassenbeleg:

☐ Einzahlung

✓ Auszahlung

€ ▶ 600,00

Kassenbeleg Nr. 24

für: **Einzahlung bei der Hansebank**

13.05.20..
Datum
FSCH
Zeichen

Wie lautet die Buchung für diesen Geschäftsfall?

Aus dem vorstehenden Beleg geht hervor, dass aus der Agenturkasse 600,00 € entnommen und auf das betriebliche Bankkonto eingezahlt wurden.

Wir haben schon gelernt, dass **jeder Geschäftsfall doppelt**, d. h. auf zwei Konten, gebucht wird. Diese Buchungsarbeiten werden in der Praxis im Allgemeinen durch die Kontierung auf dem Beleg vorbereitet. Es wird zuerst das Konto mit der Sollbuchung, dann das Konto mit der Habenbuchung genannt.

Konten	Bank	Kasse
Kontenart	Aktivkonto	Aktivkonto
Art der Veränderung	+ 600,00	– 600,00
Kontenseite	Soll	Haben

Bevor die Buchung auf den entsprechenden Konten erfolgt, werden alle Geschäftsfälle in zeitlicher (chronologischer) Reihenfolge in einer „Liste", genannt **Grundbuch,** festgehalten. Zur einfacheren Verständigung und zur besseren Übersicht wird zu jedem Geschäftsfall ein **Buchungssatz** gebildet, der die benötigten Konten, die betreffenden Kontenseiten und den Betrag angibt. Der Buchungssatz ist die Übersetzung eines Geschäftsfalles in die „Buchhaltersprache".

Im Buchungssatz wird zuerst das Konto genannt, auf dem ein Betrag im **Soll** gebucht werden muss; dann das Konto, auf dem dieser Betrag im **Haben** erfasst werden soll. Beide Konten werden durch das Wort **an** verbunden.

| Sollkonto | Betrag | an | Habenkonto | Betrag |

Bareinzahlung auf das Bankkonto, 600,00 €

Konten	Soll	Haben
Bank	600,00	
an Kasse		600,00

Diese Schreibweise entspricht den Eintragungen im Grundbuch, in dem die Buchungssätze aufgezeichnet werden.

Die nachstehende Grafik zeigt die Vorgänge beim Kontieren:

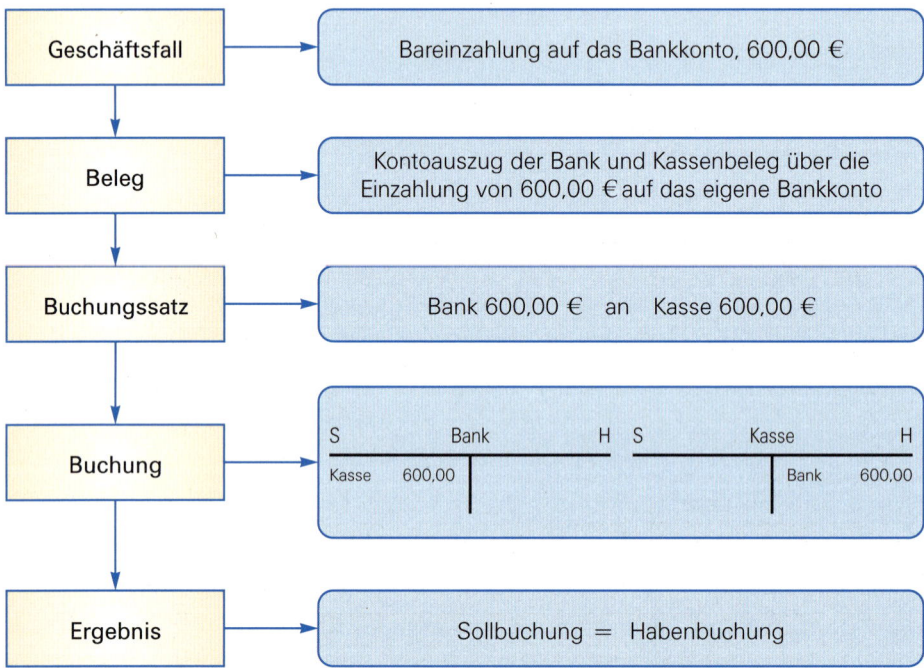

Häufig werden Buchungssätze auch in folgender Schreibweise dargestellt:

Kurzform

| Bank | an Kasse | 600,00 |

Im **Grundbuch,** auch Journal genannt, werden die Buchungssätze in zeitlicher Reihenfolge festgehalten.

Die chronologische Aufzeichnung im Grundbuch vermittelt dem Unternehmer allerdings keinen Überblick über die Veränderungen der einzelnen Vermögens- und Kapitalposten. Daher werden alle Geschäftsfälle auf den Konten gebucht. Die Konten befinden sich im **Hauptbuch.**

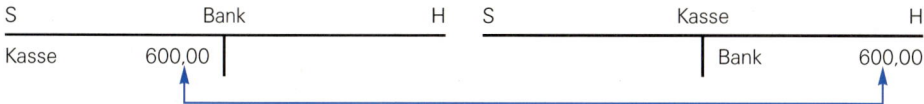

Im **Hauptbuch** werden alle Geschäftsfälle nach sachlichen Gesichtspunkten auf die einzelnen Konten verteilt.

S	Bank	H	S	Kasse	H
Kasse	600,00			Bank	600,00

Durch die Eintragung des Gegenkontos erkennt man auf einem der beiden Konten bereits den zugrunde liegenden Geschäftsfall. Die Buchung ist dadurch jederzeit leicht nachzuprüfen.

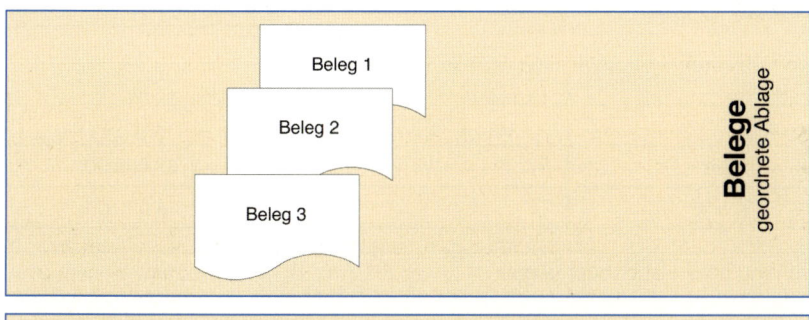

Bei den bisherigen Geschäftsfällen wurden jeweils zwei Konten berührt. Einer Buchung im Soll stand immer eine Buchung im Haben gegenüber. Daraus ergibt sich der **einfache Buchungssatz.** Werden durch einen Geschäftsfall mehr als zwei Konten berührt, so entstehen **zusammengesetzte Buchungssätze.**

1. Beispiel:

Die Provisionsagentur erwirbt ein neues Kraftfahrzeug mit einem Wert von 24.000,00 €. Durch Bankscheck werden 20.000,00 €, durch Barzahlung 4.000,00 € gezahlt.

Konten	Kraftfahrzeuge	Bank	Kasse
Kontenart	Aktivkonto	Aktivkonto	Aktivkonto
Art der Veränderung	+ 24.000,00	– 20.000,00	– 4.000,00
Kontenseite	Soll	Haben	Haben

Konten	Soll	Haben
Kraftfahrzeuge	24.000,00	
an Bank		20.000,00
an Kasse		4.000,00

1 Sollbuchung an 2 Habenbuchungen
Summe der Sollbuchungsbeträge = Summe der Habenbuchungsbeträge

2. Beispiel:

Die Direktion überweist der Agentur zum Ausgleich der Forderungen 1.800,00 € auf das Bankkonto und 2.000,00 € auf das Postbankkonto.

Konten	Bank	Postbank	Ford. g. Direktion
Kontenart	Aktivkonto	Aktivkonto	Aktivkonto
Art der Veränderung	+ 1.800,00	+ 2.000,00	– 3.800,00
Kontenseite	Soll	Soll	Haben

Konten	Soll	Haben
Bank	1.800,00	
Postbank	2.000,00	
an Forderungen gegen Direktion		3.800,00

2 Sollbuchungen an 1 Habenbuchung
Summe der Sollbuchungsbeträge = Summe der Habenbuchungsbeträge

**Bildung
von
Buchungssätzen**

➤ Ein Buchungssatz ist die sprachliche Kurzfassung eines Geschäftsfalles. Er definiert eindeutig eine vorzunehmende Buchung.

➤ Der Buchungssatz nennt zuerst das im Soll berührte Konto, dann folgt das Wort **an,** anschließend wird das im Haben berührte Konto aufgerufen.

Sollkonto Betrag **an Habenkonto** Betrag

➤ Beim einfachen Buchungssatz wird nur je ein Konto im Soll und im Haben berührt.

➤ Zusammengesetzte Buchungssätze rufen mehrere Konten im Soll oder Haben an.

➤ Die Summe der Beträge aller Sollbuchungen entspricht der Summe der Beträge aller Habenbuchungen.

Musteraufgabe zu Kapitel 1.4.2

Bilden Sie zu den nachstehenden Geschäftsfällen die Buchungssätze!

1. *Ein Untervertreter erhält zum Ausgleich der Verbindlichkeiten durch Banküberweisung*   *400,00 €*

2. *Die Direktion überweist auf das Postbankkonto der Agentur eine Abschlagszahlung auf die Forderungen*   *150,00 €*

3. *Kauf eines Kraftfahrzeuges durch Bankscheck*   *15.000,00 €*

4. *Die Provisionsagentur gewährt einem Versicherungsnehmer ein Darlehen. Der Betrag wird per Bank überwiesen.*   *2.000,00 €*

5. *Kauf eines Büroschrankes gegen Bankscheck*   *600,00 €*

6. *Verkauf eines gebrauchten PC gegen Bankscheck*   *500,00 €*

7. *Die Agentur überweist eine Darlehensrate durch die Postbank*   *700,00 €*

8. *Barabhebung vom Bankkonto*   *200,00 €*

9. *Die Agentur überweist an einen Darlehensgeber per Bank*   *500,00 €*
   und per Postbank   *250,00 €*

10. *Rückzahlung einer Hypothekenrate bar*   *1.500,00 €*
    und durch Postbank   *500,00 €*

11. *Kauf eines Grundstückes, Kaufpreis*   *100.000,00 €*
    Zahlung durch: *Aufnahme einer Hypothek*   *50.000,00 €*
          Bankscheck   *20.000,00 €*
          Barzahlung   *10.000,00 €*
          der Rest per Postbank

---

3   Drapatz/Franke/Hess – ISBN 978-3-8120-0494-7

Lösung Musteraufgaben zu Kapitel 1.4.2

1.	Verbindl. b. Untervertretern	an Bank	400,00 €
2.	Postbank	an Ford. g. Direktion	150,00 €
3.	Kraftfahrzeuge	an Bank	15.000,00 €
4.	Darlehensforderungen	an Bank	2.000,00 €
5.	Betriebs- u. Geschäftsausst.	an Bank	600,00 €
6.	Bank	an Betriebs- u. Geschäftsausst.	500,00 €
7.	Darlehensverbindlichkeiten	an Postbank	700,00 €
8.	Kasse	an Bank	200,00 €
9.	Darlehensverbindlichkeiten 750,00	an Bank	500,00 €
		Postbank	250,00 €
10.	Hypothekenverb. 2.000,00	an Kasse	1.500,00 €
		Postbank	500,00 €
11.	Grundstücke und Bauten 100.000,00	an Hypothekenverb.	50.000,00 €
		Bank	20.000,00 €
		Kasse	10.000,00 €
		Postbank	20.000,00 €

1.5 Erfolgsvorgänge und ihre Buchung

1.5.1 Erfolgsvorgänge und ihre Wirkung auf das Eigenkapital

In den bisherigen Geschäftsfällen wurde nur eine Umschichtung der Vermögens- und/oder der Fremdkapitalbestände bewirkt. Das Eigenkapital blieb unverändert.

Ein wichtiges Unternehmensziel einer Provisionsagentur ist es, durch die Vermittlung von Versicherungen einen Gewinn zu erwirtschaften und damit das eingesetzte Eigenkapital zu erhöhen.

Beispiel:

a)

Aktiva	Verkürzte Bilanz der Agentur Hasemann zum 31. 12. 20 ..		Passiva
Div. Anlagevermögen	80.000,00	Eigenkapital	130.000,00
Div. Umlaufvermögen	100.000,00	Fremdkapital	70.000,00
Bank	20.000,00		
	200.000,00		200.000,00

Die Direktion überweist der Agentur Hasemann 16.000,00 € Provision auf das Bankkonto.

Welche Veränderungen ergeben sich daraus für die Bilanz?

	vor der Provisionseinnahme	nach der Bankgutschrift
Summe des Vermögens	200.000,00	216.000,00
Summe des Fremdkapitals	70.000,00	70.000,00
Eigenkapital	130.000,00	146.000,00

b)
Von dem Bankkonto der Agentur Hasemann werden 1.000,00 € für die gemieteten Büroräume überwiesen.
Wie hoch ist das Eigenkapital nach diesem Geschäftsfall?

	vor der Mietausgabe	nach der Banklastschrift
Summe des Vermögens	216.000,00	215.000,00
Summe des Fremdkapitals	70.000,00	70.000,00
Eigenkapital	146.000,00	145.000,00

Der Erfolg einer Agentur, der Gewinn oder auch Verlust, kann auf einfache Weise durch einen Vergleich des Eigenkapitals zu Beginn und zum Ende des Geschäftsjahres vorgenommen werden.

In dem vorstehenden Beispiel hat sich das Eigenkapital durch die unternehmerischen Tätigkeiten um 15.000,00 € erhöht. Die Agentur hat einen Gewinn von 15.000,00 € erzielt.

Dieser Zusammenhang wird an einem Beispiel der Musteragentur Schneider intensiver verdeutlicht.

Die Agentur Schneider erhält von der ALBATROS-AG die Mitteilung, dass die Agentur für die erfolgreichen Vermittlungen 2.850,00 € Provision gutgeschrieben bekommt (①). Für die Werbeaktion wurden Zeitungsanzeigen in der örtlichen Presse geschaltet. Der Rechnungsbetrag hierüber lautet 342,00 €. Die Rechnung wurde bar bezahlt (②).
Welche Buchungen ergeben sich durch diese Geschäftsfälle?

Durch die Provisionsgutschrift vermehren sich die Forderungen der Agentur Schneider an die ALBATROS AG. Aber im Gegensatz zu den bisherigen Geschäftsfällen verringert sich weder ein anderer Aktivposten noch vermehrt sich das Fremdkapital. Hier liegt ein Ertrag vor.

Erträge vermehren das Eigenkapital.

Erträge erzielt das Unternehmen, indem es Leistungen erbringt und verwertet. Die erbrachten Leistungen einer Provisionsagentur sind die vorgenommenen Beratungen und Vermittlungen bei den Kunden im Auftrag der Direktion. Daraus resultieren Provisionserträge, die in einer Provisionsagentur die Hauptertragsart sind. Weitere Erträge können durch Vermietung oder durch Kapitalausleihe entstehen.

Die Zahlungen für Zeitungsanzeigen vermindern seinen Kassenbestand, es vermehrt sich aber weder ein anderer Aktivposten noch vermindert sich das Fremdkapital. Es handelt sich hier um Aufwendungen.

Aufwendungen vermindern das Eigenkapital.

Aufwendungen entstehen überwiegend durch Verbrauch (Inanspruchnahme) von Gütern und Dienstleistungen. Es wird Papier für die Drucker verbraucht, Benzin für den Agenturkraftwagen. Weiterhin werden Untervertreter zur Vermittlung eingesetzt oder Büromitarbeiter/ -innen mit den laufenden Verwaltungsaufgaben betraut, die damit für die Agentur eine Dienstleistung erbringen. In einer Provisionsagentur könnte das z. B. Verwaltungsaufwand, Kraftfahrzeugaufwand, Provisionsaufwand oder Gehaltsaufwand sein. Der Kontenplan gibt eine umfassende Aufzählung aller Aufwendungen und Erträge einer Provisionsagentur.

Wenn Erträge das Eigenkapital vermehren, so werden die Provisionserträge auf der Habenseite gebucht. Der Werbe- und Reiseaufwand wird auf der Sollseite gebucht, da er das Eigenkapital vermindert.

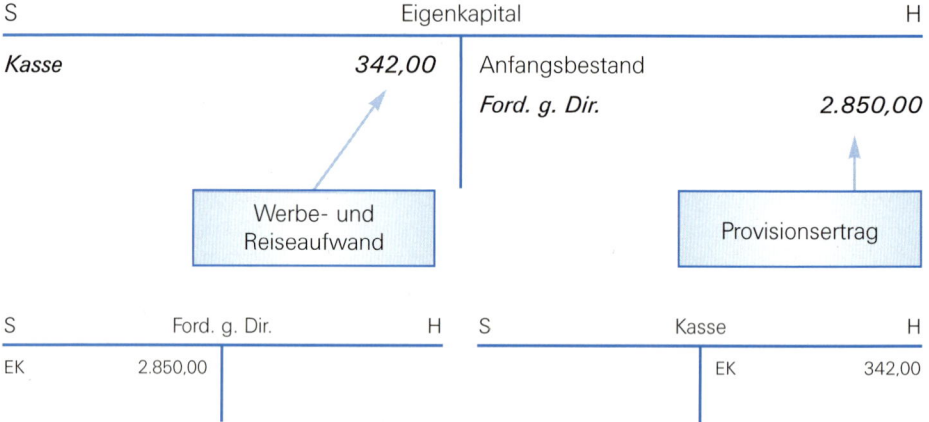

Situation	Wirkung	Ergebnis	
Erträge > Aufwendungen	Eigenkapitalmehrung	Gewinn	
Erträge < Aufwendungen	Eigenkapitalminderung	Verlust	
Provisionsertrag ① 2.850,00	Eigenkapitalmehrung		
Werbe- und Reiseaufwand ② 342,00	Eigenkapitalminderung		
= Erträge > Aufwendungen		Gewinn	2.508,00

Die Differenz zwischen Aufwendungen und Erträge innerhalb einer Rechnungsperiode ist der **Erfolg** (Gewinn oder Verlust) eines Unternehmens.

Das Buchen der verschiedenen Aufwendungen und Erträge unmittelbar auf dem Eigenkapitalkonto hat erhebliche Nachteile. Das Eigenkapitalkonto wird unübersichtlich, da nach dem Kontenabschluss nicht mehr zu erkennen ist, durch welche Aufwendungen und Erträge die Kapitalveränderung entstanden ist. Die Höhe der unterschiedlichen Aufwands- und Ertragsarten lassen sich nicht aus dem Eigenkapitalkonto ablesen. Das Ergebnis der unternehmerischen Tätigkeit, der Gewinn oder Verlust, ist nicht ohne Weiteres dem Konto Eigenkapital zu entnehmen.

1.5.2   Die Erfolgskonten

Es ist Aufgabe der Buchführung, alle Arten von Aufwendungen und Erträgen so klar auszuweisen (vergleiche auch das Kapitel „Grundsätze ordnungsgemäßer Buchführung"), dass die Quellen des Erfolges zu erkennen sind und der Provisionsagent eine Erfolgskontrolle vornehmen kann. Deshalb werden die Aufwendungen und Erträge auf besonderen Aufwands- und Ertragskonten erfasst.

Die **Erfolgskonten** sind Unterkonten des Eigenkapitalkontos, sie nehmen anstelle des Eigenkapitalkontos die Minderungen durch Aufwendungen auf der Sollseite und die Mehrungen durch Erträge auf der Habenseite auf.

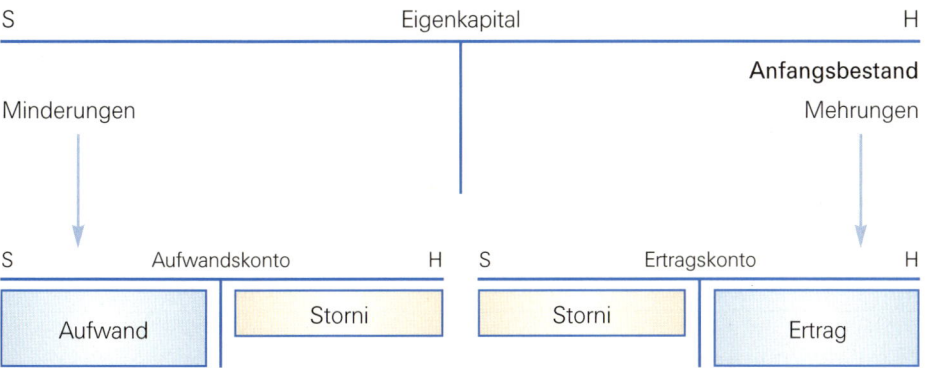

Sollen Aufwendungen oder Erträge rückgängig gemacht werden, weil z. B. zu viel Provision gutgeschrieben wurde, so spricht man von **Storni** (Mehrzahl von Storno). Diese Korrektur hat immer auf dem ursprünglichen Konto auf der entsprechenden Gegenseite zu erfolgen.

Die Buchung der Aufwendungen und Erträge auf den Erfolgskonten hat viele Vorteile:

➤ Aufwendungen und Erträge werden klar und übersichtlich nach ihrer Entstehungsursache getrennt;

➤ es wird ersichtlich, welche Aufwendungen und Erträge den Erfolg des Unternehmens besonders bestimmen; der Unternehmer kann die Entwicklung der Aufwendungen und Erträge feststellen, indem er die Werte der Erfolgskonten mehrerer Jahre miteinander vergleicht (Zeitvergleich);

➤ durch Vergleich der betrieblichen Aufwendungen mit denen anderer Betriebe können die Ursachen zu hoher Aufwendungen entdeckt werden (Betriebsvergleich);

➤ aufgrund der gewonnenen Erkenntnisse können Maßnahmen zur Kostensenkung oder Ertragssteigerung getroffen werden (Rationalisierung).

Zusammenfassung der Buchungen

Die Provisionsgutschrift der Direktion, 2.850,00 €

Konten	Forderungen gegen Direktion	Provisionsertrag
Kontenart	Aktivkonto	Ertragskonto
Art der Veränderung	+ 2.850,00	2.850,00 EK-Mehrung
Kontenseite	Soll	Haben

Konten	Soll	Haben
Ford. g. Direktion	2.850,00	
an Provisionsertrag		2.850,00

Barzahlung der Zeitungsinserate, 342,00 €

Konten	Werbe- und Reiseaufwand	Kasse
Kontenart	Aufwandskonto	Aktivkonto
Art der Veränderung	342,00 EK-Minderung	− 342,00
Kontenseite	Soll	Haben

Konten	Soll	Haben
Werbe- u. Reiseaufwand	342,00	
an Kasse		342,00

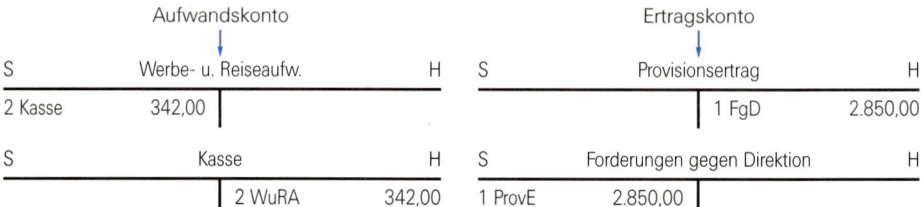

	Aufwandskonto				Ertragskonto	
S	Werbe- u. Reiseaufw.	H	S	Provisionsertrag	H
2 Kasse	342,00			1 FgD	2.850,00
S	Kasse	H	S	Forderungen gegen Direktion	H
	2 WuRA	342,00	1 ProvE	2.850,00	

Beispiele für das Buchen von Aufwendungen und Erträgen:

Anfangsbestände: Bank 42.500,00 €; Eigenkapital 42.500,00 €.

Geschäftsfälle:

1. Wir zahlen eine Kfz-Reparatur durch Banküberweisung   2.600,00 €
2. Wir zahlen für eine Werbeanzeige durch Bankscheck   300,00 €
3. Die Bank schreibt uns Zinsen gut   90,00 €
4. Wir erhalten durch Banküberweisung die Miete für vermietete Räume in unserem Agenturgebäude   4.000,00 €

Buchung der Aufwendungen

Konten	Soll	Haben
1. Kraftfahrzeugaufwand	2.600,00	
an Bank		2.600,00
2. Werbe- und Reiseaufwand	300,00	
an Bank		300,00

Buchung der Erträge

Konten	Soll	Haben
3. Bank	90,00	
an Zinserträge		90,00
4. Bank	4.000,00	
an Haus- und Grundstückserträge		4.000,00

1.5.3 Abschluss der Erfolgskonten

Am Ende des Geschäftsjahres wird der Erfolg (Gewinn oder Verlust) des Unternehmens durch Gegenüberstellung aller Aufwendungen und Erträge ermittelt. Dazu schließt man die Erfolgskonten ab, überträgt die Salden jedoch nicht auf das Eigenkapitalkonto, sondern auf ein Erfolgssammelkonto, das **Gewinn- und Verlustkonto.** Dieses Konto ist somit ein Unterkonto des Eigenkapitalkontos. Es weist im Soll die Salden aller Aufwandskonten und im Haben die Salden aller Ertragskonten auf.

> Das **Gewinn- und Verlustkonto** ist ein Sammelkonto für Eigenkapitalminderungen (= Aufwendungen) und Eigenkapitalmehrungen (= Erträge).

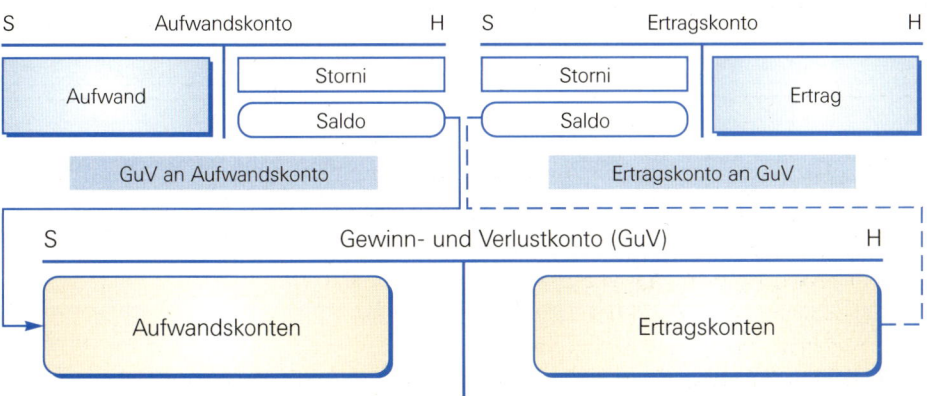

Der Saldo des Kontos Gewinn- und Verlust zeigt den Unternehmenserfolg, den Gewinn oder Verlust. Daher erklärt sich die Bezeichnung Gewinn- und Verlustkonto. Ein Gewinn wird zum Ausgleich im Soll (die Habenseite mit ihren Erträgen ist größer als die Sollseite der Aufwendungen) und ein Verlust im Haben (als Ausgleich der größeren Aufwandsseite, Soll) des Gewinn- und Verlustkontos eingetragen. Diese Salden werden auf das Eigenkapitalkonto übertragen.

Abschluss der Erfolgskonten zu dem obigen Beispiel (mit Gewinn):

S	Kfz-Aufwand		H		S	Zinserträge		H
1 Bank	2.600,00	a GuV	2.600,00		c GuV	90,00	3 Bank	90,00

S	WuRA		H		S	HuGe		H
2 Bank	300,00	b GuV	300,00		d GuV	4.000,00	4 Bank	4.000,00

Soll	Gewinn- und Verlustkonto (GuV)		Haben
a) Kfz-Aufwand	2.600,00	c) Zinserträge	90,00
b) WuRA	300,00	d) HuGe	4.000,00
EK (Gewinn)	1.190,00		
	4.090,00		4.090,00

Soll	Eigenkapital	Haben
	Anfangsbestand	42.500,00
	GuV (Gewinn)	1.190,00

Abschluss der Aufwandskonten

Konten	Soll	Haben
a) GuV	2.600,00	
an Kfz-Aufwand		2.600,00
b) GuV	300,00	
an Werbe- u. Reiseaufwand		300,00

Abschluss der Ertragskonten

Konten	Soll	Haben
c) Zinserträge	90,00	
an GuV		90,00
d) Haus- u. Grundstücksertrag	4.000,00	
an GuV		4.000,00

Abschluss des Gewinn- und Verlustkontos

Konten	Soll	Haben
GuV	1.190,00	
an Eigenkapital		1.190,00

Allgemeine Form für den Abschluss des Gewinn- und Verlustkontos mit einem **Gewinn**:

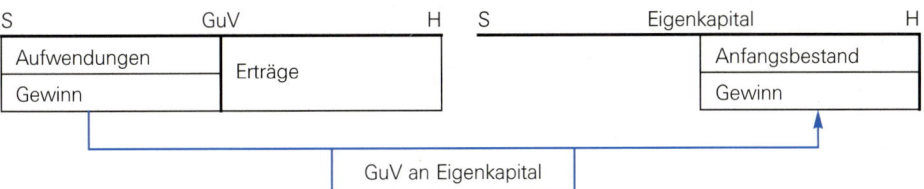

GuV an Eigenkapital

Beispiel für den Abschluss des Gewinn- und Verlustkontos mit Verlust:

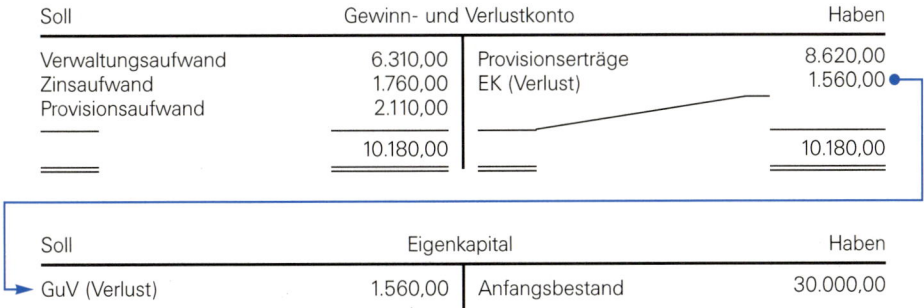

GuV-Abschluss mit Verlust

Konten	Soll	Haben
Eigenkapital	1.560,00	
an GuV		1.560,00

Allgemeine Form für den Abschluss des Gewinn- und Verlustkontos bei einem **Verlust**:

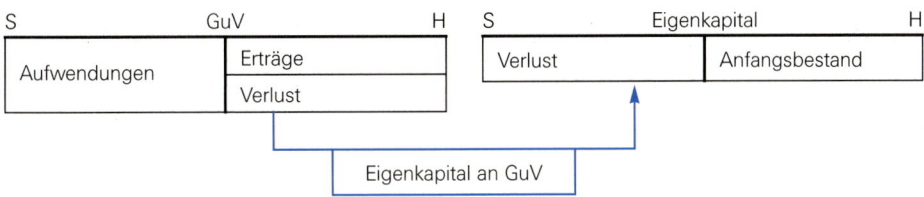

Eigenkapital an GuV

Die Erfolgskonten

➤ Im Gegensatz zu den Bestandskonten weisen die Erfolgskonten keinen Anfangsbestand auf.

➤ Die Erfolgskonten werden in Aufwandskonten und Ertragskonten unterteilt.

➤ Aufwendungen mindern das Eigenkapital und werden auf den Aufwandskonten im Soll gebucht.

➤ Erträge vermehren das Eigenkapital und werden auf den Ertragskonten im Haben gebucht.

➤ Die Aufwandskonten und Ertragskonten werden über das Gewinn- und Verlustkonto (GuV) abgeschlossen.

➤ Ist die Summe der Erträge größer als die Summe der Aufwendungen, so ergibt sich im Soll des Gewinn- und Verlustkontos ein Gewinn. Umgekehrt ergibt sich im Haben des Gewinn- und Verlustkontos ein Verlust.

➤ Aufwandsarten u. a.:
  ◗ Energieaufwand
  ◗ Gehälter
  ◗ Mietaufwand
  ◗ Provisionsaufwand
  ◗ Verwaltungsaufwand
  ◗ Zinsaufwand

➤ Ertragsarten u. a.:
  ◗ Provisionsertrag
  ◗ Zinsertrag

Reihenfolge beim Buchen

➤ Eröffnungsbilanz erstellen.

➤ Übernehmen der Anfangsbestände auf die Bestandskonten.

➤ Bilden der Buchungssätze für die Geschäftsfälle. Die entsprechenden Erfolgskonten werden eingerichtet.

➤ Buchen der Geschäftsfälle auf den Bestands- und Erfolgskonten.

➤ Abschluss der Erfolgskonten auf dem Gewinn- und Verlustkonto und Ermittlung des Gewinnes bzw. des Verlustes auf dem Gewinn- und Verlustkonto.

➤ Abschluss des Gewinn- und Verlustkontos über das Eigenkapitalkonto.

➤ Abschluss der Bestandskonten über das Schlussbilanzkonto.

Übersicht zu den Erfolgskonten

S	Aufwandskonto	H	S	Ertragskonto	H
Aufwand	Storni		Storni	Ertrag	
	Saldo		Saldo		

GuV an Aufwandskonto   Ertragskonto an GuV

Soll	Gewinn- und Verlustkonto (GuV)	Haben
Aufwandskonten		Ertragskonten
Gewinn		Verlust

Soll	Eigenkapital	Haben
Verlust		Anfangsbestand
		Gewinn

Abschluss der Erfolgskonten

Abschluss bei Gewinn

S	GuV	H
Aufwendungen	Erträge	
Gewinn		

S	Eigenkapital	H
	Anfangsbestand	
	Gewinn	

GuV an Eigenkapital

Abschluss bei Verlust

S	GuV	H
Aufwendungen	Erträge	
	Verlust	

S	Eigenkapital	H
Verlust	Anfangsbestand	

Eigenkapital an GuV

Musteraufgabe zu Kapitel 1.5

Erstellen Sie zu den nachfolgenden Angaben eine Eröffnungsbilanz!

Hypothekenverbindlichkeiten	*100.000,00 €*
Kraftfahrzeuge	*25.000,00 €*
Grundstücke und Bauten	*200.000,00 €*
Forderungen gegen Direktion	*6.700,00 €*
Bank	*34.900,00 €*
Darlehensverbindlichkeiten	*20.000,00 €*
Kasse	*3.300,00 €*
Betriebs- und Geschäftsausstattung	*30.000,00 €*
Verbindlichkeiten bei Untervertretern	*3.200,00 €*
Eigenkapital	*?*

Eröffnen Sie die Bestandskonten!

Bilden Sie zu den nachstehenden Geschäftsfällen die Buchungssätze und buchen Sie die Geschäftsfälle auf die entsprechenden Konten!

1. Die Bank schreibt der Agentur Zinsen gut	*1.700,00 €*
2. Die Provisionsagentur überweist vom Bankkonto Kraftfahrzeugsteuer an das Finanzamt	*480,00 €*
3. Die Direktion überweist der Agentur zum Ausgleich der Forderungen auf das Bankkonto	*2.000,00 €*
4. Barkauf von Büromaterial im Werte von	*80,00 €*
5. Die Bank belastet die Agentur mit Kontoführungsgebühren in Höhe von	*70,00 €*
6. Eine Werbeanzeige in der Zeitung wird durch Banküberweisung beglichen	*240,00 €*

Schließen Sie die Konten ab!

Lösung der Musteraufgabe zu Kapitel 1.5

Buchungssätze zu den Geschäftsfällen:

1. Bank	an	Zinserträge	1.700,00
2. Kfz-Aufwand	an	Bank	480,00
3. Bank	an	Forderungen gegen Direktion	2.000,00
4. Verwaltungsaufwand	an	Kasse	80,00
5. Verwaltungsaufwand	an	Bank	70,00
6. Werbe- und Reiseaufwand	an	Bank	240,00

A	Eröffnungsbilanz		P
GuB	200.000,00	EK	176.700,00
Kfz	25.000,00	HypVer	100.000,00
BGA	30.000,00	DaVer	20.000,00
FgD	6.700,00	VbUV	3.200,00
Bank	34.900,00		
Kasse	3.300,00		
	299.900,00		299.900,00

S	GuB		H
AB	200.000,00	SBK	200.000,00

S	Forderungen gegen Direktion		H
AB	6.700,00	3 Bank	2.000,00
		SBK	4.700,00
	6.700,00		6.700,00

S	Kasse		H
AB	3.300,00	4 VerwA	80,00
		SBK	3.220,00
	3.300,00		3.300,00

S	Darlehensverbindlichkeiten		H
SBK	20.000,00	AB	20.000,00

S	Kfz-Aufwand		H
2 Bank	480,00	GuV	480,00

S	Verwaltungsaufwendungen		H
4 Kasse	80,00	GuV	150,00
5 Bank	70,00		
	150,00		150,00

S	GuV		H
KfzA	480,00	ZinsE	1.700,00
VerwA	150,00		
WuRA	240,00		
EK	830,00		
	1.700,00		1.700,00

S	EK		H
SBK	177.530,00	AB	176.700,00
		GuV	830,00
	177.530,00		177.530,00

S	Kfz		H
AB	25.000,00	SBK	25.000,00

S	BGA		H
AB	30.000,00	SBK	30.000,00

S	Bank		H
AB	34.900,00	2 KfzA	480,00
1 ZinsE	1.700,00	5 VerwA	70,00
3 FgD	2.000,00	6 WuRA	240,00
		SBK	37.810,00
	38.600,00		38.600,00

S	Hypothekenverbindlichkeiten		H
SBK	100.000,00	AB	100.000,00

S	Verbindlichkeiten bei Untervertretern		H
SBK	3.200,00	AB	3.200,00

S	Zinserträge		H
GuV	1.700,00	1 Bank	1.700,00

S	Werbe- u. Reiseaufwendungen		H
6 Bank	240,00	GuV	240,00

S	SBK		H
GuB	200.000,00	EK	177.530,00
Kfz	25.000,00	HypVer	100.000,00
BGA	30.000,00	DaVer	20.000,00
FgD	4.700,00	VbUV	3.200,00
Bank	37.810,00		
Kasse	3.220,00		
	300.730,00		300.730,00

Abschluss der Erfolgskonten:

GuV	an Kfz-Aufwand	480,00
GuV	an Verwaltungsaufwand	150,00
GuV	an Werbe- und Reiseaufwand	240,00
Zinserträge	an GuV	1.700,00

Abschluss des Gewinn- und Verlustkontos:

GuV	an Eigenkapital	830,00

Abschluss der Bestandskonten:

SBK	an Grundst. und Bauten	200.000,00
SBK	an Kfz	25.000,00
SBK	an BGA	30.000,00
SBK	an Forderungen gegen Direktion	4.700,00
SBK	an Bank	37.810,00
SBK	an Kasse	3.220,00
EK	an SBK	177.530,00
Hypothekenverbindlichkeiten	an SBK	100.000,00
Darlehensverbindlichkeiten	an SBK	20.000,00
Verbindlichkeiten bei Untervertretern	an SBK	3.200,00

1.6 Das Privatkonto

1.6.1 Privatentnahmen und Privateinlagen

Der Provisionsagent als selbstständiger Unternehmer bezieht für seine Tätigkeit kein regelmäßiges Entgelt im Sinne eines Gehaltes. Die Vergütung für seinen Arbeits- und Kapitaleinsatz erfolgt über den Jahresgewinn, auf dessen Erwirtschaftung sich der Hauptzweck seiner unternehmerischen Tätigkeit richtet. Für seinen Lebensunterhalt nimmt er bereits im Laufe des Geschäftsjahres Geld aus seinem Betrieb, überweist private Rechnungen von betrieblichen Zahlungsmittelkonten oder nutzt z. B. das Agenturfahrzeug für private Fahrten. Solche Entnahmen stellen eine Vorwegnahme des Gewinnes dar. Diese Entnahmen stehen in keinem Zusammenhang mit seiner betrieblichen Tätigkeit, sondern berühren den privaten Bereich des Unternehmers. Der Agenturinhaber kann aber auch neue Mittel (Geld oder Sachwerte) in den Betrieb einbringen.

Der Agenturinhaber Schneider entnimmt der Agenturkasse 100,00 €, um ein Geburtstagsgeschenk für seine Frau zu kaufen (Fall ①). Gleichzeitig bringt er sein bisher ausschließlich privat genutztes Kraftfahrzeug in den Agenturbetrieb ein. Das Fahrzeug mit einem Wert von 6.000,00 € (Fall ②) wird dann nur noch betrieblich genutzt.

Welche Buchungen sind vorzunehmen?

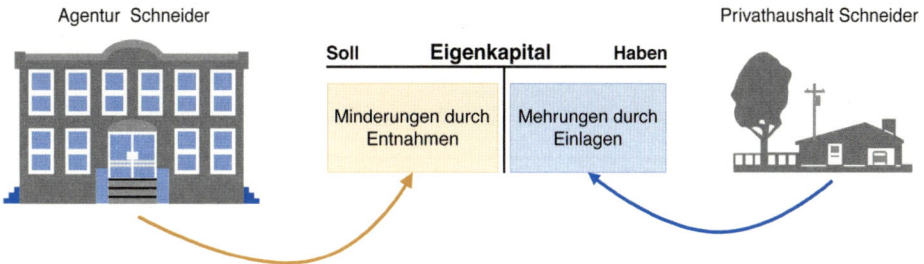

Agentur Schneider

Soll	Eigenkapital	Haben
Minderungen durch Entnahmen		Mehrungen durch Einlagen

Privathaushalt Schneider

> Die „Schnittstelle" zwischen dem betrieblichen und dem privaten Bereich ist das Eigenkapitalkonto.

Folgende Buchungen wären für den obigen Geschäftsfall auf dem Konto Eigenkapital vorzunehmen:

Soll	Eigenkapital	Haben
① Kasse 100,00	AB ② Kfz	80.000,00 6.000,00

Die Privatvorgänge werden zur besseren Übersicht nicht direkt auf dem Konto Eigenkapital erfasst, sondern auf einem Unterkonto, dem Konto **Privat**.

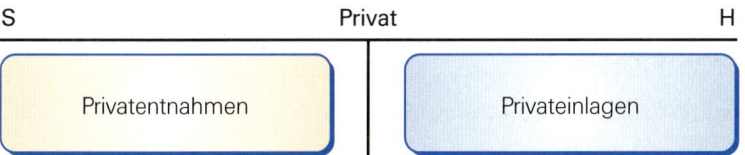

S	Privat	H
Privatentnahmen		Privateinlagen

> Privat**entnahmen** mindern das betriebliche Eigenkapital, Privat**einlagen** mehren das betriebliche Eigenkapital. Privatentnahmen werden auf dem Privatkonto im Soll gebucht, Privateinlagen werden auf dem Privatkonto im Haben gebucht.

Buchungen des Eingangsbeispiels auf dem Privatkonto:

Fall ① Privatentnahme

Konten	Privat	Kasse
Kontenart	Unterkonto EK	Aktivkonto
Art der Veränderung	100,00 (EK-Minderung)	– 100,00
Kontenseite	Soll	Haben

Konten	Soll	Haben
Privat	100,00	
an Kasse		100,00

Fall ② Privateinlage

Konten	Kraftfahrzeuge	Privat
Kontenart	Aktivkonto	Unterkonto EK
Art der Veränderung	+ 6.000,00	6.000,00 (EK-Mehrung)
Kontenseite	Soll	Haben

Konten	Soll	Haben
Kraftfahrzeuge	6.000,00	
an Privat		6.000,00

> Das Unterkonto Privat wird über das Eigenkapitalkonto abgeschlossen.

Abschluss des Privatkontos

Konten	Soll	Haben
Privat	5.900,00	
an Eigenkapital		5.900,00

Kontendarstellung:

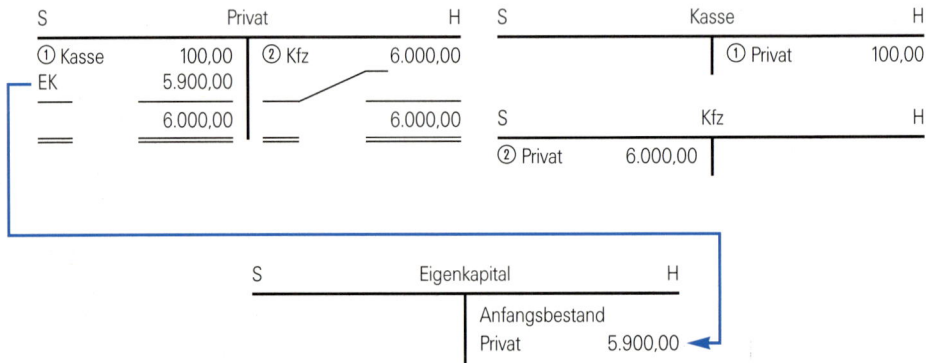

Folgende Privatvorgänge sind in einer Provisionsagentur denkbar:

Soll	Privat	Haben

Entnahmen

➤ Geldentnahmen
aus der Kasse, Abhebung vom Bank-, Postbankkonto;
Überweisung privater Zahlungsverpflichtungen wie Einkommensteuer,
Miete etc.;

➤ Sachentnahmen,
z.B. Büromaterial, Kfz;

➤ Nutzungsentnahmen,
z.B. private Nutzung des betrieblichen
Telefons, Kfz, Wohn-/Geschäftsraumes.

Einlagen

➤ Geldeinlagen
durch den Inhaber in Kasse, Bank, Postbank;

➤ Überweisung betrieblicher Zahlungsverpflichtungen;

➤ Sacheinlagen,
z.B. Kfz, Schränke;

➤ Nutzungseinlagen,
z.B. betriebliche Nutzung des privaten
Telefons, Kfz, Wohnraums.

Anmerkung: Einzahlungen als direkte Erhöhungen der Kapitaleinlagen oder bei Neuaufnahme von Gesellschaftern werden sofort auf dem Konto Eigenkapital gebucht.

1.6.2 Der Abschluss des Privatkontos

Am Jahresende sind beim Abschluss des Privatkontos folgende Situationen denkbar:

1. Die Privat**entnahmen** überwiegen.

2. Die Privat**einlagen** überwiegen.

1. Privatentnahmen > Privateinlagen = Eigenkapitalminderung

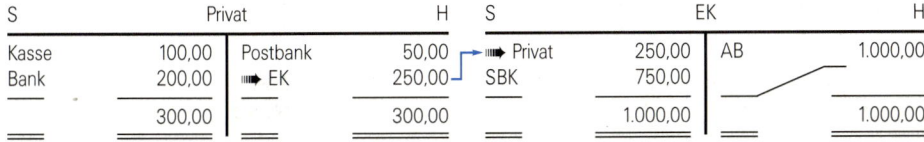

Abschluss des Kontos Privat mit Entnahmeüberhang

Konten	Soll	Haben
Eigenkapital	250,00	
an Privat		250,00

Allgemeine Form der Darstellung:

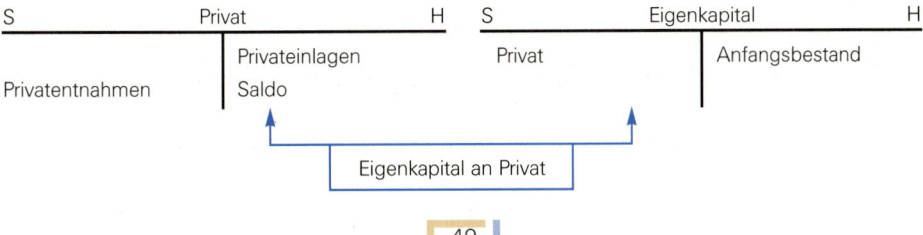

4 Drapatz/Franke/Hess – ISBN 978-3-8120-0494-7

2. Privatentnahmen < Privateinlagen = Eigenkapitalmehrung

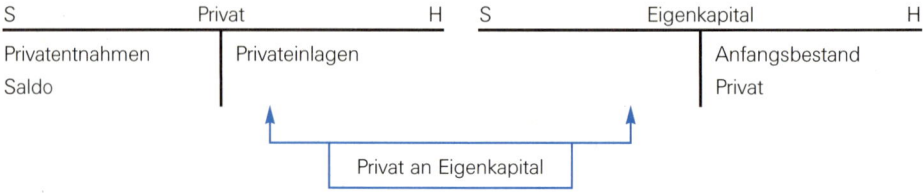

S	Privat		H	S	Eigenkapital		H
Kasse	70,00	Bank	300,00	SBK	2.330,00	AB	2.000,00
⟶ EK	330,00	Kasse	100,00			⟶ Privat	330,00
	400,00		400,00		2.330,00		2.330,00

Abschluss des Kontos Privat mit Einlageüberhang

Konten	Soll	Haben
Privat	330,00	
an Eigenkapital		330,00

Allgemeine Form der Darstellung:

S	Privat	H	S	Eigenkapital	H
Privatentnahmen	Privateinlagen				Anfangsbestand
Saldo					Privat

Privat an Eigenkapital

**Privat-
vorgänge**

➤ Privatentnahmen sind Wertabgaben des Betriebsvermögens an den außerbetrieblichen privaten Bereich des Unternehmers. Sie mindern das Eigenkapital.

➤ Privateinlagen sind Wertzuführungen aus dem außerbetrieblichen privaten Bereich des Unternehmers. Sie mehren das Eigenkapital.

➤ Auf dem Privatkonto ist so zu buchen wie auf dem Eigenkapitalkonto: die Eigenkapitalminderungen (Privatentnahmen) im Soll, die Eigenkapitalmehrungen (Privateinlagen) im Haben des Privatkontos.

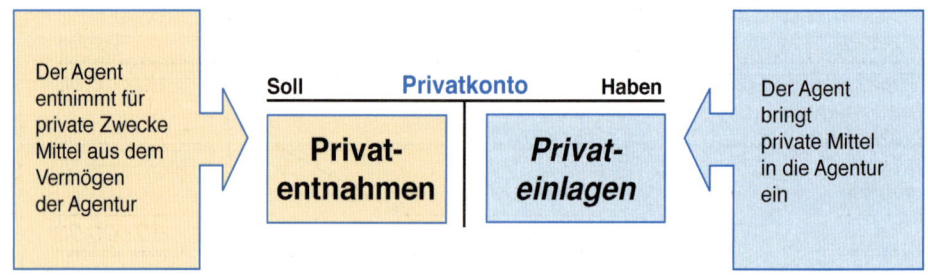

Der Agent entnimmt für private Zwecke Mittel aus dem Vermögen der Agentur

Soll **Privatkonto** Haben

Privat-entnahmen

Privat-einlagen

Der Agent bringt private Mittel in die Agentur ein

Musterbuchungs-
sätze

für Privatentnahmen		
Privat	an	Vermögenskonto

für Privateinlagen		
Vermögenskonto	an	Privat

Abschluss des Privatkontos: Entnahmen > Einlagen		
Eigenkapital	an	Privat

Abschluss des Privatkontos: Einlagen > Entnahmen		
Privat	an	Eigenkapital

Reihenfolge
beim Buchen
und Abschluss

➤ Eröffnungsbilanz erstellen.

➤ Übernehmen der Anfangsbestände auf die Bestandskonten.

➤ Bilden der Buchungssätze für die Geschäftsfälle.

➤ Buchen der Geschäftsfälle auf den Bestands- und Erfolgskonten. Die entsprechenden Konten werden dabei eingerichtet.

➤ Abschluss des Privatkontos auf das Konto Eigenkapital.

➤ Abschluss der Erfolgskonten auf dem Gewinn- und Verlustkonto und Ermittlung des Gewinnes bzw. des Verlustes auf
dem Gewinn- und Verlustkonto.

➤ Abschluss der Bestandskonten über das Schlussbilanzkonto.

Musteraufgabe zu Kapitel 1.6

Buchen Sie den nachstehenden Geschäftsfall im Grund- und Hauptbuch!

Aktiva	Eröffnungsbilanz		Passiva
Betriebs- und Geschäfts-ausstattung	20.000,00	Eigenkapital	60.000,00
Kraftfahrzeuge	15.000,00		
Bank	20.000,00		
Kasse	5.000,00		
	60.000,00		60.000,00

Geschäftsfälle:

1. Der Agent entnimmt für private Zwecke Geld aus der Kasse   *500,00 €*

2. Die Bank schreibt uns Zinsen gut   *3.000,00 €*

*3. Der private Schreibtisch des Agenten wird in den Betrieb
übernommen, Wert*   *600,00 €*

*4. Die Miete für die Privatwohnung des Agenten wird vom
Bankkonto der Agentur überwiesen*   *800,00 €*

*5. Der Generalagent gibt beim Kauf eines neuen Kraftfahrzeuges
im Wert von*   *20.000,00 €*
für die Agentur ein altes privates Fahrzeug im Wert von   *3.000,00 €*
in Zahlung, der Rest wird per Bankscheck beglichen

*6. Banküberweisung für die Reparatur des Agenturfahrzeuges
in Höhe von*   *400,00 €*

Das Fahrzeug wird zu 30 % für Privatfahrten genutzt

Lösung der Musteraufgabe zu Kapitel 1.6

Buchungssätze:

1.	Privat		an	Kasse	500,00
2.	Bank		an	Zinserträge	3.000,00
3.	Betriebs und Geschäftsausstattung		an	Privat	600,00
4.	Privat		an	Bank	800,00
5.	Kraftfahrzeuge	20.000,00	an	Privat	3.000,00
				Bank	17.000,00
6.	Kraftfahrzeugaufwand	280,00			
	Privat	120,00	an	Bank	400,00

Abschluss des Privatkontos:

Privat		an	Eigenkapital	2.180,00

Abschluss des Gewinn- und Verlustkontos:

Gewinn- und Verlustkonto	an	Eigenkapital	2.720,00

S	Betriebs- und Geschäftsausstattung		H	S	Kraftfahrzeuge		H
AB	20.000,00	SBK	20.600,00	AB	15.500,00	SBK	35.000,00
3 Privat	600,00			5 Pr/BA	20.000,00		
	20.600,00		20.600,00		35.000,00		35.000,00

S	Kasse		H
AB	5.000,00	1 Priv	500,00
		SBK	4.500,00
	5.000,00		5.000,00

S	Privat		H
1 Ka	500,00	3 BGA	600,00
4 Ba	800,00	5 Kfz	3.000,00
6 Ba	120,00		
EK	2.180,00		
	3.600,00		3.600,00

S	Kraftfahrzeugaufwand		H
6 Ba	280,00	GuV	280,00

S	Schlussbilanzkonto		H
BGA	20.600,00	EK	64.900,00
Kfz	35.000,00		
Ba	4.800,00		
Ka	4.500,00		
	64.900,00		64.900,00

S	Bank		H
AB	20.000,00	4 Privat	800,00
2 ZinsE	3.000,00	5 Kfz	17.000,00
		6 KfzA/Priv	400,00
		SBK	4.800,00
	23.000,00		23.000,00

S	Eigenkapital		H
SBK	64.900,00	AB	60.000,00
		Priv	2.180,00
		GuV	2.720,00
	64.900,00		64.900,00

S	Zinserträge		H
GuV	3.000,00	2 Bank	3.000,00

S	Gewinn- und Verlustkonto		H
KfzA	280,00	ZinsE	3.000,00
EK	2.720,00		
	3.000,00		3.000,00

Kontensystematik im Überblick

Eröffnungsbilanz

A | **P**

Aktive Bestände u.a.:
Grundstücke und Bauten
Kraftfahrzeuge
Betriebs- u. Geschäftsausst.
Forderungen gegen Direktion
Postbank
Bank
Kasse

Passive Bestände u.a.:
Eigenkapital
Hypothekenverbindlichkeiten
Darlehensverbindlichkeiten
Verb. b. Untervertretern

besonderes Passivkonto
mit Unterkonten

Aktivkonto

S		H
Anfangsbestand		Abgänge (–)
Zugänge (+)		Schlussbestand

Passivkonto

S		H
Abgänge (–)		Anfangsbestand
Schlussbestand		Zugänge (+)

Schlussbilanzkonto

S		H
Aktivkonten		Passivkonto

Eigenkapital

S		H
Verlust		Anfangsbestand
Schlussbestand		Gewinn

Privat

S		H
Privatentnahmen		Privateinlagen

S Gewinn- u. Verlustkonto H

S		H
Aufwendungen		Erträge
Gewinn		Verlust

Aufwandskonto

S		H
Aufwendungen		Storni
		Saldo

Ertragskonto

S		H
Storni		Erträge
Saldo		

Erfolgskontenkreis

Bestandskontenkreis

1.7 Exkurs: Grundzüge der Buchungstechnik nach der Wertstrommethode

1.7.1 Die Provisionsagentur als Modellbetrieb

Ein Auszubildender kommt während der Ausbildung durch die tägliche Arbeit mit der Buchführung in Berührung, aber erst am Jahresende bzw. Jahresanfang mit Inventurtätigkeiten, dem Inventar und der Bilanz. Es ist naheliegend, die Grundlagen der Buchführung und der Buchungstechniken aus dem Betriebsprozess der Agenturtätigkeiten heraus zu erklären und abzuleiten, folglich den Weg der „Bilanzmethode" zu verlassen.

In den folgenden Ausführungen wird die Buchführung prozessorientiert an dem Modell einer Agentur beschrieben und begründet. Nach den einzelnen Kapiteln können die beschriebenen Inhalte mit Hilfe der Übungsaufgaben aus den entsprechenden vorherigen Teilen dieses Buches eingeübt werden.

Eine Versicherungsagentur „produziert" im Rahmen ihrer betrieblichen Tätigkeit Dienstleistungen. Sie

➤ informiert Kunden über Versicherungsprodukte;

➤ erstellt Risikoanalysen bei potenziellen Versicherungsnehmern;

➤ nimmt Neu- und Änderungsanträge auf;

➤ unterstützt die Direktion bei der Regulierung von Versicherungsfällen;

➤ vermittelt Finanzdienstleistungsprodukte;

➤ übernimmt für die Direktion Verwaltungstätigkeiten.

Um diese Dienstleistungen bereitstellen zu können, bedarf es eines eingerichteten Betriebes. Dazu werden u. a.

➤ Betriebsmittel in Form vom Grundstücken und Bauten, Betriebs- und Geschäftsausstattung sowie Kraftfahrzeuge benötigt (Gebrauchsgüter);

➤ Dienstleistungen von Untervertretern, Mitarbeitern, Werbeagenturen und anderen genutzt;

➤ Verbrauchsgüter (z. B. Kraftstoffe, Energie) eingesetzt;

➤ Finanzierungsmittel von Kreditgebern bereitgestellt.

Durch die betriebliche Tätigkeit verändern sich die Werte innerhalb einer Agentur. Die Buchführung hat die Aufgabe, diese Veränderungen aufzuzeichnen. Aus den grundlegenden Vorgängen in einem Betrieb und den Außenbeziehungen zu Lieferanten und Kunden lassen sich die Regeln für die Aufzeichnungen der Geschäftsfälle im Rahmen der Buchführung ableiten.

1.7.2 Die Buchung der Werteveränderungen in einer Provisionsagentur

Boris Meinel ist Auszubildender in der Versicherungsagentur Schneider.

Im Rahmen seiner Ausbildung beschäftigt er sich auch mit den Buchungsvorgängen innerhalb der Agentur.

Er bekommt den folgenden Auszug aus dem Kassenbericht vorgelegt.

Betrieb ▶ ___Agentur F. Schneider___   Monat ▶ ___April___ Blatt ▶ ___10___

Dat.	Beleg Nr.	K a s s e n - Einnahmen	Ausgaben	Kassen- Bestand	Text
15.04				980,00	Übertrag
	1		522,00		Einkauf ISDN Anlage
	2	200,00			Verkauf gebr. Schreibtisch

Welche Veränderungen ergeben sich für die Bestände der Agentur und wie erfolgt die Buchung dieser Vorgänge?

Die Agentur hat mit Beleg Nr. 1 eine neue ISDN-Anlage erworben und diese bar bezahlt, mit Beleg 2 wurde ein gebrauchter Schreibtisch aus der Agentur verkauft, der Verkaufspreis wurde ebenfalls bar entrichtet.

> Jeder Geschäftsfall besteht aus einer **Leistung** und einer gleichzeitigen **Gegenleistung**.

Beleg 1:

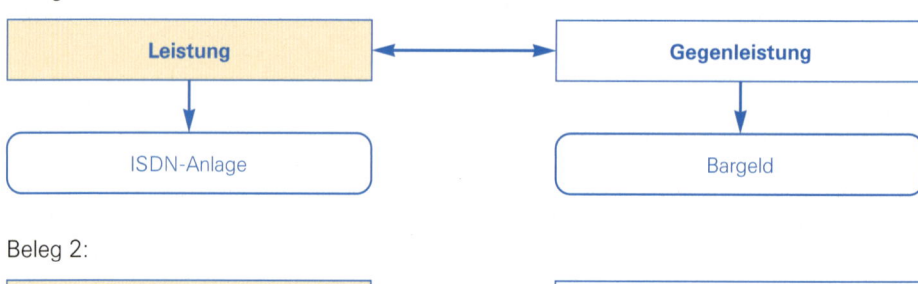

Beleg 2:

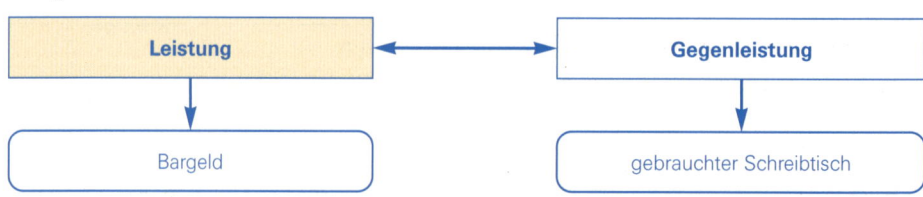

> Diese Werteveränderungen sind in der betrieblichen Buchführung aufzuzeichnen. Dabei wird deutlich, dass jedem **Wertezugang** ein **Werteabgang** in gleicher Höhe gegenübersteht.

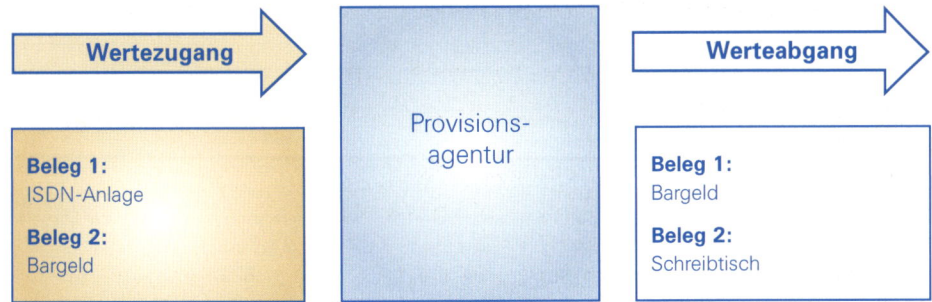

Das Instrument zur Aufzeichnung der Veränderungen ist das Konto mit den beiden Seiten Soll und Haben. Ein Konto repräsentiert einen Teilbereich des Unternehmensmodells, in dem Zu- und Abgänge aufgezeichnet werden.

Ein **Wertezugang** wird auf der **Sollseite** eines Kontos und ein **Werteabgang** auf der **Habenseite** des Gegenkontos erfasst.

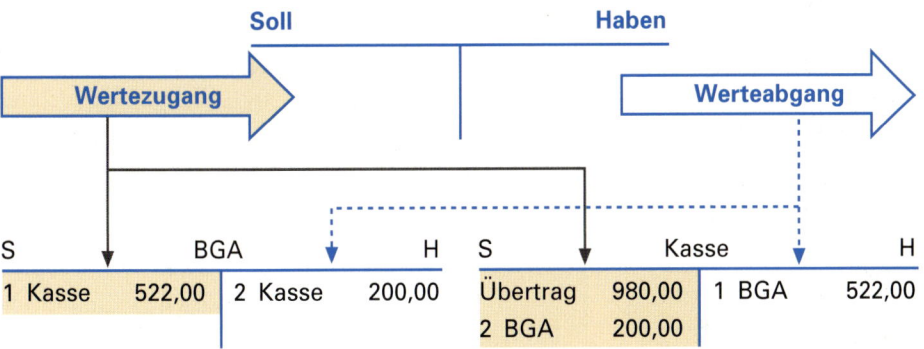

Mit Hilfe von Buchungssätzen werden die Geschäftsfälle in Kurzform dargestellt. Bei einem einfachen Buchungssatz werden durch den Geschäftsfall die Wertveränderungen auf zwei Konten erfasst: ein Konto mit einem Wertezugang (Soll) und ein Konto mit einem Werteabgang (Haben). Üblicherweise nennt man bei einem Buchungssatz zuerst das Konto mit der Sollbuchung, dann das Konto mit der Habenbuchung. Beide Konten werden mit „an" verbunden.[1]

| Soll (Konto für Wertezugang) | Betrag |
| an Haben (Konto für Werteabgang) | Betrag |

Buchungssatz zu Beleg 1:

Konten	Soll	Haben
Betriebs- u. Geschäftsausstattung	522,00	
an Kasse		522,00

---
1 Vergl. hierzu Seite 29 ff.

Buchungssatz zu Beleg 2:

Konten	Soll	Haben
Kasse	200,00	
an Betriebs- u. Geschäftsausst.		200,00

Die Agentur erwirbt von dem Autohaus Homann ein neues Agenturfahrzeug im Wert von 18.000,00 €. Der Kaufpreis wird von der Hausbank des Autohauses mit einer Laufzeit von 6 Jahren durch ein Darlehen finanziert.

Welche Wertveränderungen finden durch diesen Geschäftsfall statt und wie sind diese zu buchen?

Die Agentur hat zur Finanzierung des Kaufpreises von dem Autohaus einen Kredit erhalten und ist damit eine Verbindlichkeit eingegangen. Diese Verbindlichkeit ist ein **Zahlungsversprechen** gegenüber der Bank und wird i. d. R. durch einen Kreditvertrag repräsentiert.

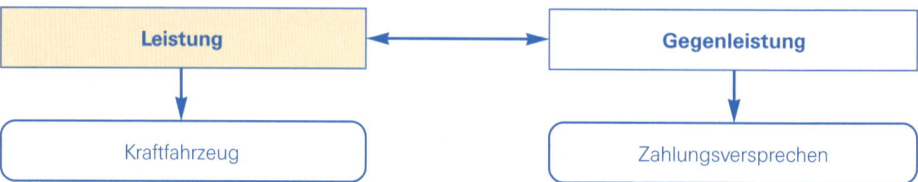

Entsprechend den Überlegungen zu den Wertezugängen und Werteabgängen wird dieser Fall auf den Konten erfasst.

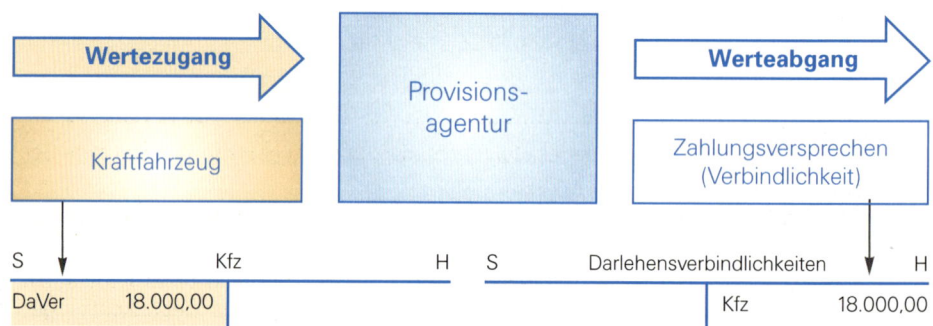

Konten	Soll	Haben
Kraftfahrzeuge	18.000,00	
an Darlehensverbindlichkeiten		18.000,00

Vom Bankkonto der Agentur wird eine Rückzahlungsrate des Darlehens in Höhe von 250,00 € abgebucht.

Wie lautet der Buchungssatz?

Die Agentur erhält einen Teil des Zahlungsversprechens zurück (**Wertezugang**) und dafür fließen vom Bankkonto Zahlungsmittel ab (**Werteabgang**).

Buchungssatz:

Konten	Soll	Haben
Darlehensverbindlichkeiten	250,00	
an Bank		250,00

Ein Mitarbeiter der Agentur erhält bar ein Darlehen über 1.000,00 €.
Wie lautet der Buchungssatz?

Durch dieses Darlehen fließen Zahlungsmittel ab und als Gegenleistung erhält die Agentur das Rückzahlungsversprechen des Mitarbeiters. Ein erhaltenes Zahlungsversprechen wird als Forderung bezeichnet.

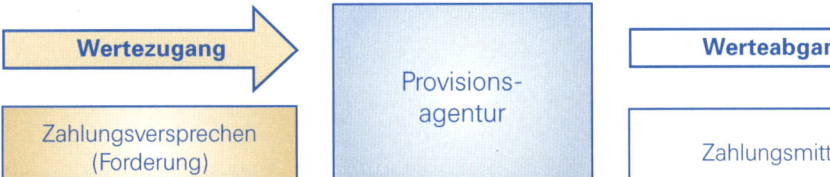

Buchungssatz:

Konten	Soll	Haben
Forderungen gegen Arbeitnehmer	1.000,00	
an Kasse		1.000,00

Grundlagen der Buchungs-technik

➤ Jeder Leistung entspricht in gleicher Höhe eine sofortige Gegenleistung.

➤ Jeder Geschäftsfall verursacht einen Wertezugang und einen Werteabgang.

➤ Ein Wertezugang wird auf der **Soll**seite eines Kontos, ein Werteabgang auf der **Haben**seite des Gegenkontos gebucht.

➤ Die Summe der Wertezugänge entspricht der Summe der Werteabgänge.

➤ Eine **Verbindlichkeit** ist ein abgegebenes Zahlungsversprechen = **Werteabgang**

➤ Eine **Forderung** ist ein empfangenes Zahlungsversprechen = **Wertezugang**

> ➤ Beim Ausgleich (Rückzahlung) von Forderungen und Verbindlichkeiten werden die Zahlungsversprechen eingelöst.
>
> Forderung = Werteabgang (Der Schuldner erhält das Zahlungsversprechen zurück.)
>
> Verbindlichkeit = Wertezugang (Der Gläubiger gibt das Zahlungsversprechen an den Betrieb zurück.)

1.7.3 Buchungen im Zusammenhang mit der Gründung einer Agentur

Im folgenden Kapitel sollen die wirtschaftlichen Prozesse eines Unternehmens (der Provisionsagentur) in Form eines Modells abgebildet werden. Es wird dargestellt, von wem das Unternehmen Mittel erhält und an wen es Mittel abgeben muss.

1.7.3.1 Der Finanzierungsprozess

1.7.3.1.1 Eigenkapitalbeschaffung

Michael Heinzel hat bei der ALBATROS-Versicherungs-AG seine außendienstorientierte Ausbildung zum Versicherungskaufmann beendet. Ab dem 01.08.20.. wird er als selbstständiger Kaufmann eine Agentur auf seinen Namen betreiben und Kunden der ALBATROS-AG betreuen. Er hat 15.000,00 € gespart, die er in den neuen Betrieb einbringen wird, um davon die Einrichtung zu finanzieren. Für seine Agentur wurde bei der Hansebank ein Bankkonto eingerichtet, auf das er die 15.000,00 € einzahlt.

Wie wird dieser Vorgang buchhalterisch dargestellt?

In der Agentur wird ein Wertezugang in Höhe von 15.000,00 € verzeichnet. Dadurch erwirbt der Eigentümer einen Anspruch auf die Rückzahlung dieser Einlage. Wenn das Unternehmen verkauft oder aufgelöst wird und alle Schulden bezahlt sind, steht das verbleibende Vermögen (Reinvermögen) dem Eigentümer zu. Das bereitgestellte Kapital durch die Eigentümer nennt man Eigenkapital. Das Unternehmen schuldet dem Eigentümer dieses Eigenkapital, ohne dass bereits feststeht, wann diese Schuld beglichen wird.

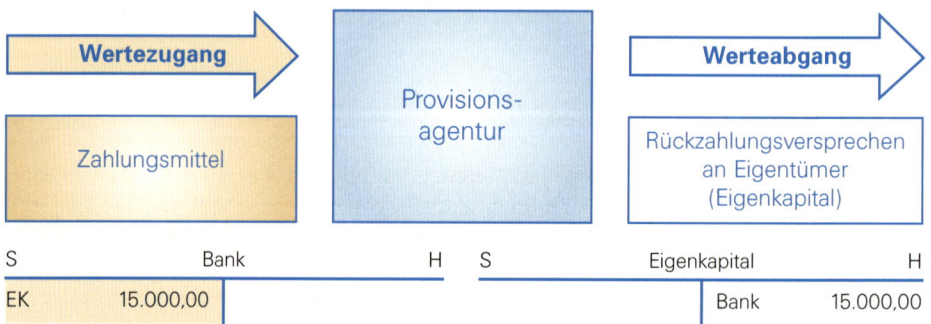

Eigentümer können auch Sachwerte in den Betrieb als Einlage leisten. Dadurch verändert sich nur das Konto für den Wertezugang.

Entnimmt der Unternehmer für private Zwecke Zahlungsmittel, Sachgüter oder Leistungen aus dem Betrieb, so findet einerseits ein Werteabgang aus dem Betrieb statt, andererseits reduziert sich für den Betrieb die Rückzahlungsverpflichtung an den Unternehmer in Höhe der Privatentnahme.

Zur besseren Übersicht und u. a. aus steuerlichen Gründen werden die privaten Vorgänge nicht direkt auf dem Konto Eigenkapital erfasst. Ein Unterkonto, das Konto **Privat,** nimmt diese Entnahmen und Einlagen auf, wird am Jahresende auf dem Konto Eigenkapital abgeschlossen und mit den Zahlungsverpflichtungen auf dem Eigenkapitalkonto verrechnet.

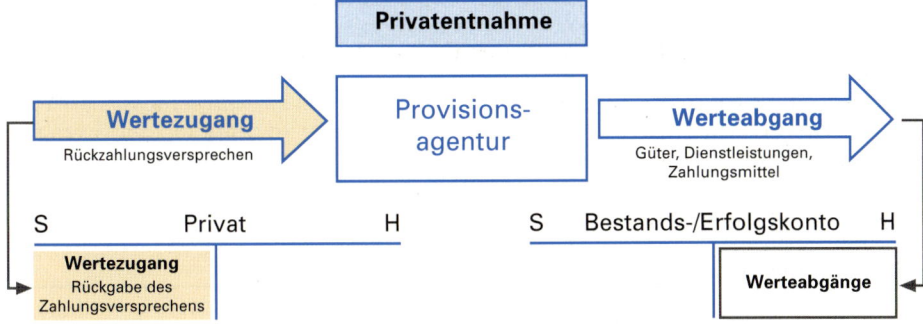

Fügt der Eigentümer aus der privaten Sphäre Werte in den Betrieb ein, erhält er wiederum in gleicher Höhe ein Rückzahlungsversprechen.

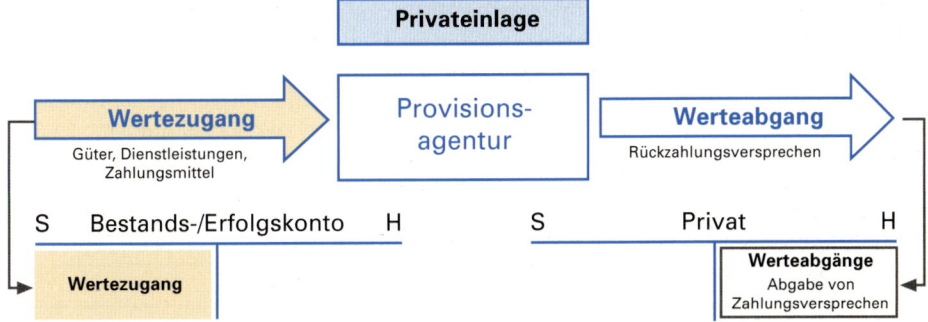

1.7.3.1.2 Fremdkapitalbeschaffung

Die eigene Einlage reicht aber zur Finanzierung der notwendigen Betriebs- und Geschäftsausstattung nicht aus. M. Heinzel erhält von der Hansebank ein Darlehen in Höhe von 10.000,00 €. Der Darlehensbetrag wird dem Agenturbankkonto gutgeschrieben.

Welche Wertevorgänge ergeben sich daraus für die Agentur und wie sind diese zu buchen?

Die Bank stellt der Agentur Zahlungsmittel **(Wertzugang)** auf dem Bankkonto zur Verfügung. Durch den Darlehensvertrag geht der Betrieb eine Rückzahlungsverpflichtung **(Werteabgang)** gegenüber der Bank ein. Darlehen (Verbindlichkeiten) sind für den Betrieb Fremdkapital.

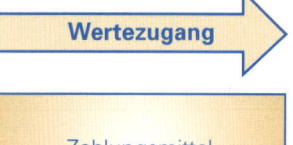

Wertezugang	Provisions-agentur	Werteabgang
Zahlungsmittel		Rückzahlungsversprechen an Kreditgeber (Fremdkapital)

Entsprechend den obigen Überlegungen wird die Kapitalaufnahme auf Konten gebucht:

Konten	Soll	Haben
Bank	10.000,00	
an Darlehensverbindlichkeiten		10.000,00

S	Bank	H	S	Darlehensverbindlichkeiten	H
EK	10.000,00			Bank	10.000,00

1.7.3.2 Beschaffung von Betriebsvermögen

Von dem Einrichtungshaus Möller & Schneider erwirbt M. Heinzel seine Büroeinrichtung im Wert von 12.000,00 €. Der Rechnungsbetrag wird sofort nach Lieferung der Einrichtung durch einen Bankscheck beglichen.
Wie lauten die Buchungen?

Wertezugang	Provisions-agentur	Werteabgang
Betriebs- und Geschäfts-ausstattung		Zahlungsmittel

Konten	Soll	Haben
Betriebs- u. Geschäftsausstattung	12.000,00	
an Bank		12.000,00

S	Betriebs- und Geschäftsausst.	H	S	Bank	H
Bank	12.000,00			BGA	12.000,00

Nach diesen Ausführungen lässt sich ein **Modell der Agentur in der Gründungsphase** erstellen, in dem die wirtschaftliche Realität vereinfacht dargestellt wird.

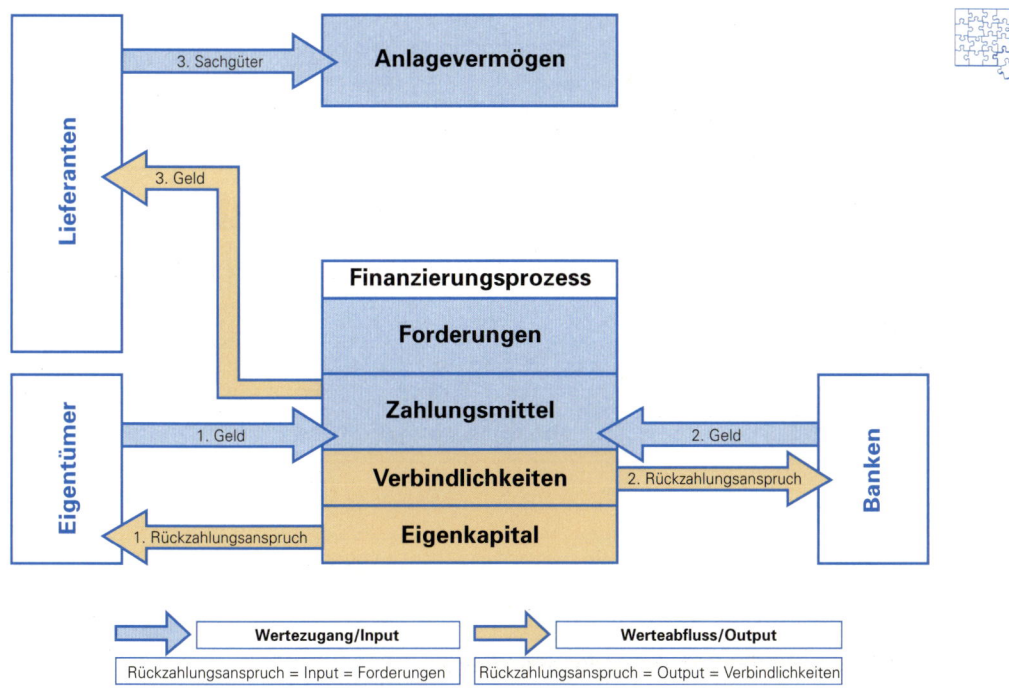

Am Ende eines jeden Geschäftsjahres sind die Vermögenswerte und Schulden (Fremdkapital) im Rahmen einer Inventur festzustellen (vgl. dazu Kapitel 1.3). Durch den Werteaustausch (Zu- und Abgänge) des Unternehmens im Rahmen der Außenbeziehungen lassen sich das Zustandekommen sowie die Höhe des Vermögens und der Schulden erklären. Auf den Konten wird der Buch-(Soll-)Bestand festgehalten, durch die Inventur der tatsächliche (Ist-)Bestand festgestellt. Abweichungen der Soll- und Istbestände werden korrigiert. Der Abschluss der Bestandskonten wird auf dem Schlussbilanzkonto vorgenommen. Aus dem Inventar wird die Bilanz erstellt, die in Kontenform die eingeflossenen Vermögenswerte auf der Aktivseite und die abgeflossenen Schuldversprechen (Kapital) auf der Passivseite aufzeichnet.

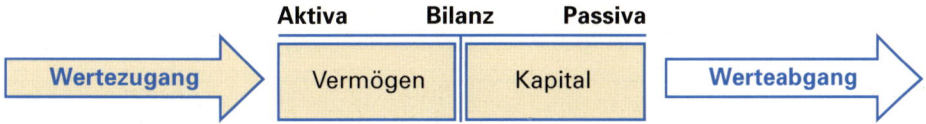

Aus einer Bilanz werden zu Beginn des neuen Geschäftsjahres die Konten zur Aufzeichnung der Geschäftsfälle abgeleitet, die aktiven Bestandskonten und die passiven Bestandskonten, und mit den Schlussbeständen des Vorjahres eröffnet.

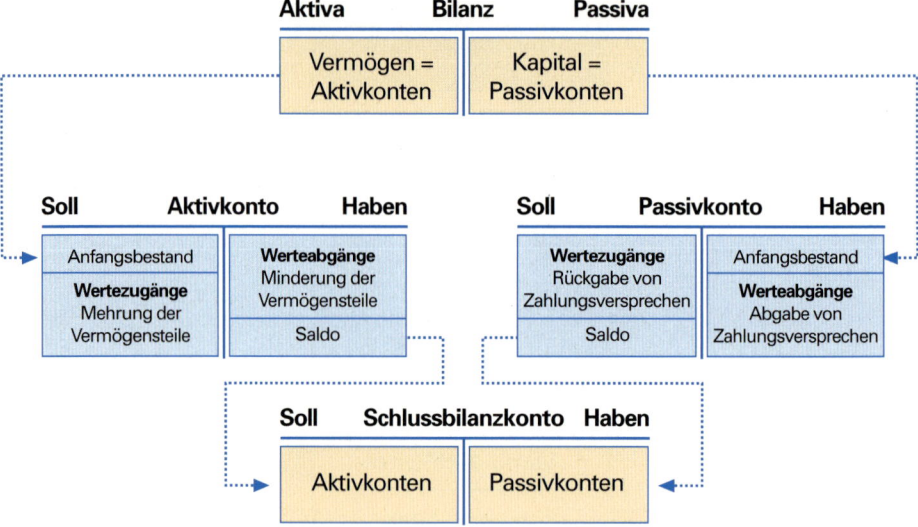

1.7.4 Die Buchungen im Leistungsprozess einer Agentur

1.7.4.1 Der Wertezugang für die Leistungserstellung einer Agentur (Aufwendungen)

Im bisherigen Unternehmensmodell wurde nur die Bestandsrechnung betrachtet, die sich auf einen bestimmten Zeitpunkt (z.B. Bilanzstichtag) bezogen hat. Dieses Modell wird um die Prozesse der Leistungserstellung und Leistungsverwertung, also eine Zeitraumbetrachtung, erweitert.

Bei einem Dienstleistungsunternehmen sind die betrieblichen Funktionen der Beschaffung und des Absatzes vorhanden. Die „Produktion" erfolgt zeitgleich mit dem Absatz.

Damit eine Agentur die Dienstleistungen erbringen kann, sind bestimmte Wertzugänge für den Leistungsprozess notwendig. Die Agentur nimmt die Leistungen von anderen in Anspruch (Arbeitsleistung der Mitarbeiter, Versicherungsschutz, Telekommunikation usw.), außerdem wird das Anlagevermögen im Leistungsprozess eingesetzt.

> Im Gegensatz zur Bestandsrechnung werden die eingesetzten Werte verbraucht und als **Aufwendungen** bezeichnet.
>
> Dem Wertezugang im Leistungsprozess steht ein Werteabgang im Finanzierungsbereich gegenüber.

> Vom Bankkonto der Agentur M. Heinzel wird die Telefonrechnung in Höhe von 315,00 € abgebucht.
> Welche Wertveränderungen finden statt und wie lautet die Buchung?

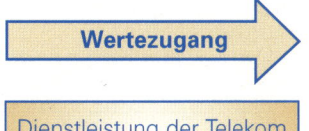

Wertezugang	Provisions-agentur	Werteabgang
Dienstleistung der Telekom (Aufwendungen)		Zahlungsmittel

Konten	Soll	Haben
Verwaltungsaufwand	315,00	
an Bank		315,00

S	Verwaltungsaufwand	H	S	Bank	H
Bank 315,00				VerwA	315,00

Ein Untervertreter hat für die Agentur einen Antrag vermittelt und erhält dafür eine Provision in Höhe von 126,00 € gutgeschrieben.
Wie lautet die Buchung?

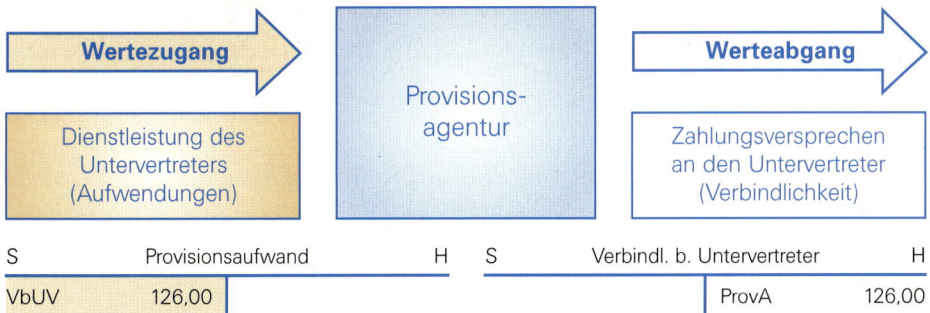

Wertezugang	Provisions-agentur	Werteabgang
Dienstleistung des Untervertreters (Aufwendungen)		Zahlungsversprechen an den Untervertreter (Verbindlichkeit)

S	Provisionsaufwand	H	S	Verbindl. b. Untervertreter	H
VbUV 126,00				ProvA	126,00

Konten	Soll	Haben
Provisionsaufwand	126,00	
an Verbindl. b. Untervertreter		126,00

1.7.4.2 Die Vermittlungsleistung der Agentur als Werteabgang (Erträge)

Die Beratungs- und Vermittlungsdienstleistung aus dem Leistungsprozess der Agentur wird gegenüber Versicherungsnehmern und Interessenten erbracht, die Dienstleistung wird „verkauft" und stellt einen **Werteabgang** dar. Den Wert dieser Leistung messen wir an der Provision, die der Agentur dafür von der Direktion eingeräumt wird, da ein „Kaufpreis" wie bei Sachgüter produzierenden Unternehmen nicht vorhanden ist.

5 Drapatz/Franke/Hess – ISBN 978-3-8120-0494-7

> Durch die Verwertung der betrieblichen Leistung (Werteabgang) entstehen **Erträge.** Dem Werteabgang aus den Erträgen steht ein Wertzugang im Finanzierungsbereich gegenüber.

Die Direktion schreibt der Agentur M. Heinzel 720,00 € Abschlussprovision gut. Wie lautet die Buchung?

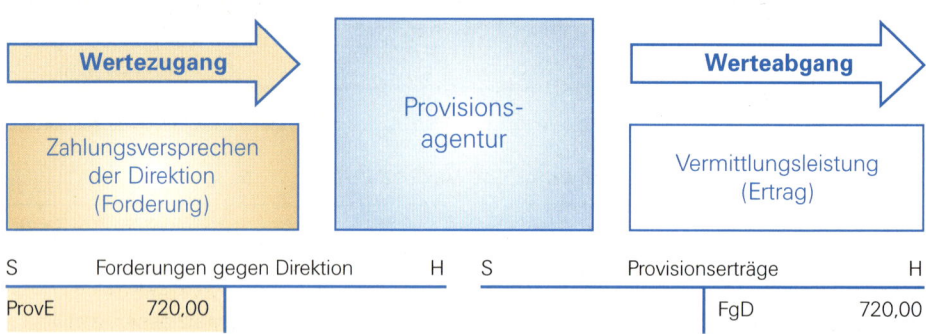

S	Forderungen gegen Direktion		H	S		Provisionserträge		H
ProvE	720,00						FgD	720,00

Konten	Soll	Haben
Forderungen gegen Direktion	720,00	
an Provisionsertrag		720,00

Anmerkung: Häufig wird die Formulierung „der Betrieb erhält Erträge" für die buchhalterische Zuordnung der Leistungsabgabe benutzt. Gemeint ist damit aber, dass Entgelte (Zahlungsmittel bzw. Forderungen) für die erbrachten Leistungen in das Unternehmen kommen und die Höhe der Leistungsabgabe lediglich durch den Ertrag (Umsatzerlös) gemessen wird.

1.7.4.3 Der Erfolg als Ergebnis des Leistungsprozesses

Das Ergebnis des Leistungsprozesses ist der Erfolg eines Unternehmens in Höhe des erwirtschafteten Gewinnes oder Verlustes. Überwiegen die Erträge (die Leistungsabgabe) die Aufwendungen (Inanspruchnahme von Leistungen), dann hat das Unternehmen einen **Gewinn** erwirtschaftet. Übersteigen aber die Aufwendungen die Erträge, so liegt ein **Verlust** vor.

Das Ergebnis der unternehmerischen Tätigkeit in einer Periode wird in dem Gewinn- und Verlustkonto abgebildet, das die Salden der Erfolgskonten (Aufwands- und Ertragskonten) aufnimmt.

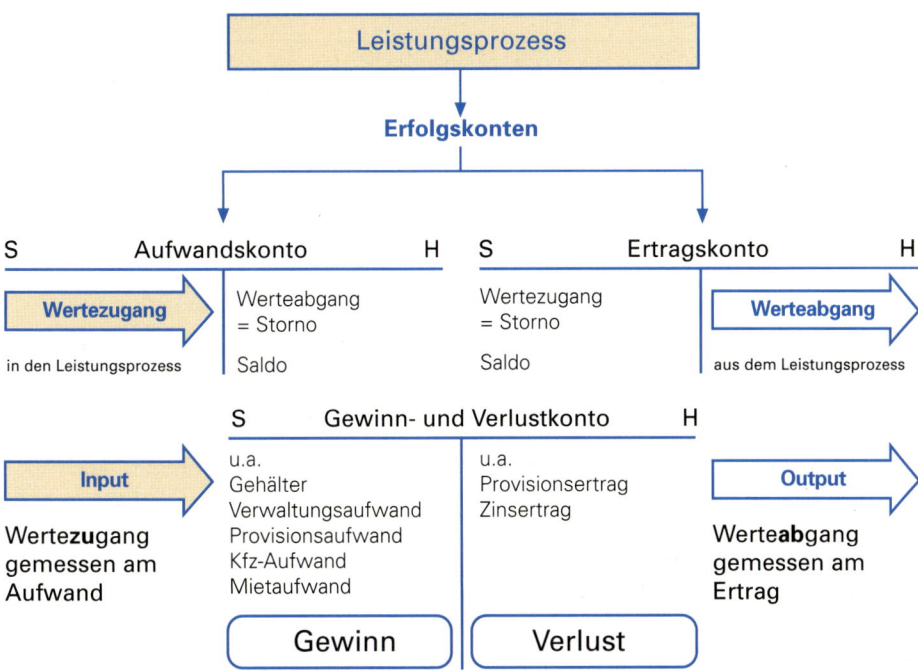

Der Gewinn eines Unternehmens (auf der Sollseite des GuV-Kontos erfasst) ist ein Input in den Leistungsprozess und ist daher buchhalterisch auf der Sollseite des Gewinn- und Verlustkontos erfasst. Er stellt ein Entgelt für das überlassene Kapital und die Arbeitsleistung des Unternehmers dar. Dieser Gewinn wird dem Eigenkapital auf der Habenseite zugerechnet. Der Unternehmer hat einen Auszahlungsanspruch (Werteabgang für das Unternehmen) auf den Gewinn.

1.7.4.4 Die Abnutzung des Anlagevermögens durch den Leistungsprozess

Teile des Anlagevermögens (Gebäude, Betriebs- und Geschäftsausstattung, Kraftfahrzeuge) werden in der Leistungserstellung eingesetzt und erfahren durch die Nutzung eine Wertminderung. Diese Wertminderung wird als Abschreibung bezeichnet und am Jahresende festgestellt. Hier liegt ein Verbrauch von Gütern vor, der als Aufwand in Höhe des Wertezuganges in die Erfolgsrechnung eingeht.

Das Agenturfahrzeug wird mit 4.000,00 € am Jahresende abgeschrieben.

Welche Wertevorgänge liegen vor und wie lautet die Buchung?

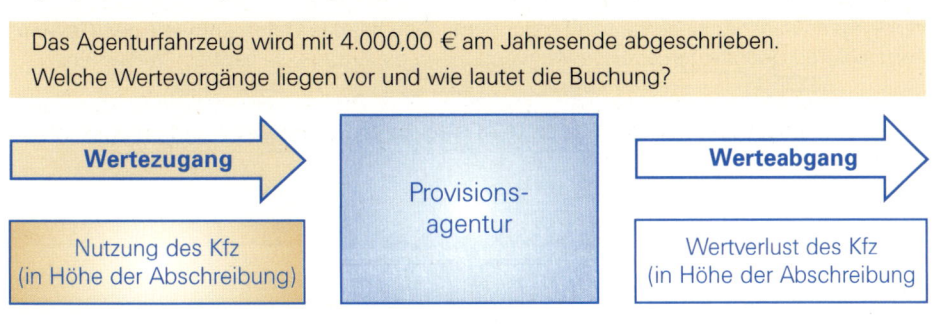

S	Abschr. a. Kfz		H	S	Kraftfahrzeuge		H
Kfz	4.000,00					AaKfz	4.000,00

Konten	Soll	Haben
Abschreibung a. Kraftfahrzeuge	4.000,00	
an Kraftfahrzeuge		4.000,00

1.7.5 Zusammengefasstes Unternehmensmodell

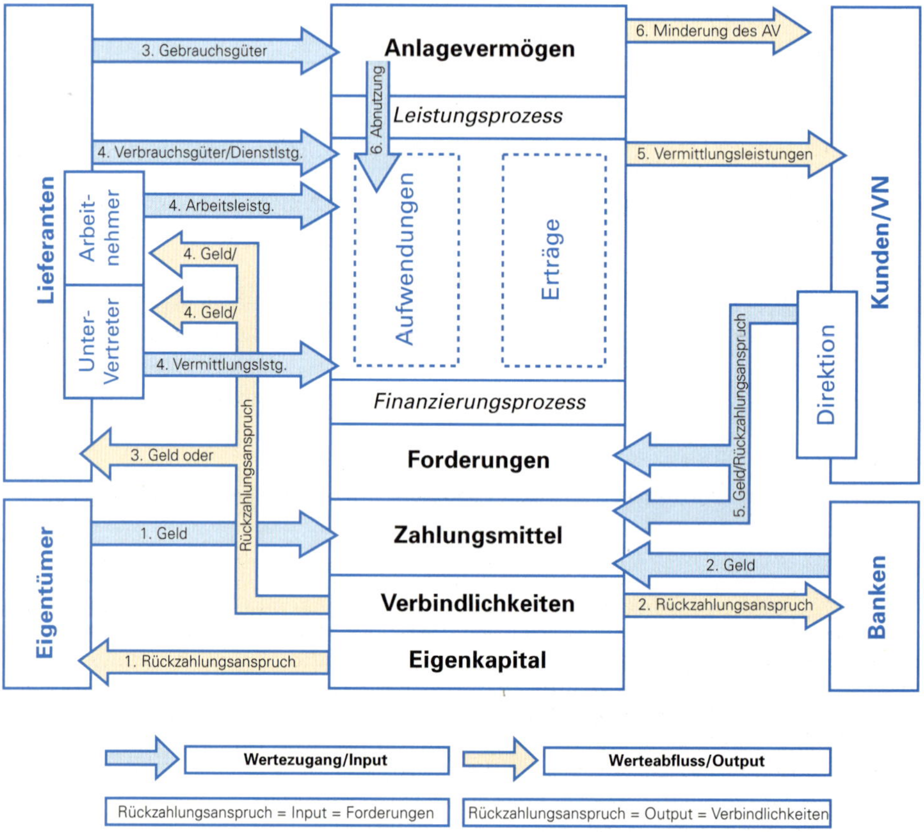

Anlagevermögen

6. Minderung des AV

3. Gebrauchsgüter

Leistungsprozess

6. Abnutzung

4. Verbrauchsgüter/Dienstlstg.

5. Vermittlungsleistungen

4. Arbeitsleistg.

Lieferanten

Arbeit-nehmer

4. Geld/

4. Geld/

Unter-Vertreter

4. Vermittlungslstg.

Aufwendungen

Erträge

Kunden/VN

Rückzahlungsanspruch

3. Geld oder

Finanzierungsprozess

Forderungen

Direktion

5. Geld/Rückzahlungsanspruch

Eigentümer

1. Geld

Rückzahlungsanspruch

Zahlungsmittel

2. Geld

Banken

Verbindlichkeiten

2. Rückzahlungsanspruch

1. Rückzahlungsanspruch

Eigenkapital

Wertezugang/Input	Werteabfluss/Output
Rückzahlungsanspruch = Input = Forderungen	Rückzahlungsanspruch = Output = Verbindlichkeiten

Übungsaufgaben

Aufgaben zu Kapitel 1.3

Aufgabe 1

Bernd Steiner hat seine Ausbildung als Versicherungskaufmann mit Außendienstorientierung bei der ELBE-Versicherungs-AG beendet. Von seinem Ausbildungsbetrieb kann er einen Bezirk als selbstständiger Versicherungsvertreter übernehmen. Nach Rücksprache mit seiner Familie und dem Berater der Bank entschließt er sich zu dem Schritt in die Selbstständigkeit.

Er mietet 2 Räume für die Agentur an. Einen Teil des zukünftigen Betriebsvermögens übernimmt er aus seinem bisherigen Privatbestand.

Bei der Eröffnung der Agentur sind folgende Bestände vorhanden:

  1 gebrauchter Pkw, amtl. Kennzeichen HH-HH 677, Wert 8.000,00 €

  1 Schreibtisch und Ledersessel, Wert: 4.500,00 €

  1 Personalcomputer im Wert von 5.200,00 €

  1 Laserdrucker zu dem PC, Wert 3.200,00 €

  3 Aktenschränke 2.500,00 €

  Andere diverse Büromöbel im Wert von 8.200,00 €

  Für die Anschaffung des PCs hat Steiner einen Kredit bei der Alsterbank von 4.000,00 € in den nächsten zwei Jahren zurückzuzahlen.

  Der Schreibtisch und der Ledersessel sind bei dem Möbelhaus Elch in 3 Monaten zu bezahlen.

  Gegenüber der ELBE-Versicherungs-AG hat die Agentur Forderungen aus gebuchter, aber noch nicht erhaltener Provision in Höhe von 6.000,00 €.

  Von seinem Onkel Paul Steiner erhielt er ein Darlehen in Höhe von 5.000,00 €, rückzahlbar in 5 Jahren.

  Auf dem Bankkonto bei der Alsterbank befindet sich zz. ein Guthaben von 1.200,00 €.

  Der Kassenbestand beträgt 250,00 €.

Erstellen Sie für die Agentur Bernd Steiner form- und sachgerecht ein Inventar und eine Bilanz!

Aufgabe 2

Bei der Inventur der Generalagentur Simon Hansen zum Ende des Geschäftsjahres sind folgende Bestände ermittelt worden:

Darlehensschulden bei der Germania-Bank 8.000,00 € und bei der Idelia-Bank-AG 7.600,00 € (rückzahlbar in 4 bzw. 5 Jahren); zwei Pkw 10.000,00 € und 8.000,00 €; Bankguthaben lt. Kontoauszug 7.330,00 €; Verbindlichkeiten gegenüber dem Untervertreter Franz Meier 8.000,00 €; Forderungen aus einem gewährten Kredit an den Untervertreter Franz Meier 4.500,00 €; Kassenbestand 3.300,00 €; Betriebs- und Geschäftsausstattung 38.000,00 €; Dispositionskredit bei der Nord-West-Bank-AG 6.000,00 €; Agenturgebäude 350.000,00 €; Hypothekenschulden bei der Immobilien-Bank AG 75.000,00 €; Forderungen gegen die Alster-Versicherungs-AG für verdiente aber noch nicht erhaltene Provisionen 14.400,00 €.

a) Erstellen Sie form- und sachgerecht das Inventar und die Bilanz!

b) Errechnen Sie den Anteil (gerundet auf eine Stelle nach dem Komma)
    – des Eigenkapitals am Gesamtkapital,
    – des Fremdkapitals am Gesamtkapital,
    – des Anlagevermögens am Gesamtvermögen,
    – des Umlaufvermögens am Gesamtvermögen,
    – der kurzfristigen Schulden an den Gesamtschulden!

c) Wie viel Prozent des Anlagevermögens sind durch das Eigenkapital finanziert worden?

Aufgabe 3

Erstellen Sie form- und sachgerecht ein Inventar und eine Bilanz für die Agentur Hans Weber in Lübeck!

Bank	25.000,00 €
Betriebs- und Geschäftsausstattung	38.000,00 €
Darlehensforderungen	6.800,00 €
Darlehensverbindlichkeiten	14.000,00 €
Eigenkapital	?
Forderungen gegen Direktion	24.000,00 €
Grundstücke und Bauten	210.000,00 €
Hypothekenverbindlichkeiten	84.000,00 €
Kasse	2.850,00 €
Kraftfahrzeuge	18.500,00 €
Postbank	3.850,00 €
Sonstige Verbindlichkeiten	1.700,00 €
Verbindlichkeiten bei Untervertretern	13.460,00 €

Aufgabe 4

Bestimmen Sie mit Hilfe der Bilanzgleichung:

Eigenkapital = ?

Fremdkapital = ?

Vermögen = ?

Aufgabe 5

Erklären Sie, warum in einer Bilanz die Summe der Aktiva immer der Summe der Passiva entspricht!

Aufgabe 6

Erläutern Sie, warum bei der Erstellung der Bilanz die Inventurwerte maßgeblich sind und nicht die Buchbestände!

Aufgabe 7

Wodurch unterscheiden sich

a) Anlage- und Umlaufvermögen?

b) Eigen- und Fremdkapital?

c) langfristiges und kurzfristiges Fremdkapital?

Aufgabe 8

Ordnen Sie die nachfolgenden Bestände entsprechend den Gliederungsgesichtspunkten der Bilanz!

Darlehensverbindlichkeiten (Laufzeit 3 Jahre)
Betriebs- und Geschäftsausstattung
Darlehensforderungen
Darlehensverbindlichkeiten (Laufzeit 4 Monate)
Verbindlichkeiten bei Untervertretern
Forderungen gegen Direktion
Hypothekenverbindlichkeiten
Bankguthaben
Grundstücke und Bauten
Kassenbestand
Kraftfahrzeuge
Postbankguthaben

Aufgabe 9

Nennen Sie vier Zielgruppen der Buchführung einer Agentur und erläutern Sie deren Interesse!

Aufgabe 10

Erläutern Sie den Inhalt der Bilanzpositionen

– Forderungen gegen Direktion,

– Verbindlichkeiten bei Untervertretern!

Aufgabe 11

Skizzieren Sie kurz den Unterschied zwischen Inventur und Inventar!

Aufgabe 12

Bei der Gründung einer Agentur stellt der Gründer folgenden Bedarf an Sachwerten für die Ausübung seiner Agenturtätigkeit fest:

Kraftfahrzeuge	22.000,00 €
Büroeinrichtung	5.000,00 €
Computer und Kommunikationsgeräte	6.000,00 €
Bargeld	500,00 €
Von der Bank erhält er ein langfristiges Darlehen über	10.000,00 €
und einen Dispositionskredit von	5.000,00 €

a) Wie hoch müssen die Eigenmittel (in € und prozentualer Anteil am Gesamtkapital) sein, die vom Gründer selbst aufzubringen sind?

b) Erstellen Sie die Bilanz zu dieser Situation!

c) Von einem Büroausstatter erhält er das Angebot, die komplette Büroeinrichtung zu leasen. Welcher Eigenmittelbedarf (in € und prozentualer Anteil am Gesamtkapital) ist dann notwendig? Erstellen Sie die Bilanz nach dieser geänderten Gründungssituation!

Aufgaben zu Kapitel 1.4.1

Aufgabe 1

Richten Sie für die nachstehenden Bilanzpositionen jeweils ein Konto ein, buchen Sie die Vorgänge und schließen Sie das Konto ab!

1. Postbank

   Anfangsbestand 4.000,00 €; die Direktion überweist uns 700,00 €; Überweisung an einen Untervertreter 500,00 €; Bareinzahlung 600,00 €.

2. Verbindlichkeiten bei Untervertretern

   Anfangsbestand 8.000,00 €; Postbanküberweisung an Untervertreter 500,00 €; Barzahlung an Untervertreter 200,00 €.

3. Bank

   Anfangsbestand 18.000,00 €; die Direktion überweist 500,00 € auf das Bankkonto; Abbuchung einer Darlehenstilgungsrate in Höhe von 1.000,00 €; Bareinzahlung 600,00 €; Kauf eines Kraftfahrzeuges, der Betrag von 12.000,00 € wird vom Bankkonto überwiesen.

4. Darlehensverbindlichkeiten

   Anfangsbestand 15.000,00 €; Abbuchung einer Tilgungsrate vom Postbankkonto 2.000,00 €; Neuaufnahme eines Darlehens über 3.000,00 €; der Betrag wird auf dem Bankkonto zur Verfügung gestellt.

Aufgabe 2

Stellen Sie für die Geschäftsfälle entsprechend dem folgenden Muster die benötigten Konten, die Kontenart, die Art der Veränderungen auf den Konten und die Kontenseite fest!

Bareinzahlung auf das Bankkonto, 500,00 €.

Nr.	Konten	Kontenart	Art der Veränderung	Kontenseite
	Bank	Aktivkonto	+ 500,00	Soll
	Kasse	Aktivkonto	– 500,00	Haben

1. Bareinzahlung an einen Untervertreter zum Ausgleich unserer Verbindlichkeiten   300,00 €
2. Kauf eines Personalcomputers, Zahlung durch Bankscheck   1.500,00 €
3. Rückzahlung eines Darlehens durch Postbanküberweisung   5.000,00 €
4. Banküberweisung der Direktion zum Ausgleich unserer Forderungen   2.500,00 €
5. Verkauf eines gebrauchten Pkw, der Käufer zahlt bar   6.000,00 €
6. Ein bisheriger Darlehensgläubiger wird Teilhaber der Agentur,
    das Darlehen wird als Einlage in die Agentur eingebracht   40.000,00 €
7. Kauf eines neuen Pkw durch Bankscheck   18.000,00 €
8. Wir beziehen von der Direktion eine neue Büroeinrichtung im Wert von   12.000,00 €
    Die Direktion verrechnet den Betrag mit unseren Forderungen
9. Ein Untervertreter erhält von uns die gebrauchten Büromöbel für   2.500,00 €
    Wir verrechnen den Betrag mit den Verbindlichkeiten
10. Ein Kunde der Agentur erhält ein Darlehen durch Bankauszahlung   4.000,00 €

Aufgabe 3

Stellen Sie die folgenden Geschäftsfälle durch Buchungen auf den entsprechenden Konten dar!

Beispiel: Kauf eines PC gegen Bankscheck, 2.300,00 €

S	Betriebs- und Geschäftsausstattung	H	S	Bank	H
Bank	2.300,00			BGA	2.300,00

1. Die Direktion überweist uns zum Ausgleich   700,00 €
    auf unser Bankkonto
2. Wir zahlen bar an Untervertreter zum Ausgleich der Verbindlichkeiten   400,00 €
3. Kauf eines Laptops gegen Bankscheck,   750,00 €
4. Darlehenstilgung durch Postbanküberweisung,   1.000,00 €
5. Wir verkaufen bar einen gebrauchten Computer für   1.200,00 €
6. Barabhebung vom Bankkonto,   300,00 €
7. Kauf eines Pkw gegen Bankscheck, Wert   24.000,00 €
8. Neuaufnahme eines Darlehens bei der Bank. Der Darlehensbetrag von   5.000,00 €
    wird unserem Bankkonto gutgeschrieben.

Aufgabe 4

Welche Geschäftsfälle liegen den nachfolgenden Buchungen zugrunde?

Ermitteln Sie den Saldo der Konten und schließen Sie die Konten ordnungsgemäß ab!

a) Buchungen auf dem Kassenkonto

S		Kasse	H
Anfangsbestand	6.000,00	3 VbUV	500,00
1 Ba	1.000,00	4 BGA	2.000,00
2 Kfz	8.000,00	5 Poba	1.000,00

b) Buchungen auf dem Postbankkonto

S		Postbank	H
AB	11.000,00	3 DaVer	1.000,00
1 FgD	2.000,00		
2 Ka	1.000,00		

c) Buchungen auf dem Konto Hypothekenverbindlichkeiten

S		Hypothekenverbindlichkeiten	H
1 Ba	2.000,00	AB	100.000,00
		2 Ba	50.000,00

Aufgaben zu Kapitel 1.4.2

Aufgabe 1

a) Buchen Sie die folgenden Geschäftsfälle im Grundbuch!

1.	Bareinzahlung auf das Bankkonto	500,00 €
2.	Banküberweisung für eine Darlehensrate	1.000,00 €
3.	Ausgleich der Verbindlichkeiten bei einem Untervertreter durch Barzahlung	420,00 €
4.	Vom Postbankkonto werden bar abgehoben	630,00 €
5.	Die Direktion überweist auf das Bankkonto eine Abschlagszahlung	1.250,00 €
6.	Kauf eines Kfz, Listenpreis	36.000,00 €
	ein altes Kfz wird in Zahlung gegeben für	8.000,00 €
	der Rest durch Bankscheck bezahlt	
7.	Kauf eines neuen PC, Wert	3.500,00 €
	Davon werden durch Bankscheck gezahlt	2.000,00 €
	der Restbetrag wird bar gezahlt	
8.	Wir nehmen bei unserer Bank einen Kredit auf	6.000,00 €
	Der Kreditbetrag wird dem Agenturbankkonto gutgeschrieben	
9.	Wir verkaufen eines unserer Kfz gegen Postbanküberweisung und erhalten	10.000,00 €
10.	Kauf eines neuen Personalcomputers einschließlich Drucker für	8.000,00 €
	Ein Teil des Betrages,	6.000,00 €
	wird durch die Hausbank des Händlers finanziert, Laufzeit 2 Jahre	
	Der Restbetrag wird bar gezahlt.	
11.	Ein Untervertreter erhält von uns durch Postbanküberweisung	
	zum Ausgleich unserer Verbindlichkeiten	800,00 €
	und durch Barzahlung	200,00 €
12.	Barverkauf des alten Aktenschrankes für	100,00 €

b) Um welchen Betrag verändern sich die Zahlungsmittelkonten
   – Postbank,
   – Bank,
   – Kasse?

Aufgabe 2

Welche Geschäftsfälle haben die nachfolgenden Buchungen im Grundbuch verursacht?

1. Bank	700,00			
Postbank	600,00	an	Forderungen gegen Direktion	1.300,00
2. Bank		an	Kasse	400,00
3. Postbank	300,00			
Kasse	200,00	an	Darlehensforderungen	500,00
4. Betriebs- und Geschäftsausstattung	1.000,00	an	Bank	300,00
			Postbank	200,00
			Kasse	400,00
			Betriebs- u. Geschäftsausstatt.	100,00
5. Kasse	4.000,00			
Bank	10.000,00	an	Kraftfahrzeuge	14.000,00
6. Postbank		an	Bank	700,00

Aufgabe 3

Buchen Sie die nachfolgenden Geschäftsfälle im Grundbuch!

1. Die Direktion überweist zum Ausgleich ihrer Verbindlichkeiten auf das Bankkonto der Agentur — 1.300,00 €

2. Die Agentur tilgt ein Darlehen durch eine Banküberweisung in Höhe von — 1.350,00 €

3. Die Agentur zahlt einem Untervertreter zum Ausgleich von Verbindlichkeiten bar — 500,00 €

4. Die Agentur kauft einen Geschäftswagen im Wert von — 45.700,00 €
    Der Betrag wird durch die Hausbank des Autohauses mit einer Laufzeit über 4 Jahre finanziert.

5. Die Agentur hebt von ihrem Bankkonto bar ab — 6.000,00 €

6. Die Agentur kauft ein Grundstück im Wert von — 300.000,00 €
    Durch Banküberweisung werden gezahlt — 200.000,00 €
    Über den Restbetrag nimmt sie ein Hypothekendarlehen auf.

7. Die Agentur zahlt bar auf ihrem Bankkonto ein — 2.300,00 €

8. Die Agentur verkauft einen Geschäftswagen. Der Buchwert beträgt — 3.800,00 €
    Der Käufer bezahlt bar — 500,00 €
    Über den Rest erhält die Agentur einen Verrechnungsscheck.

9. Für ein langfristiges Darlehen in Höhe von — 70.000,00 €
    wird zugunsten der Bank eine Hypothek in das Grundbuch eingetragen.

10. Die Agentur kauft einen PC und bezahlt diesen mit einem Verrechnungsscheck in Höhe von — 2.700,00 €

11. Die Agentur nimmt ein Darlehen auf, der Darlehensbetrag wird auf dem Bankkonto der Agentur gutgeschrieben — 8.000,00 €

12. Die Direktion überlässt der Agentur einen Geschäftswagen im Wert von — 20.000,00 €
    Der Wert wird mit den Forderungen der Agentur verrechnet.

Aufgabe 4

Aus der Buchführung einer Agentur wurden beim Abschluss der Bestandskonten zum 31. 12. folgende Salden ermittelt:

	Soll	Haben
Bank	21.500,00 €	16.300,00 €
Betriebs- und Geschäftsausstattung	24.000,00 €	8.000,00 €
Darlehensverbindlichkeiten (kurzfr.)	3.800,00 €	7.200,00 €
Darlehensverbindlichkeiten (langfr.)	6.500,00 €	28.000,00 €
Forderungen gegen Direktion	67.000,00 €	35.000,00 €
Grundstücke und Bauten	180.000,00 €	8.000,00 €
Hypothekenverbindlichkeiten	4.000,00 €	80.000,00 €
Kasse	4.800,00 €	2.600,00 €
Kraftfahrzeuge	36.000,00 €	4.000,00 €
Postbank	12.000,00 €	7.500,00 €
Verb. b. Untervertretern	9.700,00 €	14.200,00 €

Ermitteln Sie die Höhe

- des Anlagevermögens,
- des Umlaufvermögens,
- des Fremdkapitals,
- des Eigenkapitals

als Betrag und Prozentanteil am Gesamtvermögen bzw. Gesamtkapital!

Aufgaben zu Kapitel 1.5

Aufgabe 1

a) Buchen Sie die folgenden Geschäftsfälle im Grundbuch!

b) Ermitteln Sie den Erfolg (Gewinn- bzw. Verlust) der Agentur!

Geschäftsfälle:

1.	Ein Untermieter der Agentur zahlt die Miete durch Banküberweisung	3.400,00 €
2.	Barkauf von Druckerpapier	220,00 €
3.	Die Bank schreibt Zinsen gut	680,00 €
4.	Darlehenstilgung durch Banklastschrift	2.000,00 €
5.	Kauf eines Kfz. Der Betrag wird durch Bankscheck gezahlt	20.000,00 €
6.	Barzahlung der Tankrechnung des Agenturfahrzeuges	80,00 €
7.	Postbanküberweisung der Stromrechnung	180,00 €

Aufgabe 2

Ermitteln Sie aus folgenden Werten den Erfolg (Gewinn- bzw. Verlust) einer Provisionsagentur!

Werte der Eröffnungsbilanz		Werte der Schlussbilanz	
Anlagevermögen	220.000,00	Anlagevermögen	320.000,00
Umlaufvermögen	70.000,00	Umlaufvermögen	95.000,00
Fremdkapital	156.000,00	Fremdkapital	161.000,00

Aufgabe 3

In einer Provisionsagentur fielen die nachfolgenden Geschäftsfälle an. Das Eigenkapital betrug am Anfang 100 600,00 €.

a) Buchen Sie die nachstehenden Geschäftsfälle im Grundbuch!

b) Ermitteln Sie den Erfolg der Agentur!

c) Wie hoch ist nach diesen Geschäftsfällen das Eigenkapital?

1. Unsere Bank schreibt uns Zinsen auf dem Bankkonto gut	980,00 €
2. Wir überweisen per Bank Gewerbesteuer an das Finanzamt	1.300,00 €
3. Provisionsabrechnung und gleichzeitige Überweisung der Provision durch die Direktion auf unser Bankkonto	7.500,00 €
4. Provisionsabrechnung und gleichzeitige Barauszahlung an unseren Untervertreter	500,00 €
5. Die Telefonrechnung wird per Banklastschrift abgebucht	200,00 €
6. Bankgutschrift für Mietzahlungen unserer Mieter	8.400,00 €
7. Barzahlung einer Kfz-Reparatur	380,00 €
8. Die Direktion schreibt uns Provision gut	1.000,00 €

Aufgabe 4

Führen Sie das Grundbuch für die folgenden Geschäftsfälle und ermitteln Sie den Erfolg der Agentur!

1. Barzahlung der Tankrechnung für den Agenturwagen	100,00 €
2. Barzahlung der Provision an einen Untervertreter (ohne vorherige Gutschrift)	900,00 €
3. Die Direktion überweist die fällige Provision ohne vorherige Gutschrift auf unser Postbankkonto	1.300,00 €
4. Dem Vermieter der Geschäftsräume wird die Miete von durch das Postbankkonto überwiesen	1.200,00 €
5. Barkauf von Büromaterial	150,00 €
6. Die Bank schreibt uns Zinsen gut	9.800,00 €
7. Wir überweisen durch die Bank Gewerbesteuer an das Finanzamt	1.300,00 €
8. Die Direktion schreibt uns Provision gut	7.500,00 €
9. Wir schreiben einem Untervertreter Provision gut	600,00 €
10. Die Telefonrechnung wird durch Banklastschrift abgebucht	200,00 €

Aufgaben zu Kapitel 1.6

Aufgabe 1

Buchen Sie für die nachfolgenden Geschäftsfälle im Grundbuch und führen Sie das Privatkonto! Schließen Sie das Privatkonto über das Eigenkapitalkonto (Anfangsbestand 80.000,00 €) ab!

1. Der Provisionsagent entnimmt der betrieblichen Kasse für private Zwecke	200,00 €
2. Eine betriebliche Darlehensrate wird vom privaten Bankkonto des Provisionsagenten überwiesen	1.000,00 €
3. Das Agenturfahrzeug wird jetzt ausschließlich privat genutzt. Restwert	5.000,00 €
4. Überweisung der Kfz-Steuer für das Betriebsfahrzeug vom privaten Bankkonto	800,00 €
5. Die Miete für die Privatwohnung wird vom Bankkonto der Agentur überwiesen	1.100,00 €
6. Ein privater Lottogewinn wird in die Agenturkasse gelegt	230,00 €

Aufgabe 2

a) Buchen Sie die nachfolgenden Geschäftsfälle im Grund- und Hauptbuch und führen Sie den Abschluss durch!

Anfangsbestände der Provisionsagentur Heinz Hansen zum 31.12.20..:

Verbindlichkeiten bei Untervertretern	6.000,00	Betriebs- und Geschäftsausstattung	7.000,00
Bank	15.000,00	Forderungen gegen Direktion	15.000,00
Kraftfahrzeuge	10.000,00	Darlehensverbindlichkeiten	8.000,00
Kasse	2.000,00	Eigenkapital	?

Alternativ:

b) Wie hoch ist der Erfolg der Agentur Hansen?

c) Wie hoch ist nach den Geschäftsfällen das Eigenkapital?

Geschäftsfälle:

1. Banküberweisung der Stromrechnung — 300,00 €
   Von 234 m^2 Bürofläche benutzt der Agent 58,5 m^2 privat

2. Zinsgutschrift der Bank — 2.500,00 €

3. Vom Bankkonto werden die Telefongebühren abgebucht — 300,00 €
   Das Telefon wird zu 30 % privat genutzt

4. Der Agent überweist den Beitrag für seinen Golfclub vom Agenturbankkonto — 80,00 €

5. Wir überweisen zur Tilgung einer Darlehensverbindlichkeit vom
   betrieblichen Bankkonto — 1.000,00 €
   und zusätzlich vom privaten Bankkonto — 500,00 €

6. Die Miete für die Privatwohnung wird vom betrieblichen Bankkonto überwiesen — 800,00 €

7. Privatentnahme bar — 100,00 €

8. Barzahlung für das Abonnement der Zeitschrift „Der Versicherungskaufmann" — 80,00 €
   und „Der Fischerfreund (Petri Heil)" — 60,00 €

9. Das alte private Kfz wird jetzt nur noch in der Provisionsagentur
   für Dienstfahrten genutzt. Wert des Kfz — 2.000,00 €

10. Banküberweisung für die Einkommensteuer des Provisionsagenten — 300,00 €
    und für die Gewerbesteuer — 350,00 €

11. Privateinlage auf das Bankkonto — 500,00 €

12. Der Agent nimmt einen neuen Gesellschafter in die Agentur auf.
    Seinen Gesellschaftsanteil leistete dieser durch ein Kraftfahrzeug im Wert von — 25.000,00 €
    und einer Einlage auf das Bankkonto in Höhe von — 10.000,00 €

Aufgabe 3

Entscheiden Sie in den folgenden Fällen, ob eine Privatentnahme, Privateinlage oder weder das eine noch das andere vorliegt!

	Fälle	Privat-entnahme	Privat-einlage	weder noch
1.	Der GA kauft von einer Privatperson einen Pkw im Wert von 10.000,00 €, den er betrieblich nutzt und bar aus der Agentur-kasse bezahlt.	❐	❐	❐
2.	Der GA leistet durch Überweisung vom Bankkonto der Agentur eine Spende an seinen Schachclub in Höhe von 200,00 €.	❐	❐	❐
3.	Der GA leistet durch Überweisung von seinem privaten Bankkon-to eine Spende an seinen Briefmarkenclub in Höhe von 300,00 €.	❐	❐	❐
4.	Der GA stellt einen Aktenschrank aus der Agentur, Wert 500,00 €, in seiner Privatwohnung auf.	❐	❐	❐
5.	Die Agentur wird von der Direktion mit der Prämie für die private Krankenversicherung in Höhe von 560,00 € belastet.	❐	❐	❐
6.	Der Privatwagen des GA (Wert 8.000,00 €) wird in die Agentur übernommen.	❐	❐	❐
7.	Der GA überweist vom Postgirokonto der Agentur 1.000,00 € an seinen Sohn.	❐	❐	❐
8.	Die Segeljacht des GA wird verkauft; der Verkaufserlös in Höhe von 18.000,00 € wird auf das Bankkonto der Agentur überwiesen.	❐	❐	❐
9.	Der GA überweist seine Einkommensteuervorauszahlung in Höhe von 600,00 € vom betrieblichen Bankkonto.	❐	❐	❐

(GA=Generalagent)

Aufgabe 4

Aus dem Hauptbuch einer Agentur wurden folgende Werte entnommen:

Eigenkapital am 01.01.	210.000,00	Privatentnahmen	48.000,00
Gesamtaufwendungen	289.000,00	Gesamterträge	354.800,00
Privateinlagen	90.000,00		

a) Wie hoch ist der Erfolg der Agentur am 31. 12.?

b) Wie hoch ist das Eigenkapital der Agentur am 31. 12.?

Aufgabe 5

Im vergangenen Monat fielen die nachstehenden Geschäftsfälle in der Agentur an. Welche dieser Geschäftsfälle mehren das Eigenkapital?

a) Provisionsgutschrift durch die Direktion

b) Umwandlung kurzfristiger Verbindlichkeiten in ein langfristiges Darlehen

c) Banküberweisung der Büromiete

d) Banküberweisung der Gehälter

e) Bareinzahlung der Tageseinnahmen auf das Bankkonto

f) Zinsgutschrift der Bank

Aufgabe 6

Die folgenden Konten wurden dem Hauptbuch einer Agentur entnommen.

a) Ermitteln Sie den Erfolg der Agentur!

b) Der Anfangsbestand des Eigenkapitals betrug 112.000,00 €. Wie hoch ist der Schlussbestand des Eigenkapitals?

S	Provisionsaufwand	H
10.000,00		3.400,00

S	Zinsertrag	H
		4.000,00

S	Kasse	H
7.800,00		2.600,00

S	Privat	H
16.000,00		1.700,00

S	Provisionsertrag	H
2.000,00		46.000,00

S	Zinsaufwand	H
11.000,00		

S	Verwaltungsaufwand	H
11.200,00		

S	Verbindlichkeiten bei Untervertretern	H
300,00		10.000,00

S	Energieaufwand	H
7.875,00		

S	Forderungen gegen Direktion	H
52.000,00		

2 Buchungen im Zentralinkasso

2.1 Provisionsabrechnung mit der Direktion

Ein Bekannter unseres Agenturinhabers möchte wissen, welche Tätigkeiten im Aufgabenbereich eines Versicherungsagenten liegen. Darüber hinaus stellt er die Frage, ob in der Agentur viele Zahlungsvorgänge und damit auch Buchungen anfallen.

Darauf Florian Schneider: „Die meiste Zeit verbringe ich damit, Versicherungsnehmer zu betreuen. Meine Kunden erwarten, dass ich sie in allen Versicherungsfragen kompetent berate. Natürlich spielt die Kundenwerbung und Anbahnung von neuen Versicherungsverträgen eine ebenso große Rolle.

Vom Beitragsinkasso, d. h. dem Kassieren von Beiträgen, sind heutige Vermittler überwiegend befreit. Die Direktion sendet die Versicherungsscheine, Prämienrechnungen und Nachträge, die auch als Dokumente bezeichnet werden, direkt an den Versicherungsnehmer. Der VN überweist den Einlösungsbetrag an das Versicherungsunternehmen oder lässt es im Rahmen einer Einzugsermächtigung von seinem Konto abbuchen.

Das hat den Vorteil, dass wir Vermittler von zusätzlichen Verwaltungsaufgaben befreit sind und unsere Zeit den Kunden zur Verfügung stellen können.

Darüber hinaus arbeiten für uns zum Teil auch Untervertreter, die nebenberuflich Versicherungen vermitteln und von uns, der zuständigen Provisionsagentur, für eine erfolgreiche Vermittlung Provision erhalten. Auch für Schadenregulierungen in kleinerem Umfang sind wir zuständig. Wir legen dann im Auftrag der Direktion die Entschädigungszahlungen aus. Zusätzliche Auslagen im Zusammenhang mit der Schadenregulierung, wie Porto oder Fahrtkosten, legen wird ebenfalls aus und verrechnen diese dann mit den Forderungen, die wir gegen die Direktion haben. Zur besseren Übersicht zeichne ich die Zusammenhänge einmal auf."

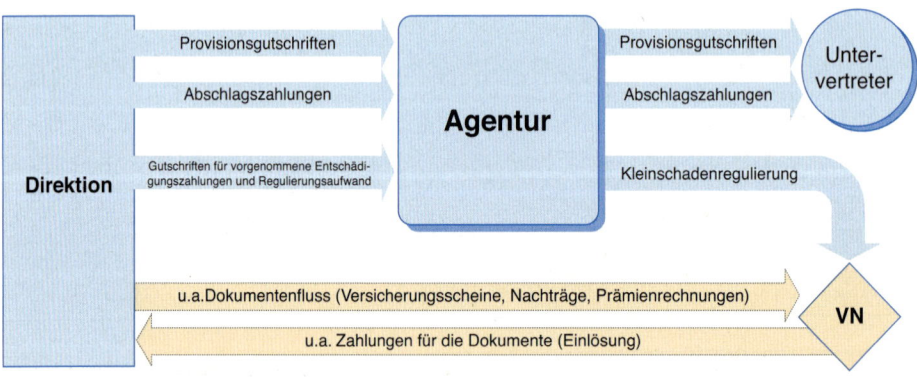

Im Buchungsverkehr mit der Direktion fallen u. a. folgende Vorgänge an:

➤ Provisionsgutschrift für vermittelte Verträge wie

   ▶ Abschlussprovision,

   ▶ Folgeprovision,

   ▶ Bonifikationen,

➤ Provisionsbelastung für stornierte Verträge,

➤ Abschlagzahlung der Direktion an die Agentur (à-conto-Zahlung),

➤ im Auftrag der Direktion geleistete Entschädigungen,

➤ verauslagte Kosten im Zusammenhang mit der Schadenregulierung,

➤ Beteiligung der Direktion am Verwaltungsaufwand der Agenturen oder an speziellen Werbeaktionen.

Die Direktion schickt der Agentur Schneider folgende Abrechnung:

ALBATROS Versicherungen		**K o n t o a u s z u g Nr. 347**	
Agentur Nr. 1620 Florian Schneider, Hamburg		Alter Saldo ▶	2.750,00 H
Sparte	Abschluss-provision	Rück-provision	**Gesamt**
① Unfallversicherung	1.500,00 H		1.500,00 H
② Hausratversicherung		80,00 S	80,00 S
③ *Abschlagzahlung*			*1.000,00 S*
		Neuer Saldo ▶	3.170,00 H

Welche Buchungen sind vorzunehmen?

Anmerkung: Aus Sicht der Direktion stellen die Salden (H) und die Provisionsgutschriften eine Verbindlichkeit beim Provisionsagenten dar. Das Verrechnungskonto Florian Schneider ist für die Direktion also ein Passivkonto, deshalb tragen diese Beträge den Zusatz H (Haben). Provisionsstorni oder Abschlagzahlungen der Direktion an die Agentur mindern die Verbindlichkeiten der Direktion, deshalb werden sie mit S (Soll) versehen. Ähnlich wie bei dem Kontoauszug der Bank ist dieser Auszug aus Sicht der Direktion zu verstehen und in Buchungen der Agentur umzusetzen.

Die Agentur erhält für die erfolgreiche Vermittlung von Versicherungen 1.500,00 € Abschlussprovision gutgeschrieben (s. ①).

> Die Provisionsgutschrift von der Direktion ist für die Agentur ein Ertrag, der auf dem Konto Provisionsertrag gebucht wird.

Dieses Konto gehört zu den Erfolgskonten. Da die Direktion die Überweisung für die Provision erst zu einem späteren Zeitpunkt (aus Vereinfachungsgründen i. d. R. einmal im Monat) vornimmt, hat die Agentur bis zur Überweisung eine Forderung gegenüber der Direktion, die auf dem Konto **Forderungen gegen Direktion** erfasst wird, einem Aktivkonto.

6   Drapatz/Franke/Hess – ISBN 978-3-8120-0494-7

Buchungssatz zu ①

Konten	Soll	Haben
Forderungen gegen Direktion	1.500,00	
an Provisionsertrag		1.500,00

> Die Direktion überweist der Agentur 1.000,00 € als Abschlagszahlung (s. ③) für die fälligen Provisionen.

Abschlagszahlungen auf Provisionen sind auch deshalb üblich, da ein Teil der Provisionen erst dann verdient sind, wenn der Vertrag eine gewisse Zeit bestanden hat. Wird ein Vertrag vorzeitig aufgehoben, ist unter Umständen die Provision zurückzuzahlen. Es kann daher vereinbart werden, dass ein Teil der Provision als Storno-Reserve zurückbehalten wird.

Buchungssatz zu ③

Konten	Soll	Haben
Bank	1.000,00	
an Forderungen gegen Direktion		1.000,00

2.2 Buchung der Rückprovision

> Die Direktion teilt in ihrer Abrechnung (s. ②) mit, dass ein VN unserer Agentur einen Hausratversicherungsschein nicht eingelöst hat. Wir werden mit der Provision belastet, 80,00 €. Wie lautet die Buchung?

Das Provisionsstorno erfolgt auf dem Konto Provisionsertrag auf der Sollseite als Ertragsstorno. Gleichzeitig verringern sich die Forderungen gegen die Direktion um diesen Betrag. Aus Gründen der Buchungsklarheit und -wahrheit werden Provisionsstorni getrennt erfasst und nicht mit den Provisionsgutschriften verrechnet.

Buchungssatz zu ②

Konten	Soll	Haben
Provisionsertrag	80,00	
an Forderungen gegen Direktion		80,00

Kontendarstellung der Geschäftsfälle aus dem Kontoauszug der Direktion:

S	Forderungen gegen Direktion		H
Alter Saldo	2.750,00	③ Bank	1.000,00
① ProvE	1.500,00	② ProvE	80,00
		Neuer Saldo	3.170,00

S	Provisionsertrag		H
② FgD	80,00	① FgD	1.500,00

S	Bank		H
③ FgD	1.000,00		

2.3 Provisionsabrechnung mit dem Untervertreter

① Die Agentur Florian Schneider beschäftigt u. a. den Untervertreter Paul Neumann, der nebenberuflich Versicherungen vermittelt. Für seine Vermittlungstätigkeit im Monat Mai steht ihm eine Provision von 345,00 € zu. Wie lautet die Buchung?

Die Provision für den Untervertreter ist für die Agentur ein Aufwand, der auf dem Konto **Provisionsaufwand** gebucht wird.

Dieses Konto gehört zu den Erfolgskonten. Auch hier erhält der Untervertreter die Zahlung für die ihm zustehende Provision in vorher vereinbarten Zahlungsintervallen. Bis zur Zahlung hat die Agentur gegenüber dem Untervertreter Schulden, die auf dem Konto **Verbindlichkeiten bei Untervertretern** gebucht wird. Dies ist ein Passivkonto.

Buchungssatz zu ①

Konten	Soll	Haben
Provisionsaufwand	345,00	
an Verbindlichkeiten bei Untervertretern		345,00

② Die Agentur zahlt dem Untervertreter als Abschlag für die noch ausstehende Provision 200,00 € durch Banküberweisung. Wie lautet der Buchungssatz?

Buchungssatz zu ②

Konten	Soll	Haben
Verbindlichkeiten bei Untervertretern	200,00	
an Bank		200,00

③ Ein VN, den unser Untervertreter vermittelt hat, löst seinen Versicherungsschein nicht ein. Daher wird der Untervertreter mit einer Rückprovision belastet; 30,00 €.

Diese Rückbelastung der Provision für den Untervertreter erfolgt auf dem Konto Provisionsaufwand auf der Habenseite. Die Verbindlichkeiten bei dem Untervertreter verringern sich um diesen Betrag.

Buchungssatz zu ③

Konten	Soll	Haben
Verbindlichkeiten bei Untervertretern	30,00	
an Provisionsaufwand		30,00

Kontendarstellung der Buchungen für das Untervertretergeschäft

```
S          Provisionsaufwand           H    S      Verbindlichkeiten bei Untervertretern      H
① VbUV      345,00 | ③ VbUV      30,00        ② Bank      200,00 | ① ProvA      345,00
                                              ③ ProvA      30,00 |
S              Bank                     H
            | ② VbUV      200,00
```

Abrechnungsbeleg mit dem Untervertreter:

ABRECHNUNG	Vertreter: P. Neumann	Nr.: 56	Monat: Mai
Nr.	**Buchungsgrund**		**Betrag**
1 2 3	Abschlussprovision Kraftfahrtversicherung Banküberweisung Storno Hausratversicherung		345,00 H 200,00 S 80,00 S
gebucht 06.06.20.. schn			

Vergleichen Sie die Angaben mit den obigen Buchungen.

Anmerkung: Die Bezeichnungen hinter den Beträgen entsprechen (aus der Sicht der Agentur Schneider) Soll und Haben des Kontos, Verbindlichkeiten bei Untervertretern.

Aus der oben dargestellten Abrechnung geht hervor, dass die Agentur Schneider nach dieser Abrechnung noch 65,00 € Verbindlichkeiten bei dem Untervertreter P. Neumann hat.

2.4 Entschädigungszahlungen durch die Agentur

In der Kasse der Agentur Schneider befinden sich folgende Belege:

	Einzahlung				
		€ ▶	**260,00**	**Kassenbeleg** Nr. 56/00	

☑ Auszahlung

für: Hausratschaden H 45689/00
      vom 17.5.20..
an: Jasmin Hansen

22.05.20..
Datum
Schn
Zeichen

Parkhaus Central

Quittung
über
Parkgebühren

22.05.20..
15.30 – 17.25

2 Std. à 4,00   Gesamt € 8,00

Der obige Betrag enthält 19 % MwSt.
Das Unterstellen des Fahrzeuges
geschieht auf Grundlage der
ausliegenden Bedingungen.

Aus welchem Anlass entstanden die Ausgaben und welche Buchungen sind hier vorzunehmen?

Die Agentur hat im Auftrag der Direktion einen Hausratschaden reguliert und eine Entschädigung in Höhe von 260,00 € bar ausgezahlt. Anlässlich dieser Regulierung sind noch zusätzlich Aufwendungen in Höhe von 8,00 € entstanden, die bar verauslagt wurden.

Das Konto **Entschädigungen** erfasst die geleisteten Zahlungen der Agentur an die VN auf der Soll-Seite, auf der Haben-Seite werden Stornobuchungen (z. B. bei Korrekturen für zu viel geleistete Entschädigungen oder Eingänge aus Schadensregressen) erfasst.

Auf dem Konto **Regulierungsaufwand** sind alle Zahlungen zu erfassen, die im Zusammenhang mit der Abrechnung von Schäden durch die Agentur stehen. Dazu können u. a. Fahrt- und Portoaufwendungen und Gebühren für Kostenvoranschläge zählen.

Eine getrennte Erfassung dieser Beträge dient einer besseren Übersicht und Klarheit innerhalb der Buchführung.

Konten	Soll	Haben
Entschädigungen	260,00	
Regulierungsaufwand	8,00	
an Kasse		268,00

Die Konten Entschädigungen und Regulierungsaufwand werden mit den Forderungen gegen Direktion verrechnet. Am Jahresende werden diese Konten auf dem Konto Forderungen gegen Direktion abgeschlossen.

Die Konten Entschädigungen und Regulierungsaufwand sind Unterkonten des Kontos *Forderungen gegen Direktion*.

Abschluss der Konten Entschädigungen und Regulierungsaufwand durch Verrechnung

Konten	Soll	Haben
Forderungen gegen Direktion	268,00	
an Entschädigungen Regulierungsaufwand		260,00 8,00

Kontendarstellung:

S	Kasse	H
	Entsch	260,00
	RegA	8,00

S	Entschädigungen	H
Kasse	260,00	FgD	260,00

S	Forderungen gegen Direktion	H
Entsch/RegA	268,00	

S	Regulierungsaufwand	H
Kasse	8,00	FgD	8,00

2.5 Sonderfälle in der Abrechnung mit der Direktion

Die Direktion sendet der Agentur Schneider folgenden Kontoauszug:

ALBATROS Versicherungen		Kontoauszug Nr. 389	
Agentur Nr. 1620 Florian Schneider, Hamburg		Alter Saldo ▶	•••
Sparte/Anlass			Gesamt
•••	•••	•••	•••
① Gutschrift anteilige Verwaltungskosten			500,00 H
② Betriebshaftpflichtversicherung			420,00 S
③ Lebensversicherung F. Schneider Juni 20..			345,00 S
		Neuer Saldo ▶	•••

Welche Buchungen sind in der Agentur Schneider vorzunehmen?

Häufig übernehmen Agenturen Verwaltungsaufgaben, die ursprünglich von der Direktion zu erledigen sind. Gerade durch Computervernetzung lassen sich Tätigkeiten wie die Erfassung von Adressenänderungen u. Ä. schon „vor Ort" bei den Agenturen vornehmen. Der Versicherer wird von bestimmten Tätigkeiten und damit von Verwaltungsaufwand entlastet. Außerdem sorgt diese Arbeitsteilung für eine schnellere Erledigung der anfallenden Verwaltungstätigkeiten und schafft eine stärkere Kundennähe.

Für diese Arbeiten erhalten die Agenturen einen Pauschalbetrag (monatlich, viertel- oder ganzjährlich). Dadurch wird der gebuchte Verwaltungsaufwand der Agentur vermindert. Die Beteiligung der Direktion an den Verwaltungsaufwendungen hat damit den Charakter eines Aufwandsstornos.

zu ①

Konten	Soll	Haben
Forderungen gegen Direktion	500,00	
an Verwaltungsaufwand		500,00

Die Agentur Schneider wird von der Direktion mit den Beiträgen für die agentureigenen Versicherungen (②) bzw. mit den privaten Versicherungsbeiträgen (③) für den Agenturinhaber belastet. Die Agentur wird den eigenen Versicherungsbedarf bei den von ihr vertretenen Gesellschaften gedeckt haben. Die Beiträge hierfür werden i. d. R. nicht gezahlt, sondern mit den vorhandenen Forderungen verrechnet.

zu ②

Konten	Soll	Haben
Verwaltungsaufwand	420,00	
an Forderungen gegen Direktion		420,00

zu ③

Konten	Soll	Haben
Privat	345,00	
an Forderungen gegen Direktion		345,00

Möglich ist auch ein zusammengesetzter Buchungssatz:

zu ② + ③

Konten	Soll	Haben
Verwaltungsaufwand	420,00	
Privat	345,00	
an Forderungen gegen Direktion		765,00

Buchungen auf dem Konto Forderungen gegen Direktion

S	Forderungen gegen Direktion	H
Anfangsbestand		
Zugänge durch:		**Abgänge durch:**
1. Provisionsgutschriften		5. Zahlungen der Direktion
2. Beteiligung am Verwaltungs-aufwand/Büromiete		6. Provisionsstorno
		7. Verrechnung der agentureige-nen und privaten Versicherun-gen
Abschluss der Konten		
3. Entschädigung		
4. Regulierungsaufwand		

Muster-buchungs-sätze

Die Nummerierung entspricht den Angaben im obigen Konto

1. Forderungen g. Direktion   an Provisionsertrag
2. Forderungen g. Direktion   an Verwaltungs-/Mietaufwand
3. Forderungen g. Direktion   an Entschädigungen
4. Forderungen g. Direktion   an Regulierungsaufwand
5. Kasse/Bank/Postbank   an Forderungen gegen Direktion
6. Provisionsertrag   an Forderungen gegen Direktion
7. Verwaltungsaufwand/
   Kfz-Aufwand/Haus- und
   Grundstücksaufwand/
   Privat   an Forderungen gegen Direktion

Buchungen auf dem Konto Verbindlichkeiten bei Untervertretern

S	Verbindlichkeiten bei Untervertretern	H
		Anfangsbestand
Abgänge durch:		**Zugänge durch:**
2. Zahlungen an Untervertreter		1. Provisionsgutschriften
3. Provisionsstorno		

Muster-buchungs-sätze

Die Nummerierung entspricht den Angaben im obigen Konto

1. Provisionsaufwand   an Verbindlichkeiten bei UV
2. Verbindlichkeiten bei UV an Kasse/Bank/Postbank
3. Verbindlichkeiten bei UV an Provisionsaufwand

Geschäftsfälle im Zusammenhang mit der Versicherungs-vermittlung

1. Wir schreiben dem Untervertreter Provision gut.
   Provisionsaufwand   an Verbindlichkeiten bei UV

2. Wir zahlen unserem Untervertreter die ihm zustehende Provision sofort in bar aus. Der Untervertreter erhält Provision ohne vorherige Gutschrift überwiesen.
   Provisionsaufwand   an Bank/Kasse/Postbank

3. Wir überweisen an einen Untervertreter ...... € per Bank. Der Untervertreter erhält die ihm bereits gutgeschriebene Provision auf das Bankkonto überwiesen.
   Wir zahlen unserem Untervertreter die ihm zustehende und bereits gebuchte Provision in bar aus.
   Wir händigen unserem Untervertreter einen Bankscheck über die ihm zustehende Provision von ...... € aus.
   Verbindl. bei Unterv.   an Bank/Kasse/Postbank

4. Gutschriftsanzeige der Direktion über Abschlussprovisionen. Die Direktion schreibt uns ...... € Abschlussprovisionen gut.
   Forderungen g. Direktion an Provisionsertrag

5. Die Direktion überweist Abschlussprovisionen ohne vorherige Gutschriftsmitteilung auf unser Bankkonto.
   Bank/Kasse/Postbank   an Provisionsertrag

6. Die Direktion überweist uns zum Ausgleich unserer Forderungen ...... € auf unser Bankkonto.
   Die Direktion überweist auf unser Bankkonto ...... €.
   Bank/Kasse/Postbank   an Forderungen gegen Direktion

Musteraufgabe zu Kapitel 2

In der Buchungsmappe der Agentur Schneider befinden sich folgende Belege. Bilden Sie für die darin enthaltenen Geschäftsfälle die Buchungssätze und buchen Sie diese auf Konten!

HANSE-Bank AG Kontoauszug	Nr. 24 vom 18.05.20..	
Buchungstag/Text	Soll	Haben
13.05. *Alter Kontostand*		**13.568,80**
14.05. Überweisung an H. Hansen	230,00	
14.05. Überweisung an F. Werner	34,00	
17.05. Albatros-Versicherungs-AG		5.000,00
17.05. *Neuer Kontostand*		**18.304,80**
Florian Schneider	Kto.Nr. 167369	

Hansebank AG

Nur für Überweisungen in Deutschland und
in andere EU-/EWR-Staaten in Euro
Bitte Meldepflicht gemäß Außenwirtschaftsverordnung beachten!
Entgeltfreie Auskunft unter 0800 - 1234 111

Angaben zum Zahlungsempfänger: Name, Vorname/Firma (max. 27 Stellen, bei maschineller Beschriftung max. 35 Stellen)

Hansen, Heino, Hasenbankweg 17, 20359 Hamburg

IBAN
D E 4 1 2 0 0 3 2 3 1 0 2 4 4 8 9 8 3 1 0 0

BIC des Kreditinstituts/Zahlungsdienstleisters (8 oder 11 Stellen)

EUR

Betrag: Euro, Cent
230,00

Kunden-Referenznummer - Verwendungszweck, ggf. Name und Anschrift des Zahlers - (nur für Zahlungsempfänger)
Entschädigung Haftpflichtschaden Nr. H 4567878/15, 06.05.20..

noch Verwendungszweck (insgesamt max. 2 Zeilen à 27 Stellen, bei maschineller Beschriftung max. 2 Zeilen à 35 Stellen)
im Auftrag ALBATROS-Versicherung AG

Angaben zum Kontoinhaber: Name, Vorname/Firma, Ort (max. 27 Stellen, keine Straßen- oder Postfachangaben)
Versicherungsagentur Florian Schneider

IBAN
D E 3 3 3 0 0 4 6 0 0 0 1 6 7 3 6 9 0 3 1 0   16

30/33/47

SEPA

BITTE NICHT VERGESSEN: ___14.05.20..___ *F. Schneider*

Datum   Unterschrift(en)

Hansebank AG

Nur für Überweisungen in Deutschland und
in andere EU-/EWR-Staaten in Euro
Bitte Meldepflicht gemäß Außenwirtschaftsverordnung beachten!
Entgeltfreie Auskunft unter 0800 - 1234 111

Angaben zum Zahlungsempfänger: Name, Vorname/Firma (max. 27 Stellen, bei maschineller Beschriftung max. 35 Stellen)

Sachverständigenbüro Heinrich Werner

IBAN
D E 4 2 4 0 0 6 2 3 0 0 2 3 4 8 8 7 3 1 0 0

BIC des Kreditinstituts/Zahlungsdienstleisters (8 oder 11 Stellen)

EUR

Betrag: Euro, Cent
34,00

Kunden-Referenznummer - Verwendungszweck, ggf. Name und Anschrift des Zahlers - (nur für Zahlungsempfänger)
Begutachtung Haftpflichtschaden Nr. H 4567878/15, 06.05.20..

noch Verwendungszweck (insgesamt max. 2 Zeilen à 27 Stellen, bei maschineller Beschriftung max. 2 Zeilen à 35 Stellen)
VN Hansen im Auftrag ALBATROS Versicherung AG

Angaben zum Kontoinhaber: Name, Vorname/Firma, Ort (max. 27 Stellen, keine Straßen- oder Postfachangaben)
Versicherungsagentur Florian Schneider

IBAN
D E 3 3 3 0 0 4 6 0 0 0 1 6 7 3 6 9 0 3 1 0   16

30/33/47

SEPA

BITTE NICHT VERGESSEN: ___14.05.20..___ *F. Schneider*

Datum   Unterschrift(en)

Von der Direktion erhält die Agentur Florian Schneider folgenden Kontoauszug:

ALBATROS **AV** Versicherungen		Kontoauszug Nr. 412	
Agentur Nr. 1620 Florian Schneider, Hamburg		Alter Saldo ➤	7.235,90 H
Sparte/Text	Abschluss-/ Folgeprovision	Rückprovision	Gesamt
Kraftfahrzeug	625,00H	64,00S	561,00H
Reisegepäck	54,80H		54,80H
Unfall	385,00H	34,50S	350,50H
Haftpflicht		42,00S	42,00S
Wohngebäude	218,60H		218,60H
Zwischensummen	1.283,40H	140,50S	1.142,90H
Abschlagszahlung (Bank)			5.000,00S
Gutschrift:			
Entschädigung H. Hansen			230,00H
Regulierungsaufwand Werner			34,00H
Belastung für eigene Vers.:			
Geschäftsinhalt			456,00S
FBU			286,00S
Privat-HV F. Schneider			210,00S
Gutschrift anteilige Verwaltungsaufwendungen			500,00H
		Neuer Saldo	3.190,80H

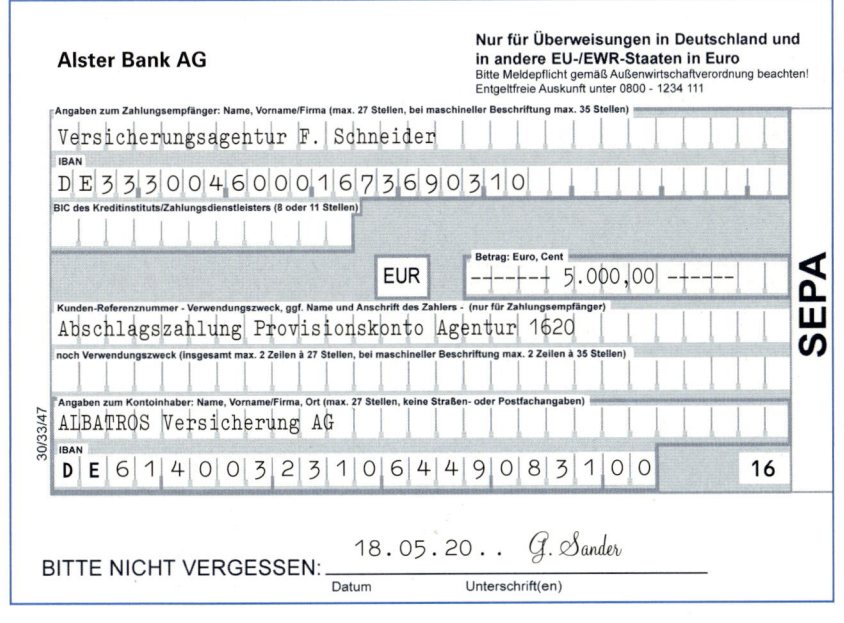

Lösung der Musteraufgabe zu Kapitel 2

Buchungssätze			Bankauszug
1. Entschädigungen	an	Bank	230,00
2. Regulierungsaufwand	an	Bank	34,00
3. Bank	an	Forderungen gegen Direktion	5.000,00

Buchungssätze			Bankauszug
4. Forderungen gegen Direktion	an	Provisionsertrag	1.283,40
5. Provisionsertrag	an	Forderungen gegen Direktion	140,50
6. Forderungen gegen Direktion	an	Entschädigungen	230,00
7. Forderungen gegen Direktion	an	Regulierungsaufwand	34,00
8. Verwaltungsaufwand	an	Forderungen gegen Direktion	742,00
9. Privat	an	Forderungen gegen Direktion	210,00
10. Forderungen gegen Direktion	an	Verwaltungsaufwand	500,00

S	Forderungen gegen Direktion		H		S	Bank		H
Übertrag	7.235,90	3 Ba	5.000,00		Übertrag	13.568,80	1 Entsch	230,00
4 ProvE	1.283,40	5 ProvE	140,50		3 FgD	5.000,00	2 RegA	34,00
6 Entsch	230,00	8 VerwA	742,00				SALDO	18.304,80
7 RegA	34,00	9 Privat	210,00					
10 VerwA	500,00	SALDO	3.190,80					

S	Entschädigungen		H		S	Regulierungsaufwand		H
1 Ba	230,00	6 FgD	230,00		2 Ba	34,00	7 FgD	34,00

S	Provisionsertrag		H		S	Verwaltungsaufwand		H
5 FgD	140,50	4 FgD	1.283,40		8 FgD	742,00	10 FgD	500,00

S	Privat	H
9 FgD	210,00	

Übungsaufgaben

Aufgaben zu Kapitel 2

Aufgabe 1

Vervollständigen Sie den nachfolgenden Text mit den zutreffenden Aussagen!

Bilden Sie für jeden Geschäftsfall den Buchungssatz!

Buchen Sie die Geschäftsfälle auf die entsprechenden Konten!

Ermitteln Sie

- die Forderungen gegen Direktion! (Der Anfangsbestand der Forderungen gegen Direktion beträgt 640,30 €.
- die Verbindlichkeiten bei Untervertretern!
- den Erfolg der Agentur!

1. Die Direktion schickt der Agentur die wöchentliche Provisionsabrechnung. Aus dem Kontoauszug geht hervor, dass der Agentur für den Abschluss einer Lebensversicherung 1.500,00 € Abschlussprovision zustehen.
   Die Provision von der Direktion ist für die Agentur ein …, der auf dem Konto … gebucht wird. Dieses Konto gehört zu den … Da die Direktion die Überweisung für die Provision erst zu einem späteren Zeitpunkt (aus Vereinfachungsgründen i.d.R. einmal im Monat) vornimmt, hat die Agentur bis zur Überweisung eine … gegenüber der Direktion, die auf dem Konto … erfasst wird; dieses Konto gehört zu den …
   Buchungssatz:

2. Von der Provision aus Fall 1 stehen einem Untervertreter 300,00 € zu, da er bei der Anbahnung und dem Abschluss mitgeholfen hat. Die Provision für den Untervertreter ist für die Agentur ein …, der auf dem Konto … gebucht wird. Dieses Konto gehört zu den …
   Auch hier erhält der Untervertreter die Zahlung für die ihm zustehende Provision in vorher vereinbarten Zahlungsintervallen. Bis zur Zahlung hat die Agentur gegenüber dem Untervertreter eine …, die auf dem Konto … gebucht wird. Kontenart: …
   Buchungssatz:

3. Die Direktion überweist der Agentur 1.000,00 € als Abschlagszahlung auf die Forderungen per Bank.
   Buchungssatz:

4. Die Agentur zahlt einem Untervertreter als Abschlag für die Verbindlichkeiten 200,00 € durch Bankscheck.
   Buchungssatz:

5. Die Direktion teilt uns mit, dass ein VN unserer Agentur einen Hausratversicherungsschein nicht eingelöst hat. Wir werden mit der Provision belastet, 80,00 €.
   Das Provisionsstorno erfolgt auf dem Konto … auf der …-Seite. Gleichzeitig … die … gegen die Direktion.
   Buchungssatz:

6. An der Vermittlung des stornierten Vertrages war auch ein Untervertreter beteiligt. Wir belasten ihn mit einer Rückprovision von 30,00 €.
   Diese Rückbelastung der Provision für den Untervertreter erfolgt auf dem Konto … auf der …-Seite. Die … bei dem Untervertreter … sich.
   Buchungssatz:

7. Die Agentur reguliert einen Kleinschaden durch Banküberweisung, 430,00 €. Bei der Ermittlung des Schadens fielen 52,00 € zusätzliche Kosten an, die durch Bankscheck bezahlt wurden.
   Buchungssatz:

8. Die Konten … und … sind Unterkonten des Kontos … und werden über dieses abgeschlossen.
   Buchungssatz:

Aufgabe 2

Bilden Sie für den folgenden Kontoauszug der Direktion die Buchungssätze und stellen Sie die Buchungen auf dem Konto Forderungen gegen Direktion dar!

	Abschluss-provision	Betreuungs-provision	Storno	Gesamt
Alter Saldo				*4.256,00 H*
Hausratversicherung	82,50 H	24,50 H		107,00 H
Unfallversicherung	320,00 H	28,50 H	52,40 S	296,10 H
Kraftfahrtversicherung	852,00 H	65,00 H		917,00 H
Gebäudefeuerversicherung		64,50 H	87,90 S	23,40 S
	1.254,50 H	182,50 H	140,30 S	1.296,70 H
Abschlagszahlung (Bank)				2.500,00 S
Ausgleich Schadenzahlungen				356,00 H
Ausgleich Schadenregulierungsaufwand				85,00 H
Zuschuss für Verwaltungsaufwand				500,00 H
Betriebshaftpflichtversicherung für die Agentur				255,00 S
Lebensversicherung für den Agenturinhaber				316,00 S
Kfz-Versicherung Agentur-Pkw				652,00 S
Neuer Saldo				?

Aufgabe 3

a) Erstellen Sie für die nachstehenden Konten eine Eröffnungsbilanz. Buchen Sie die Geschäftsfälle im Grund- und Hauptbuch. Schließen Sie die Konten über das Schlussbilanzkonto ab.

Grundstücke und Bauten	280.000,00 €
Betriebs- und Geschäftsausstattung	80.000,00 €
Kraftfahrzeuge	48.000,00 €
Forderungen gegen Direktion	12.000,00 €
Bank	16.800,00 €
Postbank	4.500,00 €
Kasse	1.650,00 €
Eigenkapital	264.900,00 €
Hypothekenverbindlichkeiten	140.000,00 €
Darlehensverbindlichkeiten	35.600,00 €
Verbindlichkeiten bei Untervertretern	2.450,00 €

Geschäftsfälle

1. Der Kontoauszug der Direktion enthält folgende Vorgänge:

Provisionsgutschrift	14.600,00 €
Provisionsbelastung für Versicherungsscheine, die vom VN nicht eingelöst wurden	820,00 €
Prämienrechnung für die Betriebshaftpflichtversicherung der Agentur	340,00 €
Prämienrechnung für die private Unfallversicherung des Agenturinhabers	260,00 €

2. Vom Bankkonto der Agentur wurden folgende Beträge abgebucht:

Garagenmiete für das Agenturfahrzeug	180,00 €
Telefongebühren (Das Telefon wird zu 20 % privat genutzt)	210,00 €
Einkommensteuervorauszahlung des Agenten	400,00 €

3. Die Agentur leistet im Auftrag der Direktion bar eine Entschädigungszahlung 395,00 €
   Ein Kostenvoranschlag zu diesem Schaden, den wir in Auftrag gegeben hatten, wird ebenfalls bar bezahlt 80,00 €

4. Der Untervertreter erhält eine Provisionsabrechnung
   Gutschrift für Abschlussprovisionen   760,00 €
   Provisionsbelastung für stornierte Verträge   90,00 €

5. Bankgutschriften
   Abschlagszahlung der Direktion   5.000,00 €
   Zinsen   420,00 €

6. Postbanküberweisung der Kfz-Steuer   385,00 €

7. Im Kassenbericht wurden folgende Ausgaben festgehalten:
   Kauf von Fachzeitschriften   60,00 €
   Werbeanzeigen in der örtlichen Tageszeitung (die Direktion beteiligt sich zur Hälfte
   an den Kosten)   440,00 €
   Privatentnahme   50,00 €

8. Ein Untervertreter legt uns einen Beleg für eine von ihm geleistete
   Entschädigungszahlung vor   124,00 €

Alternativ:

b) Berechnen Sie die Höhe der

   – Provisionserträge,

   – Provisionsaufwendungen!

c) Ermitteln Sie aus den Geschäftsfällen (unter Berücksichtigung der Anfangsbestände) die

   – Forderungen gegen Direktion,

   – Verbindlichkeiten bei Untervertretern!

d) Ermitteln Sie aus den Geschäftsfällen den Agenturerfolg (Gewinn/Verlust)!

Aufgabe 4

a) Richten Sie die nachstehenden Konten mit ihren Anfangsbeständen aus der Saldenliste ein! Buchen Sie die Geschäftsfälle im Grund- und Hauptbuch, wobei weiter benötigte Konten einzurichten sind! Schließen Sie alle Konten form- und sachgerecht ab! Erstellen Sie das Schlussbilanzkonto!

Grundstücke und Bauten   520.000,00 €
Betriebs- und Geschäftsausstattung   35.000,00 €
Kraftfahrzeuge   33.000,00 €
Forderungen gegen Direktion   5.420,00 €
Bank   48.340,00 €
Kasse   530,00 €
Eigenkapital   209.200,00 €
Hypothekenverbindlichkeiten   390.000,00 €
Darlehensverbindlichkeiten   40.000,00 €
Verbindlichkeiten bei Untervertretern   3.090,00 €

Geschäftsfälle

1. Der Agent kauft ein weiteres Kfz gegen Bankverrechnungsscheck   22.000,00 €

2. Kauf von Büromaterial bar   140,00 €

3. Gutschriftanzeige der Direktion über Abschlussprovisionen in Höhe von   4.234,00 €

4. Unserem Untervertreter werden von diesen Abschlussprovisionen für
   die von ihm vermittelten Versicherungen gutgeschrieben   2.356,00 €

5. Überweisung der Büromiete für die Monate April und Mai durch Banküberweisung,
   Monatsmiete   920,00 €

6. Auf dem Bankkonto geht eine Abschlagszahlung der Direktion zu den bereits gutgeschriebenen Abschlussprovisionen ein   4.530,00 €

7. Wir überweisen daraufhin an den Untervertreter ebenfalls eine Abschlagszahlung auf die ihm bereits gutgeschriebenen Provisionen per Bank in Höhe von   1.960,00 €

8. Laut Kontoauszug der Bank wurden aufgrund erteilter Einzugsermächtigungen vom Konto abgebucht:
   - Bezug einer Fachzeitschrift   120,00 €
   - Kraftfahrzeugsteuer (das Fahrzeug wird zu 30 % privat genutzt)   230,00 €
   - Telefongebühren (Privatanteil 20 %)   225,00 €

9. Provisionsbelastung durch die Direktion für eine Lebensversicherung
   Der VN hat von seinem Widerrufsrecht nach § 8 VVG Gebrauch gemacht   438,00 €

10. Die aufgehobene Lebensversicherung kam durch Vermittlung des Untervertreters zustande, der deshalb mit der Rückprovision belastet wird   396,00 €

11. Ein Büroschrank wird bar verkauft. Buchwert   420,00 €

12. Banklastschriften laut Kontoauszug für:
    - Darlehenszinsen   3.200,00 €
    - Darlehenstilgung   2.300,00 €
    - Gewerbesteuervorauszahlung   1.450,00 €
    - Kleinschadenregulierung   480,00 €
    - Druckereirechnung für Werbeprospekte, die Direktion beteiligt sich an den Kosten mit 50 %   620,00 €

13. Wir erhalten von der Direktion einen Verwaltungskostenzuschuss gutgeschrieben   200,00 €

Alternativ:

b) Berechnen Sie die Höhe der
   - Provisionserträge,
   - Provisionsaufwendungen,
   - Forderungen gegen Direktion,
   - Verbindlichkeiten gegen Untervertretern!

c) Ermitteln Sie den Erfolg der Agentur!

Aufgabe 5

Buchen Sie die Geschäftsfälle für den Bankauszug vom 30.08.20.. im Grundbuch und stellen Sie die Buchungen auf dem Bankkonto dar!

ELBE-Bank AG	Kontoauszug	Nr. 24 vom 30.08.20..	
Buchungstag/Text		Soll	Haben
27.08. *Alter Kontostand*			*24.563,50*
27.08. Abbuchung Telekom Anschluss 345678 Monat August		423,50	
27.08. Lastschrift P. Müller Text: Ausgleich Untervertreterkonto		2.650,00	
28.08. Überweisung ALSTER-Vers.AG, Text: Ausgleich Provisionskonto			4.700,00
28.08. Dauerauftrag A.Schulze Text: Büromiete September		1.300,00	
28.08. Habenzinsen August			36,00
28.08. Dauerauftrag Body-Well-Studio; Text: Beitrag Monat September; Pamela Hansen		120,00	
29.08. *Neuer Kontostand*			*24.806,00*
Kontoinhaber: Agentur Hans Hansen		Kto.Nr. 167369	

Aufgabe 6

Ihnen liegt die Saldenliste des Monats August vor.

a) Wie viel EUR betragen die Forderungen gegen die Direktion?

b) Wie viel EUR beträgt das Ergebnis der kurzfristigen Erfolgsrechnung (Gewinn- oder Verlust dieses Monats)?

c) Wie viel EUR beträgt das Eigenkapital?

Konto	Saldensumme Soll	Saldensumme Haben
Bank	8.500,00	
Darlehensverbindl.		8.000,00
Eigenkapital		35.400,00
Entschädigung	2.300,00	
Forderung g. Dir.	12.600,00	
Kfz-Aufwand	3.800,00	
Kfz	25.100,00	
Privat	6.300,00	
Provisionsaufwand	7.900,00	
Provisionsertrag		28.700,00
Regulierungsaufwand	700,00	
Steueraufwand	6.000,00	
Verb. b. UV		1.900,00
Zinsaufwand	800,00	

Aufgabe 7

a) Buchen Sie die folgenden Geschäftsfälle im Grundbuch!

b) Ermitteln Sie die Höhe der
   – Forderungen gegen die Direktion
   – Verbindlichkeiten beim Untervertreter!

c) Wie hoch ist der Erfolg der Agentur?

d) Wie hoch sind die Privateinlagen bzw. -entnahmen?

1. Wir haben für die Direktion folgende Versicherungen vermittelt:
   diverse Hausratversicherungen (Jahresprämie gesamt 4.240,00 €);
   diverse Gebäudeversicherungen (Jahresprämie 2.345,00 €).
   Da der VN von seinem Recht nach § 8 VVG keinen Gebrauch gemacht hat und die Erstprämie von der Direktion im Lastschriftverfahren abgebucht wurde, steht uns eine Abschlussprovision von 10 % für jeden Sachversicherungsvertrag zu, den uns die Direktion gutschreibt.

2. An der Vermittlung der Verträge zu 1. war unser Untervertreter beteiligt. Er erhält von uns eine Provisionsgutschrift über 5 % von der Prämie für jeden Vertrag.

3. Im Auftrag der Direktion haben wir einen Haftpflichtschaden reguliert. Der Anspruch des Geschädigten beträgt 378,00 €. Diesen Betrag überweisen wir an den VN. Im Zusammenhang mit der Regulierung entstanden uns Fahrtkosten von 15,00 € und für eine Rechtsauskunft 35,00 €, die wir bar gezahlt haben.

7 Drapatz/Franke/Hess – ISBN 978-3-8120-0494-7

4. Die Direktion leistet durch Banküberweisung eine Abschlagszahlung auf unsere Forderungen von .... 500,00 €

5. Der Untervertreter erhält von uns für seine Präsentation unserer Agentur anlässlich eines Straßenfestes gutgeschrieben .... 60,00 €

6. Der Kontoauszug der Bank enthält folgende Zahlungen:
   - Überweisung an den Untervertreter .... 245,00 €
   - Abbuchung der Miete für das Agenturgebäude .... 1.620,00 €
     Das Gebäude wird zu 40 % privat genutzt
   - Lastschrift für die Kfz-Steuer des Agenturfahrzeuges .... 182,00 €
     (das Fahrzeug wird zu 35 % für private Fahrten genutzt)
   - Lastschrift für die 50.000-km-Inspektion des Fahrzeuges .... 390,00 €
   - Gutschrift des Finanzamtes über eine Gewerbesteuerrückzahlung .... 96,00 €

7. Die Direktion hat gegenüber einem Kunden den Vertrag gem. § 38 (3) VVG gekündigt. Wir werden mit der Rückprovision belastet .... 34,00 €

8. Aus einem von uns durchgeführten Regressverfahren zu einem Schaden erhalten wir auf unser Postbankkonto .... 150,00 €

9. Ein Untervertreter wird mit einer Rückprovision belastet .... 36,00 €

10. Der VN aus Fall 7. hat von seinem Reaktivierungsrecht Gebrauch gemacht, die Direktion schreibt uns die entsprechende Provision wieder gut.

1 Gehaltsbuchungen

1.1 Grundlagen

Für die anfallenden Innendiensttätigkeiten stellt Florian Schneider zum 01.10. Frauke Hansen als Büroleiterin ein. Sie ist ledig, 30 Jahre alt, ohne Kinder und wohnt in Lübeck. Frauke Hansen war bereits 5 Jahre bei einem Versicherungsmakler tätig. Sie ist Mitglied in der evangelischen Kirche und bei der Hanseaten-Ersatzkasse krankenversichert. Sie wird von der Agentur Schneider in die Gehaltsgruppe V des Gehaltstarifes im Versicherungsvermittlergewerbe eingestuft. Außer 40,00 € vermögenswirksame Leistungen (VwL) erhält sie keine weiteren zusätzlichen Bezüge.

Wie hoch sind das Bruttoentgelt, die Abzüge und das Nettoentgelt für Frau Hansen?

Wie lauten die Buchungen für den Gehaltsvorgang?

1.2 Das Bruttogehalt

Angestellte erhalten für ihre Arbeitsleistung Gehalt, Arbeiter Lohn. Die Höhe des Gehaltes richtet sich üblicherweise nach dem Gehaltstarif. Die nachstehende Tabelle ist nach Gehaltsgruppen und Berufsjahren geordnet. Gehaltsgruppe I wird bei einfachen Tätigkeiten angewandt, Gehaltsgruppe VI bei besonders verantwortlicher Leitungstätigkeit.

Gehaltsgruppen	I	II	III	IV	V	VI
	€	€	€	€	€	€
im 1. Berufsjahr	1.687	1.785	1.834			
im 2. Berufsjahr	1.771	1.872	1.975			
im 3. u. 4. Berufsjahr	1.834	1.966	2.107	2.255		
im 5. u. 6. Berufsjahr	1.892	2.033	2.205	2.364	2.656	
im 7. u. 8 Berufsjahr.	1.943	2.104	2.306	2.496	2.778	3.015
im 9. u. 10.Berufsjahr	2.051	2.179	2.416	2.613	2.951	3.224
im 11. u. 12. Berufsjahr		2.256	2.528	2.727	3.114	3.445
im 13. Berufsjahr		2.329	2.633	2.848	3.283	3.664
vom 14. Berufsjahr an				2.961	3.454	3.883

⇨ Tarifgehalt   2.656,00 €

1.3 Vermögenswirksame Leistungen

Zusätzlich zu dem Tarifgehalt gewährt der Arbeitgeber einen Betrag (zzt. tariflich in der Versicherungswirtschaft 40,00 € monatlich), den der Arbeitnehmer vermögenswirksam anlegen kann. Zu den zurzeit **zugelassenen Anlageformen** gehören u.a.:

➤ Bausparvertrag

➤ Wertpapiersparvertrag

➤ Investmentfonds

➤ Aktien des eigenen Unternehmens

➤ börsenzugelassene Aktien anderer Unternehmen

➤ bestimmte Wohnungsbaugenossenschaften

Der Sparbeitrag wird vom Arbeitgeber aus dem versteuerten Gehalt an den Träger der Maßnahme überwiesen.

Nach dem Gesetz zur Förderung der Vermögensbildung der Arbeitnehmer können Arbeitnehmer bis zu 470,00 € jährlich bei einer Bausparkasse vermögenswirksam anlegen. Hierfür erhält der Arbeitnehmer 9 % Zulage. Die Einkommensgrenze für die geförderten Arbeitnehmer liegt bei 17.900,00 € für Ledige und 35.800,00 € für Verheiratete. Zusätzlich können weitere 400,00 € in Aktien, Aktienfonds oder Unternehmensbeteiligungen angelegt werden. Dafür wird eine Sparzulage von 20 % gewährt. Die Einkommensgrenze für die geförderten Arbeitnehmer liegt hier bei 20.000,00 € für Ledige und 40.000,00 € für Verheiratete.

> Vermögenswirksame Leistungen des Arbeitgebers erhöhen das Bruttoentgelt und sind steuer- und sozialversicherungspflichtig.
>
> Die vermögenswirksamen Sparleistungen werden vom Arbeitgeber einbehalten und der Vermögensanlage zugeführt.
>
> Das Tarifgehalt und die vermögenswirksamen Leistungen zusammen stellen für den Arbeitgeber einen Aufwand dar, der auf dem Konto **Gehälter** gebucht wird.

⇨ **Bruttogehalt**   2.696,00 €

1.4 Die Gehaltsabzüge

1.4.1 Lohnsteuer

Bei Einkünften aus nichtselbstständiger Arbeit wird die Einkommensteuer als sogenannte Lohnsteuer vom Bruttogehalt erhoben. Die Lohnsteuer ist damit eine besondere Erhebungsform der Einkommensteuer. Die Lohnsteuer richtet sich nach:

➤ der Höhe des Gehaltes;

➤ der Steuerklasse (diese ist u. a. abhängig von dem Familienstand, Zahl der Kinder);

➤ eventuell eingetragenen Freibeträgen, die zu Lohnsteuerermäßigungen führen können. Auf Antrag des Arbeitnehmers bei seinem zuständigen Finanzamt können Ermäßigungen für Behinderungen, erhöhte Sonderausgaben, Werbungskosten und außergewöhnliche Belastungen berücksichtigt werden.

Das Bundeszentralamt für Steuern (BZSt) erfasst die für einen Arbeitnehmer relevanten Besteuerungskriterien seit 2012 elektronisch ("Elektronische Steuerabzugsmerkmale", kurz: ELStAM).

Die Lohnsteuerklasse für Frau Hansen können wir anhand der obigen Angaben und der nachstehenden Tabelle ermitteln.

Steuerklasse	Personenkreis
I	Ledige, Verwitwete sowie dauernd getrennt lebende Verheiratete
II	Arbeitnehmer der Steuerklasse I, wenn ihnen der Entlastungsbetrag für Alleinerziehende zusteht, weil in ihrer Wohnung ein Kind gemeldet ist, für das sie einen Kinderfreibetrag erhalten
III	Verheiratete, die nicht dauernd getrennt leben, wobei ein Ehegatte keinen Arbeitslohn bezieht oder sein Arbeitslohn nach Steuerklasse V versteuert wird
IV	Verheiratete, die beide Arbeitslohn beziehen und nicht dauernd getrennt leben
V	Arbeitnehmer, deren Ehegatte in Steuerklasse III eingereiht ist
VI	Steuerklasse für Arbeitslohn aus weiteren Arbeitsverhältnissen

Unter Berücksichtigung aller Steuerabzugsmerkmale wird die Steuerschuld in der Regel elektronisch berechnet. Hierzu veröffentlicht das Bundesministerium der Finanzen einen Programmablaufplan für die maschinelle Lohnsteuerermittlung.

Sogenannte Steuertabellen dürfen aufgrund von Vorgaben des Bundesministeriums als „Näherungstabelle" erstellt und veröffentlicht werden, damit insbesondere kleinere Betriebe manuell abrechnen können.

Der unten stehende Auszug ist als Beispiel einer solchen „Näherungstabelle" zu verstehen.

Für Frau Hansen mit einem Bruttogehalt von 2.696,00 € (2.656,99 € plus 40,00 € VwL) lässt sich der Steuerabzug folglich aus einer Zeile „bis 2.697,00 €" ablesen.

Beispiel einer Näherungstabelle

Für Lohn bis	StKl	Lohnsteuer	ohne SolZu	ohne KiSt 9%	0,5 SolZu	0,5 KiSt 9%	1 SolZu	1 KiSt 9%	1,5 SolZu	1,5 KiSt 9%	2 SolZu	2 KiSt 9%
2.691,00 €	I	378,41 €	20,81 €	34,05 €	16,11 €	26,37 €	11,68 €	19,11 €	7,50 €	12,28 €	- €	5,90 €
	II	346,00 €	- €	- €	14,43 €	23,61 €	10,09 €	16,51 €	5,66 €	9,84 €	- €	3,82 €
	III	154,66 €	- €	13,92 €	- €	8,16 €	- €	3,30 €	- €	- €	- €	- €
	IV	378,41 €	20,81 €	34,05 €	18,43 €	30,16 €	16,11 €	26,37 €	13,86 €	22,69 €	11,68 €	19,11 €
	V	667,83 €	36,73 €	60,10 €	in Steuerklasse 5 und 6 sind keine Kinderfreibeträge möglich							
	VI	704,08 €	38,72 €	63,36 €								
2.694,00 €	I	379,16 €	20,85 €	34,12 €	16,16 €	26,44 €	11,71 €	19,17 €	7,53 €	12,33 €	- €	5,95 €
	II	346,75 €	- €	- €	14,47 €	23,68 €	10,12 €	16,57 €	5,78 €	9,89 €	- €	3,87 €
	III	155,33 €	- €	13,98 €	- €	8,20 €	- €	3,34 €	- €	- €	- €	- €
	IV	379,16 €	20,85 €	34,12 €	18,47 €	30,23 €	16,16 €	26,44 €	13,90 €	22,75 €	11,71 €	19,17 €
	V	668,91 €	36,79 €	60,20 €	in Steuerklasse 5 und 6 sind keine Kinderfreibeträge möglich							
	VI	705,16 €	38,78 €	63,46 €								
2.697,00 €	I	379,91 €	20,89 €	34,19 €	16,19 €	26,50 €	11,76 €	19,24 €	7,57 €	12,39 €	- €	6,00 €
	II	347,50 €	- €	- €	14,51 €	23,74 €	10,17 €	16,64 €	5,91 €	9,95 €	- €	3,92 €
	III	156,00 €	- €	14,04 €	- €	8,26 €	- €	3,39 €	- €	- €	- €	- €
	IV	379,91 €	20,89 €	34,19 €	18,51 €	30,30 €	16,19 €	26,50 €	13,94 €	22,82 €	11,76 €	19,24 €
	V	670,00 €	36,85 €	60,30 €	in Steuerklasse 5 und 6 sind keine Kinderfreibeträge möglich							
	VI	706,25 €	38,84 €	63,56 €								

Anzahl der Kinderfreibeträge / Kirchensteuer 9%

➩ Steuerklasse I

➩ Lohnsteuer 379,91 €

Auf die Lohnsteuer wird zurzeit ein Solidaritätszuschlag von 5,5% der Lohnsteuer erhoben, der auch der Tabelle entnommen werden kann.

➩ Solidaritätszuschlag 20,89 €

1.4.2 Kirchensteuer

Die Kirchensteuer erheben die Kirchen von ihren Mitgliedern. Die Veranlagung erfolgt durch die Finanzämter, an die auch die Zahlungen zu leisten sind. Der Kirchensteuersatz beträgt in allen Bundesländern 9 % (in Baden-Württemberg und Bayern 8 %) von der Lohnsteuer.

> ⇨ **Kirchensteuer** 34,19 €

> Bei den Arbeitnehmern wird die Kirchensteuer zusammen mit der Lohnsteuer und dem Solidaritätszuschlag vom Arbeitgeber einbehalten und (bis zum 10. des folgenden Monats) an das zuständige Finanzamt abgeführt.

Bis zur Zahlung an das Finanzamt werden die einbehaltenen Beträge auf dem Konto **Verbindlichkeiten beim Finanzamt** gebucht.

1.4.3 Sozialversicherungsbeiträge

Der Arbeitnehmer ist grundsätzlich verpflichtet, über die gesetzliche Sozialversicherung eine Vorsorge gegen Krankheit und Pflegebedürftigkeit, Alter, Arbeitslosigkeit und Invalidität zu treffen. Damit ist grundsätzlich jeder Arbeitnehmer Mitglied in der Sozialversicherung:

Art	Träger	Beitragssatz (zzt.)[1]
Rentenversicherung	Deutsche Rentenversicherung Bund	18,7 %
Arbeitslosenversicherung	Bundesagentur für Arbeit	3,0 %
Krankenversicherung	u. a. Ortskrankenkassen, Ersatzkassen, Betriebskrankenkassen	14,6 %
Pflegepflichtversicherung	Pflegekassen bei den Krankenkassen	2,35 %

Grundlage für die Berechnung der **Beiträge zur gesetzlichen Kranken- und Pflegeversicherung** ist der Bruttoverdienst. In der gesetzlichen Krankenversicherung besteht keine Versicherungspflicht, wenn das Bruttogehalt im vergangenen und im laufenden Jahr über der Jahresarbeitsentgeltgrenze (zzt. 54.900,00 €)[1] liegt. Diese Arbeitnehmer können sich entweder einer privaten Krankenversicherung anschließen oder als freiwilliges Mitglied in der gesetzlichen Krankenversicherung bleiben. Die jährliche Beitragsbemessungsgrenze, die zur Berechnung des Höchstsatzes des Beitrages zur gesetzlichen Krankenversicherung zugrunde gelegt wird, beträgt zzt. 49.500,00 €[1].

Die Beiträge zu den vorgenannten Versicherungszweigen werden grundsätzlich zur Hälfte vom Arbeitgeber und vom Arbeitnehmer getragen. In der gesetzlichen Krankenversicherung und in der gesetzlichen Pflegeversicherung gelten darüber hinaus Sonderregelungen.

---

1   Stand: Januar 2015. Die Beitragssätze für die Sozialversicherung, die Versicherungspflichtgrenze und die Beitragsbemessungsgrenze werden durch Verordnungen des Bundesministeriums für Gesundheit und Soziale Sicherung festgelegt.

Der Beitragssatz zur GKV beträgt zzt. **einheitlich** 14,6%. Allerdings dürfen die Krankenkassen seit dem 1. 1. 2015 über den Regelbeitragssatz von 14,6% hinaus einen Beitragszuschlag berechnen, über dessen Höhe sie aufgrund ihrer Finanzlage selbst entscheiden und den der Versicherte (Arbeitnehmer) allein tragen muss.

Wir gehen beispielhaft davon aus, dass dieser Beitragszuschlag bei Frau Hansen 0,9% beträgt.

Arbeitgeber		Arbeitnehmer	
anteilig	7,3%	anteilig	7,3%
Beitragszuschlag	–	Beitragszuschlag	0,9%
gesamt	7,3%	gesamt	8,2%

> ⇨ **Krankenversicherung (AN-Anteil)** 221,07 €

> ⇨ **Krankenversicherung (AG-Anteil)** 196,81 €

In der Pflegepflichtversicherung müssen gesetzlich Versicherte zwischen 23 und 65 Jahren ohne Kinder einen Zuschlag von 0,25 Prozentpunkten zur Pflegeversicherung bezahlen.

Arbeitgeber		Arbeitnehmer	
anteilig	1,175%	anteilig	1,175%
Beitragszuschlag	–	Beitragszuschlag	0,25%
gesamt	1,175%	gesamt	1,425%

> ⇨ **Pflegeversicherung (AN-Anteil)** 38,42 €

> ⇨ **Pflegeversicherung (AG-Anteil)** 31,68 €

Die Beiträge zur gesetzlichen Unfallversicherung, die an die Verwaltungsberufsgenossenschaft abgeführt werden, trägt der Arbeitgeber in voller Höhe.

Buchungssatz

Sozialer Aufwand   an   Verbindlichkeiten beim Sozialversicherungsträger

Auf die eingehendere Darstellung wird hier verzichtet.

Die **Beiträge zur gesetzlichen Rentenversicherung und Arbeitslosenversicherung** werden ebenfalls mit den aktuellen Beitragssätzen vom Bruttogehalt berechnet. Die Beitragsbemessungsgrenze beträgt für diese Versicherungszweige monatlich zzt. 6.050,00 € (West) bzw. 5.200,00 € (Ost), Stand: 2015 (siehe FN, S. 102). Der Arbeitnehmeranteil (ebenso der Arbeitgeberanteil) für das Beispiel stellt sich wie folgt dar:

> ⇨ Rentenversicherung   252,08 €
> ⇨ Arbeitslosenversicherung   40,44 €

Die Arbeitnehmeranteile zur Sozialversicherung werden ebenfalls bei der Gehaltsabrechnung einbehalten und bis zum drittletzten Bankarbeitstag des Abrechnungsmonats an die zuständige Krankenkasse des Arbeitnehmers überwiesen. Bis zur Überweisung bestehen daher **Verbindlichkeiten beim Sozialversicherungsträger.**

> Der Arbeitgeberanteil zur Sozialversicherung ist für den Arbeitgeber ein Aufwand, der auf dem Konto **Sozialer Aufwand** gebucht wird.

Der Arbeitgeberanteil wird mit dem Arbeitnehmeranteil zusammen an den gesetzlichen Krankenversicherer abgeführt. Bis zur Überweisung an die Krankenkasse wird er ebenfalls auf dem Konto **Verbindlichkeiten beim Sozialversicherungsträger** erfasst.

Für die vermögenswirksamen Leistungen sieht das Gesetz vor, dass der Arbeitnehmer den Arbeitgeber beauftragt, den Anlagebetrag an das von ihm ausgewählte Anlageinstitut (z. B. Bank oder Bausparkasse) zu überweisen.

Zusammenfassung der Gehaltsabrechnung für Frau Hansen:

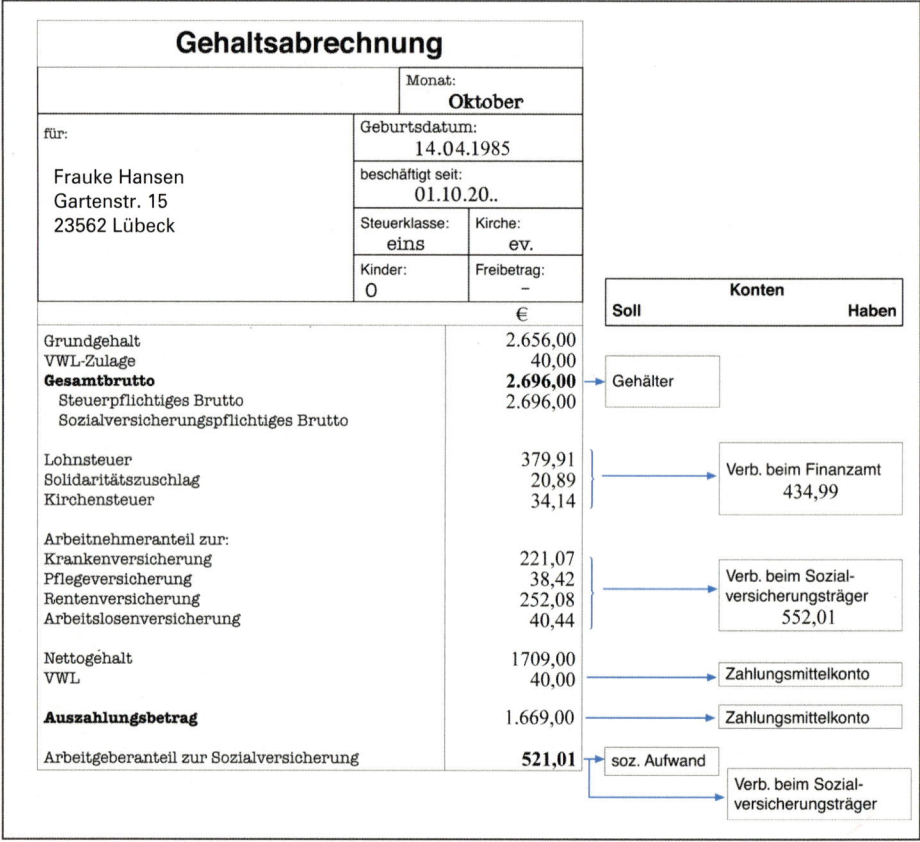

① Konten (für die Arbeitnehmerabrechnung)	Soll	Haben
Gehälter	2.696,00	
an Verbindlichkeiten b. Sozialversicherungsträger		552,01
Verbindlichkeiten b. Finanzamt		434,99
Bank		40,00
Bank		1.669,00
Konten (Arbeitgeberanteil zur Sozialversicherung)	Soll	Haben
Sozialer Aufwand	521,01	
an Verbindlichkeiten b. Sozialversicherungsträger		521,01

Im Laufe des Geschäftsjahres werden die einbehaltenen Beträge dann zu den entsprechenden Terminen an die zuständigen Stellen überwiesen.

Überweisung der einbehaltenen Beträge für die Steuern und Sozialversicherungsabgaben

② Konten	Soll	Haben
Verbindlichkeiten b. Finanzamt	434,99	
Verbindlichkeiten b. Sozialversicherungsträger	1 073,02	
an Bank		1.508,01

Auf dem folgenden Bankauszug sind alle Zahlungen im Zusammenhang mit der Gehaltsabrechnung dargestellt.

Hanse-Bank AG	Kontoauszug	Nr. 45 vom 11. 11. 20..	
Buchungstag/Text	Wert	Soll	Haben
25. 10. 20.. *Alter Kontostand*	€ ▸		*16.411,23*
25. 10. 20.. Überweisung an F. Hansen Gehalt Okt.		1.669,00	
25. 10. 20.. Überweisung an Bausparkasse Heimwerk		40,00	
25. 10. 20.. Überweisung an Hanseaten-Ersatzkasse		1 073,02	
07. 11. 20.. Überweisung an Finanzamt Lübeck		434,99	
11. 11. 20.. *Neuer Kontostand*	€ ▸		*13.194,22*
Florian Schneider		Kto.Nr. 167369	

Kontendarstellung:

S	Gehälter		H
1 Div.	2.696,00		

S	Verb. b. FA		H
2 Bank	434,99	1 Geh	434,99

S	Sozialer Aufwand		H
1 VbSVT	521,01		

S	Verbindlichk. b. SVT		H
2 Bank	1 073,02	1 Geh	552,01
		1 SozA	521,01

S	Bank		H
Übertrag	16.411,23	1 Geh	40,00
		1 Geh	1.669,00
		2 VbFA	434,99
		2 VbSVT	1 073,02
		Saldo	13.194,22

Die einbehaltenen Steuern des Monats Dezember werden erst im folgenden Jahr, nach Bilanzerstellung, abgeführt. Zum 31. 12., dem Bilanzstichtag, erscheinen diese Beträge als Verbindlichkeiten in der Schlussbilanz.

Passivierung der einbehalten Beträge zum Jahresende

Konten	Soll	Haben
Verbindlichkeiten b. Finanzamt	434,99	
an SBK		434,99

1.5 Buchung von Vorschüssen

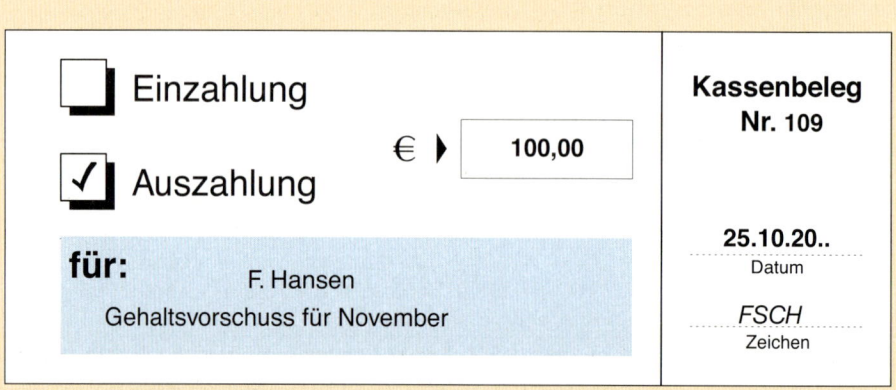

Wie lautet die Buchung für den Vorschuss an Frau Hansen? Der Vorschuss soll mit dem Novembergehalt verrechnet werden.

Der Vorschuss an einen Angestellten ist ein kurzfristiges Darlehen, das der Arbeitgeber seinem Mitarbeiter gewährt.

> In Höhe des Vorschusses hat der Arbeitgeber eine Forderung, die auf dem Konto **Forderungen gegen Arbeitnehmer** gebucht wird.

Der Mitarbeiter kann den Vorschuss zurückzahlen oder bei der nächsten Gehaltsabrechnung ganz oder teilweise verrechnen lassen, d. h., der Vorschuss wird vom Auszahlungsbetrag abgezogen.

Gewährung des Vorschusses

Konten	Soll	Haben
Forderungen gegen Arbeitnehmer	100,00	
an Kasse		100,00

Wenn der Vorschuss bei der nächsten Gehaltsabrechnung (gleiche Höhe wie im Vormonat) mit der Auszahlung verrechnet wird, ist der nachstehende Buchungssatz zu buchen:

Konten	Soll	Haben
Gehälter	2.696,00	
an Verbindlichkeiten beim Sozialversicherungsträger		552,01
Verbindlichkeiten beim Finanzamt		434,99
Forderungen gegen Arbeitnehmer		**100,00**
Bank		40,00
Bank		1.569,00
Sozialer Aufwand	521,01	
an Verbindlichkeiten beim Sozialversicherungsträger		521,01

Grundlagen

➤ Gehälter und Arbeitgeberanteil zur Sozialversicherung sind für den Arbeitgeber Aufwendungen.

➤ Der Arbeitgeber behält die Steuern und die Sozialversicherungsabgaben ein. Sie sind Verbindlichkeiten gegenüber der Finanzbehörde und den Sozialversicherungsträgern.

➤ Die einbehaltenen Steuern sind bis zum 10. des Folgemonats und die Sozialversicherungsbeiträge bis zum drittletzten Bankarbeitstag des Abrechnungsmonats abzuführen.

➤ Die Konten *Verbindlichkeiten beim Finanzamt* und *Verbindlichkeiten beim Sozialversicherungsträger* haben den Charakter von Durchgangskonten.

➤ Die Sozialversicherungsbeiträge werden i.d.R. zur Hälfte vom Arbeitnehmer und vom Arbeitgeber (Aufwand) getragen (mit Ausnahme der Beiträge zur gesetzlichen Unfallversicherung, zur gesetzlichen Krankenversicherung und zur Pflegeversicherung).

Muster-buchungssätze

Gehaltszahlung und Buchung des Arbeitgeberanteils zur Sozialversicherung		
Gehälter	an	Verbindlichkeiten beim FA
		Verbindlichkeiten beim SVT
		Bank (VwL-Anteil)
		Bank (Auszahlungsbetrag)
Sozialer Aufwand	an	Verbindlichkeiten beim SVT

Gewährung eines Vorschusses		
Forderungen g. AN	an	Kasse, Bank oder Postbank

Überweisung der einbehaltenen Steuern und Sozialversicherungsbeiträge		
Verbindlichkeiten beim FA	an	Bank oder Postbank
Verbindlichkeiten beim SVT	an	Bank oder Postbank

Am Jahresende werden die nicht abgeführten Steuern passiviert		
Verbindlichkeiten beim FA	an	SBK

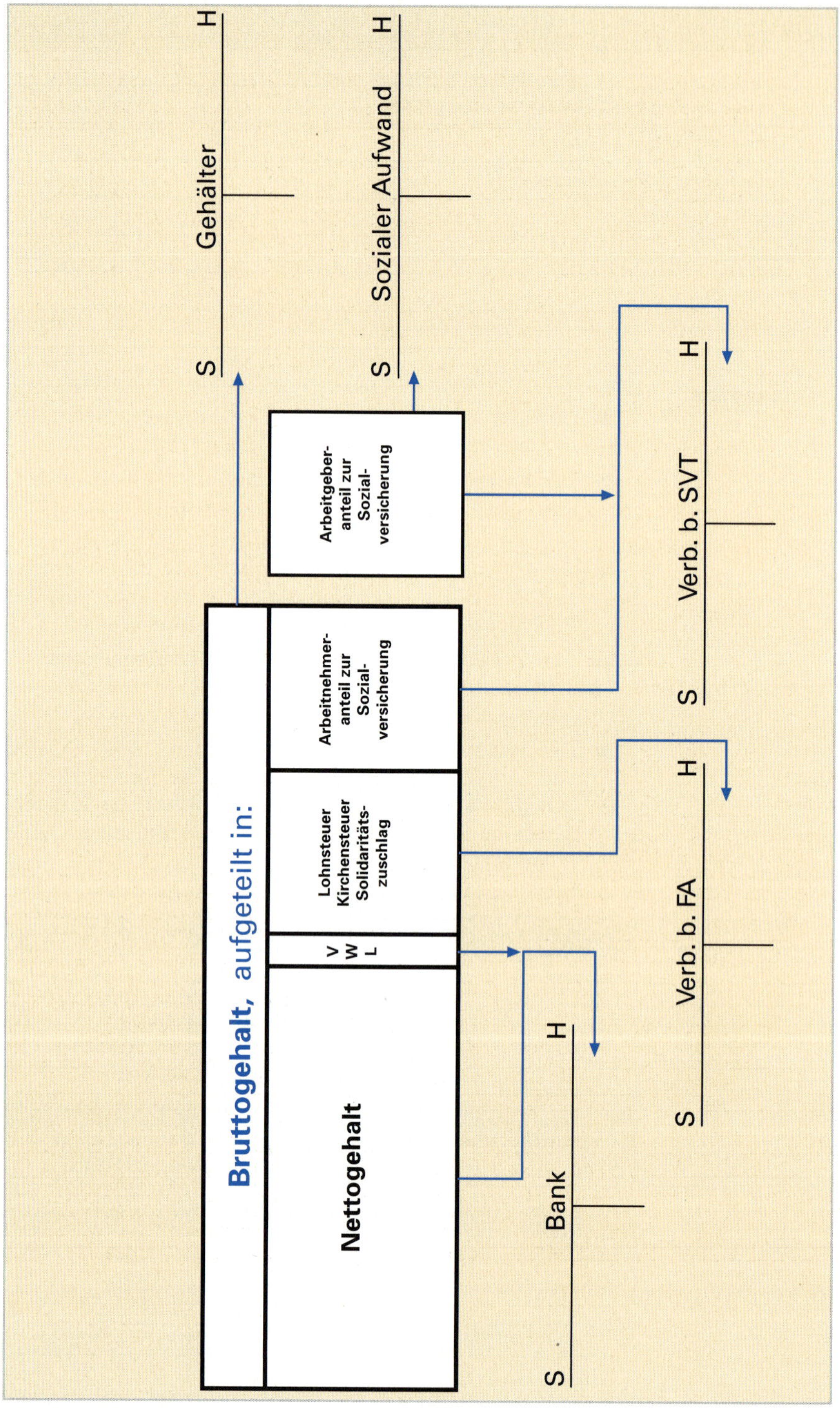

Bruttogehalt, aufgeteilt in:

Nettogehalt	VWL	Lohnsteuer Kirchensteuer Solidaritäts- zuschlag	Arbeitnehmer- anteil zur Sozial- versicherung

Arbeitgeber- anteil zur Sozial- versicherung

S ___ Gehälter ___ H

S ___ Sozialer Aufwand ___ H

S ___ Bank ___ H

S ___ Verb. b. FA ___ H

S ___ Verb. b. SVT ___ H

Musteraufgabe zu Kapitel 3

Der Angestellte Paul Schrader, wohnhaft in Hannover, erhält als Angestellter im Versicherungsaußendienst im 8. Berufsjahr Tarifgruppe V. Zusätzlich zu seinem Tarifgehalt erhält er 40,00 € vermögenswirksame Leistungen. Im Vormonat hatte er einen Vorschuss von 125,00 € in Anspruch genommen, der bei der Gehaltsabrechnung berücksichtigt werden soll. Die Steuerklasse ist IV, zudem sind als Lohnsteuerabzugsmerkmal 2 Kinderfreibeträge zu berücksichtigen. Herr Schrader ist Mitglied der evangelischen Kirche. Er ist 34 Jahre alt und verheiratet, seine Frau ist ebenfalls berufstätig. Er ist bei der Norddeutschen Ersatzkasse krankenversichert, die einen Zusatzbeitrag von 0,5 % erhebt.

a) *Erstellen Sie eine Gehaltsabrechnung für den Arbeitnehmer!*

b) *Bilden Sie den Buchungssatz für die Gehaltsbuchung!*

c) *Wie viel Prozent seines Bruttogehaltes werden für Steuern und Sozialversicherungsabgaben abgezogen?*

d) *Wie hoch ist der Gesamtgehaltsaufwand für den Arbeitgeber?*

e) *Die einbehaltenen Beträge werden zur nächsten Fälligkeit durch Banküberweisung an das Finanzamt und die Krankenkasse überwiesen.*
   Wie lautet die Buchung?

Zur Lösung benutzen Sie die nachstehenden Tabellen und die Gehaltstariftabelle auf den vorherigen Seiten.

Beispiel einer Näherungstabelle			Anzahl der Kinderfreibeträge / Kirchensteuer 9%										
			ohne		0,5		1		1,5		2	
Für Lohn bis	StKl	Lohnsteuer	SolZu	KiSt 9%	SolZu	KiSt 9%	SolZu	KiSt 9%	SolZu	KiSt 9%	SolZu	KiSt 9%
2.816,00 €	I	410,91 €	22,60 €	36,98 €	17,81 €	29,14 €	13,28 €	21,73 €	9,01 €	14,74 €	1,96 €	8,17 €
	II	377,83 €	- €	- €	16,09 €	26,33 €	11,65 €	19,07 €	7,48 €	12,24 €	- €	5,86 €
	III	182,66 €	4,13 €	16,44 €	- €	10,35 €	- €	5,13 €	- €	0,81 €	- €	- €
	IV	410,91 €	22,60 €	36,98 €	20,17 €	33,01 €	17,81 €	29,14 €	15,51 €	25,38 €	13,28 €	21,73 €
	V	712,83 €	39,20 €	64,15 €	in Steuerklasse 5 und 6 sind keine Kinderfreibeträge möglich							
	VI	749,08 €	41,19 €	67,41 €								
2.819,00 €	I	411,66 €	22,64 €	37,05 €	17,85 €	29,21 €	13,32 €	21,80 €	9,04 €	14,80 €	2,08 €	8,22 €
	II	378,66 €	- €	- €	16,13 €	26,40 €	11,69 €	19,14 €	7,51 €	12,30 €	- €	5,91 €
	III	183,33 €	4,26 €	16,50 €	- €	10,41 €	- €	5,17 €	- €	0,84 €	- €	- €
	IV	411,66 €	22,64 €	37,05 €	20,21 €	33,08 €	17,85 €	29,21 €	15,55 €	25,45 €	13,32 €	21,80 €
	V	713,91 €	39,26 €	64,25 €	in Steuerklasse 5 und 6 sind keine Kinderfreibeträge möglich							
	VI	750,16 €	41,25 €	67,51 €								
2.822,00 €	I	412,50 €	22,68 €	37,12 €	17,89 €	29,28 €	13,36 €	21,86 €	9,08 €	14,86 €	2,21 €	8,28 €
	II	379,41 €	- €	- €	16,17 €	26,46 €	11,73 €	19,20 €	7,55 €	12,36 €	- €	5,97 €
	III	184,00 €	4,40 €	16,56 €	- €	10,45 €	- €	5,22 €	- €	0,88 €	- €	- €
	IV	412,50 €	22,68 €	37,12 €	20,25 €	33,15 €	17,89 €	29,28 €	15,59 €	25,52 €	13,36 €	21,86 €
	V	715,00 €	39,32 €	64,35 €	in Steuerklasse 5 und 6 sind keine Kinderfreibeträge möglich							
	VI	751,25 €	41,31 €	67,61 €								

Lösung der Musteraufgabe zu Kapitel 3

a)

Tarifgehalt	2.778,00
Vermögenswirksame Leistungen	40,00
Bruttogehalt	**2.818,00**
Lohnsteuer	411,66
Kirchensteuer	21,80
Solidaritätszuschlag	13,32
Krankenversicherung (7,3 % + 0,5 % = 7,8 %)	219,80
Pflegeversicherung (1,175 %)	33,11
Rentenversicherung (9,35 %)	263,48
Arbeitslosenversicherung (1,5 %)	42,27
Nettogehalt	1.812,56
Vorschuss	125,00
VWL	40,00
Auszahlungsbetrag	1.647,56
Arbeitgeberanteil zur Sozialversicherung	544,57

b)

Gehälter	2.818,00	an	Verbindlichkeiten b. SVT	558,66
			Verbindlichkeiten b. FA	446,78
			Forderungen gegen Arbeitnehmer	125,00
			Bank	40,00
			Bank	1.647,56
Sozialer Aufwand		an	Verbindlichkeiten b. SVT	544,57

c) 35,68 % (558,66 + 446,78) · 100 : 2.818,00

d) 3.362,57 € (2.818,00 + 544,57)

e)

Verbindlichkeiten beim Sozialversicherungsträger	an	Bank	1.103,23
Verbindlichkeiten beim Finanzamt	an	Bank	446,78

Übungsaufgaben

Aufgaben zu Kapitel 3

Aufgabe 1

In einer Agentur wird das Gehalt eines fest angestellten Mitarbeiters (35 Jahre, 1 Kind) durch Banküberweisung ausgezahlt.

Grundgehalt		2.525,00 €
Vermögenswirksame Leistungen		40,00 €
Lohnsteuer		456,41 €
Kirchensteuer	9,0 %	
Solidaritätszuschlag	5,5 %	
Krankenversicherungsbeitrag	14,6 %	(ohne Zusatzbetrag)
Arbeitslosenversicherungsbeitrag	3,0 %	
Rentenversicherungsbeitrag	18,7 %	
Beitrag zur Pflegepflichtversicherung	2,35 %	

Erstellen Sie auf der Grundlage der aktuellen Rechengrößen der Sozialversicherung eine Gehaltsabrechnung!

Buchen Sie die Auszahlung an den Arbeitnehmer durch Banküberweisung und den Arbeitgeberanteil zur Sozialversicherung im Grundbuch!

Aufgabe 2

Für die Gehaltsabrechnung unserer Angestellten Svenja Kühl, 30 Jahre, 1 Kind, liegen Ihnen folgende Informationen vor:

Grundgehalt		2.100,00 €
Vermögenswirksame Leistungen		40,00 €
Lohnsteuer		324,10 €
Kirchensteuer	9,0 %	
Solidaritätszuschlag	5,5 %	
Arbeitslosenversicherung	3,0 %	
Krankenversicherung	14,6 %	plus Zusatzbeitrag von 0,8 %
Pflegeversicherung	2,35 %	
Rentenversicherung	18,7 %	

Verrechnung der Lebensversicherungsprämie in Höhe von 150,00 €.

a) Wie hoch sind die Steuerabzüge?

b) Wie viel € betragen die anteiligen Sozialversicherungsbeiträge von Frau Kühl auf der Grundlage der aktuellen Rechengrößen der Sozialversicherung?

c) Welchen Betrag überweisen Sie Frau Kühl?

d) Wie hoch ist der Arbeitgeberanteil zur Sozialversicherung?

Aufgabe 3

Bansi Devrei, 25 Jahre, ledig, kinderlos, bekommt als Einstiegsgehalt bei einem Versicherungsmakler 2.530,00 €, zuzüglich 40,00 € vermögenswirksame Leistungen. Er gehört der hinduistischen Glaubensgemeinschaft (Kirche) an. Es gelten die aktuellen Beitragssätze. Seine Krankenkasse erhebt zzt. keinen Zusatzbetrag.

Beispiel einer Näherungstabelle			Anzahl der Kinderfreibeträge / Kirchensteuer 9%										
			ohne		0,5		1		1,5		2	
Für Lohn bis	StKl	Lohnsteuer	SolZu	KiSt 9%	SolZu	KiSt 9%	SolZu	KiSt 9%	SolZu	KiSt 9%	SolZu	KiSt 9%
2.568,00 €	I	347,00 €	19,08 €	31,23 €	14,48 €	23,70 €	10,14 €	16,59 €	5,83 €	9,91 €	- €	3,89 €
	II	315,25 €	- €	- €	12,83 €	21,00 €	8,58 €	14,05 €	0,53 €	7,53 €	- €	2,05 €
	III	128,00 €	- €	11,52 €	- €	6,12 €	- €	1,60 €	- €	- €	- €	- €
	IV	347,00 €	19,08 €	31,23 €	16,75 €	27,41 €	14,48 €	23,70 €	12,28 €	20,10 €	10,14 €	16,59 €
	V	623,83 €	34,31 €	56,14 €	in Steuerklasse 5 und 6 sind keine Kinderfreibeträge möglich							
	VI	659,75 €	36,28 €	59,37 €								
2.571,00 €	I	347,75 €	19,12 €	31,29 €	14,52 €	23,76 €	10,17 €	16,65 €	5,96 €	9,97 €	- €	3,93 €
	II	316,00 €	- €	- €	12,87 €	21,06 €	8,62 €	14,11 €	0,65 €	7,58 €	- €	2,10 €
	III	128,50 €	- €	11,56 €	- €	6,16 €	- €	1,65 €	- €	- €	- €	- €
	IV	347,75 €	19,12 €	31,29 €	16,79 €	27,48 €	14,52 €	23,76 €	12,32 €	20,16 €	10,17 €	16,65 €
	V	625,00 €	34,37 €	56,25 €	in Steuerklasse 5 und 6 sind keine Kinderfreibeträge möglich							
	VI	660,83 €	36,34 €	59,47 €								

a) Erstellen Sie auf der Grundlage der aktuellen Rechengrößen der Sozialversicherung eine Gehaltsabrechnung für den Mitarbeiter!

b) Berechnen Sie den Arbeitgeberanteil zur Sozialversicherung!

Aufgabe 4

Der Innendienstleiter einer großen Agentur erhält ein außertarifliches Gehalt von 4.250,00 €. Die Kranken- und Pflegeversicherung hat er bei einer privaten Krankenversicherung abgeschlossen. Sein Arbeitgeber gewährt ihm dafür einen Zuschuss von 319,00 €. Die Lohnsteuer beträgt in der Steuerklasse IV 940,00 € (Solidaritätszuschlag: 51,70 €). Er gehört keiner Konfession an, ist verheiratet und hat 3 Kinder. Die übrigen Abzüge werden in der derzeit gültigen Höhe vorgenommen.

a) Welchen Betrag (mit und ohne PKV-Zuschuss) erhält der Mitarbeiter ausgezahlt?

b) Berechnen Sie die Versicherungsbeiträge des Arbeitgebers!

Aufgabe 5

Vervollständigen Sie auf der Grundlage der aktuellen Rechengrößen der Sozialversicherung die Gehaltsabrechnung einer Agentur in Hamburg für den Monat Oktober anhand der unten stehenden Gehaltsliste (Sammelbeleg für die Buchführung). Die Nettogehälter werden durch Banküberweisung ausgezahlt. Alle Mitarbeiter haben die vermögenswirksamen Leistungen prämienbegünstigt angelegt. Die Krankenkassen erheben keine Zusatzbeiträge.

Nr.	Name	Steuer-klasse	Kon-fession	Bruttogehalt (inkl. VwL)	Lohn-steuer	Beitrags-satz zur Kranken-versicherung	Alter/Kinder	Sonstiges
1	Oppel, K.	I	r.-k.	1.810,00	237,00	14,6 %	22/0	100,00[1]
2	Mayer, H.	IV	ev.	2.360,00	402,60	14,6 %	26/0	400,00[2]
3	Schmidt, P.	III	–	3.140,00	317,00	14,6 %	32/1	60,00[3]

1 Tilgung für eine Darlehensrate
2 Miete für eine Wohnung im Agenturgebäude
3 Auszahlung für Reisekosten, die der Mitarbeiter anlässlich einer Tagung ausgelegt hat.

a) Bilden Sie die Buchungssätze für die Gehaltsabrechnung jedes einzelnen Mitarbeiters!

b) Wie hoch ist die Gesamtauszahlung aus dieser Gehaltsabrechnung für den Arbeitgeber?

c) Wie hoch ist der gesamte Arbeitgeberanteil zur Sozialversicherung?

Aufgabe 6

I. Buchen Sie die folgenden Geschäftsfälle im Grundbuch!

1. Auszahlung einer Entschädigung an einen VN durch Postbank — 500,00 €

2. Barabhebung vom Bankkonto — 1.000,00 €

3. Banküberweisung der einbehaltenen Sozialversicherungsbeiträge — 482,00 €
    und der Steuern aus der Gehaltsabrechnung — 418,00 €

4. Ein Mitarbeiter erhält einen Gehaltsvorschuss bar ausgezahlt — 150,00 €

5. Die Direktion überweist auf unser Bankkonto — 3.000,00 €

6. Bei einer Türsammlung spendet der Agent der Aktion „Brot für die Welt"
    aus der Kasse — 50,00 €

7. Die Direktion sendet die Beitragsrechnung für die Kraftfahrzeug-Versicherung
    für einen Mitarbeiter. Der Beitrag soll mit der nächsten Gehaltszahlung
    verrechnet werden — 315,00 €

8. Wir kaufen einen PC und zahlen durch Bankscheck — 5.000,00 €

9. Auf dem Konto Verbindlichkeiten beim Finanzamt sind irrtümlich die Beiträge
    für die Pflegeversicherung gebucht worden. Korrekturbuchung in Höhe von — 84,00 €

10. Unserem Untervertreter schreiben wir für verauslagte Entschädigungen — 2.000,00 €
    und für mit der Schadenregulierung angefallene Kosten gut — 100,00 €

11. Wir reklamieren bei dem Computerhändler aus Fall 8 den fehlerhaften
    Monitor und erhalten einen Preisnachlass bar — 80,00 €

12. Der Einkommensteuerbescheid des Agenten geht ein. Der Betrag wird
    vom Postbankkonto überwiesen — 5.000,00 €

13. Unser Bankauszug weist folgende Buchungen auf:
    - Die Krankenkasse überweist von uns versehentlich doppelt gezahlte
      Beiträge zurück — 326,00 €
    - Abbuchung der Rechnung für den Schönheitsfarmaufenthalt der Ehefrau
      des Agenten — 2.000,00 €
    - Überweisung der Direktion als Vorschuss auf von uns zu
      regulierende Schäden — 4.000,00 €
    - Zahlungseingang aus einem Schadenregress — 95,00 €

II. Berechnen Sie unter Berücksichtigung der o.a. Geschäftsfälle das neue Eigenkapital!
    Der Anfangsbestand beträgt 250.000,00 €.

III. Wie hoch sind die Forderungen gegenüber der Direktion, wenn der Anfangsbestand 12.000,00 €
    betrug und die Veränderungen durch o.a. Geschäftsfälle berücksichtigt werden?

8 Drapatz/Franke/Hess – ISBN 978-3-8120-0494-7

Aufgabe 7

Erstellen Sie aus der folgenden alphabetisch geordneten Kontenliste eines Jahresabschlusses die GuV und die Bilanz! Alle Konten (bis auf die Konten Forderungen gegen Direktion und Eigenkapital) weisen die Endsalden auf.

Konten	Beträge in €
Außerordentlicher Aufwand	2.400,00
Außerordentlicher Ertrag	480,00
Bank	22.580,00
Betriebs- und Geschäftsausstattung	30.000,00
Darlehensforderungen	2.100,00
Darlehensverbindlichkeiten	31.000,00
Eigenkapital (Anfangsbestand)	123.362,00
Entschädigungen	1.480,00
Energieaufwand	9.420,00
Forderungen gegen Arbeitnehmer	800,00
Forderungen gegen Direktion	38.800,00
Gehälter	27.630,00
Grundstücke und Bauten	175.000,00
Hypothekenverbindlichkeiten	82.000,00
Kasse	6.823,00
Kassendifferenzaufwand	50,00
Kraftfahrzeuge	23.000,00
Postbank	13.489,00
Privat (Entnahmenüberhang)	16.800,00
Provisionsaufwand	14.800,00
Provisionsertrag	214.156,00
Regulierungsaufwand	520,00
Steueraufwand	4.100,00
Verbindlichkeiten bei Untervertretern	6.870,00
Verbindlichkeiten beim Finanzamt	4.533,00
Verbindlichkeiten beim Sozialversicherungsträger	4.781,00
Verwaltungsaufwand	73.420,00
Werbe- und Reiseaufwand	4.820,00
Zinsaufwand	6.950,00
Zinsertrag	7.800,00

4 Abschlussbuchungen

4.1 Abschreibungen

4.1.1 Grundlagen

Anfang Januar erwirbt Florian Schneider für seine Agentur ein neues Fahrzeug und erhält darüber folgende Rechnung:

AUTOHAUS EBERHARDT

Billestrasse 15
22119 Hamburg

Telefon: 040 726896363
Fax: 040 726896364

Agentur
Florian Schneider
Hauptstraße 15
22345 Hamburg

Rechnung

Nr. 8560/00/2000

Hamburg, den 10.01.20..

Wir lieferten Ihnen gem. unseren umseitigen Lieferbedingungen:

TOKIA 2000 SK	
89 kW, Burgunderrot Metallic, Automatik	22.200,00 EUR
Extras: CD-Autoradio SK 2000	300,00 EUR
Stahlschiebedach	600,00 EUR
Zwischensumme	23.100,00 EUR
Überführung	900,00 EUR
Gesamt	24.000,00 EUR

Im Betrag sind 19 % Mehrwertsteuer = 3.831,93 EUR enthalten

Der Betrag wurde per Bankscheck beglichen

Wie lautet die Buchung beim Kauf?

Zu beachten ist, dass

➤ alle mit dem Kauf eines Wirtschaftsgutes einmalig anfallenden Nebenkosten aktiviert werden müssen,

➤ Rabatte und Skonti die Anschaffungskosten ggf. verringern,

➤ die Mehrwertsteuer den Anschaffungskosten zugerechnet wird, da Versicherungsagenturen in der Regel nicht umsatzsteuerpflichtig, d. h. nicht vorsteuerabzugsberechtigt sind.

Konten	Soll	Haben
Kraftfahrzeuge	24.000,00	
an Bank		24.000,00

Am Jahresende überlegt Florian Schneider beim Abschluss des Kontos Kraftfahrzeuge, mit welchem Wert er das Fahrzeug bilanzieren soll.

Anlagegüter, zu denen die Gebäude, Kraftfahrzeuge und die Betriebs- und Geschäftsausstattung gehören, verlieren ständig an Wert. Die Ursachen dafür können Abnutzung und Verschleiß oder Alter sein. Neben diesen planmäßigen Ursachen können auch außerplanmäßige Gründe wie Beschädigung, technischer Fortschritt oder gesunkene Wiederbeschaffungspreise zu einer Wertminderung führen.

Die **Abschreibung** ist die buchhalterische Erfassung der Wertminderung des Anlagevermögens.

Der steuerliche Begriff für die planmäßige Abschreibung lautet **Absetzung für Abnutzung (AfA)**.

Auszug aus der allgemeinen AfA-Tabelle: (für Wirtschaftsgüter, die nach dem 01.01.2001 angeschafft wurden)			
Anlagegüter	Nutzungsdauer in Jahren	Anlagegüter	Nutzungsdauer in Jahren
Personenwagen	6	Büromaschinen	5–8
Computer (PC)	3	Büromöbel	13
Gebäude	Der Abschreibungssatz für Gebäude, die zum Betriebsvermögen gehören und ab dem 1. Januar 2001 erstellt oder gekauft wurden, beträgt 3 %.		

Für jedes Anlagegut, dessen Nutzung zeitlich begrenzt ist, wird ein **Abschreibungsplan** aufgestellt, aus dem der Tag der Anschaffung, die Anschaffungskosten (Kaufpreis zuzüglich Anschaffungsnebenkosten), die voraussichtliche betriebsgewöhnliche Nutzungsdauer und die jährlichen Abschreibungsbeträge hervorgehen.

Datum	Gegenstand	Anschaffungs- preis	Nutzungs- dauer/Jahre	Abschr.- Satz	Abschr.- Betrag	Stand 01.01.	– Abschreibungen + Zuschreibungen	Stand 31.12.
10.01.	Kfz Tokia	24.000,00	6	$16^2/_3$ %	4.000,00	24.000,00	– 4.000,00	20.000,00

Grundstücke unterliegen keiner planmäßigen Wertminderung. Der **Wertverlust** von beweglichen Wirtschaftsgütern ist im Anschaffungsjahr **monatsgenau** für den verbleibenden Teil des Jahres zu **ermitteln.** Angefangene Monate werden dabei berücksichtigt.

Beispiel:

Kauf eines PC am 14.03.; Anschaffungswert 2.700,00 €; Nutzungsdauer 3 Jahre. Dieses Wirtschaftsgut wird zehn volle Monate im Betrieb genutzt und unterliegt in dieser Zeit einer Wertminderung, die mit 10/12 der jährlichen Wertminderung zu erfassen ist.

2.700,00 € : 3 = 900,00 € jährlich, davon 10/12 = 750,00 € Wertminderung im Anschaffungsjahr.

Der Abschreibungsbetrag bzw. -satz wird wie folgt ermittelt:

$$\text{Abschreibungsbetrag} = \frac{\text{Anschaffungskosten}}{\text{Nutzungsdauer}} \qquad \text{Abschreibungssatz (\%)} = \frac{100}{\text{Nutzungsdauer}}$$

Abschreibungsbetrag und Satz für das Fahrzeug, Anschaffungswert 24.000,00 €; Nutzungsdauer 6 Jahre

$$\text{Abschreibungsbetrag} = \frac{24.000,00}{6} \qquad \text{Abschreibungssatz (\%)} = \frac{100}{6}$$
$$= 4.000,00 \qquad\qquad\qquad = 16^2/_3\,\%$$

In diesem Fall beträgt die jährliche gleichmäßige Wertminderung 4.000,00 €. Das Ergebnis kann auf volle Euro gerundet werden.

> Bei der **linearen Abschreibung**[1] werden die Anschaffungskosten gleichmäßig auf die Jahre der Nutzung verteilt. Die Abschreibungsbeträge sind jährlich gleich hoch.

Verlauf des Restwertes und der Abschreibungsbeträge bei linearer Abschreibung:

Jahr		€
1	Anschaffungskosten	24.000,00
	Abschreibungsbetrag	4.000,00
	Buchwert (Restwert)	20.000,00
2	Abschreibungsbetrag	4.000,00
	Buchwert (Restwert)	16.000,00
3	Abschreibungsbetrag	4.000,00
	Buchwert (Restwert)	12.000,00
4	Abschreibungsbetrag	4.000,00
	Buchwert (Restwert)	8.000,00
5	Abschreibungsbetrag	4.000,00
	Buchwert (Restwert)	4.000,00
6	Abschreibungsbetrag	4.000,00
	Buchwert (Restwert)	0

---

1 Im Bereich der Kosten- und Leistungsrechnung (KLR) und in der Handelsbilanz kann auch die **degressive Abschreibung** angewendet werden. Die degressive Abschreibung ist steuerrechtlich für Wirtschaftsgüter, die nach dem 31.12.2010 angeschafft wurden, nicht erlaubt. Da die degressive Abschreibung zwar steuerrechtlich gesehen zzt. nicht relevant ist, aber nach Handelsrecht und in der KLR angewandt werden kann, wird die degressive Abschreibungsmethode in einem **Exkurs im Anhang des Buches** dargestellt (siehe S. 273 f.).

Entwicklung des Restwertes für den Personenwagen von der Anschaffung bis zum Ende der betriebsgewöhnlichen Nutzungsdauer bei **linearer** Abschreibung:

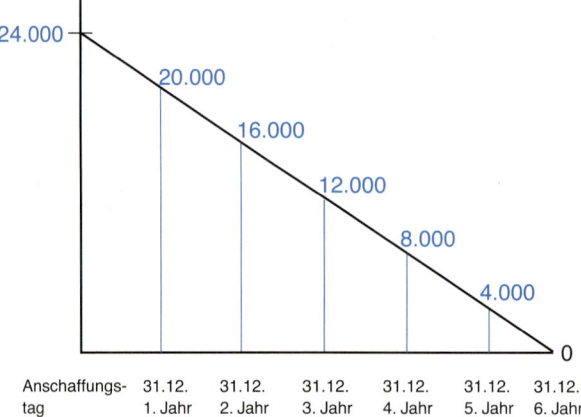

4.1.2   **Buchung der Abschreibung**

Durch die Abschreibung werden die Anschaffungskosten als Aufwand auf die Jahre der Nutzungsdauer verteilt und zum jeweiligen Jahresende im Rahmen der vorbereitenden Abschlussbuchungen erfasst.

Die Wertminderung des Anlagevermögens ist ein betrieblicher Aufwand, der auf den Konten

➤ Abschreibung auf Kraftfahrzeuge

➤ Abschreibung auf Betriebs- und Geschäftsausstattung

➤ Haus- und Grundstücksaufwand (für Abschreibung auf Gebäude)

gebucht wird.

Buchung der Abschreibung des Kraftfahrzeuges (linear)

Konten	Soll	Haben
Abschreibungen auf Kraftfahrzeuge	4.000,00	
an Kraftfahrzeuge		4.000,00

S	Kraftfahrzeuge			H
BA	24.000,00	AaKfz	4.000,00	
		SBK	20.000,00	
	24.000,00		24.000,00	

S	Abschreibungen auf Kraftfahrzeuge			H
Kfz	4.000,00	GuV	4.000,00	

S	Schlussbilanzkonto		H
Kfz	20.000,00		

S	Gewinn- und Verlustkonto		H
AaKfz	4.000,00		

Wird bei unserem Kraftfahrzeug das letzte Jahr der Nutzung erreicht und das Fahrzeug aber weiterhin im Betrieb genutzt, so muss es im Inventar und in der Bilanz weiter aufgeführt werden.

> Bei der betrieblichen Nutzung eines Anlagegutes über die geschätzte Nutzungsdauer hinaus wird dieses Gut mit einem Erinnerungswert (1,00 €) bilanziert.

Erfassung des Erinnerungswertes am Ende des 6. Jahres bei dem Kraftfahrzeug aus dem Eingangsbeispiel:

Konten	Soll	Haben
Abschreibungen auf Kraftfahrzeuge	3.999,00	
an Kraftfahrzeuge		3.999,00

Kontendarstellung des Erinnerungswertes

S	Kraftfahrzeuge		H	S	Abschreibungen auf Kraftfahrzeuge		H
AB	4.000,00	AaKfz	3.999,00	Kfz	3.999,00	GuV	3.999,00
		SBK	1,00				
	4.000,00		4.000,00				

S	Schlussbilanzkonto		H	S	Gewinn- und Verlustkonto		H
Kfz	1,00			AaKfz	3.999,00		

In den folgenden Jahren wird das Kraftfahrzeug mit dem Erinnerungswert in den Aufzeichnungen erscheinen, bis es ausgesondert wird.

4.1.3 Abschreibung auf geringwertige Wirtschaftsgüter

> Am 17.04. wird für die Agentur ein Aktenregal angeschafft. Der Kaufpreis von 120,00 € (einschl. MwSt.) wird bar bezahlt.
>
> Wie lautet die Buchung?

Anschaffungskosten für alle Wirtschaftsgüter dürfen verteilt über die Nutzungsdauer abgeschrieben und somit steuermindernd geltend gemacht werden (s. S. 115 ff.). Eine Ausnahme wird aber für die beweglichen und abnutzbaren Wirtschaftsgüter (GWG) gemacht, die selbstständig bewertbar und nutzbar sind und deren Anschaffungskosten den gesetzlich vorgesehenen Betrag nicht übersteigen (geringwertige Wirtschaftsgüter).

Die aktuellen gesetzlichen Regelungen soll das nachstehende Schaubild wiedergeben:

Es handelt sich bei den Grenzbeträgen um Nettowerte, d.h., die gesetzliche Mehrwertsteuer muss noch zugerechnet werden.

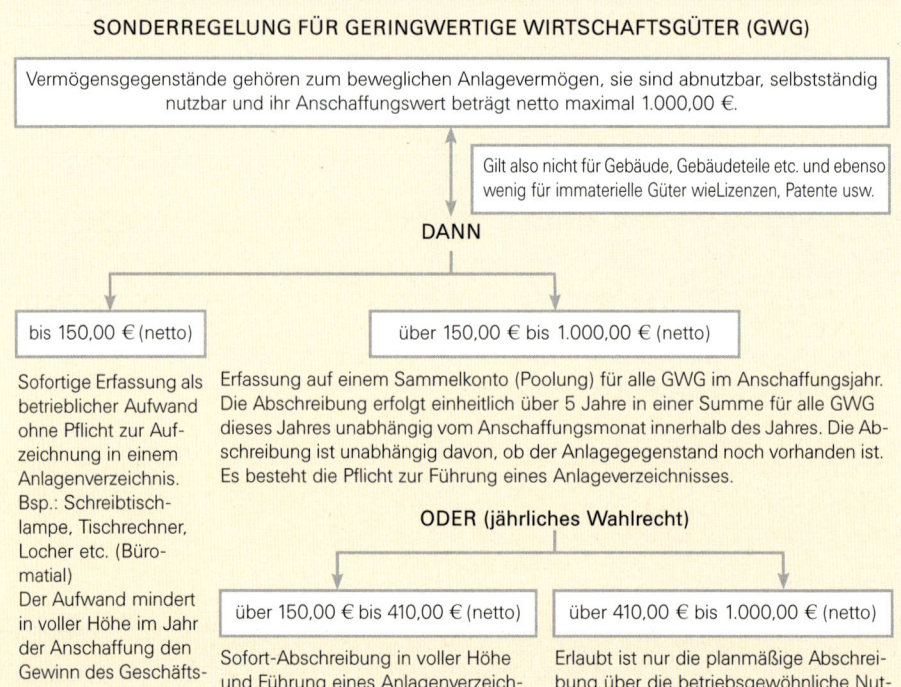

SONDERREGELUNG FÜR GERINGWERTIGE WIRTSCHAFTSGÜTER (GWG)

Vermögensgegenstände gehören zum beweglichen Anlagevermögen, sie sind abnutzbar, selbstständig nutzbar und ihr Anschaffungswert beträgt netto maximal 1.000,00 €.

Gilt also nicht für Gebäude, Gebäudeteile etc. und ebenso wenig für immaterielle Güter wie Lizenzen, Patente usw.

DANN

bis 150,00 € (netto)

Sofortige Erfassung als betrieblicher Aufwand ohne Pflicht zur Aufzeichnung in einem Anlagenverzeichnis. Bsp.: Schreibtischlampe, Tischrechner, Locher etc. (Büromatial)
Der Aufwand mindert in voller Höhe im Jahr der Anschaffung den Gewinn des Geschäftsjahres.

über 150,00 € bis 1.000,00 € (netto)

Erfassung auf einem Sammelkonto (Poolung) für alle GWG im Anschaffungsjahr. Die Abschreibung erfolgt einheitlich über 5 Jahre in einer Summe für alle GWG dieses Jahres unabhängig vom Anschaffungsmonat innerhalb des Jahres. Die Abschreibung ist unabhängig davon, ob der Anlagegegenstand noch vorhanden ist. Es besteht die Pflicht zur Führung eines Anlagenverzeichnisses.

ODER (jährliches Wahlrecht)

über 150,00 € bis 410,00 € (netto)

Sofort-Abschreibung in voller Höhe und Führung eines Anlagenverzeichnisses

über 410,00 € bis 1.000,00 € (netto)

Erlaubt ist nur die planmäßige Abschreibung über die betriebsgewöhnliche Nutzungsdauer (also nicht über GWG)

Das erworbene Wirtschaftsgut gehört zwar zur Betriebs- und Geschäftsausstattung, da der Netto-Anschaffungspreis aber den Wert von 150,00 € nicht übersteigt, kann dieses Wirtschaftsgut sofort als Verwaltungsaufwand erfasst werden.

Buchung bei Kauf:

Konten	Soll	Haben
Verwaltungsaufwand	120,00	
an Kasse		120,00

Am 23.02. wird ein Faxgerät gekauft, der Betrag von 200,00 € (Netto 168,07 + 31,93 MwSt) wird sofort durch Banküberweisung beglichen.

Für geringwertige Wirtschaftsgüter, deren Netto-Anschaffungskosten 150,00 € übersteigen, hat der Gesetzgeber den Unternehmern eine Wahlmöglichkeit bei der Bewertung zum Jahresende eingeräumt. Die Wahl einer der folgenden Methoden gilt dann einheitlich für alle im Geschäftsjahr angeschafften Wirtschaftsgüter.

1. Wirtschaftsgüter, deren Netto-Anschaffungswert über **150,00 €** und maximal **410,00 €** beträgt:

   Der Unternehmer kann diese Wirtschaftsgüter im Jahr der Anschaffung in voller Höhe als geringwertiges Wirtschaftsgut abschreiben.

Buchung bei Kauf:

Konten	Soll	Haben
GWG	200,00	
an Kasse		200,00

Buchung am Jahresende:

Konten	Soll	Haben
Abschreibung auf GwG	200,00	
an GwG		200,00

2. Wirtschaftsgüter, deren Netto-Anschaffungswert über 150,00 €, aber höchstens 1.000,00 € beträgt: Dieses Wirtschaftsgut kann in ein jahresbezogenes Sammelkonto („Pool") eingestellt werden und im Jahr der Anschaffung und den folgenden 4 Jahren (insgesamt 5 Jahre) abgeschrieben werden.

Buchung bei Kauf:

Konten	Soll	Haben
GwG 20.. (Anschaffungsjahr)	200,00	
an Bank		200,00

$$\text{Abschreibungsbetrag} = \frac{\text{Anschaffungskosten}}{\text{Nutzungsdauer (5 Jahre)}} = \frac{200,00}{5} = 40,00 \text{ €}$$

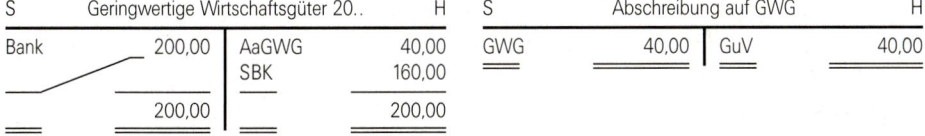

Buchung am Jahresende:

Konten	Soll	Haben
Abschreibung auf GWG	40,00	
an GWG 20..		40,00

In den folgenden 4 Jahren wird dann ebenfalls der Betrag von 40,00 € abgeschrieben, unabhängig davon, ob eines der dort erfassten Wirtschaftsgüter z. B. durch Verkauf ausscheidet.

Die Auswahl zwischen den Verfahren 1. und 2. ist davon abhängig, ob im Anschaffungsjahr ein möglichst hoher Abschreibungsaufwand sinnvoll erscheint oder ob der Unternehmer den Abschreibungsaufwand auf längere Zeit in der Erfolgsrechnung ausweisen möchte und dementsprechend in der Bilanz die Wirtschaftsgüter mit einem höheren Restwert dokumentieren will.

Der Zeitpunkt der Anschaffung hat keinen Einfluss auf die Höhe der Abschreibung im Anschaffungsjahr. Geringwertige Wirtschaftsgüter können natürlich auch regulär über die Nutzungsdauer des Wirtschaftsgutes abgeschrieben werden.

4.1.4 Bedeutung der Abschreibung

Aus der Kontendarstellung zur Abschreibung wurde deutlich, dass in der Bilanz am Ende des Nutzungsjahres die Güter des Anlagevermögens einen um die Abschreibung geringeren Wert aufweisen. Dieses entspricht dem Vorsichtsprinzip bei der Bewertung des Vermögens und dient dem Schutz der Gläubiger (z. B. Kreditgeber), die bei der Beurteilung der Kreditwürdigkeit des Unternehmens über den tatsächlichen Wert des Vermögens informiert sein müssen.

Die Erfassung der Wertminderung kann zu stillen Reserven führen. Bei der Abschreibung wird nicht der tatsächliche, sondern nur ein rechnerischer Wertverlust erfasst. Beim Verkauf dieses Anlagegutes wird der tatsächliche Wert aufgedeckt.

Beispiel:		
Anschaffungswert eines Kfz:		30.000,00 €
Nutzungsdauer	6 Jahre	
linearer Abschreibungsbetrag pro Jahr	5.000,00 €	
Buchwert zu Beginn des dritten Jahres		20.000,00 €
tatsächlicher Wert im dritten Jahr		22.000,00 €
stille Reserve		**2.000,00 €**

Darüber hinaus haben wir erfahren, dass die Abschreibungen die Erfolgsrechnung der Unternehmung berühren.

Abschreibungen sind Aufwendungen und sorgen dafür, dass der Werteverzehr beim betrieblichen Einsatz des Anlagegutes erfasst und über die Nutzungsdauer verteilt wird.

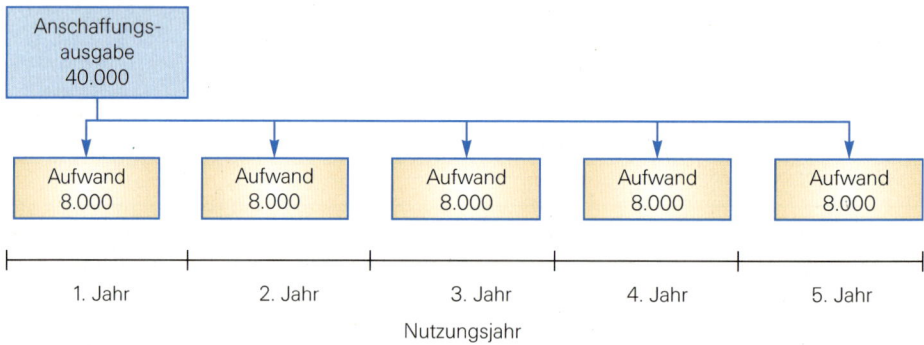

Damit verringert sich der zu versteuernde Gewinn und damit auch die gewinnabhängigen Steuern.

Beispiel:

Ohne Berücksichtigung der Abschreibung		Mit Berücksichtigung der Abschreibung	
Erträge	240.000,00 €	Erträge	240.000,00 €
Div. Aufwendungen	140.000,00 €	Div. Aufwendungen	140.000,00 €
		Abschreibungen	20.000,00 €
Zu versteuernder Gewinn	100.000,00 €	Zu versteuernder Gewinn	80.000,00 €
Annahme: Steuersatz 40%		Annahme: Steuersatz 40%	
Gewinnabhängige Steuern	40.000,00 €	Gewinnabhängige Steuern	32.000,00 €
Differenz der Steuerbelastung 8.000,00 €			

Die Liquiditätslage des Betriebes hat sich um diesen Differenzbetrag verbessert.

Die Abnutzung des Anlagevermögens soll in Höhe der jährlichen Abschreibungen in die betriebliche Kalkulation aufgenommen werden. Über die zufließenden Erlöse wird der Werteverzehr gedeckt und das investierte Kapital in das Unternehmen zurückgeführt. Dieser Betrag kann zur Finanzierung von Ersatzinvestitionen genutzt werden.

Der Zusammenhang zwischen Abschreibung und Ersatzbeschaffung lässt sich allgemein so darstellen:

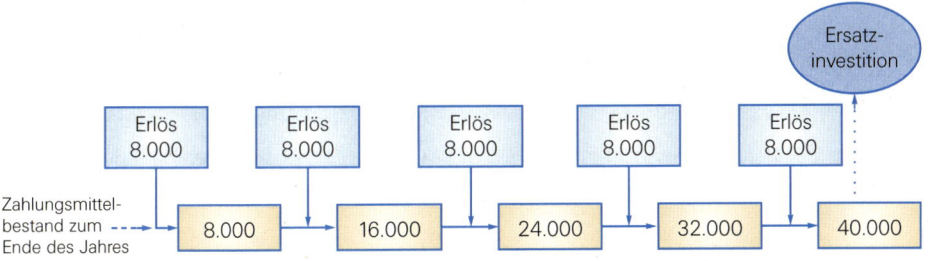

4.1.5 Verkauf von abgeschriebenen Wirtschaftsgütern

Ein Pkw der Agentur wird für 9.500,00 € verkauft, der Käufer zahlt mit einem Bankscheck. Das Fahrzeug hat noch einen Buchwert von 8.000,00 €.
Wie lautet die Buchung?

Wird das Anlagegut über dem Buchwert verkauft, so entsteht durch die Auflösung der stillen Reserve ein Ertrag, der zu den außerordentlichen betrieblichen Erträgen zählt und auf dem Konto **Außerordentlicher Ertrag** erfasst wird.

Konten	Soll	Haben
Bank	9.500,00	
an Kraftfahrzeuge Außerordentlicher Ertrag		8.000,00 1.500,00

S	Kraftfahrzeuge		H
AB	8.000,00	Bank	8.000,00

S	Außerordentlicher Ertrag		H
		Bank	1.500,00

S	Bank		H
Kfz/AoE	9.500,00		

Beim Verkauf bzw. bei Aussonderung von abgeschriebenen Wirtschaftsgütern sind drei Situationen denkbar:

Verhältnis zwischen Verkaufswert und Buchwert	Auswirkungen in der Erfolgsrechnung
Verkaufswert = Buchwert	Erfolgsneutral
Verkaufswert > Buchwert	Außerordentlicher Ertrag
Verkaufswert < Buchwert	Außerordentlicher Aufwand

Grundlagen

> ➤ Die buchmäßige Erfassung der Wertminderung des Anlage-vermögens wird als Abschreibung bezeichnet.
> ➤ Abschreibungen sind Aufwendungen.
> ➤ Abschreibungen beeinflussen die Bilanz und die Gewinn- und Verlustrechnung.

Konten-darstellung

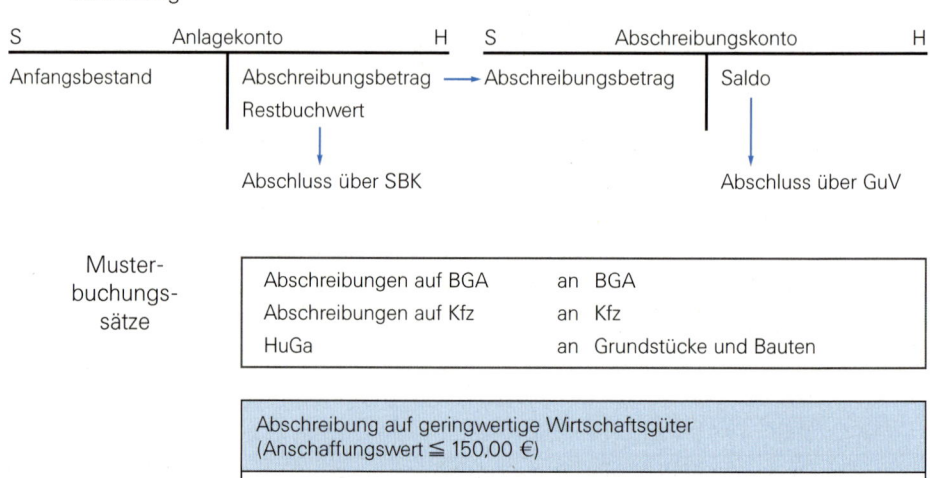

S	Anlagekonto		H	S	Abschreibungskonto		H
Anfangsbestand		Abschreibungsbetrag	→ Abschreibungsbetrag			Saldo	
		Restbuchwert					

Abschluss über SBK — Abschluss über GuV

Muster-buchungs-sätze

Abschreibungen auf BGA	an	BGA
Abschreibungen auf Kfz	an	Kfz
HuGa	an	Grundstücke und Bauten

Abschreibung auf geringwertige Wirtschaftsgüter (Anschaffungswert ≤ 150,00 €)		
Verwaltungsaufwand	an	Zahlungsmittelkonto

Abschreibung auf geringwertige Wirtschaftsgüter (Anschaffungswert > 150,00 € und < 1.000,00 €)	
Anschaffungskosten	**Musterbuchungssätze**
150,01 € bis 410,00 €	**bei Kauf:** GWG an Zahlungsmittelkonto **am Jahresende:** Abschreibung auf GWG an GWG
	———— oder ————
150,01 € bis 1.000,00 €	**bei Kauf:** GWG 20.. an Zahlungsmittelkonto **am Jahresende:** Abschreibung auf GWG an GWG 20.. Für die folgenden Jahre wird wieder ein jahrgangsbezogenes Sammelkonto eingerichtet.

Verkauf von abgeschriebenen Wirtschaftsgütern		
Verkaufspreis = Buchwert		
Zahlungsmittelkonto	an	Anlagekonto
Verkaufspreis > Buchwert		
Zahlungsmittelkonto	an	Anlagekonto Außerordentlicher Ertrag
Verkaufspreis < Buchwert		
Zahlungsmittelkonto Außerordentlicher Aufwand	an	Anlagekonto
Ausnahme: GwG Zahlungsmittelkonto	an	Außerordentlicher Ertrag

Musteraufgabe zu Kapitel 4.1

Geben Sie zu den nachstehenden Geschäftsfällen die Buchungssätze an!

1. *Direkte Abschreibung auf Betriebs- und Geschäftsausstattung*   *2.000,00 €*

2. *Ein Kfz, Anschaffungswert 36.000,00 €, angenommene Nutzungsdauer 6 Jahre, wurde 2 Jahre von Beginn des Jahres an linear abgeschrieben und zu Beginn des 3. Jahres für*
   - *a) 24.000,00 €*
   - *b) 25.600,00 €*
   - *c) 19.000,00 €*

   per Bank verkauft

3. *Ein Aktenschrank, Anschaffungswert*   *2.800,00 € der noch mit dem Erinnerungswert zu Buche steht, wird ausgesondert*
   - *a) Er wird zum Buchwert in den privaten Keller des Agenten gestellt*
   - *b) Für das Abholen zahlen wir bar*   *50,00 €*
   - *c) Wir erhalten von einem Käufer bar*   *100,00 €*

4. Abschreibung auf Gebäude   5.000,00 €

5. Es wird für die Agentur ein neuer Geschäfts-Pkw gekauft;
Anschaffungswert   25.000,00 €
Das alte Fahrzeug wurde abgeschrieben, bis auf   4.000,00 €
Es wird in Zahlung gegeben. Über den Restbetrag wird ein
Bankscheck ausgestellt.

6. Barkauf eines Tischtelefons   86,00 €

7. Am 23. 08. wird ein neuer Computer für die Agentur erworben.
Anschaffungspreis   4.500,00 €
Angenommene Nutzungsdauer 3 Jahre. Wie lautet der
Buchungssatz für die lineare Abschreibung im ersten Jahr?

8. Am 21. 12. wird für die Agentur ein Aktenvernichter für 620,00 € (Nutzungsdauer 8 Jahre) und ein neuer Schreibtischstuhl für 220,00 €
durch Bankzahlung angeschafft.

Mit welchem Betrag sind diese Wirtschaftsgüter am Jahresende abzu-
schreiben, wenn

a) ein möglichst hoher Betrag in der GuV-Rechnung ausgewiesen werden soll,

b) der Aufwand auf einen längeren Zeitraum verteilt werden soll?

Lösung der Musteraufgabe zu Kapitel 4.1

Nr.	Soll	Betrag		Haben	Betrag
1.	Abschreibung auf BGA		an	BGA	2.000,00
2. a)	Bank	24.000,00	an	Kfz	24.000,00
b)	Bank	25.600,00	an	Kfz	24.000,00
				AoE	1.600,00
c)	Bank	19.000,00			
	AoA	5.000,00	an	Kfz	24.000,00
3. a)	Privat	1,00	an	BGA	1,00
b)	AoA	51,00	an	BGA	1,00
				Kasse	50,00
c)	Kasse	100,00	an	BGA	1,00
				AoE	99,00
4.	HuGa	5.000,00	an	Grundstücke und Bauten	5.000,00
5.	Kfz	25.000,00	an	Kfz	4.000,00
				Bank	21.000,00
6.	Verwaltungsaufwand	86,00	an	Kasse	86,00
7.	Abschreibungen auf BGA		an	BGA	625,00

8. a) 297,50 (220,00 + 620,00 : 8)
b) 168,00 (840,00 : 5)

4.2 Zeitliche Abgrenzung

4.2.1 Grundlagen

In der Praxis kommt es häufig vor, dass der Zahlungsvorgang in einer anderen Rechnungsperiode liegt als der dazugehörende Erfolgsvorgang (der Aufwand oder Ertrag). Während des
Geschäftsjahres fallen gelegentlich Zahlungen für Aufwendungen oder Erträge an, die ganz
oder teilweise dem neuen Geschäftsjahr zuzurechnen sind.

Andererseits stehen am Ende des Geschäftsjahres häufig noch Zahlungen für Aufwendungen oder Erträge aus, die in die Gewinn- und Verlustrechnung des auslaufenden Geschäftsjahres gehören.

Zum besseren Verständnis sollen die damit zusammenhängenden Begriffe erklärt werden:

Auszahlung	Verringerung der Barbestände oder der Bestände von Zahlungsmitteln auf den Konten Bank und Postbank.
Einzahlung	Zunahme der Barbestände oder der Bestände auf Zahlungsmittelkonten.
Aufwand	Wertmäßiger Verbrauch von Gütern oder Dienstleistungen.
Ertrag	Durch erfolgswirksame Geschäftsfälle erwirtschafteter Wertzuwachs.

Eines der Ziele der Buchführung ist es, den Erfolg der Geschäftstätigkeit für das betreffende
Geschäftsjahr zu ermitteln. Außerdem fordert der Gesetzgeber im Rahmen der Buch-
führungs- und Bilanzierungspflicht, dass alle Aufwendungen und Erträge unabhängig vom
Zeitpunkt der Aus- bzw. Einzahlung in dem zugehörigen Geschäftsjahr zu erfassen sind.

Aufwendungen und Erträge sind für den Zeitraum zu erfassen, in dem sie entstanden sind.

Werden Aufwendungen und Erträge erst bei dem dazugehörenden Zahlungsvorgang erfasst,
würde das Ergebnis der Gewinn- und Verlustrechnung verfälscht. Daher erhöht die perioden-
gerechte Erfassung der Erfolgsvorgänge die Aussagefähigkeit der Erfolgsrechnung und
erleichtert einen Vergleich des Erfolges über mehrere Jahre (Zeitvergleich).

Die Buchungen der zeitlichen Abgrenzung dienen der periodengerechten Erfolgsermittlung.

4.2.2 Aktive und passive Rechnungsabgrenzung

In der Buchungsmappe befindet sich der nachstehende Bankbeleg.

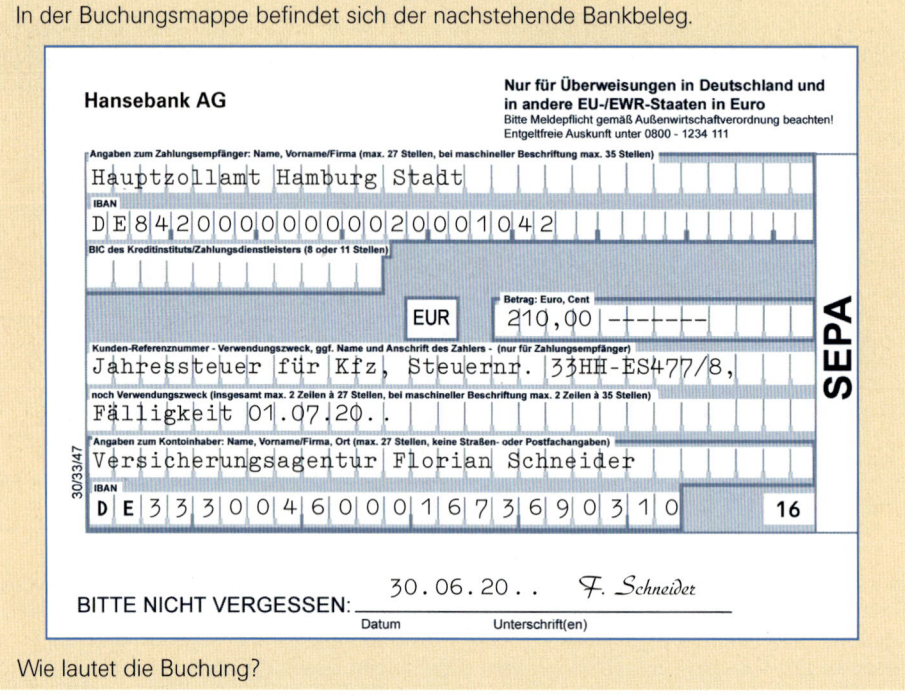

Wie lautet die Buchung?

Im Rahmen einer belegorientierten Buchführung ist der Geschäftsfall bei der Zahlung zu buchen.

ⓘ Konten	Soll	Haben
Kfz-Aufwand	210,00	
an Bank		210,00

In dem vorliegenden Fall erfolgte die Zahlung im alten Geschäftsjahr, der Kfz-Aufwand betrifft je zur Hälfte das alte und das neue Geschäftsjahr.

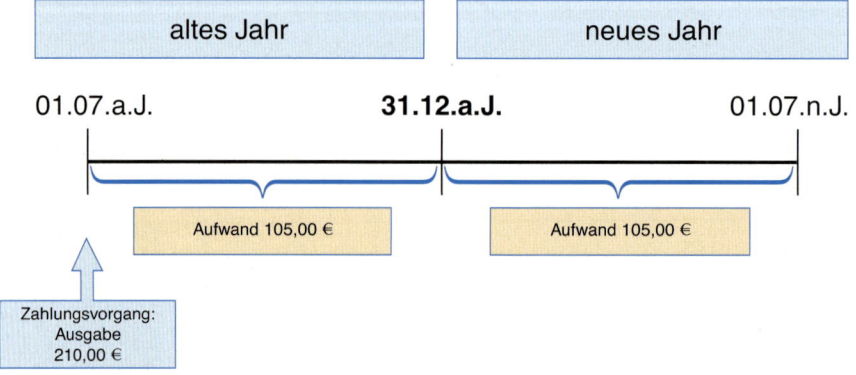

Der Aufwandsteil, der das neue Geschäftsjahr betrifft, ist zum Bilanzstichtag, dem 31. 12., abzugrenzen.

Zahlung für Kfz-Aufwand	210,00
– abgegrenzter Kfz-Aufwand für das neue Jahr	105,00
Kfz-Aufwand für das Geschäftsjahr	105,00

Damit geht der Aufwandsteil des neuen Jahres nicht in die Gewinn- und Verlustrechnung des alten Jahres ein. Das Konto GuV verzeichnet nur den Aufwandsteil für das alte Jahr. Um diesen Anteil in das neue Geschäftsjahr zu überführen, wird er am Jahresende aktiviert. Der Teil der Ausgabe, der für den Aufwand des Folgejahres bestimmt ist, wird auf dem Konto **Aktive Rechnungsabgrenzung (ARA)** gebucht.

② Konten	Soll	Haben
Aktive Rechnungsabgrenzung	105,00	
an Kfz-Aufwand		105,00

Kontendarstellung der Buchung im alten Jahr (ohne Bankkonto):

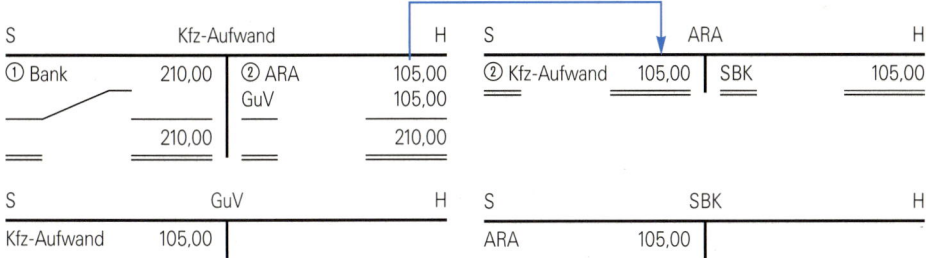

Im neuen Geschäftsjahr wird das Konto Aktive Rechnungsabgrenzung zunächst eröffnet. Dann wird die Rechnungsabgrenzung aufgelöst und der Betrag erfolgswirksam als Aufwand des neuen Geschäftsjahres gebucht.

Kontendarstellung der Buchungen im neuen Jahr:

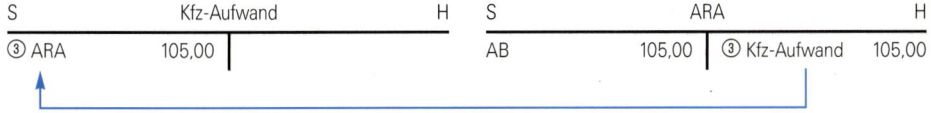

③ Konten	Soll	Haben
Kfz-Aufwand	105,00	
an Aktive Rechnungsabgrenzung		105,00

9   Drapatz/Franke/Hess – ISBN 978-3-8120-0494-7

Zahlungen im alten Jahr, die ganz oder teilweise Aufwand des neuen Geschäftsjahres sind, werden über das Konto **Aktive Rechnungsabgrenzung (ARA)** in das neue Jahr übertragen (Beispiel: im Voraus gezahlte Steuern, Gebühren, Versicherungsbeiträge, Zinsen).

Die Agentur hat an der Außenfassade des Gebäudes eine Werbefläche vermietet. Vereinbart ist ein Mietpreis von 1.200,00 € im Jahr. Die Zahlung erfolgt zum 01. 10. eines jeden Jahres im Voraus per Banküberweisung.

Alster Bank AG

Nur für Überweisungen in Deutschland und in andere EU-/EWR-Staaten in Euro
Bitte Meldepflicht gemäß Außenwirtschaftsverordnung beachten!
Entgeltfreie Auskunft unter 0800 - 1234 111

Angaben zum Zahlungsempfänger: Name, Vorname/Firma (max. 27 Stellen, bei maschineller Beschriftung max. 35 Stellen)
Versicherungsagentur F. Schneider, Hamburg

IBAN
DE 33 3004 6000 1673 6903 10

BIC des Kreditinstituts/Zahlungsdienstleisters (8 oder 11 Stellen)

EUR

Betrag: Euro, Cent
1.200,00 --------

SEPA

Kunden-Referenznummer - Verwendungszweck, ggf. Name und Anschrift des Zahlers - (nur für Zahlungsempfänger)
Jahresmiete für Werbefläche an der Außenfassade

noch Verwendungszweck (insgesamt max. 2 Zeilen à 27 Stellen, bei maschineller Beschriftung max. 2 Zeilen à 35 Stellen)
des Agenturgebäudes

Angaben zum Kontoinhaber: Name, Vorname/Firma, Ort (max. 27 Stellen, keine Straßen- oder Postfachangaben)
Automobilclub Hamburg

30/33/47

IBAN
DE 55 2001 0111 2419 0720 0   16

BITTE NICHT VERGESSEN: _____01.10.20.._____ R. Müller
                              Datum   Unterschrift(en)

Wie lautet die Buchung bei der Zahlung?

① Konten	Soll	Haben
Bank	1.200,00	
an Haus- und Grundstücksertrag		1.200,00

In diesem Fall erfolgt die Zahlung ebenfalls im alten Jahr für einen Ertrag, der ganz oder teilweise wirtschaftlich das neue Jahr betrifft.

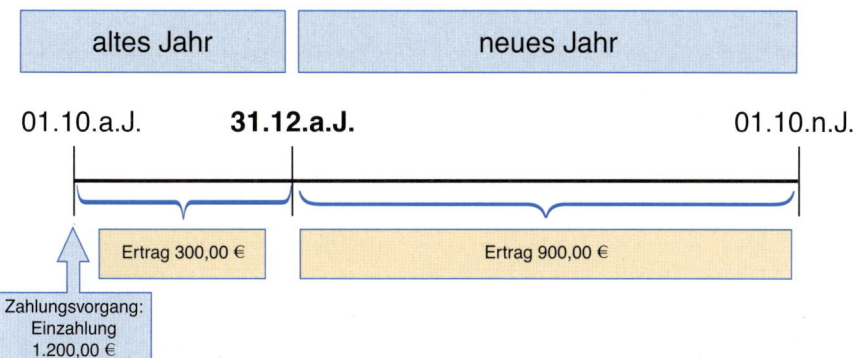

Am Jahresende muss der gebuchte Haus- und Grundstücksertrag um den Anteil des neuen Jahres korrigiert, d.h. abgegrenzt werden.

> Zahlungen im alten Jahr, die ganz oder teilweise Erträge des neuen Geschäftsjahres sind, werden über das Konto **Passive Rechnungsabgrenzung (PRA)** in das neue Jahr übertragen (Beispiel: im Voraus erhaltene Zinsen, Mieten, Provisionen).

② Konten	Soll	Haben
Haus- und Grundstücksertrag	900,00	
an Passive Rechnungsabgrenzung (PRA)		900,00

Kontendarstellung im alten Jahr:

S	HuGe		H	S	PRA		H
② PRA	900,00	① Bank	1.200,00	SBK	900,00	② HuGe	900,00
GuV	300,00						
	1.200,00		1.200,00				

S	GuV		H	S	SBK		H
		HuGe	300,00			PRA	900,00

Im neuen Jahr wird das Konto Passive Rechnungsabgrenzung eröffnet und dann der Ertragsanteil des neuen Geschäftsjahres erfolgswirksam gebucht.

③ Konten	Soll	Haben
Passive Rechnungsabgrenzung	900,00	
an Haus- und Grundstücksertrag		900,00

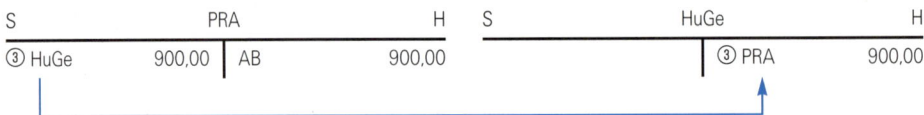

S	PRA	H	S	HuGe	H
③ HuGe 900,00	AB 900,00			③ PRA 900,00	

Durch die Konten Aktive- und Passive Rechnungsabgrenzung werden die Erfolgsanteile des neuen Geschäftsjahres über den Bilanzstichtag in das neue Jahr geführt. Daher stammt auch der Name dieser Buchungsposten: Transitorische Posten der Rechnungsabgrenzung (lat. transire = hinübergehen).

4.2.3 Sonstige Forderungen und sonstige Verbindlichkeiten

Im Gegensatz zu den Posten der aktiven und passiven Rechnungsabgrenzung, bei denen die Zahlung im alten Jahr erfolgte, liegt bei den folgenden Überlegungen die Zahlung im neuen Jahr.

> Die Agentur Schneider hat einem Untervertreter ein Darlehen über 10.000,00 € mit einem jährlichen Zinssatz von 6 % gewährt. Es wurde vereinbart, dass die Zinsen jeweils für ein halbes Jahr nachträglich überwiesen werden sollen. Am 31. 12., dem Bilanzstichtag, stehen die Zinsen (300,00 €) für den Zeitraum vom 01. 09. bis 01. 03. noch aus.
>
> Wie lautet die Buchung?

Zinsanteil des alten Jahres: 300 : 6 = 50,00 € pro Monat. Im alten Jahr sind 4 Monate Zinsanteile zu erfassen = 200,00 €.

Grundsätzlich würde erst bei Überweisung der Zinsen im neuen Jahr gebucht werden (belegorientierte Buchung). Der Anteil der Zinsen, der wirtschaftlich das alte Jahr betrifft, muss aber noch erfasst werden.

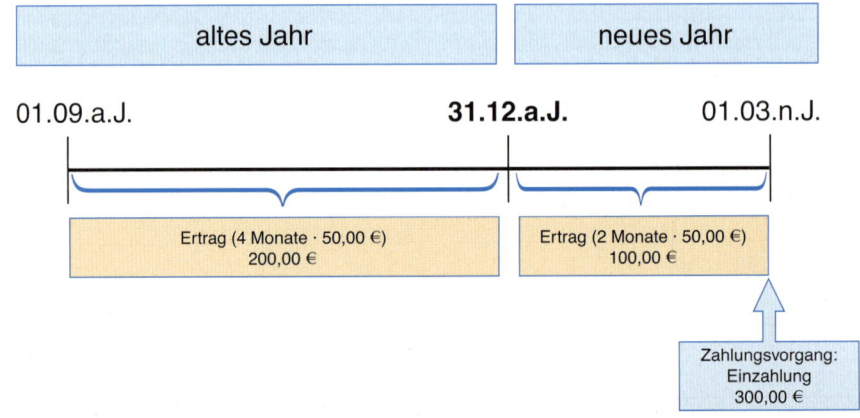

> Erträge des alten Geschäftsjahres, denen erst im neuen Jahr eine Einzahlung folgt, werden am Bilanzstichtag als **Sonstige Forderungen** gebucht (Beispiel: nachträglich erhaltene Zinsen, Mieten, Provisionen).

Konten	Soll	Haben
Sonstige Forderungen	200,00	
an Zinsertrag		200,00

Das Konto Sonstige Forderungen weist den Teil der zukünftigen Einzahlung aus, die als Ertrag dem alten Geschäftsjahr zusteht. Auf dem Konto Zinsertrag wird periodengerecht der Zinsanteil des alten Jahres erfasst.

Kontendarstellung im alten Jahr:

```
S        Sonstige Forderungen        H   S              Zinsertrag             H
Zinsertrag   200,00 | SBK      200,00    GuV        200,00 | Sonst. Ford.   200,00


S              SBK              H   S               GuV                H
Sonst. Ford.   200,00 |                              | Zinsertrag      200,00
```

Im neuen Jahr wird das Konto Sonstige Forderungen eröffnet. Die Auflösung erfolgt mit der Zahlung, die im neuen Jahr erfolgt.

Zahlungsbetrag im neuen Jahr	300,00
davon: Ausgleich der sonstigen Forderungen	200,00
Zinsanteil für das neue Jahr	100,00

Konten	Soll	Haben
Bank	300,00	
an Sonstige Forderungen		200,00
Zinsertrag		100,00

Kontendarstellung im neuen Jahr:

```
S        Sonstige Forderungen        H   S              Bank                   H
AB           200,00 | Bank     200,00     Sonst. Ford/
                                          Zinsertrag   300,00 |


                                         S            Zinsertrag              H
                                                              | Bank      100,00
```

Für die Computeranlage mit Netzwerken hat die Agentur Schneider einen Wartungsvertrag abgeschlossen. Der Wartungsaufwand wird nachträglich jeweils für ein halbes Jahr in Höhe von 360,00 € durch Banküberweisung beglichen. Zahlungstermine sind der 01.11. und 01.05. eines Jahres.

Wie lautet die Buchung am Jahresende?

Da in diesem Fall die Zahlung nachträglich erfolgt, steht der Anteil des Wartungsaufwandes für das alte Jahr am Bilanzstichtag noch aus.

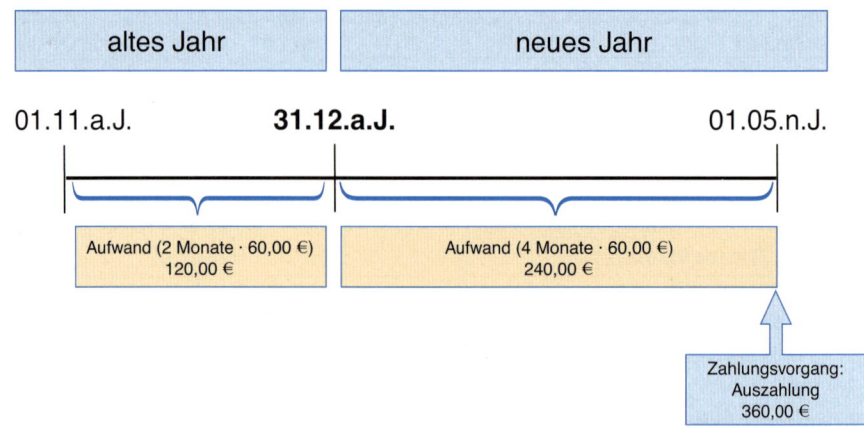

Aufwendungen des alten Geschäftsjahres, denen erst im neuen Jahr eine Auszahlung folgt, werden am Bilanzstichtag als **Sonstige Verbindlichkeiten** gebucht (Beispiel: nachträglich gezahlte Zinsen, Mieten, Provisionen).

Konten	Soll	Haben
Verwaltungsaufwand	120,00	
an Sonstige Verbindlichkeiten		120,00

Kontendarstellung altes Jahr:

S	Verwaltungsaufwand		H	S	Sonstige Verbindlichkeiten		H
Sonst. Verb.	120,00	GuV	120,00	SBK	120,00	VerwA	120,00

S	GuV		H	S	SBK		H
VerwA	120,00					Sonst. Verb.	120,00

Im neuen Jahr wird das Konto Sonstige Verbindlichkeiten eröffnet. Bei der Zahlung der gesamten Wartungsgebühren wird der Anteil des alten Jahres von den sonstigen Verbindlichkeiten ausgebucht und der auf das neue Jahr entfallende Aufwandsanteil als Verwaltungsaufwand erfasst.

Zahlungsbetrag im neuen Jahr		360,00
davon:	Ausgleich der sonstigen Verbindlichkeiten	120,00
	Verwaltungsaufwand des neuen Jahres	240,00

Konten	Soll	Haben
Sonstige Verbindlichkeiten	120,00	
Verwaltungsaufwand	240,00	
an Bank		360,00

Kontendarstellung im neuen Jahr:

```
S              Bank               H    S          Sonstige Verbindlichkeiten        H
                   Sonst. Verb./  360,00   Bank        120,00  AB              120,00
                   Verw.aufw.
```

```
S         Verwaltungsaufwand      H
Bank      240,00
```

Durch die Konten **Sonstige Forderungen** und **Sonstige Verbindlichkeiten** werden Buchungen für die Erfolgsanteile des alten Geschäftsjahres am Bilanzstichtag vorweggenommen. Daher stammt auch der Name dieser Buchungsposten: Antizipative Posten der Rechnungsabgrenzung (lat. anticipere = vorwegnehmen).

4.2.4 Vergleich und Bedeutung der zeitlichen Abgrenzung

Bei den transitorischen Posten der Rechnungsabgrenzung (ARA und PRA) handelt es sich um die Erfassung von Leistungsforderungen bzw. -verbindlichkeiten. Bei den antizipativen Buchungsposten (sonstige Forderungen und Verbindlichkeiten) werden Geldforderungen bzw. -verbindlichkeiten zum Bilanzstichtag erfasst.

Übersicht der Abgrenzungskonten

Art	Altes Jahr	Neues Jahr	Abgrenzungskonten	Wirkung der Abgrenzungsbuchung
Transitorische Buchungsposten	Auszahlung	Aufwand ganz oder teilweise	Aktive Rechnungsabgrenzung ARA	Verringert den gebuchten Aufwand im alten Geschäftsjahr
	Einzahlung	Ertrag ganz oder teilweise	Passive Rechnungsabgrenzung PRA	Verringert den gebuchten Ertrag im alten Geschäftsjahr
Antizipative Buchungsposten	Ertrag ganz oder teilweise	Einzahlung	Sonstige Forderungen	Erhöht den Ertrag des Geschäftsjahres
	Aufwand ganz oder teilweise	Auszahlung	Sonstige Verbindlichkeiten	Erhöht den Aufwand des Geschäftsjahres

Grundlagen

➤ Die zeitliche Abgrenzung dient der periodengerechten Erfolgsermittlung.

➤ **Aktive Rechnungsabgrenzungsposten:** Auszahlungen vor dem Bilanzstichtag, die Aufwendungen für die Zeit nach dem Bilanzstichtag darstellen (Leistungsforderungen).

➤ **Passive Rechnungsabgrenzungsposten:** Einzahlungen vor dem Bilanzstichtag, die Erträge für die Zeit nach dem Bilanzstichtag darstellen (Leistungsverbindlichkeiten).

➤ **Sonstige Forderungen:** am Bilanzstichtag noch nicht erfolgte Einzahlungen für einen Ertrag des abgelaufenen Geschäftsjahres (Geldforderungen).

➤ **Sonstige Verbindlichkeiten:** am Bilanzstichtag noch nicht erfolgte Auszahlungen für einen Aufwand des abgelaufenen Geschäftsjahres (Geldverbindlichkeiten).

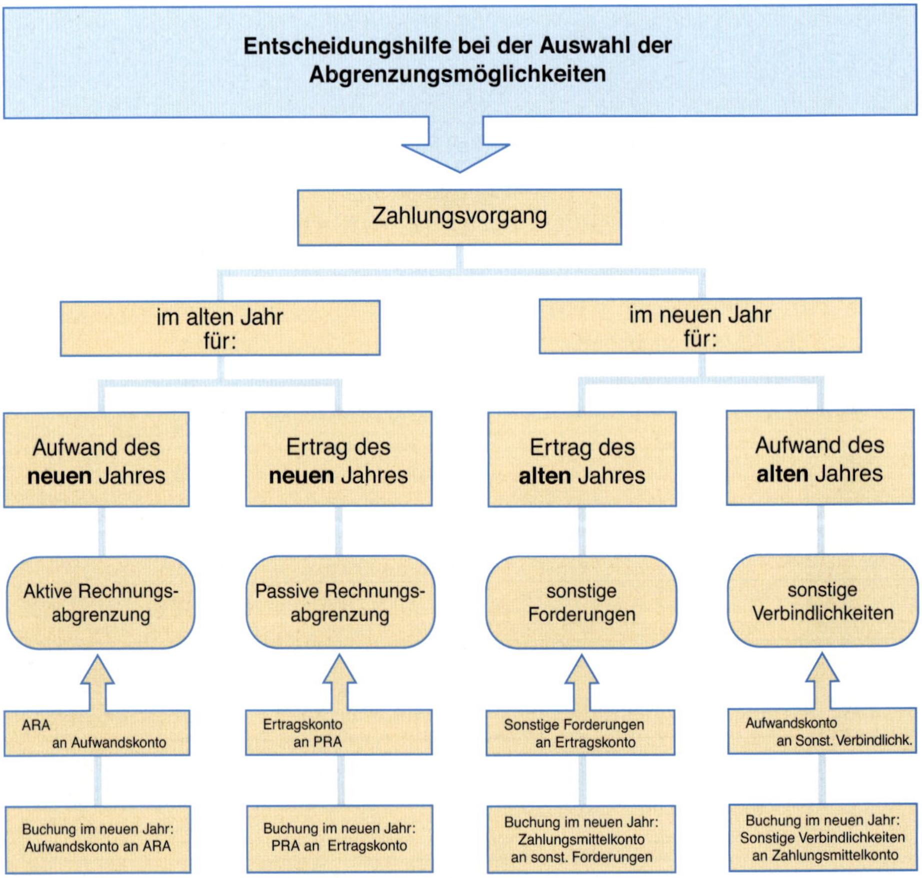

Entscheidungshilfe bei der Auswahl der Abgrenzungsmöglichkeiten

⬇

Zahlungsvorgang

im alten Jahr für:		im neuen Jahr für:	
Aufwand des neuen Jahres	**Ertrag des neuen Jahres**	**Ertrag des alten Jahres**	**Aufwand des alten Jahres**
Aktive Rechnungs-abgrenzung	Passive Rechnungs-abgrenzung	sonstige Forderungen	sonstige Verbindlichkeiten
⬆	⬆	⬆	⬆
ARA an Aufwandskonto	Ertragskonto an PRA	Sonstige Forderungen an Ertragskonto	Aufwandskonto an Sonst. Verbindlichk.
Buchung im neuen Jahr: Aufwandskonto an ARA	Buchung im neuen Jahr: PRA an Ertragskonto	Buchung im neuen Jahr: Zahlungsmittelkonto an sonst. Forderungen	Buchung im neuen Jahr: Sonstige Verbindlichkeiten an Zahlungsmittelkonto

Musteraufgabe zu Kapitel 4.2

Geben Sie die Buchungssätze bei der Zahlung, bei der Abgrenzung am Jahresende und bei der Auflösung der zeitlichen Abgrenzung an!

a) *Am 28.12. haben wir die Miete für den Monat Januar bereits im Voraus per Bank gezahlt*   1.000,00 €

b) *Wir haben am 1. Dezember die Kraftfahrzeugsteuer für ein Jahr im Voraus durch Banküberweisung beglichen*   240,00 €

c) *Wir haben von der Direktion ein Provisionsfixum für den Monat Januar bereits am 28.12. des alten Jahres gutgeschrieben bekommen*   800,00 €

d) *Wir haben am 1. Dezember von unserem Mieter die 1/4-Jahresmiete per Bank im Voraus erhalten, insgesamt*   1.200,00 €

e) *Die Dezembermiete wird uns erst am 05.01. d.n.J. durch unseren Mieter überwiesen*   2.000,00 €

f) *Wertpapierzinsen für den Zeitraum von Oktober bis März werden uns erst Anfang April d.n.J. per Bank überwiesen*   1.000,00 €

g) *Die Kosten für die Wartung der Büromaschinen im Monat Dezember werden erst im Januar d.n.J. per Bank beglichen*   300,00 €

h) *Wir zahlen die vierteljährlich fällige Büromiete nachträglich für die Zeit von November bis einschließlich Januar Anfang Februar per Postscheck, insgesamt*   3.000,00 €

Lösung der Musteraufgabe zu Kapitel 4.2

	Bei Zahlung im alten Jahr	Abgrenzungsbuchung im alten Jahr	Auflösung der Abgrenzung im neuen Jahr
a	MietA an Bank 1.000,00 Anmerkung: Wegen der zeitlichen Nähe zum Bilanzstichtag kann auch gleich die Abgrenzungsbuchung erfolgen.	ARA an MietA 1.000,00	MietA an ARA 1.000,00
b	KfzA an Bank 240,00	ARA an Kfz-Aufwand 220,00	KfzA an ARA 220,00
c	FgD an ProvE 800,00	ProvE an PRA 800,00	PRA an ProvE 800,00
d	Bank an HuGe 1.200,00	HuGe an PRA 800,00	PRA an HuGe 800,00
e		SoFo an HuGe 2.000,00	Bank an SoFo 2.000,00
f		SoFo an Zinsertrag 500,00	Bank 1.000,00 an SoFo 500,00 Zinsertrag 500,00
g		VerwA an SoVer 300,00	SoVer an Bank 300,00
h		MietA an SoVer 2.000,00	SoVer 2.000,00 Mietaufwand 1.000,00 an Postbank 3.000,00

4.3 Sonstige Rückstellungen

Aufgrund der schon im November absehbaren guten Ertragslage der Agentur rechnet Schneider mit einer Gewerbesteuernachzahlung von 1.200,00 €. Das Finanzamt wird die genaue Steuerschuld im kommenden Jahr bekannt geben.

Welche Buchung ist zum Ende des Jahres vorzunehmen?

Als vorsichtiger Kaufmann hat der Agent für den Betrag der Gewerbesteuernachzahlung Vorsorge zu treffen. Es entscheidet sich erst im folgenden Jahr, ob die Steuernachforderung tatsächlich in der geschätzten Höhe erfolgt. Diese Schulden gegenüber dem Finanzamt sind auf dem Konto **Sonstige Rückstellungen** zu buchen. Es handelt sich einerseits um echte Aufwendungen, deren Verursachung noch im alten Jahr liegt. Nur die Höhe und Fälligkeit sind zum Bilanzstichtag noch unbekannt. Damit das Jahresergebnis auch zeitraumrichtig ermittelt werden kann, müssen sie noch mit dem geschätzten Betrag als Aufwand in die Erfolgsrechnung des alten Jahres einbezogen werden.

Rückstellungen sind Schulden für Aufwendungen, die am Bilanzstichtag zwar ihrem Grunde nach feststehen, aber nicht in ihrer Höhe und Fälligkeit. Sie dienen der periodengerechten Erfolgsermittlung.

Konten	Soll	Haben
Steueraufwand	1.200,00	
an Sonstige Rückstellungen		1.200,00

Die Auflösung der Rückstellung wird vorgenommen, wenn sie ihren Zweck erfüllt hat. Steht im folgenden Jahr die endgültige Höhe der Steuernachforderung fest, kann die Rückstellung aufgelöst werden.

Dabei können sich Abwicklungsgewinne ergeben, wenn die Rückstellung höher angesetzt wurde als die tatsächliche Steuerforderung. Ein Abwicklungsverlust entsteht, wenn die Nachforderung höher ausfällt als die geschätzte Rückstellung. In diesen Fällen entsteht ein periodenfremder Ertrag bzw. Aufwand, der auf dem Konto **AoErtrag** bzw. **AoAufwand** gebucht wird.

Das Finanzamt schickt im Februar des nächsten Jahres einen Steuerbescheid zur Gewerbesteuer des Vorjahres und verlangt hierfür 1.100,00 €. Der Betrag wird per Bank überwiesen.

Wie lautet die Buchung?

Konten	Soll	Haben
Sonstige Rückstellungen	1.200,00	
an AoErtrag		100,00
Bank		1.100,00

Bei einer Provisionsagentur sind Rückstellungen denkbar für

➤ Provisionsrückforderungen,

➤ zu erwartende Steuernachzahlungen,

➤ Pensionszusagen an Mitarbeiter,

➤ Kosten schwebender Prozesse,

➤ im Geschäftsjahr unterlassene Aufwendungen für Instandhaltung, die im folgenden Jahr innerhalb der ersten drei Monate nachgeholt werden.

Auf die Unterschiede zwischen sonstigen Rückstellungen und sonstigen Verbindlichkeiten sowie die bilanziellen Auswirkungen der Bildung von Rückstellungen wird im entsprechenden Kapitel der Direktionsbuchführung noch näher eingegangen.

Grundlagen

➤ Rückstellungen sind passive Bilanzposten.

➤ Die Bildung beeinflusst die Höhe des Fremdkapitals und die Erfolgsrechnung.

➤ Rückstellungen sind nur in Höhe des Betrages anzusetzen, der nach vernünftiger kaufmännischer Beurteilung notwendig ist.

Muster-buchungs-sätze

Bildung der Rückstellung im Geschäftsjahr		
Aufwandskonto	an	Sonstige Rückstellungen

Auflösung der Rückstellung im neuen Jahr		
Sonstige Rückstellungen	an	Zahlungsmittelkonto
Mit einem Abwicklungsverlust		
Sonstige Rückstellungen AoAufwand	an	Zahlungsmittelkonto
Mit einem Abwicklungsgewinn		
Sonstige Rückstellungen	an	Zahlungsmittelkonto AoErtrag

Übungsaufgaben

Aufgaben zu Kapitel 4.1

Aufgabe 1

Am 10.01. des Jahres kauft die Provisionsagentur eine neue Büroeinrichtung. Die Anschaffungskosten betragen 20.000,00 €. Nutzungsdauer 10 Jahre.

a) Erstellen Sie den Abschreibungsplan für eine lineare Abschreibung!

b) Wie hoch ist der lineare Abschreibungsbetrag im Anschaffungsjahr, wenn die Büroeinrichtung am 13.09. gekauft wurde?

Aufgabe 2

Die Provisionsagentur Heinzel erhält am 17.01. folgende Rechnung über einen Büromöbelkauf:

Schreibtischkombination	2.800,00 €
Transportkosten	120,00 €
Montage vor Ort	100,00 €
	3.020,00 €
zuzüglich 19% Mehrwertsteuer	573,80 €
Rechnungspreis	3.593,80 €

Bei Zahlung innerhalb von 8 Tagen gewährt der Lieferant 2% Skonto auf den Rechnungspreis. Die Agentur zahlt die Rechnung unter Ausnutzung des Skontos durch Banküberweisung.

Wie lautet die Buchung im Grundbuch bei Kauf und am Ende des 1. von 8 Nutzungsjahren?

Aufgabe 3

Ein Handy ohne Vertragsbindung wird zum Preis von 250,00 € per Barzahlung erworben.

Bilden Sie die Buchungssätze für:

a) die Anschaffung des Handys!

b) die Abschreibung im ersten Jahr der Nutzung!

c) Wie kann buchhalterisch verfahren werden, wenn das Handy mit Vertragsbindung zu einem Preis von 1,00 € bar erworben wurde?

Aufgabe 4

In der Agentur Heinzel sind folgende Geschäftsfälle angefallen:

Rechnung 1 / 22.03.20..

1 Aktenvernichter (Reißwolf)	netto	385,00 €
	19% MwSt	73,15 €
		458,15 €

Rechnung 2 / 10.06.20..

1 Garderobenständer	netto	108,00 €
	19% MwSt	20,52 €
		128,52 €

Rechnung 3 / 07.10.20..

1 Schreibtischkombination	netto	1.638,66 €
	19% MwSt	311,34 €
		1.950,00 €

In welcher Höhe wirken sich die Anschaffungen auf die **Erfolgsrechnung** der Agentur Heinzel des Geschäftsjahres aus, wenn die Agentur aus steuerlichen Erwägungen den höchstmöglichen Abschreibungsbetrag ausnutzen will? (Nutzungsdauer in Jahren: Büromöbel 13, Reißwolf 8.)

Aufgabe 5

Die Agentur Heinzel hat im Geschäftsjahr folgende Anschaffungen getätigt:

Nr.	Datum	Wirtschaftsgut	Anschaffungspreis (brutto)	Nutzungsdauer lt. AfA-Liste
1.	16.04.	Laptop	900,00 €	3
2.	22.06.	Faxgerät	240,00 €	6
3.	04.10.	Handy (ohne Vertragsverbindung)	300,00 €	5

Ermitteln Sie den Abschreibungsbetrag und geben Sie den bzw. die Abschlussbuchungssätze unter der Annahme an, dass:

a) von der „Poolabschreibung" (Sammelposten) Gebrauch gemacht wird;

b) auf das Wahlrecht der „Poolabschreibung" verzichtet wird und ein möglichst hoher Abschreibungsbetrag erzielt werden soll!

Aufgabe 6

Die Agentur erwirbt am 13.04. eine neue DV-Anlage (Nutzungsdauer 3 Jahre), PC 800,00 €, Monitor 250,00 €, Laserdrucker 480,00 €, Netzwerkkarte 120,00 €. Die Beträge werden per Bank gezahlt.

In welcher Höhe wirkt sich diese Anschaffung in der GuV-Rechnung am Jahresende aus?

Aufgaben zu Kapitel 4.2

Aufgabe 1

Buchen Sie die folgenden Geschäftsfälle im Grundbuch

1. Die im alten Jahr fällige Miete ist am Jahresende noch nicht gezahlt   500,00 €
    a) Buchung am 31.12.
    b) Buchung bei Banküberweisung am 04.01. d.n. Jahres.

2. Wir erhalten von unserem Mieter die Miete für Dezember und Januar erst Anfang Februar per Banküberweisung, gesamt   2.000,00 €

3. Die im alten Jahr für das neue Jahr abgegrenzte Kfz-Versicherung wird jetzt im neuen Jahr erfolgswirksam gebucht   480,00 €

4. Die Bank schreibt uns am 03.04. Zinsen für das am 31.03. endende vergangene Zinsjahr gut   6.000,00 €

5. Wir überweisen vom Bankkonto nachträglich am 10.01. die Wartungsgebühren für unser Computernetzwerk für den Monat Dezember   260,00 €

6. Zinserträge des neuen Jahres wurden bereits am 31.12. erfolgswirksam abgegrenzt   480,00 €
    Buchung am Anfang des neuen Jahres.

7. Wir zahlen durch Postbanküberweisung am 31.01. die Hypothekenzinsen rückwirkend für die letzten drei Monate, gesamt   1.800,00 €

8. Wir vergeben ein Darlehen an einen VN, Darlehenssumme   50.000,00 €
    Die Laufzeit beträgt 10 Jahre. Die Jahreszinsen betragen 6% bei einer Auszahlungsquote von 95%. Der Darlehensnettobetrag (unter Abzug von Zinsen und Disagio) wird per Bank überwiesen.
    a) Wie lautet die Buchung bei der Darlehensgewährung?
    b) Wie ist am Jahresende im Rahmen der zeitlichen Abgrenzung zu buchen?

9. Am Jahresende haben wir noch einen Vorrat an Druckerpapier von   340,00 €

10. Wir haben die „Flatrate" für unseren Internetzugang für den Monat Dezember irrtümlich doppelt überwiesen. Der Betrag soll mit der Januargebühr verrechnet werden   39,00 €

Aufgabe 2

Stellen Sie zu den folgenden Geschäftsfällen fest, welche der nachstehenden Beschreibungen (Kennziffer angeben) zutrifft.

Nr.	Geschäftsfall	Kennziffer
1.	Die Zinsgutschrift für den Monat Dezember wird mit dem ersten Postbank-Kontoauszug im neuen Geschäftsjahr erwartet.	
2.	Der Verbandsbeitrag für das kommende Jahr wird im Dezember von der Generalagentur überwiesen.	
3.	Die Kraftfahrzeugsteuer für ein Jahr wurde am 27.08. des Geschäftsjahres an das Finanzamt überwiesen.	
4.	Die Miete für Dezember werden wir erst Anfang Januar erhalten.	
5.	Die Folgeprovision für den Monat Januar wird von der Direktion bereits vor Weihnachten abgerechnet und überwiesen.	
6.	Zahlung einer steuerfreien Sonderzuwendung an einen Angestellten wegen seines Dienstjubiläums.	
7.	Provisionsüberweisung durch die Direktion für vermittelte Versicherungsverträge.	
8.	Die Garagenmiete für den Geschäftswagen ist im Monat Dezember versehentlich von der Agentur nicht an den Vermieter überwiesen worden.	
9.	Am Ende des Geschäftsjahres ist noch ein beträchtlicher Heizölvorrat für das Geschäftsgebäude vorhanden.	

Kennziffer	Beschreibung
1	Ausgabe, die zugleich als Aufwand für das Geschäftsjahr anzusehen ist.
2	Ausgabe, die teilweise oder vollständig einen Aufwand für das nächste Geschäftsjahr beinhaltet.
3	Aufwand des Geschäftsjahres, der bei Rechnungsabschluss noch nicht verausgabt wurde.
4	Ertrag des Geschäftsjahres, der bei Rechnungsabschluss noch nicht vereinnahmt wurde.
5	Einnahme, die zugleich als Ertrag für das Geschäftsjahr anzusehen ist.
6	Einnahme, die teilweise oder vollständig einen Ertrag für das nächste Geschäftsjahr beinhaltet.

Aufgaben zu Kapitel 4.3

Aufgabe 1

Buchen Sie die Geschäftsfälle im Grundbuch!

1. Auflösung einer am 31.12. des Vorjahres gebuchten Abgrenzung über für im alten Jahr bereits gezahlte Garagenmiete für Januar bis März.   1.200,00 €

2. Ein Agenturkraftfahrzeug, Anschaffungswert   33.000,00 €
   Nutzungsdauer 6 Jahre, wird im vierten Jahr bar verkauft, Verkaufspreis   13.000,00 €

   Das Fahrzeug wurde linear abgeschrieben.

3. Ein Aktenschrank wird am 26.09. durch Barzahlung gekauft   3.000,00 €
   Die Nutzungsdauer beträgt 10 Jahre. Wie lautet die Buchung am Jahresende?

4. Wir erhalten auf unser Postbankkonto unerwartet eine Gewerbesteuerrückzahlung
   aus dem Vorjahr   210,00 €

5. a) Wir kaufen ein neues Faxgerät. Bezahlung durch Postbankscheck   230,00 €

   b) Wie lautet die Buchung, wenn es sich um ein Gebrauchtgerät handelt, Preis   45,00 €

6. Wir erhalten die Januarmiete d.n. Jahres von unserem Mieter auf unser Postbankkonto
   bereits am 20.12. des alten Jahres   590,00 €
   Buchung am 31.12.

7. Die Kraftfahrzeugsteuer wurde zum 01.07. für ein Jahr im Voraus bezahlt   360,00 €
   Buchung am 31.12.

8. a) Mit einer ehemaligen Mitarbeiterin ist zurzeit ein Arbeitsgerichtsverfahren anhängig.
      Es geht um strittige Gehaltsforderungen. Das Urteil wird im nächsten Jahr erwartet.
      Wir rechnen mit Prozesskosten von   500,00 €

   b) Nach dem ergangenen Urteil im nächsten Jahr, überweisen wir die entstandenen
      Prozesskosten durch Banküberweisung   680,00 €

9. Die Rechnung für Bearbeitung der Agentur-Website für das laufende Geschäftsjahr
   ist am Jahresende noch nicht bezahlt   423,00 €

Aufgabe 2

2.1 Am 10.11. wurde einer Innendienstmitarbeiterin der Agentur die Kündigung mit Wirkung zum 31.03. ausgesprochen, da sie angeblich Kundendaten weitergegeben hatte. Die Mitarbeiterin empfand die Kündigung als ungerechtfertigt und reichte am 25.11. beim Arbeitsgericht die Klage ein. Der Termin wurde auf den 15.02. d.n.J. festgesetzt. Am 31.12. will die Agentur den Fall buchhalterisch erfassen, obwohl die Verhandlung noch nicht stattgefunden hat. Da der Agenturinhaber weiß, dass ca. 80% solcher Fälle mit einem Vergleich enden, erkundigt er sich bei seinem Anwalt, mit welchen Aufwendungen er zu rechnen hat. Daraufhin werden die Prozesskosten auf 8.900,00 € geschätzt.

   a) Begründen Sie, warum dieser Sachverhalt buchhalterisch zu erfassen ist!

   b) Geben Sie den Buchungssatz an!

2.2 Nach Anhörung der Parteien am 15.02. einigt sich die Agentur mit der ehemaligen Mitarbeiterin auf einen Vergleich. Im Anschluss an die Verhandlung erhält die Agentur daraufhin folgende Zahlungsaufforderungen:

   Kostenfestsetzungsbescheid des Arbeitsgerichtes   383,00 €
   Honorarrechnung des Anwaltes   1.002,00 €
   Vergleichsbeschluss   5.500,00 €

   Die Agentur überweist die Beträge Mitte März von ihrem Bankkonto.

   Bilden Sie den Buchungssatz zu diesem Vorgang!

2.3 Der Prozess endet wie Fall 2.2. Die Agentur hat hier aber folgende Zahlungen zu leisten:

   Kostenfestsetzungsbescheid   514,00 €
   Honorarrechnung   2.002,00 €
   Vergleichsbeschluss   8.500,00 €

   Bilden Sie den Buchungssatz zu diesem Vorgang!

5 Kostenartenrechnung

5.1 Sachliche Abgrenzung als Grundlage der Kosten- und Leistungsrechnung

5.1.1 Abgrenzung von neutralen Aufwendungen und Erträgen

Bei der in Norddeutschland überregional tätigen ALSTER-Versicherungsdienste GmbH ist es üblich, einmal im Jahr diejenigen Mitarbeiter in den einzelnen Zweigstellen mit Sonderzahlungen zu honorieren, deren Leistungen besonders gut waren. Für einen Leistungsvergleich lässt sich die Geschäftsleitung am Ende eines jeden Jahres die GuV-Rechnungen der Agenturen in Kiel und Lübeck vorlegen.

Gewinn- und Verlustrechnung des Jahres 20.. Beträge in Tsd. €					
Aufwendungen	Kiel	Lübeck	Erträge	Kiel	Lübeck
Provisionsaufwand	40,20	35,13	Provisionserträge	267,05	263,70
Personalkosten	66,80	63,45	Zinserträge	7,69	12,17
Aufwendg. aus dem Abgang von AV[1]	*12,50		HuGE	30,17	63,11
Verwaltungsaufwand	53,80	55,15			
HuGA**	20,35	21,25			
Steueraufwand	***13,50	9,81			
Werbeaufwand	27,23	29,35			
Kraftfahrzeug-aufwand	6,42	7,03			
Energieaufwand	7,82	9,21			
Mietaufwand	15,16	14,50			
Abschreibungen	15,00	17,00			
EK	26,13	77,10			
	304,91	338,98		304,91	338,98

Zusatzinformationen:

1 Aufwendungen aus dem Abgang von AV entstehen immer dann, wenn
  – AV unter Buchwert verkauft wird,
  – AV durch ein Ereignis (z. B. Unfall, Brand, Sturm usw.) zerstört wird.
  Erträge aus dem Abgang von AV entstehen, wenn AV über Buchwert verkauft wird.

* Bei einem Kundenbesuch wird der Geschäftswagen durch einen selbstverschuldeten Unfall total zerstört; eine Kaskoversicherung besteht nicht.

** Diese Aufwendungen entstanden für die Verwaltung von zwei günstig ersteigerten Wohnhäusern.

*** Von dem Steueraufwand beziehen sich 3.120,00 € auf eine Steuernachzahlung für das vergangene Jahr.

Welche Zweigstelle hat erfolgreicher gearbeitet?

Auf den ersten Blick scheint die Agentur in Lübeck mit einem Gewinn von 77.100,00 € den Wettbewerb eindeutig für sich entschieden zu haben.

Für einen genauen Leistungsvergleich ist jedoch die Höhe des **Unternehmens**gewinns allein nicht aussagekräftig genug, da dieser durch verschiedene Aufwendungen/Erträge beeinflusst wurde, die mit der eigenen Leistungserstellung einer Versicherungs-Agentur nicht unmittelbar im Zusammenhang stehen.

Zur Erinnerung: Die wesentlichen Leistungen einer Agentur beziehen sich auf

➤ den Abschluss von Versicherungsverträgen,

➤ die Vermittlung von Versicherungsverträgen,

➤ Betreuungs- und Beratungsdienste für die VN.

Entscheidender als das **Unternehmensergebnis,** das sich aus einem Vergleich von *Aufwendungen* und *Erträgen* ergibt, ist das **Betriebsergebnis** eines Unternehmens.

Das *Betriebsergebnis* erhalten wir durch einen Vergleich der **Kosten** mit den **Leistungen.**

Zu den Kosten gehören alle Aufwendungen, die

➤ betriebsbedingt sind (z. B. Gehälter),

➤ normal, ordentlich sind (z. B. Prov.-Aufwand),

➤ periodenbezogen sind (z. B. Jahres-Kfz-Steuer).

Erträge, die diesen Eigenschaften ebenfalls genügen, bezeichnet man als **Leistungen.**

- Wird nur **eine** dieser Eigenschaften nicht erfüllt, handelt es sich um neutrale Aufwendungen oder neutrale Erträge (die mit der Verfolgung des eigentlichen Betriebszweckes „nichts zu tun haben").

- Folge: **Unternehmensergebnis ≠ Betriebsergebnis**

Um die Betriebsergebnisse der Agenturen aus Kiel und Lübeck feststellen zu können, muss entschieden werden, welche Aufwendungen und Erträge aus den GuV-Rechnungen Kosten bzw. Leistungen darstellen oder neutral sind.

Diesen Vorgang bezeichnet man als **Sachliche Abgrenzung.**

Ausgehend von den Zahlen der GuV-Rechnung für die *Agentur in Kiel*[1] führt eine sachliche Abgrenzung zu folgenden neutralen Aufwendungen/Erträgen bzw. Kosten/Leistungen:

neutrale		Kosten	Leistungen
Aufwendungen	Erträge		
Aufwendungen aus dem Abgang von AV	Zinserträge	Provisionsaufwand	Provisionserträge
HuGA	HuGE	Gehälter	
Steueraufwand		Verwaltungsaufwand	
		Mietaufwand	
		Steueraufwand	
		Werbeaufwand	
		Kraftfahrzeugaufwand	
		Energieaufwand	
		Abschreibungen	

---

1 Vgl. Seite 144

10 Drapatz/Franke/Hess – ISBN 978-3-8120-0494-7

Begründungen zu den Entscheidungen:

➤ Provisionsaufwand

Es ist normal und betriebsbedingt, dass Versicherungs-Agenturen ihre Untervertreter mit Provisionen entlohnen.

➤ Personalkosten

Es ist normal und betriebsbedingt, dass Versicherungs-Agenturen für die Arbeit ihrer Mitarbeiter im Innendienst Gehälter und soziale Abgaben zahlen.

➤ Verwaltungsaufwand

Es ist normal und betriebsbedingt, wenn Agenturen für Büromaterial, Telefon, Fachzeitschriften, Geschäftsversicherungen usw. Geld ausgeben müssen.

➤ Werbeaufwand

Es ist normal und betriebsbedingt, wenn Versicherungs-Agenturen für den Absatz von Versicherungsschutz werben und dadurch Kosten entstehen.

➤ Energieaufwand

Es ist normal und betriebsbedingt, wenn Versicherungs-Agenturen für die Beleuchtung und Beheizung ihrer Geschäftsräume Energie verbrauchen und dafür Ausgaben entstehen.

➤ Mietaufwand

Es ist normal und betriebsbedingt, wenn Versicherungs-Agenturen für die Nutzung angemieteter Geschäftsräume Miete zahlen.

Alle vorgenannten Aufwendungen sind auch periodenbezogen, weil sie das laufende Geschäftsjahr betreffen.

➤ Aufwendungen aus dem Abgang von AV (für Kiel) sind neutral

Der Kundenbesuch war zwar betriebsbedingt; der Unfall ist jedoch als außerordentliches Ereignis zu bewerten.

➤ Haus- und Grundstücksaufwendungen sind neutral

Da es sich um **Wohn**häuser handelt, deren Verwaltung in keinem Zusammenhang mit der Leistungserstellung einer Versicherungs-Agentur steht.

Werden dagegen **agentureigene** Gebäude ganz oder teilweise **selbst genutzt,** sind die HuGA ganz oder teilweise als Kosten zu betrachten[1].

➤ Steueraufwand (für Kiel)

Der gesamte Steueraufwand (13.500,00 €) ist zweifellos betriebsbedingt; davon sind aber 3.120,00 € nicht periodenbezogen, da sie wirtschaftlich das Vorjahr betreffen. Deshalb ergibt sich folgende Entscheidung: Kosten: 10.380,00 €; neutraler Aufwand: 3.120,00 €.

➤ Provisionserträge sind typische Erträge für die Leistungserstellung einer Versicherungsagentur.

➤ Zinserträge sind nicht betriebsbedingt und deshalb als neutrale Erträge zu beurteilen.

➤ Haus- und Grundstückserträge sind ebenfalls nicht betriebsbedingt und deshalb neutraler Ertrag.

---

1 vgl. aber auch Seite 164.

Die **sachliche Abgrenzung** der Aufwendungen und Erträge aus der Geschäftsbuchführung (GuV) in neutrale Aufwendungen und neutrale Erträge bzw. Kosten und Leistungen (Kosten- und Leistungsrechnung) wird in einem Kosten- und Leistungsblatt dokumentiert.

Für die Agentur in Kiel sieht das Kosten- und Leistungsblatt wie folgt aus:

Kosten- und Leistungsblatt der ALSTER-Versicherungsdienste GmbH
Zweigstelle Kiel; Beträge in Tsd. €

Positionen lt. GuV	Unternehmensergebnis		Neutrales Ergebnis		Betriebsergebnis	
	Aufwand	Ertrag	Neutraler Aufwand	Neutraler Ertrag	Kosten	Leistungen
Provisionserträge		267,05				267,05
Zinserträge		7,69		7,69		
HuGE		30,17		30,17		
Provisionsaufwand	40,20				40,20	
Personalkosten	66,80				66,80	
Aufwendg. aus dem Abgang von AV	12,50		12,50			
Verwaltungsaufwand	53,80				53,80	
HuGA	20,35		20,35			
Steueraufwand	13,50		3,12		10,38	
Werbeaufwand	27,23				27,23	
Kraftfahrzeugaufwand	6,42				6,42	
Energieaufwand	7,82				7,82	
Mietaufwand	15,16				15,16	
Abschreibungen	15,00				15,00	
SUMMEN:	278,78	304,91	35,97	37,86	242,81	267,05
ERGEBNISSE:	26,13		1,89		24,24	
SUMMEN:	304,91	304,91	37,86	37,86	267,05	267,05

Die sachliche Abgrenzung unter Verwendung eines Kosten- und Leistungsblattes für die Zweigstelle Lübeck der ALSTER-Versicherungsdienste GmbH ergibt folgende Ergebnisse:

Betriebsergebnis:	+ 23,07 Tsd. €
Neutrales Ergebnis:	+ 54,03 Tsd. €
Unternehmensergebnis:	+ 77,10 Tsd. €

Ein Vergleich der *Betriebs*ergebnisse von Kiel und Lübeck zeigt, dass die Kieler mit einem Betriebsgewinn von 24.340,00 € etwas besser gearbeitet haben als die Lübecker. Das ist nicht verwunderlich, da das gute *Unternehmens*ergebnis (Gewinn: 77.100,00 €) der Lübecker überwiegend durch das **neutrale** Ergebnis (plus 54.030,00 €) zustande gekommen ist. Dieses neutrale Ergebnis ist aber auf **nicht betriebsbedingte** Erträge zurückzuführen und darf deshalb für die Beurteilung der **betrieblichen** Leistungsfähigkeit nicht herangezogen werden.

Andererseits ist das schlechtere Unternehmensergebnis der Kieler (Gewinn: 26.130,00 €) durch betriebsfremde oder betriebsbedingte, aber außerordentliche bzw. periodenfremde Aufwendungen belastet, welche zur Ermittlung des Betriebsergebnisses ebenfalls nicht verwendet werden dürfen.

Fazit: Der erste Eindruck hat nicht gestimmt. Die Kieler dürfen sich freuen, weil ihr Betriebsergebnis um 1.270,00 € besser ausgefallen ist als das der Lübecker.

Musteraufgabe zu Kapitel 5.1.1

1. *Erstellen Sie form- und sachgerecht ein Kosten- und Leistungsblatt für die Zweigstelle Lübeck der ALSTER-Versicherungsdienste GmbH!*

2. *Entscheiden Sie für jeden Geschäftsfall durch Ankreuzen bei b (betriebsbedingt), o (ordentlich) und p (periodenbezogen), ob er Kosten (K) oder neutralen Aufwand (nA) verursacht!*

Geschäftsfälle	b	o	p	K	nA
1. Zinsen für eine Hypothek des Geschäftshauses werden überwiesen					
2. Steuernachzahlung für das abgelaufene Geschäftsjahr					
3. Abschreibungen auf das Geschäftsgebäude					
4. Banküberweisung der Provision für einen Untervertreter					
5. Während der Fahrt zu einem Kunden wird der Geschäftswagen zu „Schrott" gefahren					
6. Die Gehälter für die Mitarbeiter werden überwiesen					
7. Buchung des Arbeitgeberanteils an der Sozialversicherung					
8. Überweisung der Kfz-Steuer für den Geschäftswagen					
9. Privatentnahme bar					
10. Barkauf für einen neuen Computer					

Lösungen der Musteraufgabe zu Kapitel 5.1.1

1. Kosten- und Leistungsblatt der ALSTER-Versicherungsdienste GmbH

Zweigstelle Lübeck; Beträge in Tsd. €

Unternehmensergebnis			Neutrales Ergebnis		Betriebsergebnis	
Positionen lt. GuV	Aufwand	Ertrag	Neutraler Aufwand	Neutraler Ertrag	Kosten	Leistungen
Provisionserträge		263,70				263,70
Zinserträge		12,17		12,17		
HuGE		63,11		63,11		
Provisionsaufwand	35,13				35,13	
Personalkosten	63,45				63,45	
Aufwendg. aus dem Abgang von AV						
Verwaltungsaufwand	55,15				55,15	
HuGA	21,25		21,25			
Steueraufwand	9,81				9,81	
Werbeaufwand	29,35				29,35	
Kraftfahrzeugaufwand	7,03				7,03	
Energieaufwand	9,21				9,21	
Mietaufwand	14,50				14,50	
Abschreibungen	17,00				17,00	
SUMMEN:	261,88	338,98	21,25	75,28	240,63	263,70
ERGEBNISSE:	77,10		54,03		23,07	
SUMMEN:	338,98	338,98	75,28	75,28	263,70	263,70

2.

Geschäftsfälle	b	o	p	K	nA
1. Zinsen für eine Hypothek des Geschäftshauses werden überwiesen	x	x	x	x	
2. Steuernachzahlung für das abgelaufene Geschäftsjahr	x	x			x
3. Abschreibungen auf das Geschäftsgebäude	x	x	x	x	
4. Banküberweisung der Provision für einen Untervertreter	x	x	x	x	
5. Während der Fahrt zu einem Kunden wird der Geschäftswagen zu „Schrott" gefahren	x		x		x
6. Die Gehälter für die Mitarbeiter werden überwiesen	x	x	x	x	
7. Buchung des Arbeitgeberanteils an der Sozialversicherung	x	x	x	x	
8. Überweisung der Kfz-Steuer für den Geschäftswagen	x	x	x	x	
9. Privatentnahme bar					
10. Barkauf für einen neuen Computer					

Für die Geschäftsvorfälle (9.) und (10.) ist eine Entscheidung im Rahmen der vorgegebenen Lösungsalternativen nicht möglich.

Durch beide Geschäftsvorfälle entstehen zwar *Ausgaben,* die aber weder zu Kosten noch zu neutralen Aufwendungen führen.

149

Begründung:

9. Geschäftsfall: Privatentnahme, bar; der Buchungssatz für diesen Geschäftsfall lautet:

> *Privat an Kasse*

Da dieser Vorgang das **Unternehmens**ergebnis nicht beeinflussen/verfälschen darf (vgl. Kapitel 1.6.2), wird das Konto Privat nicht über das GuV-Konto, sondern direkt über das EK-Konto abgeschlossen. Insofern wird in diesem Fall ebenfalls eine **sachliche Abgrenzung** vorgenommen.

10. Geschäftsfall: Barkauf eines neuen Computers; für diesen Geschäftsvorfall lautet der Buchungssatz:

> *BGA an Kasse*

Da eine **erfolgswirksame** Buchung nicht vorliegt, handelt es sich nur um eine Ausgabe, die lediglich zu einer Wertveränderung bei den Bestandskonten BGA und Kasse führt.

5.1.2 Unterschied zwischen Ausgaben/Einnahmen und Kosten/Leistungen

In vielen Fällen verursachen **Ausgaben** nicht zeitgleich (sofort) Aufwendungen bzw. Kosten. In diesem Zusammenhang spricht man von der **zeitlichen Divergenz** zwischen Ausgaben und Kosten.

Welche Ausgaben entstehen **vor** den Kosten?

Beispiel:

Geschäftsfall: Am 03.03.20.. wird ein Computer geliefert und die Rechnung über 3.750,00 € sofort bar bezahlt.

Lieferung und Bezahlung des Computers	Der durch die Nutzung entstandene Werteverlust wird abgeschrieben
03.03.	31.12.

→ Zeit

Ausgabe	**Kosten**
durch den Kauf entsteht am 03.03. eine Ausgabe	entstehen durch den „Verbrauch" des Computers

AUSGABEN	**KOSTEN (ZWECKAUFWAND)**
– sind alle vom Unternehmen gezahlten Geldbeträge,	– sind der Verbrauch von Gütern und Dienstleistungen,
– zur Beschaffung von Sach- und Dienstleistungen.	– zur Erstellung einer **betrieblichen** Leistung während einer Geschäftsperiode.
– Dabei ist es gleichgültig, ob bei der Beschaffung die Schulden zunehmen (Kreditvorgang),	– Der Verbrauch muss in Geld bewertet werden können.
– oder liquide Mittel abfließen (Auszahlung).	

Welche Ausgaben entstehen **nach** den Kosten?

Beispiel:

Geschäftsfall: Der Auszubildende Franz Meyer beginnt seine Ausbildung bei der ALSTER-Versicherungsdienste GmbH am 01.08.20..

Seine monatliche Ausbildungsvergütung von 750,00 € wird ihm lt. Ausbildungsvertrag zum 30. eines jeden Monats durch Banküberweisung zur Verfügung gestellt.

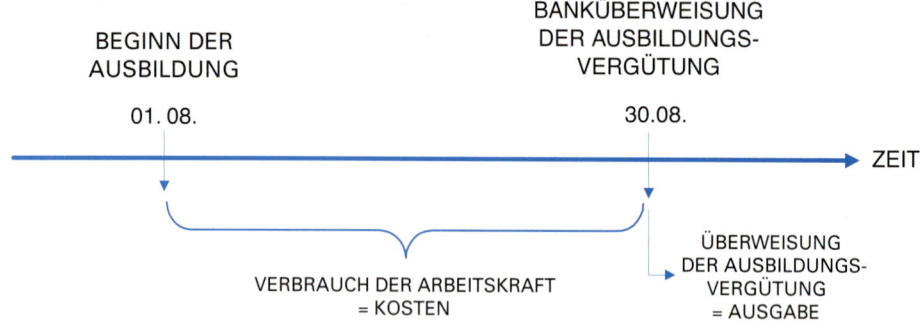

> Aufwendungen oder Kosten verursachen fast immer Ausgaben. Aufwendungen und Kosten entstehen aber häufig entweder vor oder nach der Buchung von Ausgaben.

Die Zusammenhänge zwischen Ausgaben, Aufwendungen, Kosten einerseits und Einnahmen, Erträgen, Leistungen andererseits lassen sich durch folgende Schaubilder darstellen:

AUSGABEN			
nicht aufwands- wirksam	AUFWANDSGLEICHE AUSGABEN aus der GuV-Rechnung		
	AUFWAND		
	NEUTRALER AUFWAND		ZWECKAUFWAND =
	betriebsfremd	außerordentlich	periodenfremd	GRUNDKOSTEN der KL-Rechnung

EINNAHMEN			
nicht ertrags- wirksam	ERTRAGSGLEICHE EINNAHMEN aus der GuV-Rechnung		
	ERTRAG		
	NEUTRALER ERTRAG		ZWECKERTRAG =
	betriebsfremd	außerordentlich	periodenfremd	GRUNDLEISTUNGEN der KL-Rechnung

➤ Die Trennung von Aufwendungen/Erträgen aus der GuV-Rechnung in neutrale Aufwendungen/Erträge bzw. Kosten/Leistungen für die Kosten- und Leistungsrechnung bezeichnet man als **sachliche Abgrenzung.**

➤ Nur Aufwendungen/Erträge, die durch betriebsbedingte, ordentliche und periodenbezogene Geschäftsfälle entstehen, können für die Kosten- und Leistungsrechnung als Kosten/Leistungen aus der Geschäftsbuchführung übernommen werden.

➤ Das **Unternehmensergebnis** ist die Differenz von Aufwendungen und Erträgen.

Das **neutrale Ergebnis** ist die Differenz von neutralen Aufwendungen und neutralen Erträgen.

Das **Betriebsergebnis** ist die Differenz von Kosten und Leistungen.

➤ Viele Ausgaben/Einnahmen verursachen mit ihrer Entstehung nicht auch sofort Kosten/Leistungen.

➤ Privatentnahmen oder -einlagen verursachen keine aufwandswirksamen/ertragswirksamen Ausgaben/Einnahmen in der Geschäftsbuchführung.

➤ Schaubild:

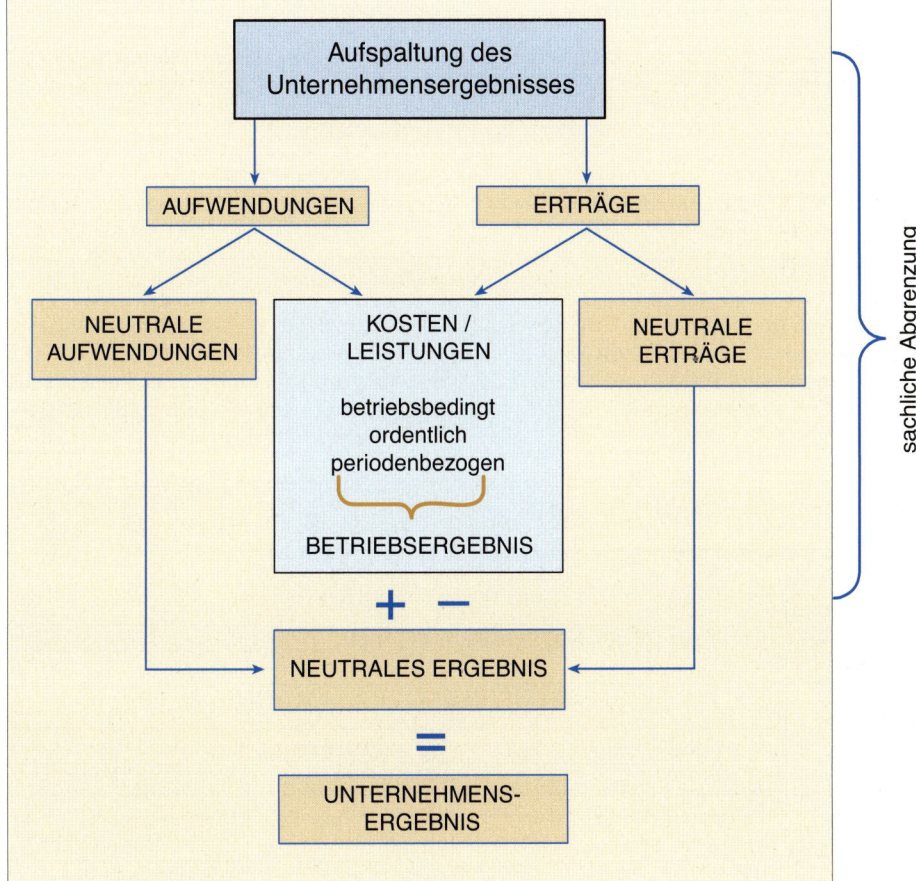

5.2 Kalkulatorische Kosten

5.2.1 Anderskosten und Zusatzkosten

Die meisten Kostenarten in der Kosten- und Leistungsrechnung (KLR) werden mit ihren Beträgen unverändert aus der Geschäftsbuchführung (GuV) übernommen. Es handelt sich hier um so genannte

Grund- oder aufwandsgleiche Kosten.

Nicht immer entsprechen die in der Geschäftsbuchführung ausgewiesenen Aufwendungen jedoch den Kosten in der Kosten- und Leistungsrechnung. Bestimmte Aufwendungen müssen in **ihrer Höhe** erst verändert werden, damit sie sinnvoll für die **Betriebsergebnisrechnung** verwendet werden können.

Bei diesen Kosten, die in der Kosten- und Leistungsrechnung **in anderer Höhe** erfasst werden als in der GuV-Rechnung der Geschäftsbuchführung, handelt es sich um so genannte

Anders- oder aufwands**un**gleiche Kosten.

Um eine **vollständige** Kostenerfassung sicherzustellen, müssen außerdem noch Kosten in der KLR berücksichtigt werden, die in der GuV-Rechnung überhaupt **nicht** als Aufwand aufgeführt sind. Es handelt sich hier um

Zusatz- oder aufwands**lose** Kosten.

Zusatzkosten sind nicht in der GuV-Rechnung ausgewiesen, weil sie keine Ausgaben verursachen. Da sie aber trotzdem alle Merkmale des Kostenbegriffs erfüllen, dürfen sie in der KLR nicht vernachlässigt werden. Anders- und Zusatzkosten bezeichnet man als **kalkulatorische Kosten**, da ihre Wertansätze für die KLR nach festgelegten Regeln neu ermittelt (kalkuliert) werden müssen.

Das folgende, erweiterte Schaubild verdeutlicht den Zusammenhang zwischen Ausgaben, Aufwendungen, Grund-, Anders- und Zusatzkosten.

AUSGABEN						
nicht aufwandswirksam	AUFWANDSGLEICHE AUSGABEN					
	AUFWAND					
	NEUTRALER AUFWAND			ZWECKAUFWAND		
	betriebsfremd	außerordentlich	periodenfremd	aufwands**gleich**	aufwands**ungleich**	Nichtaufwand
					Anderskosten	Zusatzkosten
				Grundkosten	**Kalkulatorische Kosten**	

Zu den **kalkulatorischen** Kosten gehören u. a. als

Anderskosten		Zusatzkosten
– die kalkulatorischen Zinsen, – die kalkulatorischen Abschreibungen.		– der kalkulatorische Unternehmerlohn, – die kalkulatorische Miete.

5.2.2 Anderskosten

5.2.2.1 Kalkulatorische Zinsen

Eine wichtige Aufgabe der Kostenartenrechnung besteht darin, Agenturen hinsichtlich ihrer Leistungsfähigkeit, also mit ihren Betriebsergebnissen, vergleichbar zu machen.

> Warum müssen Zinsaufwendungen der GuV-Rechnung deshalb für die KLR in der Höhe korrigiert werden?

Da die Leistungsfähigkeit einer Agentur nicht davon abhängt, ob mit viel oder wenig Fremdkapital gearbeitet wird, darf der in der GuV-Rechnung als Aufwand ausgewiesene FK-Zins für die KLR keine Rolle spielen.

Folgendes Beispiel soll das Problem deutlich machen:

Vergleich zwischen den Agenturen A und B

Annahme: Die beiden Betriebe sind in ihrer Größe und Leistung ähnlich. Nur die Kapitalverhältnisse sind unterschiedlich.

Bilanz der Agentur A

Aktiva		Passiva	
AV	2,0 Mio.	EK	2,5 Mio.
UV	1,5 Mio.	FK	1,0 Mio.
	3,5 Mio.		3,5 Mio.

Bilanz der Agentur B

Aktiva		Passiva	
AV	2,0 Mio.	EK	1,0 Mio.
		FK	2,5 Mio.
UV	1,5 Mio.		
	3,5 Mio.		3,5 Mio.

– Der Unternehmenserfolg ist bei der Agentur A **besser** als bei der Agentur B, da sie mit **weniger** FK-Zinsen belastet wird.

– Die Betriebsergebnisse sind **ähnlich,** wenn die **kalkulatorischen** Zinsen **unabhängig** von den **realen Kapitalverhältnissen** berechnet werden.

Die Kapitalstruktur darf bei der Ermittlung des **betrieblichen** Ergebnisses keine Rolle spielen. Deshalb müssen die Agenturen in der KLR mit **kalkulatorischen** Zinsen belastet werden und nicht mit den **tatsächlichen** Zinsen aus der **GuV-Rechnung.**

Von der Zweigstelle Kiel der ALSTER-Versicherungsdienste GmbH liegt Ihnen folgende Bilanz vor (Beträge in Tsd. €):

AKTIVA	Bilanz zum 31.12.20..		PASSIVA
Grundstücke und Bauten[1]	300,00	Eigenkapital	325,00
Kraftfahrzeuge	17,50	Hypothekenverb.	150,00
Betriebs- und Geschäftsausstattung	117,75	Darlehensverbindlichkeiten	55,00
Wertpapiere	60,00	Verbindlichkeiten beim SVT	2,64
Forderungen gegen Arbeitnehmer	7,60	Verbindlichkeiten beim FA	7,87
Forderungen gegen VR	28,75	Verbindlichkeiten gegen UV	1,60
Bank	8,43	PRA	7,09
Kasse	2,87		
ARA	6,30		
	549,20		549,20

1 Im ersten Stock des Geschäftshauses befindet sich die Wohnung des Zweigstellenleiters. Der Wert der Wohnung einschließlich Grundstücksanteil beläuft sich auf 75,00 Tsd. €.

Wie hoch sind die kalkulatorischen Zinsen, wenn ein Zinssatz von 7,5 % für langfristige Anlagen am Kapitalmarkt zu berücksichtigen ist?

Die kalkulatorischen Zinsen werden nach folgender Formel berechnet:

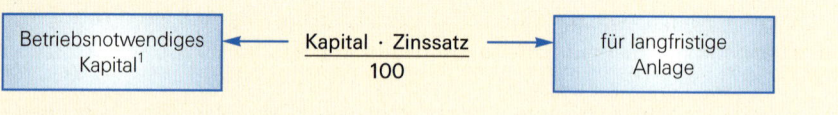

Betriebsnotwendiges Kapital[1] ← $\dfrac{\text{Kapital} \cdot \text{Zinssatz}}{100}$ → für langfristige Anlage

Als **Kapital** wählt man das Kapital, welches zur Finanzierung des **betriebsnotwendigen** Vermögens eingesetzt werden muss. Gehören zum Vermögen einer Agentur z. B. Wohnhäuser oder Wertpapiere, so ist das dafür eingesetzte Kapital nicht betriebsnotwendig und darf deshalb bei der Ermittlung der kalkulatorischen Zinsen nicht berücksichtigt werden.

Als Zinssatz kann nur der **marktgängige** Zins für **langfristige** Anlagen herangezogen werden, weil das betriebsnotwendige Kapital auch **langfristig** im Betrieb gebunden ist.

---

1 Auf die Thematisierung des Abzugskapitals wird verzichtet.

Berechnung des **betriebsnotwendigen Kapitals** (alle Beträge in Tsd. €):

Grundstücke und Bauten[1]	300,00 – 75,00	=	225,00
Kraftfahrzeuge			17,50
Betriebs- und Geschäftsausstattung			117,75
Wertpapiere	nicht betriebsnotwendig		
Forderungen gegen Arbeitnehmer	nicht betriebsnotwendig		
Forderungen gegen VR			28,75
Bank			8,43
Kasse			2,87
ARA			6,30
Das betriebsnotwendige **Kapital:**			**406,60**

Wenn lt. **Kapitalmarkt** für **langfristige** Anlagen ein Zinssatz von 7,5 % ermittelt wird, berechnen sich die **kalkulatorischen** Zinsen wie folgt:

$$\frac{406,60 \cdot 7,50}{100} = \mathbf{30,50}$$

Schema zur Ermittlung des betriebsnotwendigen Kapitals:

Gesamtvermögen
./. nicht betriebsnotwendiges Vermögen
betriebsnotwendiges Kapital

5.2.2.2 Kalkulatorische Abschreibungen

Warum müssen neben den Zinsaufwendungen auch die Abschreibungen aus der GuV-Rechnung für die KLR in der Höhe korrigiert werden?

Die in der Geschäftsbuchführung vorgenommenen **bilanziellen** Abschreibungen auf das Anlagevermögen werden meist durch **andere Zielsetzungen** bestimmt als in der Kosten- und Leistungsrechnung. Daraus ergeben sich dann folgerichtig **unterschiedliche** Abschreibungs**methoden** und **Wertansätze** (Berechnungsgrundlagen).

---

1 Im ersten Stock des Geschäftshauses befindet sich die Wohnung des Zweigstellenleiters. Der Wert der Wohnung einschl. Grundstücksanteil beläuft sich auf 75.000,00 €.

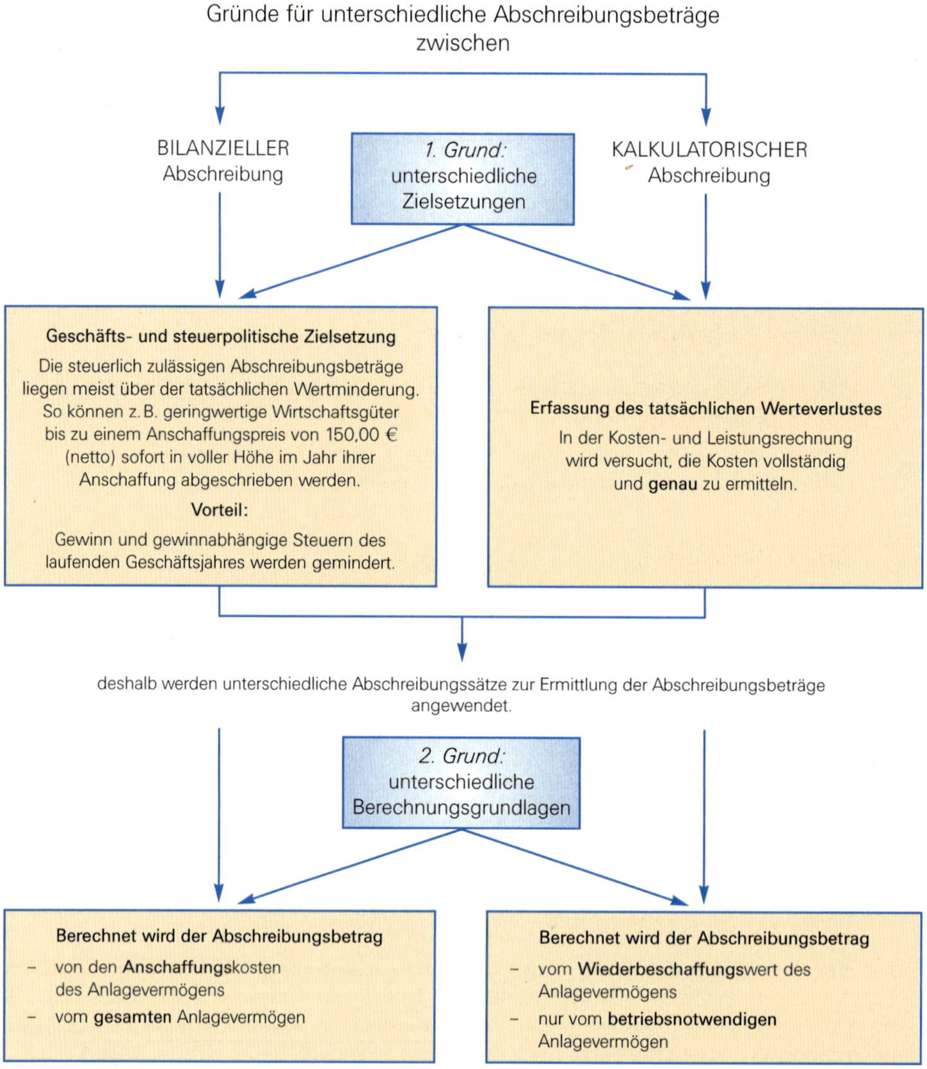

Gründe für unterschiedliche Abschreibungsbeträge
zwischen

| BILANZIELLER Abschreibung | **1. Grund:** unterschiedliche Zielsetzungen | KALKULATORISCHER Abschreibung |

Geschäfts- und steuerpolitische Zielsetzung

Die steuerlich zulässigen Abschreibungsbeträge liegen meist über der tatsächlichen Wertminderung. So können z. B. geringwertige Wirtschaftsgüter bis zu einem Anschaffungspreis von 150,00 € (netto) sofort in voller Höhe im Jahr ihrer Anschaffung abgeschrieben werden.

Vorteil:

Gewinn und gewinnabhängige Steuern des laufenden Geschäftsjahres werden gemindert.

Erfassung des tatsächlichen Werteverlustes

In der Kosten- und Leistungsrechnung wird versucht, die Kosten vollständig und **genau** zu ermitteln.

deshalb werden unterschiedliche Abschreibungssätze zur Ermittlung der Abschreibungsbeträge angewendet.

2. Grund: unterschiedliche Berechnungsgrundlagen

Berechnet wird der Abschreibungsbetrag

- von den **Anschaffungskosten** des Anlagevermögens
- vom **gesamten** Anlagevermögen

Berechnet wird der Abschreibungsbetrag

- vom **Wiederbeschaffungs**wert des Anlagevermögens
- nur vom **betriebsnotwendigen** Anlagevermögen

Da bei der bilanziellen Abschreibung vom ursprünglichen Anschaffungswert abgeschrieben wird, entspricht die Summe aller Abschreibungsbeträge während der ganzen Nutzungsdauer auch diesem Wert. Insofern dient diese Form der Abschreibung nur einer **nominellen** Kapitalerhaltung.

In Zeiten steigender Preise ist es zweckmäßig, bei der Berechnung kalkulatorischer Abschreibungen vom **Wiederbeschaffungswert** auszugehen. Nur wenn ein so kalkulierter Abschreibungsbetrag in die Kostenrechnung eingeht, ist gewährleistet, dass nach Ausscheiden des Anlagegutes entsprechender Ersatz beschafft werden kann. In diesem Fall ist eine **substanzielle** Kapitalerhaltung sichergestellt.

Beispiel:

Ein Pkw mit einem Anschaffungswert von 25.000,00 € soll bilanziell und kalkulatorisch linear abgeschrieben werden. Dabei wird eine Nutzungsdauer von 10 Jahren unterstellt. Die Preissteigerungen innerhalb der Nutzungsdauer werden mit 20% **geschätzt.**

Bilanziell werden jährlich 2.500,00 € (10% von 25.000,00 €) abgeschrieben. Kalkulatorisch werden dagegen jährlich 3.000,00 € (10% vom mit 30.000,00 € geschätzten Wiederbeschaffungswert) abgeschrieben.

Musteraufgabe zu Kapitel 5.2.2.2

Am Ende des Jahres 20.. soll mit Hilfe eines Kosten- und Leistungsblattes das Betriebsergebnis der Agentur Knut Hansen ermittelt werden.

Berechnen Sie unter Verwendung der Bilanz des lfd. Geschäftsjahres die kalkulatorischen Zinsen und die kalkulatorischen Abschreibungen (alle Beträge in Tsd. €).

Zusatzinformationen:

➤ *Der aktuelle Zinssatz am Kapitalmarkt für langfristige Anlagen beträgt 6%.*

➤ *Der aktuelle Wiederbeschaffungswert des betriebsnotwendigen Anlagevermögens liegt um 10% über dessen Buchwert.*

➤ *Der kalkulatorische Abschreibungssatz beträgt 12,5%.*

Aktiva	Bilanz zum 31.12.20..		Passiva
Kraftfahrzeuge[1]	30,00	Eigenkapital	125,00
Betriebs- und GA	120,00	Darlehensverb.	80,35
Forderungen geg. AN	10,35	Verb. beim SVT	1,10
Forderungen geg. VR	32,00	Verb. beim FA	2,50
Bank	11,15	Verb. beim UV	2,90
Kasse	2,65	PRA	5,00
ARA	10,70		
	216,85		**216,85**

Aufwend.	GuV-Rechng. z. 31.12.20..		Erträge
Provisionsaufwand	30,23	Provisionserträge	155,45
Gehälter	35,11	Zinserträge	3,80
Sozialer Aufwand	5,10		
Verwaltungsaufwand	22,80		
Abschreibungen	15,40		
Steueraufwand	11,10		
Werbeaufwand	4,94		
Kraftfahrzeugaufwand	5,68		
Zinsaufwand	5,80		
Energieaufwand	8,70		
Eigenkapital	14,39		
	159,25		**159,25**

1 Die Kfz werden von Knut Hansen zu 1/3 für private Zwecke genutzt.

Lösung der Musteraufgabe zu Kapitel 5.2.2.2

Ermittlung der kalkulatorischen Zinsen:

Kraftfahrzeuge	20.000,00 €	10.000,00 € Abzug, da 1/3 private Nutzung (nicht betriebsnotwendig)
Betriebs- u. Geschäftsausstattung	120.000,00 €	
Forderungen gegen Arbeitnehmer	–	nicht betriebsnotwendiges Vermögen
Forderungen gegen VR	32.000,00 €	
Bank	11.150,00 €	
Kasse	2.650,00 €	
ARA	10.700,00 €	
	196.500,00 €	**betriebsnotwendiges Kapital**

Bei einem Zinssatz von 6,0% ergeben sich **11.790,00 € kalkulatorische Zinsen.**

kalkulatorische Abschreibungen:

Kraftfahrzeuge	20.000,00 €	10.000,00 € Abzug, da 1/3 private Nutzung (nicht betriebsnotwendig)
Betriebs- und Geschäftsausstattung	120.000,00 €	
	140.000,00 €	**betriebsnotwendiges Anlagevermögen**

Der Buchwert des betriebsnotwendigen AV =	140.000,00 €
+ 10% =	14.000,00 €
Der Wiederbeschaffungswert des AV =	**154.000,00 €**

Bei einem Abschreibungssatz von 12,5% betragen die **kalkulatorischen Abschreibungen 19.250,00 €.**

Für die Berücksichtigung der kalkulatorischen Kosten muss das Schema des Kosten- und Leistungsblattes um die **kostenrechnerischen Korrekturen** (zwei Spalten) erweitert werden.

Schema des veränderten Kosten- und Leistungsblattes (Beträge in Tsd. €):

Unternehmensergebnis			Neutrales Ergebnis		Kostenrechnerisches Ergebnis		Betriebsergebnis	
Positionen lt. GuV	Aufwand	Ertrag	Neutraler Aufwand	Neutraler Ertrag	Aufwand (–)	Kosten (+)	Kosten	Leistungen
Provisionserträge		155,45						155,45
Zinserträge		3,80		3,80				
Provisionsaufwand	30,23						30,23	
Gehälter	35,11						35,11	
Sozialer Aufwand	5,10						5,10	
Verwaltungsaufwand	22,80						22,80	
Abschreibungen	15,40				15,40	19,25	19,25	
Steueraufwand	11,10						11,10	
Werbeaufwand	4,94						4,94	
Kraftfahrzeugaufwand	5,68			.			5,68	
Zinsaufwand	5,80				5,80	11,79	11,79	
Energieaufwand	8,70						8,70	
Summen:	144,86	159,25		3,80	21,20	31,04	154,70	155,45
Ergebnisse:	14,39		3,80		9,84		0,75	
Summen:	159,25	159,25	3,80	3,80	31,04	31,04	155,45	155,45

Bei den **Anderskosten** werden die Werte aus der GuV-Rechnung (für Abschreibungen z. B. 15,40 €) in die linke Spalte der kostenrechnerischen Korrekturen übertragen. Die kalkulatorischen Kosten (z. B. 19,25 €) müssen in die **Kosten**spalte eingetragen und von dort in die rechte Spalte der kostenrechnerischen Korrekturen übernommen werden.

Die Teilergebnisse sehen wie folgt aus (in Tsd. €):

Betriebsergebnis:	+	0,75
kostenrechnerische Korrekturen:	+	9,84
neutrales Ergebnis:	+	3,80
Unternehmensergebnis:		**14,39**

Bei den kostenrechnerischen Korrekturen hat sich ein Ergebnis von + 9.840,00 € ergeben. Das Betriebsergebnis ist demnach um diesen Betrag mehr belastet als das Unternehmensergebnis. Hätte die Knut Hansen Agentur auf kostenrechnerische Korrekturen verzichtet, wäre ein Betriebsergebnis von 10.590,00 € entstanden.

Im Wesentlichen ist die Mehrbelastung auf die kalkulatorischen Zinsen zurückzuführen. Die Differenz zu den FK-Zinsen beträgt immerhin 5.300,00 € und lässt den Schluss zu, dass die Agentur über eine gute EK-Ausstattung oder außergewöhnlich zinsgünstiges FK verfügt. Für ein betriebsnotwendiges Kapital von 185.000,00 € müssen nur 5.800,00 € Zinsen gezahlt werden.

11 Drapatz/Franke/Hess – ISBN 978-3-8120-0494-7

5.2.3 Zusatzkosten

Kalkulatorische Miete und kalkulatorischer Unternehmerlohn.

Die Versicherungsagentur Richter & Richter ist mit je einer Geschäftsstelle in Hamburg und Bremen tätig. Während der Betrieb in Bremen vom Junior-Chef Klaus Peter geleitet wird, ist für diese Aufgabe in Hamburg der mit 50.000,00 € Jahresgehalt neu eingestellte Geschäftsführer Hermann Homberger zuständig.

Der Senior-Chef, der sich seit einem Jahr aus dem aktuellen Tagesgeschäft zurückgezogen hat, möchte am Ende des lfd. Geschäftsjahres gerne wissen, mit welchem Erfolg „seine" Geschäftsstellen gearbeitet haben. Natürlich weiß er, dass dafür nur die Betriebsergebnisse der Geschäftsstellen aussagekräftig sind.

Deshalb lässt er sich von seinem Sohn aus den GuV-Rechnungen der beiden Geschäftsstellen die folgenden (etwas verkürzten) Kosten- und Leistungsblätter zur Prüfung vorlegen.

Kosten- und Leistungsblatt für das Jahr 20.. der Geschäftsstelle in Bremen (Beträge in Tsd. €)

Positionen lt. GuV	Unternehmensergebnis		Neutrales Ergebnis		Kostenrechnerisches Ergebnis		Betriebsergebnis	
	Aufwand	Ertrag	Neutraler Aufwand	Neutraler Ertrag	Aufwand (–)	Kosten (+)	Kosten	Leistungen
Provisionserträge		260,23						260,23
Zinserträge		4,24		4,24				
Provisionsaufwand	60,55						60,55	
Gehälter	106,64						106,64	
Abschreibungen	22,60				22,60	19,75	19,75	
Zinsaufwand	7,28				7,28	5,30	5,30	
sonstige betriebliche Aufwendungen	45,68						45,68	
Summen:	242,75	264,47		4,24	29,88	25,05	237,92	260,23
Ergebnisse:	21,72		4,24			4,83	22,31	
Summen:	264,47	264,47	4,24	4,24	29,88	29,88	260,23	260,23

Kosten- und Leistungsblatt für das Jahr 20.. der Geschäftsstelle in Hamburg (Beträge in Tsd. €)

Positionen lt. GuV	Unternehmensergebnis		Neutrales Ergebnis		Kostenrechnerisches Ergebnis		Betriebsergebnis	
	Aufwand	Ertrag	Neutraler Aufwand	Neutraler Ertrag	Aufwand (–)	Kosten (+)	Kosten	Leistungen
Provisionserträge		265,88						265,88
Zinserträge		3,80		3,80				
Provisionsaufwand	61,80						61,80	
Gehälter	117,34						117,34	
Abschreibungen	20,35				20,35	19,00	19,00	
Zinsaufwand	6,33				6,33	7,50	7,50	
Mietaufwand	27,00						27,00	
sonstige betriebliche Aufwendungen	41,82						41,82	
Summen:	274,64	269,68		3,80	26,68	26,50	274,46	265,88
Ergebnisse:		4,96	3,80			0,18		8,58
Summen:	274,64	274,64	3,80	3,80	26,68	26,68	274,46	274,46

Während der Senior-Chef das Betriebsergebnis der Bremer Geschäftsstelle als akzeptabel bewertet, ist er von den Ergebnissen für Hamburg enttäuscht. Herr Homberger, der sich einige Vorwürfe anhören muss, bedauert die Verluste, meint aber, dass die Hamburger Geschäftsstelle unter seiner Leitung immer noch besser abgeschnitten hätte als die Bremer.

Hat Herr Homberger wirklich Recht?

Zur Begründung seiner Behauptung führt er folgende Argumente an:

1. Das Gebäude, in dem die Bremer Geschäftsstelle tätig ist, gehört zum **Privatvermögen** des Senior-Chefs.

   Weil die Bremer in Räumen arbeiten, die ihnen vom Senior-Chef **unentgeltlich** zur Verfügung gestellt wurden, ist ihre GuV-Rechnung nicht mit Mietaufwendungen belastet worden. Da die Räume aber zur Erstellung der betrieblichen Leistung genutzt („**verbraucht**") wurden, sind Kosten entstanden, die in der KLR berücksichtigt werden müssen. Für diese **kalkulatorische Miete** würde Homberger 24.000,00 € pro Jahr ansetzen. Dabei orientiert er sich an die in Bremen **marktüblichen** Büromieten.

2. Außerdem sei die KLR seiner Geschäftsstelle mit seinem Gehalt (50.000,00 €) belastet worden. Andererseits wurde es versäumt, die Kosten für die Arbeitsleistung des Junior-Chefs in der Bremer KLR zu berücksichtigen, weil dieser als Miteigentümer das Recht hat, sich aus dem Gewinn zu bedienen. Homberger meint deshalb, es müsse für die Mitarbeit des Junior-Chefs ein **kalkulatorischer Unternehmerlohn** von 50.000,00 € pro Jahr angesetzt werden. Dabei orientiert sich Homberger an seinem eigenen Gehalt und an den Gehältern für **vergleichbare** Tätigkeiten.

Der Senior-Chef ist von den Argumenten Hombergers überzeugt und beauftragt ihn, das Betriebsergebnis für die Bremer Geschäftsstelle unter Berücksichtigung der **Zusatzkosten** neu zu bestimmen.

Das veränderte Kosten- und Leistungsblatt der Bremer Geschäftsstelle sieht dann wie folgt aus (Beträge in Tsd. €):

Unternehmensergebnis			Neutrales Ergebnis		Kostenrechnerisches Ergebnis		Betriebsergebnis	
Positionen lt. GuV	Aufwand	Ertrag	Neutraler Aufwand	Neutraler Ertrag	Aufwand (−)	Kosten (+)	Kosten	Leistungen
Provisionserträge		260,23						260,23
Zinserträge		4,24		4,24				
Provisionsaufwand	60,55						60,55	
Gehälter	106,64						106,64	
Abschreibungen	22,60				22,60	19,75	19,75	
Zinsaufwand	7,28				7,28	5,30	5,30	
sonstige betriebliche Aufwendungen	45,68						45,68	
kalkulatorische Miete						24,00	24,00	
kalkulatorischer Unternehmerlohn						50,00	50,00	
Summen:	242,75	264,47		4,24	29,88	99,05	311,92	260,23
Ergebnisse:	21,72		4,24		69,17			51,69
Summen:	264,47	264,47	4,24	4,24	99,05	99,05	311,92	311,92

Als Zusatzkosten müssen die Beträge für die kalkulatorische Miete und den kalkulatorischen Unternehmerlohn in die Kostenspalte eingetragen werden. Die gleichen Werte werden für die rechte Spalte der kostenrechnerischen Korrekturen übernommen. Da es sich bei den

Zusatzkosten um aufwands**lose** Kosten handelt, sind die dafür kalkulierten Beträge nicht erfolgswirksam. Weil sie die GuV-Rechnung nicht beeinflussen, werden in der linken Spalte der kostenrechnerischen Korrekturen und der Spalte Aufwand in der GuV-Rechnung auch keine Beträge eingetragen.

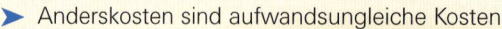

> Anderskosten sind aufwandsungleiche Kosten.

> Zusatzkosten sind aufwandslose Kosten und erfolgsunwirksam, weil sie die Geschäftbuchführung (GuV) nicht belasten.

> Nur durch die kalkulatorischen Zinsen können Betriebsergebnisse von Versicherungs-Agenturen mit unterschiedlicher Kapitalausstattung sinnvoll miteinander verglichen werden.

> Nur durch die kalkulatorische Miete können Betriebsergebnisse von Versicherungs-Agenturen mit unterschiedlichen Eigentumsrechten sinnvoll miteinander verglichen werden.

> Um eine Doppelerfassung von Kosten zu vermeiden, darf für ein **agentureigenes** Gebäude das ganz (oder teilweise) **selbst genutzt** wird, nur dann eine kalkulatorische Miete in der KLR berücksichtigt werden, wenn das Gebäude als **betriebsnotwendiges** Vermögen bei der Ermittlung kalkulatorischer Abschreibungen bzw. kalkulatorischer Zinsen nicht erfasst wird.

> **Folge:** HuGA müssten sonst insgesamt als neutraler Aufwand verrechnet werden.

> HuGA sind nur dann als Kosten zu beurteilen, sofern sie sich auf **selbst genutzte** Geschäftsräume beziehen. (Der Teil, der sich auf **vermietete** Räumlichkeiten bezieht, ist **neutraler** Aufwand.)

> Nur durch den kalkulatorischen Unternehmerlohn können Betriebsergebnisse von Versicherungs-Agenturen sinnvoll miteinander verglichen werden, die einerseits von dem Unternehmer selbst, andererseits von einem Geschäftsführer geleitet werden.

> Nur durch die kalkulatorischen Abschreibungen werden steuerliche Einflüsse auf die KLR vermieden.

A. Vom Unternehmensergebnis zum Betriebsergebnis durch die sachliche Abgrenzung

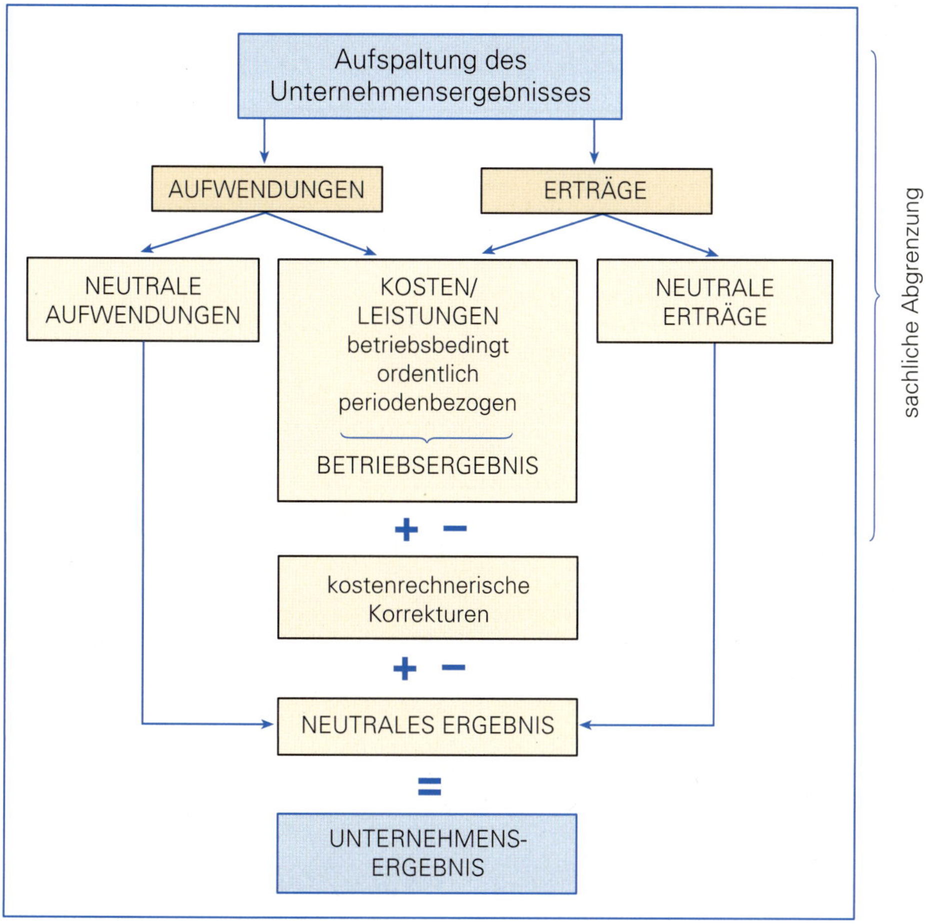

Aufspaltung des Unternehmensergebnisses

AUFWENDUNGEN → ERTRÄGE

NEUTRALE AUFWENDUNGEN

KOSTEN/ LEISTUNGEN
betriebsbedingt
ordentlich
periodenbezogen

BETRIEBSERGEBNIS

NEUTRALE ERTRÄGE

+ −

kostenrechnerische Korrekturen

+ −

NEUTRALES ERGEBNIS

=

UNTERNEHMENS- ERGEBNIS

sachliche Abgrenzung

B. Technik der Abgrenzung

	Unternehmensergebnis		neutrales Ergebnis		kostenrechnerisches Ergebnis		Betriebsergebnis	
			neutrale		kostenrechnerische Korrekturen			
Arbeits-schritte	Aufwen-dungen	Erträge	Aufwen-dungen	Erträge	Aufwand (−)	Kosten (+)	Kosten	Leistungen
1.								
2.								
3.								
4.								
5.								
6.								

1. Alle betriebsbedingten Erträge werden als Leistungen mit der KLR verrechnet.

2. Alle betriebsbedingten Aufwendungen werden als Kosten mit der KLR verrechnet.

3. Alle betriebsfremden oder außerordentliche oder periodenfremde Erträge werden in die Ertragsspalte des neutralen Ergebnisses übernommen.

4. Alle betriebsfremden oder außerordentliche oder periodenfremde Aufwendungen werden in die Aufwandsspalte des neutralen Ergebnisses übernommen.

5. Alle Anderskosten werden kostenrechnerisch korrigiert. Die Werte aus der GuV-Rechnung werden in die Spalte **Aufwand,** Werte aus der KLR in die Spalte **Kosten** eingetragen.

6. Alle Zusatzkosten werden aus der KLR in die Spalte **Kosten** der kostenrechnerischen Korrekturen übernommen.

C. Kalkulatorische Kosten

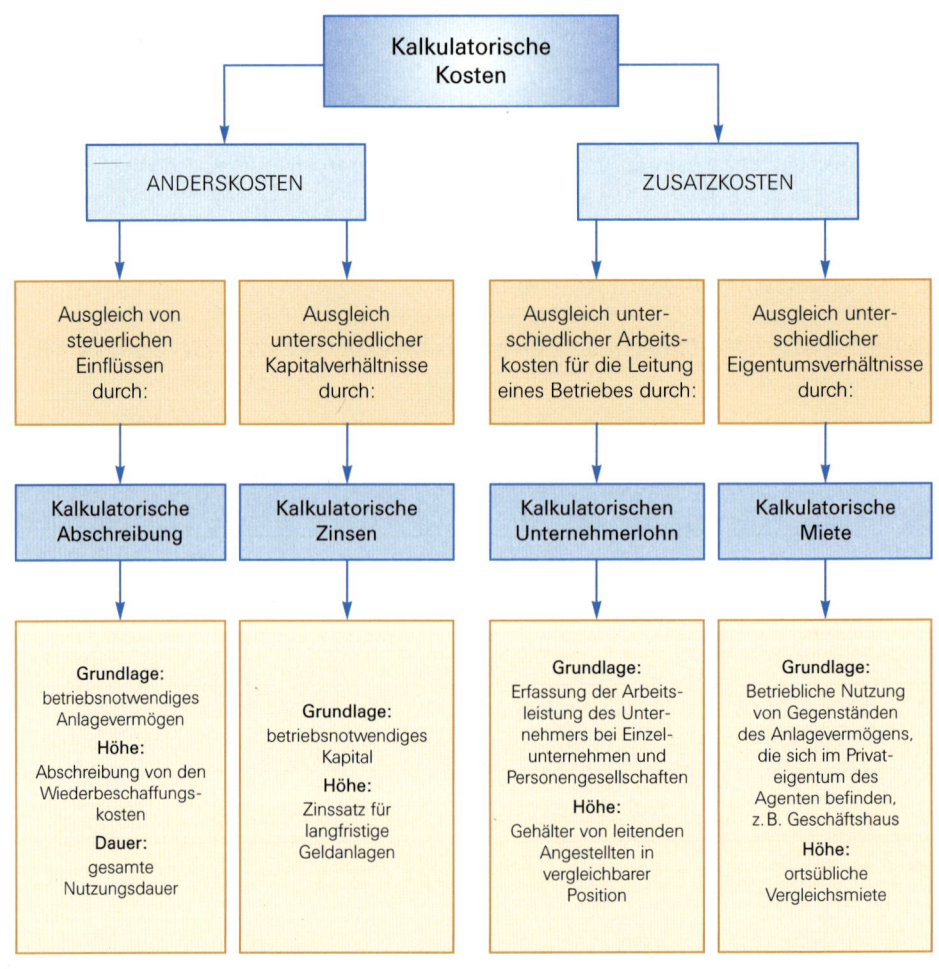

Musteraufgabe zu Kapitel 5.2.3

Ihnen liegt folgender Ausschnitt eines KL-Blattes vor (Beträge in Tsd. €):

Unternehmensergebnis			Neutrales Ergebnis		Kostenrechnerisches Ergebnis		Betriebsergebnis	
Positionen lt. GuV	Aufwand	Ertrag	Neutraler Aufwand	Neutraler Ertrag	Aufwand (–)	Kosten (+)	Kosten	Leistungen
Zinsaufwand	11,13				11,13	7,60	7,60	

Interpretieren Sie die Zahlen zu dem Zinsaufwand!

Lösung der Musteraufgabe zu 5.2.3

Die Differenz zwischen Zinsaufwendungen lt. GuV (11.130,00 €) und kalk. Zinsen lt. KLR (7.600,00 €) hat möglicherweise folgende Ursachen:

– Die Agentur verfügt über wenig EK und musste deshalb viel FK zur Finanzierung der Vermögenswerte aufnehmen.

– Das Verhältnis zwischen EK und FK ist zwar angemessen, die Agentur muss aber lt. Darlehensvertrag erheblich mehr als die aktuellen, marktüblichen Zinsen für langfristige Anlagen zahlen.

– Mit dem von der Agentur aufgenommenen FK wird auch ein umfangreiches, nicht betriebsnotwendiges Vermögen finanziert.

Übungsaufgaben

Aufgaben zum Kapitel Kostenartenrechnung

Aufgabe 1

1.1 Entscheiden Sie, ob die folgenden Geschäftsvorfälle einer Versicherungs-Agentur Leistungen (L) oder neutrale Erträge (nE) verursachen!

Geschäftsfälle	L	nE
1. Mieteinnahmen für das agentureigene Bürohaus (12.300,00 €), das zu 1/3 von der Agentur selbst genutzt wird.		
2. Die Bank schreibt uns Zinsen aus Wertpapieren gut (8.750,00 €).		
3. Die Direktion schreibt uns Provision gut (5.691,00 €).		
4. Wir erhalten eine Banküberweisung über den Vorgang 3.		
5. Am Ende des Jahres erhalten wir wegen der überdurchschnittlichen Bestandssteigerungen vom VR eine Zusatzprovision (7.523,00 €) überwiesen.		
6. Der BMW (28.150,00 €) des Agenturinhabers wird in das Geschäftsvermögen überführt.		
7. Die Steuerschuld für das lfd. Geschäftsjahr beträgt 18.986,00 €. Wir überweisen 15.321,00 €, da eine Überzahlung (3.665,00 €) aus dem Vorjahr zu berücksichtigen ist.		
8. Wir verkaufen den auf 5.000,00 € abgeschriebenen Geschäftswagen für 8.500,00 €.		
9. Für einen bereits regulierten Glasbruchschaden (1.832,00 €) erhalten wir vom Haftpflicht-VR des Schadenstifters Ersatz durch Banküberweisung.		

1.2 Begründen Sie Ihre Entscheidung für 1.; 4.; 7.!

1.3 Begründen Sie Ihre Entscheidung für 2.; 5.; 8.!

1.4 Begründen Sie Ihre Entscheidung für 3.; 6.; 9.!

Aufgabe 2

2.1 Entscheiden Sie, ob die folgenden Geschäftsvorfälle einer Vers.-Agentur Kosten (K) oder neutrale Aufwendungen (nA) verursachen!

Geschäftsfälle	K	nA
1. Dachreparatur an dem Bürohaus (12.300,00 €), das zu 1/3 von der Agentur selbst genutzt wird.		
2. Hypothekenzinsen werden per Bank überwiesen.		
3. Banküberweisung der Einkommensteuer.		
4. Gehaltszahlung.		
5. Bei der Tagesinventur wird ein Kassenmanko von 12,03 € festgestellt.		
6. Privatentnahme bar.		
7. Die bestellte Computeranlage (5.000,00 €) wird angeliefert und installiert.		
8. Schadenregulierungskosten werden bar ausgezahlt.		
9. Für die Vermittlung einer LV wird einem Untervertreter Prov. gutgeschrieben.		

2.2 Begründen Sie Ihre Entscheidung für 1.; 4.; 7.!

2.3 Begründen Sie Ihre Entscheidung für 2.; 5.; 8.!

2.4 Begründen Sie Ihre Entscheidung für 3.; 6.; 9.!

Aufgabe 3

3.1 Entscheiden Sie durch Ankreuzen, ob folgende Aussagen richtig (r) oder falsch (f) sind!

		r	f
1.	Aufwendungen und Erträge sind Begriffe der Kosten- und Leistungsrechnung.		
2.	Neutrale Erträge und Aufwendungen sind Grundlagen der Kosten- und Leistungsrechnung.		
3.	Kosten und Leistungen sind Gegenstand der Kosten- und Leistungsrechnung.		
4.	Aufwendungen und Erträge sind Begriffe der Erfolgsrechnung der Geschäftsbuchführung.		
5.	Das Betriebsergebnis ergibt sich aus der Gegenüberstellung der neutralen Aufwendungen und Leistungen.		
6.	Das Unternehmensergebnis enthält sowohl das betrieblich als auch das neutrale Ergebnis.		
7.	Hauptaufgabe der Kosten- und Leistungsrechnung ist die Ermittlung des betrieblichen Ergebnisses.		

3.2 Begründen Sie Ihre Entscheidung zu 1.; 3.; 7.!

3.3 Begründen Sie Ihre Entscheidung zu 2.; 4.; 5.; 6.!

Aufgabe 4

Ordnen Sie den Vorgängen a) bis l) die Ziffern 1– 4 zu!

Neutraler Aufwand			Betrieblicher Aufwand
betriebsfremd 1	außerordentlich 2	periodenfremd 3	Kosten 4

a) Gehaltszahlungen: ___

b) Verlust aus Wertpapierverkäufen: ___

c) Abschreibungen auf das AV: ___

d) Brandschaden im Büro: ___

e) Abschreibungen auf ein Wohnhaus: ___

f) Nachzahlung von Betriebssteuern für das vergangene Jahr: ___

g) Sozialaufwendungen ___

h) Wartung der EDV-Anlage: ___

i) GA wird unter Buchwert verkauft: ___

j) Banküberweisung der Kfz-Steuer: ___

k) Verrechnung der Prämie für die Hausratversicherung des Agenten: ___

l) dem Untervertreter wird die Provision gutgeschrieben: ___

Aufgabe 5

5.1 Entscheiden Sie für jeden Geschäftsfall in einer Vers.-Agentur durch Ankreuzen bei b (betriebsbedingt), o (ordentlich) oder p (periodenbezogen) ob er Leistungen (L) oder neutrale Erträge (nE) verursacht!

Geschäftsfälle	b	o	p	L	nE
1. Verkauf eines Pkw (Buchwert: 8.700,00 €) zum Preis von 10.000,00 €.					
2. Von der Direktion erhalten wir eine Provisionsgutschrift über 3.400,00 €.					
3. Im vergangenen Geschäftsjahr wurden von der Agentur zu viel Steuern bezahlt. Das Finanzamt verrechnet deshalb 1.250,00 € mit aktuellen Steuerschulden.					
4. a) Aufgrund des guten Geschäftsergebnisses im vergangenen Geschäftsjahr erhält die Agentur die vertraglich zugesicherte Bonifikation von der Direktion gutgeschrieben (10.000,00 €).					
b) Wie wäre zu entscheiden, wenn die Gutschrift bereits im abgelaufenen Geschäftsjahr erfolgte?					
5. Die Bank schreibt der Agentur Zinsen gut (1.450,00 €).					
6. Franz Meyer stellt seiner Agentur den bisher privat genutzten Pkw (Wert: 12.300,00 €) für Kundenbesuche/sonstige Geschäftsfahrten zur Verfügung.					

5.2 Begründen Sie Ihre Entscheidung zu 1.; 3.; 5.!

5.3 Begründen Sie Ihre Entscheidung zu 2.; 4.; 6.!

Aufgabe 6

Von der REWE-Abteilung der ALSTER-Versicherungsdienste GmbH erhalten Sie folgendes Zahlenmaterial:

Provisionsaufwand	310.000,00 €
Provisionserträge	715.000,00 €
Zinsaufwand	17.625,00 €
Zinserträge	20.600,00 €
Mietaufwand	21.000,00 €
Kfz-Aufwand	11.350,00 €
Erträge aus dem Abgang von AV	8.150,00 €
Aufwendungen aus dem Abgang von AV	1.550,00 €
Energieaufwand	4.200,00 €
Steueraufwand	10.850,00 €
Werbe- und Reiseaufwand	15.875,00 €
Personalaufwand	160.800,00 €
Verwaltungsaufwand	44.600,00 €

Ermitteln Sie das Unternehmens-, das neutrale und das Betriebsergebnis!

Aufgabe 7

Von der REWE-Abteilung der Hansen-Agentur erhalten Sie folgendes Zahlenmaterial:

Provisionsaufwand	77.500,00 €
Provisionserträge	178.750,00 €
Zinsaufwand	4.406,00 €
Zinserträge	5.150,00 €
Mietaufwand	5.250,00 €
Kfz-Aufwand	2.837,50 €
Regulierungsaufwand	225,00 €
Erträge aus dem Abgang von AV	387,50 €
Aufwendungen aus dem Abgang von AV	2.037,50 €
Energieaufwand	1.050,00 €
Entschädigungen	3.675,00 €
Privateinlagen	1.725,00 €
Steueraufwand	2.712,50 €
Werbe- und Reiseaufwand	3.969,00 €
Privatentnahmen	10.650,00 €
Personalaufwand	40.200,00 €
Verwaltungsaufwand	11.150,00 €

7.1 Ermitteln Sie die gesamten Aufwendungen, Erträge, Kosten, Leistungen!

7.2 Wie hoch ist der Schlussbestand des Eigenkapitals, wenn sein Anfangsbestand in der Eröffnungs-bilanz mit 160.000,00 € ausgewiesen war?

Aufgabe 8

Geschäftsfälle:

Bis zum 31. 12. hat die Agentur Hansen die Dezembermiete für die Geschäftsräume (3.800,00 €) und die Wohnung des Chefs (800,00 €) noch nicht überwiesen.

8.1 Bilden Sie den BS für diesen Geschäftsfall!

8.2 In welcher Höhe sind durch diesen Geschäftsfall am 31. 12. für die Agentur Hansen Aufwendungen, Ausgaben, Auszahlungen und Kosten entstanden?

Am 8.1. werden die Mietrückstände mit der Miete für Januar überwiesen.

8.3 Bilden Sie den BS für diesen Geschäftsfall!

8.4 In welcher Höhe sind durch diesen Geschäftsfall am 08. 01. für die Agentur Hansen Aufwendungen, Ausgaben, Auszahlungen und Kosten entstanden?

Aufgabe 9

Geschäftsfall:

Zur Beseitigung einer Störung in der Telefonanlage werden bar 132,50 € ausgezahlt. Der Rechnungs-betrag beläuft sich dagegen auf 123,50 €.

9.1 In welcher Höhe sind Ausgaben, Aufwendungen und Kosten entstanden?

9.2 Begründen Sie Ihre Entscheidungen hinsichtlich der entstandenen Aufwendungen und Kosten!

Aufgabe 10

Geschäftsfälle:

Für die im Dezember durchgeführte Dachreparatur des zu einem Drittel selbst genutzten Geschäftshau-ses liegt der Hansen-Agentur ein Kostenvoranschlag über 23.400,00 € vor. Da die ausführende Firma eine Rechnung bis zum 31. 12. nicht eingereicht hat, wird in gleicher Höhe eine Rückstellung gebildet.

10.1 In welcher Höhe sind Ausgaben, Aufwendungen und Kosten entstanden?

Im neuen Geschäftsjahr wird die Rechnung durch Banküberweisung beglichen.

10.2 In welcher Höhe sind Ausgaben, Aufwendungen und Kosten entstanden, wenn der Rechnungsbetrag dem des Kostenvoranschlages entspricht?

10.3 In welcher Höhe sind Ausgaben, Auszahlungen, Aufwendungen und Kosten entstanden, wenn sich der Rechnungsbetrag auf 25.000,00 € beläuft?

Aufgabe 11

Für das lfd. Geschäftsjahr sind für einen Kredit von 40.000,00 €, aufgenommen zu einem Zinssatz von 8,5 %, von der Agentur Hansen 5.400,00 € an einen Gläubiger überwiesen worden. Für ein betriebsnotwendiges Kapital in gleicher Höhe müssten 3.500,00 € an Zinsen kalkuliert werden.

In welcher Höhe sind Aufwendungen, Kosten und Ausgaben angefallen?

Aufgabe 12

Im Juli 20.. wird auf Weisung des Geschäftsführers der Hansen-Agentur für Kundenbesuche ein Pkw im Wert von 26.600,00 € gekauft. Bei den vorbereitenden Abschlussbuchungen soll das Fahrzeug bilanziell und kalkulatorisch abgeschrieben werden. Dabei wird eine 7jährige Nutzungsdauer unterstellt. Die Inflationsrate beläuft sich lt. Statistisches Bundesamt für das lfd. Geschäftsjahr auf 4 %.

In welchem Umfang sind Ausgaben, Aufwand, Anderskosten und kostenrechnerische Korrekturen entstanden?

Aufgabe 13

13.1 Beschreiben Sie, was man unter nomineller und substanzieller Kapitalerhaltung versteht!

13.2 Beschreiben Sie zwei weitere Gründe für eine wertmäßige Differenz zwischen den bilanziellen und kalkulatorischen Abschreibungen!

Aufgabe 14

Die Hansen-Agentur erwirbt am 10. April für Kundenbesuche einen Pkw im Werte von 30.000,00 €; sie leistet eine Anzahlung von 20.000,00 € und will den Rest in einem Monat begleichen. Der Wagen soll linear unter Berücksichtigung einer Nutzungsdauer von 6 Jahren abgeschrieben werden. Für das lfd. Geschäftsjahr wird im Kfz-Handel mit einer Preissteigerung von 5 % gerechnet.

In welcher Höhe sind Kosten, Ausgaben, Aufwendungen entstanden?

Aufgabe 15

Die Hansen-Agentur erwirbt am 10. April für Kundenbesuche einen Pkw im Werte von 30.000,00 €; sie leistet eine Anzahlung von 20.000,00 € und will den Rest in einem Monat begleichen. Außerdem werden für Überführungs- und Zulassungskosten 600,00 € bar bezahlt.

Der Wagen soll linear unter Berücksichtigung einer Nutzungsdauer von 6 Jahren abgeschrieben werden. Für das lfd. Geschäftsjahr wird im Kfz-Handel mit einer Preissteigerung von 5 % gerechnet.

In welcher Höhe sind Kosten, Ausgaben, Aufwendungen entstanden?

Aufgabe 16

Die Hansen-Vers.-Agentur hat im letzten Geschäftsjahr einen betrieblichen Verlust von 51.260,00 € erwirtschaftet. Lt. Kosten- und Leistungsblatt waren die als Anderskosten verrechneten Beträge in der Kosten- und Leistungsrechnung um 21.400,00 € höher als die entsprechenden Aufwendungen aus der GuV-Rechnung, während sich das neutrale Ergebnis auf 84.100,00 € belief.

Ermitteln Sie das Unternehmensergebnis!

Aufgabe 17

Die Hansen-Vers.-Agentur hat im letzten Geschäftsjahr einen betrieblichen Verlust von 51.260,00 € erwirtschaftet. Lt. Kosten- und Leistungsblatt waren die als Anderskosten verrechneten Beträge in der Kosten- und Leistungsrechnung um 21.400,00 € niedriger als die entsprechenden Aufwendungen aus der GuV-Rechnung, während sich das neutrale Ergebnis auf 84.100,00 € belief.

Ermitteln Sie das Unternehmensergebnis!

Aufgabe 18

Die Hansen-Agentur erwirbt am 10. August für Kundenbesuche einen Pkw im Werte von 30.000,00 €; sie leistet eine Anzahlung von 20.000,00 € und will den Rest in einem Monat begleichen. Der Wagen soll linear unter Berücksichtigung einer Nutzungsdauer von 6 Jahren abgeschrieben werden. Für das lfd. Geschäftsjahr wird im Kfz-Handel mit einer Preissteigerung von 5 % gerechnet.

In welcher Höhe sind Kosten, Ausgaben, Aufwendungen entstanden?

Aufgabe 19

Überprüfen Sie die Richtigkeit der folgenden Aussagen und begründen Sie Ihre Feststellungen!

19.1 Kalkulatorische Zinsen werden vom betriebsnotwendigen Vermögen berechnet.

19.2 Die kalkulatorischen Zinsen werden berücksichtigt, um Betriebe hinsichtlich ihrer Betriebsergebnisse vergleichbar zu machen.

19.3 Die Verrechnung kalkulatorischer Zinsen hat ausschließlich die Aufgabe, in der Kostenrechnung auch den Zinsverlust für das Eigenkapital zu erfassen.

19.4 Der Kalkulationszinsfuß für die Berechnung der kalkulatorischen Zinsen orientiert sich am Kapitalmarktzins für mittelfristige Anlagen.

Aufgabe 20

Die Bilanz der Hanse-Agentur zum 31. 12. 20.. sieht wie folgt aus:

Aktiva	Bilanz zum 31. 12. 20..		Passiva
Grundstücke und Gebäude	720.000,00	Eigenkapital	600.000,00
Geschäftsausstattung	220.500,00	Hypothekenverbindlichkeiten	550.000,00
Wertpapiere	289.400,00	Darlehensverbindlichkeiten	123.000,00
Forderungen gegen VU	53.760,00	Verbindlichkeiten beim Finanzamt	18.170,00
Bank	22.180,00	Verb. beim Soz.-Vers.-Träger	10.200,00
Kasse	4.830,00	Verb. bei Untervertretern	9.800,00
ARA	19.900,00	PRA	19.400,00
	1.330.570,00		1.330.570,00

Sonstige Angaben zur Bilanz:

– Zur Position Grundstücke und Gebäude gehören Wohnungen, die 1/3 der gesamten Nutzungsfläche beanspruchen.

– Der kalkulatorische Restwert der Geschäftsausstattung beträgt 230.300,00 €.

20.1 Ermitteln Sie das betriebsnotwendige Kapital!

20.2 Ermitteln Sie die kalkulatorischen Zinsen, wobei Ihnen folgende Informationen zur Verfügung stehen:

Marktzins für kurzfristige Anlagen:	4 %	
Marktzins für mittelfristige Anlagen:	8 %	
Marktzins für langfristige Anlagen:	6 %	

20.3 Welche Auswirkungen ergeben sich auf das Betriebs- bzw. Unternehmensergebnis, wenn in der Geschäftsbuchführung der Agentur für den gleichen Zeitraum 55.000,00 € als Zinsaufwand ausgewiesen sind?

20.4 Begründen Sie aufgabenbezogen die Differenz zwischen den tatsächlich gezahlten und den kalkulierten Zinsen!

Aufgabe 21

Ihnen liegt folgende Bilanz der Hansen-Versicherungsagentur vor:

Aktiva		Bilanz zum 31. 12. 20..		Passiva
ANLAGEVERMÖGEN			EIGENKAPITAL	95.000,00
Kraftfahrzeuge	30.500,00		FREMDKAPITAL	
Geschäftsausstattung	93.400,00		Darlehensverbindlichkeiten	45.550,00
UMLAUFVERMÖGEN			Verbindlichkeiten gegen UV	6.320,00
Forderungen gegen VR	9.120,00		Verbindlichkeiten gegen Finanzamt	2.150,00
Forderungen gegen AN	3.170,00		Verb. gegen Soz.-Vers.-Träger	1.210,00
Wertpapiere	15.000,00		Verb. aus Lieferung und Leistung	6.130,00
Bank	4.850,00		PRA	3.650,00
Kasse	1.340,00			
ARA	2.630,00			
	160.010,00			160.010,00

Zusatzinformationen zu einzelnen Bilanzpositionen:

- Bei den Kraftfahrzeugen sind die kalkulatorischen Restwerte um 2.500,00 € höher als die bilanziellen Restwerte.
- Bei der Geschäftsausstattung sind die kalkulatorischen Restwerte um 4.600,00 € niedriger als die bilanziellen Restwerte.

Aufgaben:

21.1 Berechnen Sie das betriebsnotwendige Kapital!

21.2 Berechnen Sie die kalkulatorischen Zinsen bei einem Zinssatz von 8 %!

21.3 Begründen Sie die Differenz zwischen bilanzieller und kalkulatorischer Abschreibung zur BGA!

Aufgabe 22

Erläutern Sie, unter welchen Voraussetzungen, warum und in welcher Höhe der kalkulatorische Unternehmerlohn in der Kosten- und Leistungsrechnung zu berücksichtigen ist!

Aufgabe 23

Erläutern Sie, unter welchen Voraussetzungen, warum und in welcher Höhe die kalkulatorische Miete in der Kosten- und Leistungsrechnung zu berücksichtigen ist!

Aufgabe 24

Welche Aussage bzw. Aussagen sind richtig?

Der kalkulatorische Unternehmerlohn wirkt sich aus:

a) auf das Unternehmensergebnis

b) auf das Betriebsergebnis

c) auf das neutrale Ergebnis

Aufgabe 25

Welche Aussage bzw. Aussagen sind richtig?

Die kalkulatorische Miete wirkt sich aus:

a) auf das Unternehmensergebnis

b) auf das Betriebsergebnis

c) auf das neutrale Ergebnis

Aufgabe 26

Aus einem Rechtsstreit ist am Ende des Geschäftsjahres mit Prozesskosten von 25.000,00 € zu rechnen.

26.1 Bilden Sie den Buchungssatz zum 31. 12.!

26.2 Der Rechtsstreit wird im neuen Geschäftsjahr zu unseren Gunsten entschieden, sodass Rechtskosten nicht entstehen.

    26.2.1 Bilden Sie den Buchungssatz im neuen Jahr!

    26.2.2 Erklären und begründen Sie, wie sich dieser Vorgang im neuen Jahr auf das Unternehmens- und Betriebsergebnis auswirkt!

Aufgabe 27

Aus einem Rechtsstreit ist am Ende des Geschäftsjahres mit Prozesskosten von 25.000,00 € zu rechnen.

27.1 Bilden Sie den Buchungssatz zum 31. 12.!

27.2 Der Rechtsstreit wird im neuen Geschäftsjahr zu unseren Lasten entschieden, wobei Rechtskosten in Höhe von 30.000,00 € entstehen.

    27.2.1 Bilden Sie den Buchungssatz im neuen Jahr!

    27.2.2 Erklären und begründen Sie, wie sich dieser Vorgang im neuen Jahr auf das Unternehmens- und Betriebsergebnis auswirkt!

Aufgabe 28

Tragen Sie den/die Buchstaben der als richtig anerkannten Aussagen/Lösungen in die Lösungsfelder ein!

Hinweis: Mehrfachlösungen sind möglich und die Anzahl der Felder gibt häufig nicht die Anzahl der richtigen Lösungen wieder.

1. Die sachliche Abgrenzung hat den Zweck:

(A) Die betrieblich bedingten von den privat bedingten Ausgaben und Einnahmen zu trennen

(B) Die betrieblich bedingten von den neutralen Aufwendungen und Erträgen zu trennen

(C) Den Ursprung des Gewinns bzw. des Verlustes, den ein Betrieb gemacht hat, deutlicher werden zu lassen.

(D) Die Aufwendungen und Erträge den richtigen Geschäftsjahren zuzuordnen

(E) Neutrale Aufwendungen und Erträge zu trennen von den Einlagen und Entnahmen

(F) Den Unterschied zwischen Unternehmens- und Betriebsergebnis deutlich zu machen

(G) Das Betriebsergebnis und den neutralen Erfolg zu ermitteln

2. Die sachliche Abgrenzung unterscheidet zwischen:

(A) Betrieblich bedingten Aufwendungen und Erträgen und neutralen Aufwendungen und Erträgen

(B) Kosten und Leistungen

(C) Neutralen Aufwendungen und Erträgen

(D) Gewinn und Verlust

(E) Betriebsergebnis und neutralem Ergebnis

(F) Unternehmens- und Betriebsergebnis

3. Aus der Gegenüberstellung der neutralen Aufwendungen und der neutralen Erträge ergibt sich:

(A) Der steuerpflichtige Gewinn

(B) Das Betriebsergebnis

(C) Der Bilanzgewinn

(D) Das Gesamtergebnis

(E) Das neutrale Ergebnis

4. Aus der Gegenüberstellung der Kosten und Leistungen ergibt sich:

(A) Der steuerpflichtige Gewinn

(B) Das Betriebsergebnis

(C) Der Bilanzgewinn

(D) Das Gesamtergebnis

(E) Das neutrale Ergebnis

5. Ordnen Sie bitte zu:

1. Neutraler Aufwand; 2. Neutraler Ertrag; 3. Kosten; 4. Leistungen; 5. Aufwand; 6. Ertrag

1	2	3	4	5	6	

(A) Der gesamte Werteverzehr eines Betriebes

(B) Der gesamte Wertezuwachs eines Betriebes, der aus der Verfolgung des Betriebszieles resultiert

(C) Der Werteverzehr eines Betriebes, der nicht mit der Verfolgung des Betriebszieles in Zusammenhang steht

(D) Der gesamte Wertezuwachs eines Betriebes

(E) Der Wertezuwachs eines Betriebes, der nicht mit der Verfolgung des Betriebszieles im Zusammenhang steht

(F) Der Werteverzehr eines Betriebes, der aufgrund der Verfolgung des Betriebszieles entsteht

6. Das Unternehmensergebnis ergibt sich:

(A) Als Summe von Betriebsergebnis und neutralem Ergebnis

(B) Aus der Bilanz

(C) Aus dem GuV-Konto

(D) Aus der Gegenüberstellung von Vermögen und Schulden

(E) Aus der EK-Veränderung des Geschäftsjahres durch einen Vergleich von Eröffnungs- und Schlussbilanz unter Ausschluss von Privatentnahmen/-einlagen

7. Zu den neutralen Aufwendungen gehören nicht:

(A) Periodenfremde Aufwendungen

(B) Betrieblich bedingte Aufwendungen

(C) Kosten

(D) Betrieblich bedingte außerordentliche Aufwendungen

(E) Betriebsfremde Aufwendungen

8. Zu den neutralen Erträgen gehören:

(A) Periodenfremde Erträge

(B) Betrieblich bedingte Erträge

(C) Betriebsfremde Erträge

(D) Leistungen

(E) Betriebliche außerordentliche Erträge

9. Welche der folgenden Position/Positionen gehört/gehören nicht zu den neutralen Aufwendungen?

(A) Haus- und Grundstücksaufwendungen

(B) Zinsaufwendungen

(C) Energieaufwendungen für die Geschäftsräume

(D) Freiwillige soziale Leistungen

10. Welche Positionen gehören nicht zu den neutralen Erträgen einer Agentur?

(A) Zinserträge

(B) Provisionserträge

(C) Eigenverbrauch

(D) Leistungen

11. Welche Vorgänge betreffen den neutralen Erfolg?

(A) Kauf eines Geschenkes für einen Geschäftsfreund in Höhe von 60,00 €

(B) Grundsteuer für das Betriebsgebäude wird gezahlt

(C) Die Rechnung für die Reparatur eines Computers geht ein

(D) Von der Bank erhalten wir eine Zinsgutschrift

(E) Die Rechnung für die Reinigung der Geschäftsräume geht ein

(F) Überweisung der Grunderwerbsteuer

12 Drapatz/Franke/Hess – ISBN 978-3-8120-0494-7

12. Die Bank belastet uns mit Zinsen für ein Darlehen, das für die Einrichtung eines Betriebsgebäudes aufgenommen wurde. Es handelt sich um:

(A) Zinsaufwand

(B) Haus- und Grundstücksaufwand

(C) Kosten des Geldverkehrs

(D) Grundstücke und Gebäude

(E) Fremdkapital

(F) Kalkulatorische Zinsen

13. Die Hauptkassiererin kann einen Kassenfehlbetrag von 100,00 € nicht klären. Zu interpretieren ist dieser Vorgang als:

(A) Privatentnahme

(B) Betriebsfremder Aufwand

(C) Betrieblicher außerordentlicher Aufwand

(D) Kosten des Geldverkehrs

14. Durch den Verkauf von Wertpapieren werden Kursgewinne realisiert. Diese Kursgewinne sind zu interpretieren als:

(A) Betriebsfremde Erträge

(B) Betriebliche außerordentliche Erträge

(C) Zinserträge

(D) Periodenfremde Erträge

(E) Umsatzerlöse

15. Verluste aus dem Verkauf von Wertpapieren werden behandelt als:

(A) Kosten des Geldverkehrs

(B) Betrieblicher außerordentlicher Aufwand

(C) Wertpapiere des Umlaufvermögens

(D) Periodenfremder Aufwand

(E) Betriebsfremder Aufwand

16. Eine Betriebsprüfung im Januar ergibt eine Nachzahlung der Gewerbesteuer. Dieser Vorgang ist zu behandeln als:

(A) Periodenfremder Aufwand

(B) Diskontaufwand

(C) Zweckaufwand

(D) Betrieblicher außerordentlicher Aufwand

(E) Neutraler Aufwand

(F) Aufwand

17. Das Finanzamt zahlt im 3. Quartal des Geschäftsjahres zu viel entrichtete Gewerbesteuer zurück. Dieser Geschäftsfall ist zu beurteilen als:

(A) Periodenfremder Aufwand

(B) Betriebliche Steuern

(C) Periodenfremder Ertrag

(D) Betrieblicher außerordentlicher Ertrag

(E) Neutraler Ertrag

18. Ordnen Sie bitte zu:

1	2	3	4	5	6	7

1) Betriebliche, aber außerordentliche Erträge

2) Betriebsfremde Erträge

3) Periodenfremde Erträge

4) Leistungen

5) neutraler Aufwand

6) Kosten

7) Periodenfremder Aufwand

(A) Erlöse aus der Veräußerung von AV

(B) Anfang Januar erhalten wir einen Steuerbescheid für die Nachzahlung von Betriebssteuern

(C) Wegen einer notwendigen Ersatzinvestition wird eine total abgeschriebene Buchungsmaschine günstig verkauft

(D) Kalkulatorische Miete

(E) Provisionserträge

19. Die folgenden Ziffern haben die nachstehende Bedeutung:

1	2	3	4	5	6	7

1) Betriebliche außerordentliche Aufwendungen

2) Betriebsfremde Erträge

3) Periodenfremder Aufwand

4) Leistungen

5) Periodenfremder Ertrag

6) Kosten

7) Neutraler Aufwand

Ordnen Sie die folgenden Positionen einer GuV-Rechnung bitte zu:

(A) Gehälter

(B) Erträge aus dem Abgang von AV

(C) Zinserträge

(D) HuG-Erträge

(E) Erträge aus der Auflösung von Rückstellungen

(F) Verluste aus der Auflösung von Rückstellungen

(G) Spende an das Rote Kreuz

(H) Werbeaufwendungen

(I) Provisionserträge

(J) Verluste aus dem Abgang von AV

20. Welche Aussage ist richtig?

(A) Kalkulatorische Zinsen sind Anderskosten

(B) Die kalkulatorischen Zinsen werden vom betriebsnotwendigen Kapital berechnet

(C) Durch die Ermittlung kalkulatorischer Zinsen werden auch Agenturen mit unterschiedlicher Kapitalausstattung hinsichtlich ihres Betriebsergebnisses vergleichbar gemacht

21. Welche Aussage ist falsch?

(A) Die kalkulatorischen Abschreibungen betreffen wie die kalkulatorischen Zinsen das betriebsnotwendige Vermögen

(B) Wie bei den kalkulatorischen Zinsen, wird auch kalkulatorisch vom betriebsnotwendigen Kapital abgeschrieben

(C) Bei der Ermittlung der kalkulatorischen Zinsen muss das Ziel einer substanziellen Kapitalerhaltung beachtet werden

22. Durch die kostenrechnerischen Korrekturen werden Differenzen zwischen

(A) Aufwand und Leistungen

(B) Aufwand und Kosten

(C) bilanzieller und kalkulatorischer Abschreibung

(D) Aufwand und Zusatzkosten erfasst.

23. Das neutrale Ergebnis

(A) Ergibt sich aus dem Vergleich von neutralen Aufwendungen und Erträgen lt. GuV

(B) Betrifft auch die GuV-Rechnung

(C) Wird durch die sachliche Abgrenzung gebildet

(D) Wird durch die kostenrechnerische Korrektur gebildet

6 Kostenstellenrechnung

6.1 Wichtige Aufgaben der Kosten- und Leistungsrechnung (Überblick)

Mit Hilfe einer Kosten- und Leistungsrechnung will man nicht nur erfahren, welche Kosten im Laufe einer Abrechnungsperiode entstanden sind. Sie soll auch für andere Teilbereiche einer Versicherungsagentur grundlegende Informationen bereitstellen und auf folgende Fragestellungen Antworten bzw. Ergebnisse liefern:

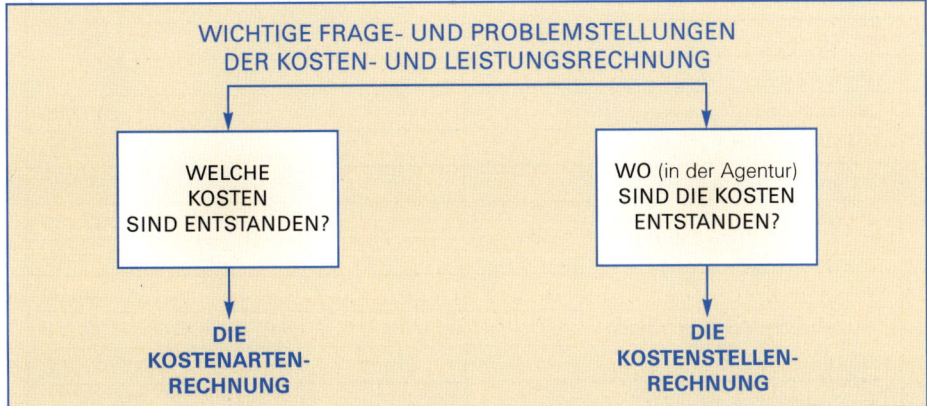

Darüber hinaus ist es sinnvoll, die im Kosten- und Leistungsblatt aufgeführten Kosten nach weiteren betriebswirtschaftlichen Gesichtspunkten **aufzubereiten** und zu **gliedern**.

In diesem Zusammenhang kann es z.B. für eine Agentur wichtig sein zu wissen,

➤ wie sich die Kosten entwickeln, wenn mehr oder weniger Versicherungsverträge abgeschlossen oder vermittelt werden (Änderung des Beschäftigungsgrades)[1] oder

➤ welche Kosten einem Kostenträger (z.B. alle Hausratversicherungen des Bestandes) oder einem bestimmten Untervertreter direkt zugeordnet werden können.[2]

Folgendes Schaubild soll diesen Sachverhalt verdeutlichen:

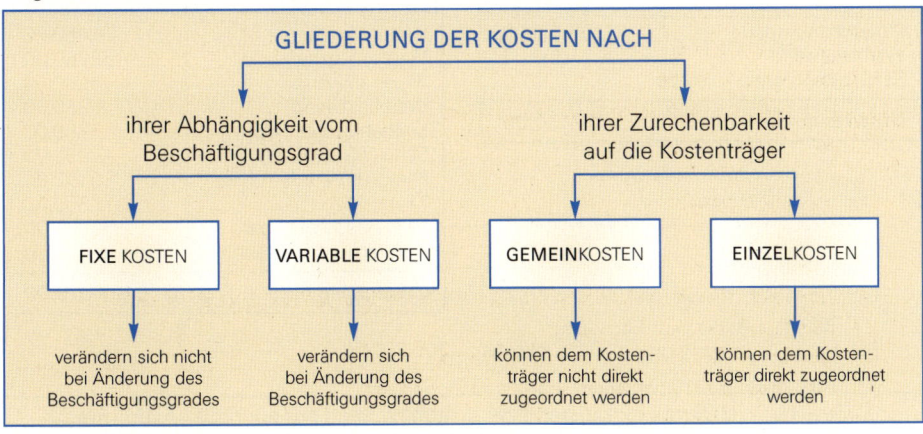

---

1 Vgl. Kapitel 7, S. 192 ff.
2 Vgl. S. 184 ff.; vgl. Kapitel 8, S. 204; vgl. Kapitel 9.3.7, S. 250 ff.

6.2 Einzel- und Gemeinkosten

Aus der REWE-Abteilung der ALSTER-Versicherungsdienste GmbH liegt folgender Auszug eines Kosten- und Leistungsblattes vor:

Auszug aus einem KL-Blatt der ALSTER-Versicherungsdienste GmbH	
Kostenarten	Summen (in EUR)
Provisionsaufwand	95.130,00
Personalkosten	63.450,00
Verwaltungsaufwand	55.150,00
Steueraufwand	9.810,00
Werbeaufwand[1]	19.350,00
Kraftfahrzeugaufwand	7.350,00
Schulungsaufwand[2]	4.850,00
Energieaufwand	9.210,00
Mietaufwand	14.500,00
Kalkulatorische Abschreibungen	17.000,00
Kalkulatorische Zinsen	9.400,00
Gesamtsumme	305.200,00

1 10.000.00 € des Werbeaufwandes betreffen eine Werbeaktion zur privaten Haftpflichtversicherung.
2 2.000.00 € des Schulungsaufwandes betreffen eine spezielle Fortbildung zur betrieblichen Altersversorgung.

In welcher Höhe fallen Einzel- und Gemeinkosten an?

Einteilung der Kosten nach der Möglichkeit
ihrer Zuordnung auf den Kostenträger

Einzelkosten	
Kostenarten	Summen/€
Provisionsaufwand	95.130,00
Werbeaufwand	10.000,00
Schulungsaufwand	2.000,00
Gesamtsumme:	107.130,00

Gemeinkosten	
Kostenarten	Summen/€
Personalkosten	63.450,00
Verwaltungsaufwand	55.150,00
Steueraufwand	9.810,00
Werbeaufwand	9.350,00
Kraftfahrzeugaufwand	7.350,00
Schulungsaufwand	2.850,00
Energieaufwand	9.210,00
Mietaufwand	14.500,00
Kalk. Abschreibungen	17.000,00
Kalkulatorische Zinsen	9.400,00
Gesamtsumme:	198.070,00

Gesamtkosten: 305.200,00 €

Beziehen sich Schulungskosten bzw. Werbeaufwand **nur** auf ganz **bestimmte** Sparten/Bestandsgruppen (Kostenträger), z.B. Haftpflicht- oder Unfallversicherungen, sind sie als Einzelkosten zu erfassen.

Wird dagegen für die Agentur „ganz allgemein" Werbung betrieben, sind die dafür entstandenen Aufwendungen den Gemeinkosten zuzuordnen.

Personalkosten können zum Teil auch als Einzelkosten verrechnet werden, wenn **bestimmte** Mitarbeiter des Innendienstes **nur** für die Bearbeitung/Verwaltung von Hausrat-, Lebens- oder Kraftfahrtversicherungen zuständig sind.

6.3 Aufgaben und Problemstellung der Kostenstellenrechnung

6.3.1 Methoden der Kostenstellenbildung

Wie bereits erwähnt ist es für die Geschäftsführung einer größeren Versicherungsagentur sinnvoll, sich Informationen darüber zu beschaffen, „wo" in der Agentur „welche" Gemeinkosten entstehen bzw. entstanden sind. Um dieses Ziel zu erreichen, werden Versicherungsagenturen mit einer bestimmten Betriebsgröße in Kostenstellen aufgeteilt. Dabei haben sich in der Praxis die folgenden drei Gliederungsprinzipien durchgesetzt:

Die Versicherungsagenturen können gegliedert werden nach:

➤ **betrieblichen Funktionen** (z. B. Antragsabteilung, Betriebsabteilung, Schadenabteilung, Vertrieb und allgemeine Verwaltung);

➤ **objektorientierten Abteilungen** (z. B. Lebensversicherungen, Sachversicherungen, Krankenversicherungen usw.);

➤ **Verantwortungsbereichen** (z. B. Privatgeschäft, Geschäftsversicherung, Feuer-Industrie; verantwortlich sind die Abteilungs- oder Gruppenleiter).

6.3.2 Der Betriebsabrechnungsbogen

Auf einem so genannten Betriebsabrechnungsbogen (BAB) wird versucht, alle **Gemein**kostenarten aus dem KL-Blatt **verursachungsgerecht** mit geeigneten **Verteilungsschlüsseln** den **Kostenstellen** zuzuordnen.

Wird bei einem VU die Kostenstellenbildung nach seinen **betrieblichen Funktionen** vorgenommen, so könnte der BAB wie folgt aussehen:

Gemeinkosten-arten aus dem KL-Blatt	Summen: (Tsd. €)	Verteilungs-schlüssel	Kostenstellen			
			Antrags-abteilung	Betriebs-abteilung	Schaden-abteilung	Vertriebs-abteilung
Gehälter	65,00	1.	20,00	20,00	15,00	10,00
Miete	35,00	2.	10,00	15,00	5,00	5,00
:	:	:	:	:	:	:
Verwaltungs-aufwand	120,00	12.	30,00	50,00	20,00	20,00
Ges.-Summen						
Verteilungsschlüssel: 1. nach Gehaltslisten: 2. nach m²: 3. nach Erfahrungswerten mit folgenden Verhältniszahlen:			20,00 1.000 3	20,00 1.500 5	15,00 500 2	10,00 500 2

Die auf die Kostenstellen verteilten Gemeinkosten werden wiederum nach Kosten**stellen**einzel- und Kosten**stellen**gemeinkosten unterschieden. Während zu den Kostenstellen-

einzelkosten alle Gemeinkosten gehören, die den Kostenstellen **eindeutig durch Belege** zugeordnet werden können, ist eine Verteilung der Kostenstellengemeinkosten nur mit Hilfe von (sinnvollen) **Verteilungsschlüsseln** auf Kostenstellen möglich. Zusammenfassend stellt sich der Zusammenhang zwischen Einzel- und Gemeinkosten wie folgt dar:

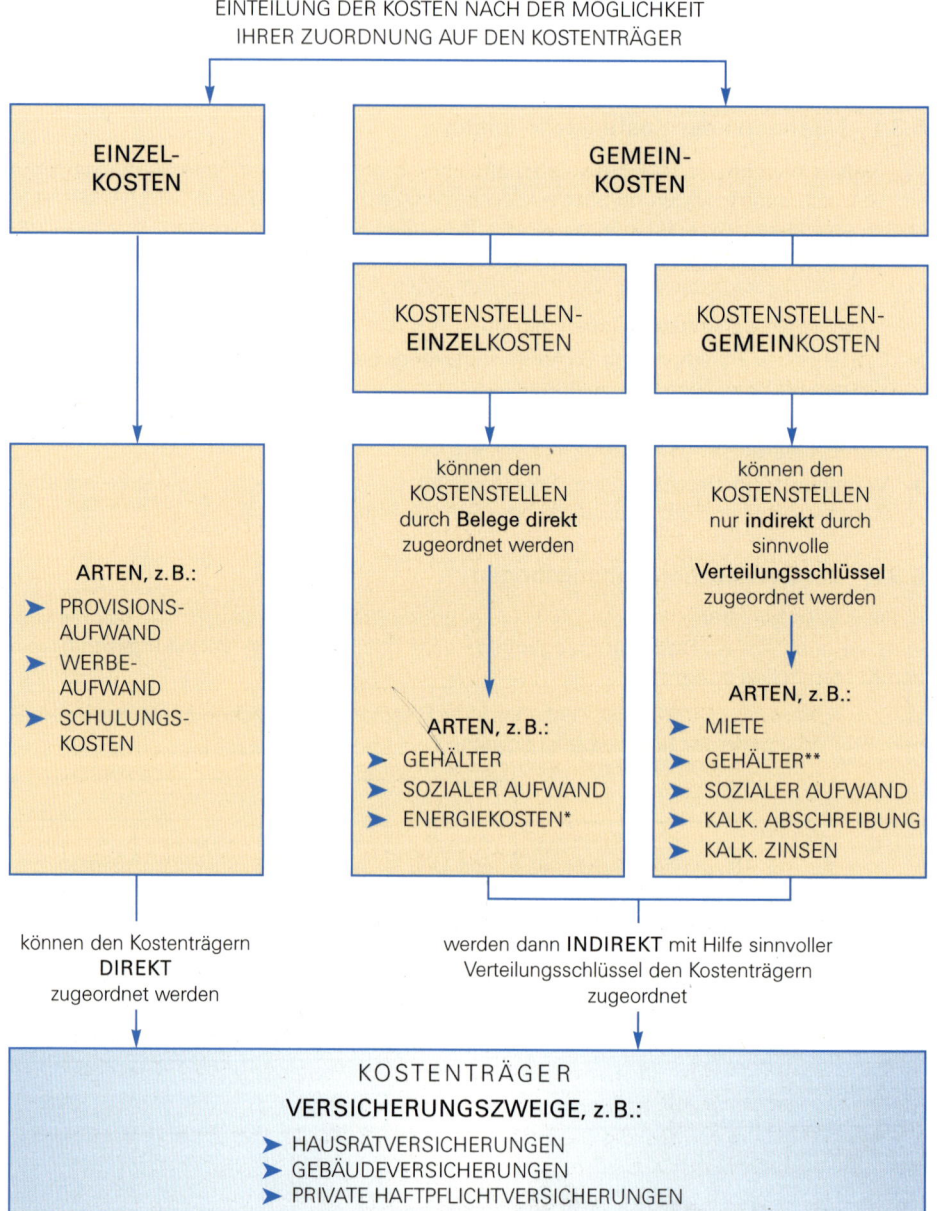

EINTEILUNG DER KOSTEN NACH DER MÖGLICHKEIT
IHRER ZUORDNUNG AUF DEN KOSTENTRÄGER

EINZEL-KOSTEN

GEMEIN-KOSTEN

KOSTENSTELLEN-EINZELKOSTEN

KOSTENSTELLEN-GEMEINKOSTEN

ARTEN, z.B.:
➤ PROVISIONS-AUFWAND
➤ WERBE-AUFWAND
➤ SCHULUNGS-KOSTEN

können den KOSTENSTELLEN durch **Belege direkt** zugeordnet werden

ARTEN, z.B.:
➤ GEHÄLTER
➤ SOZIALER AUFWAND
➤ ENERGIEKOSTEN*

können den KOSTENSTELLEN nur **indirekt** durch sinnvolle **Verteilungsschlüssel** zugeordnet werden

ARTEN, z.B.:
➤ MIETE
➤ GEHÄLTER**
➤ SOZIALER AUFWAND
➤ KALK. ABSCHREIBUNG
➤ KALK. ZINSEN

können den Kostenträgern **DIREKT** zugeordnet werden

werden dann **INDIREKT** mit Hilfe sinnvoller Verteilungsschlüssel den Kostenträgern zugeordnet

KOSTENTRÄGER
VERSICHERUNGSZWEIGE, z.B.:
➤ HAUSRATVERSICHERUNGEN
➤ GEBÄUDEVERSICHERUNGEN
➤ PRIVATE HAFTPFLICHTVERSICHERUNGEN

* Sofern der Aufwand durch technische Einrichtungen in jeder Kostenstelle getrennt erfasst werden kann
** z.B. für Arbeitnehmer der Personalabteilung oder eines Reinigungsdienstes

➤ **Einzel**kosten können den Kostenträgern **direkt verursachungsgerecht** zugeordnet werden (z. B. Provisionsaufwand und Werbe- bzw. Schulungskosten, wenn sie **nur** eine **bestimmte** Versicherungssparte/Bestandsgruppe betreffen).

➤ **Gemein**kosten können den Kostenträgern nur **indirekt** zugeordnet werden, weil sie durch Vermittlung/Abschluss von Versicherungsverträgen (Kostenträger) **aller** Sparten verursacht wurden, oder ihre **einzelne** Erfassung aus bestimmten Gründen (z. B. zu kostenintensiv) nicht sinnvoll erscheint.

➤ Nur die **Gemein**kosten aus dem **Kosten- und Leistungsblatt** werden auf die Kostenstellen verteilt.

➤ Von den Gemeinkosten können die Kostenstellen**einzelkosten** den Kosten**stellen** direkt verursachungsgerecht zugeordnet werden, während eine Zuordnung der Kostenstellen**gemeinkosten** nur **indirekt** über Verteilungsschlüssel möglich ist.

➤ Durch die **verursachungsgerechte** Zuordnung der Gemeinkosten auf Kostenstellen eines Unternehmens lässt sich klären, **wo** im Betrieb **welche** Kosten entstehen.

➤ Für die Leiter der Kostenstellen werden somit hinsichtlich der Kostenentwicklung eindeutige **Verantwortungsbereiche** geschaffen.

➤ Durch **Periodenvergleich** lassen sich Kosten**entwicklungen** (Höhe/Arten) erkennen und für betriebliche Entscheidungen nutzen.

Musteraufgabe zu Kapitel 6.3.2

Von der REWE-Abteilung der ALSTER-Versicherungsdienste GmbH erhalten Sie die folgenden, im Kosten- und Leistungsblatt für das 1. Quartal 20.. aufgeführten Kostenarten zur Verfügung gestellt:

kalkulatorische Miete	33.480,00	kalk. Abschreibung	6.900,00
Provisionsaufwendungen	90.500,00	sozialer Aufwand*	22.200,00
Gehälter*	89.000,00	Werbeaufwand*	6.740,00
Energieaufwand*	27.240,000	Schulungsaufwand*	4.800,00
kalkulatorische Zinsen	8.280,00	Steueraufwand	9.600,00
Verwaltungskosten	75.000,00		
Gesamtkosten	323.500,00	Gesamtkosten	50.240,00

* Hinweise:

● *Von den Gehältern können 56.000,00 € durch Gehaltslisten auf Kostenstellen verteilt werden.*

● *Ebenso verhält es sich mit den sozialen Aufwendungen in Höhe von 12.300,00 €.*

● *Durch die Installation von Stromzählern kann der Energieaufwand im Werte von 10.500,00 € den Kostenstellen direkt zugeordnet werden.*

● *Kosten für Werbung und Schulung waren notwendig, weil die ALSTER-Versicherungsdienste GmbH künftig auch Rechtsschutzversicherungen vermitteln will.*

a) *Unterteilen Sie die Gesamtkosten von 373.740,00 € in Einzel- und Gemeinkosten (Kostenstelleneinzel- und Kostenstellengemeinkosten)!*

b) *In welcher Höhe sind Einzelkosten, Kostenstelleneinzelkosten, Kostenstellengemeinkosten und Gemeinkosten insgesamt entstanden?*

c) *Erstellen Sie einen BAB!*

Die Gemeinkosten sind auf die Kostenstellen Antrags-, Betriebs-, Verwaltungs- und Vertriebsabteilung wie folgt zu verteilen (in Tsd. €):

1. Gehälter (56,0): 10,0; 13,0; 14,0; 19,0/Gehälter (Rest) im Verhältnis 2 : 3 : 4 : 2

2. Sozialer Aufwand (12,3): 2,5; 3,4; 2,8; 3,6/soziale Aufwendungen (Rest) wie die Restgehälter.

3. Energieaufwand (10,5), Verteilung nach Kwh: 22.000; 16.000; 20.000; 12.000/Rest der Energiekosten nach m^2: 530; 337; 457; 350.

4. Kalkulatorische Miete nach m^2.

5. Kalkulatorische Zinsen nach dem betriebsnotwendigen Vermögen (Tsd. €) 65,0; 45,0; 60,0; 60,0.

6. Die Verwaltungskosten im Verhältnis: 4 : 3 : 3 : 5.

7. Die kalkulatorischen Abschreibungen nach dem betriebsnotwendigen Vermögen.

8. Steueraufwand im Verhältnis 3 : 4 : 2 : 3.

Lösung der Musteraufgabe zu Kapitel 6.3.2

a + b)

Einzelkosten		Gemeinkosten			
		Kostenstellen-Einzelkosten		Kostenstellen-Gemeinkosten	
Provisionsaufwend.	90.500,00	Gehälter	56.000,00	kalkulatorische Miete	33.480,00
Werbeaufwand	6.740,00	Energieaufwand*	10.500,00	Gehälter	33.000,00
Schulungsaufwand	4.800,00	sozialer Aufwand	12.300,00	sozialer Aufwand	9.900,00
				Steueraufwand	9.600,00
				kalk. Zinsen	8.280,00
				Verwaltungskosten	75.000,00
				Energieaufwand	16.740,00
				kalk. Abschreibung	6.900,00
Summe:	102.040,00	Summe:	78.800,00	Summe:	192.900,00

* Durch den Einbau von technischen Messgeräten lässt sich der Stromverbrauch genau erfassen und den betreffenden Kostenstellen zuordnen.

c) BAB

Betriebsabrechnungsbogen (BAB)			Kostenstellen			
Gemeinkostenarten	Summe in Tsd. €	Verteilungs-grundlagen	Antrags-abteilung	Betriebs-abteilung	Verwaltungs-abteilung	Vertriebs-abteilung
I. KOSTENSTELLENEINZELKOSTEN						
Gehälter	56,00	1.	10,00	13,00	14,00	19,00
sozialer Aufwand	12,30	2.	2,50	3,40	2,80	3,60
Energiekosten	10,50	3.	3,30	2,40	3,00	1,80
II. KOSTENSTELLENGEMEINKOSTEN						
Gehälter	33,00	1.	6,00	9,00	12,00	6,00
sozialer Aufwand	9,90	2.	1,80	2,70	3,60	1,80
Energiekosten	16,74	3.	5,30	3,37	4,57	3,50
kalkulatorische Miete	33,48	4.	10,60	6,74	9,14	7,00
kalkulatorische Zinsen	8,28	5.	2,34	1,62	2,16	2,16
Verwaltungskosten	75,00	6.	20,00	15,00	15,00	25,00
kalkulatorische Abschreibungen	6,90	7.	1,95	1,35	1,80	1,80
Steueraufwand	9,60	8.	2,40	3,20	1,60	2,40
Summen:	271,70		66,19	61,78	69,67	74,06

Übungsaufgaben

Aufgaben zum Kapitel Kostenstellenrechnung

Aufgabe 1

1.1 Erklären Sie den Unterschied zwischen Einzel- und Gemeinkosten!

1.2 Bilden Sie zu den beiden Kostengruppen je 3 Beispiele!

Aufgabe 2

2.1 Erklären Sie den Unterschied zwischen Kostenstellengemeinkosten und Kostenstelleneinzelkosten!

2.2 Bilden Sie zu den beiden Kostengruppen je 2 Beispiele!

Aufgabe 3

3.1 Entscheiden Sie, inwieweit bei den folgenden Geschäftsfällen einer Versicherungsagentur neutrale Aufwendungen (I), Kosten (II), Gemeinkosten (III) oder Einzelkosten (IV) angefallen sind!

Geschäftsfälle	I	II	III	IV
1. Werbeaktion für die Tarife zur privaten Altersvorsorge				
2. Geschäftsausstattung wird unter Buchwert verkauft				
3. Verrechnung der Provision mit einem Untervertreter				
4. Verrechnung von Prämien zur Geschäftsvers. mit dem VR				
5. Banküberweisung der Miete				
6. Banküberweisung der Gehälter für das Personal in der Kantine				
7. Es sind kalkulatorische Abschreibungen zu verrechnen				
8. Für eine erwartete Steuernachzahlung wird eine Rückstellung gebildet				
9. Ein Schaden wird reguliert				

3.2 Begründen Sie Ihre Entscheidungen zu 1., 4. und 7.!

3.3 Begründen Sie Ihre Entscheidungen zu 2., 5. und 8.!

3.4 Begründen Sie Ihre Entscheidungen zu 3., 6. und 9.!

Aufgabe 4

4.1 Nennen Sie zwei Möglichkeiten, nach denen eine sinnvolle Kostenstellenbildung erfolgen könnte!

4.2 Bilden Sie jeweils zwei Beispiele!

Aufgabe 5

Die Geschäftsleitung der ALSTER-Versicherungsdienste GmbH beauftragt den Prokuristen Erich Mittenzwey einen Betriebsabrechnungsbogen für das erste Quartal 20.. zu erstellen, um einen Überblick zur Kostenentwicklung für das laufende Geschäftsjahr zu erhalten. Als Leiter der Sachversicherungsabteilung ist auch Herr Mittenzwey bestrebt, über die Kosten „seiner" Bereiche Hausrat, Gebäude, Gewerbe und Industrie auf dem Laufenden zu sein.

Von der REWE-Abteilung des Hauses erhält Mittenzwey folgende Daten:

Gemeinkostenarten Beträge in Tsd. €		Verteilungsschlüssel Beträge in Tsd. €
Personalkosten:	162,30	1. nach Gehaltslisten: 51,60; 45,05; 35,55; 30,10
Verwaltungsaufwand:	420,00	2. nach Anzahl der Mitarbeiter: 16; 14; 10; 8
Energieaufwand:	63,00	4. nach m²:
kalkulatorische Miete:	52,50	3. nach m²: 160; 140; 60; 60
kalkulatorische Zinsen:	20,45	5. nach dem betriebsnotwendigen Vermögen: 85,2; 75,0; 40,2; 45,0
kalkulatorische Abschreibungen:	49,08	6. nach dem betriebsnotwendigen Vermögen

5.1 Erstellen Sie den BAB!

5.2 Welches Prinzip wurde bei der Kostenstellenbildung angewandt?

5.3 Eigentlich sind die kalkulatorischen Zinsen abhängig vom betriebsnotwendigen Kapital und nicht dem betriebsnotwendigen Vermögen. (Vgl. S. 155 ff.)

Wie müssten kalkulatorische Zinsen bei einem Zinssatz von 10 % auf die Kostenstellen verteilt werden, wenn ein Abzugskapital von 12.270,00 € ermittelt wurde und dieses im Verhältnis des betriebsnotwendigen Vermögens den Kostenstellen zugerechnet werden soll?

Aufgabe 6

Von der REWE-Abteilung der ALSTER-Versicherungsdienste-GmbH erhalten Sie zum Ende des 4. Quartals des lfd. Geschäftsjahres folgendes Zahlenmaterial (Beträge in Tsd. €):

Mietaufwendungen	27,5	kalk. Zinsen	37,5
Werbeaufwand	15,5	Energiekosten	11,0
Reiseaufwand	5,5	Personalkosten	86,5
kalk. Abschreibung	30,0	sonstige Verwaltungskosten	54,0

Zusatzinformationen:

1. Die Gesellschaft hat folgenden Kostenstellenplan:

Betriebsabteilung		Schaden- regulierung	Allgemeine Verwaltung	Werbung
Kundenbetreuung	Neugeschäft			

2. Auf die Kostenstellen sollen die Kosten wie folgt verteilt werden (in der Reihenfolge der Kostenstellen):

   a) Mietaufwendungen nach m²: 80, 60, 40, 60, 35

   b) Werbeaufwand im Verhältnis zu den Provisionserträgen: 220,0 €; 90,0 € (nur für die Betriebsabteilung)

   c) Reiseaufwand nach Erfahrungswerten: 2 : 4 : 3 : – : 2 (keine Verrechnung mit der Kostenstelle „Allgemeine Verwaltung")

   d) kalkulatorische Abschreibungen und kalkulatorische Zinsen nach dem betriebsnotwendigen Vermögen: 40,0 €, 35,0 €, 25,0 €, 30,0 €, 20,0 €

   e) Energiekosten nach m²

   f) Personalkosten nach Gehaltslisten: 22,3 €, 25,4 €, 12,6 €, 18,7 €, 7,5 €

   g) Sonstige Verwaltungskosten nach folgenden Verhältniszahlen: 4 : 3 : 3 : 6 : 2

   Erstellen Sie einen Betriebsabrechnungsbogen (BAB)!

Aufgabe 7

Auf der Grundlage eines BAB werden Gemeinkosten einer Agentur mit Hilfe von Verteilungsschlüsseln den betrieblichen Kostenstellen zugewiesen.

Geben Sie zu jeder der nachfolgenden Gemeinkostenarten einen sinnvollen Verteilungsschlüssel an!

Mietaufwand, Personalkosten, Energieaufwand, kalkulatorische Zinsen.

Aufgabe 8

Von der REWE-Abteilung der Versicherungsdienste GmbH wird Ihnen folgender Auszug aus dem Kosten- und Leistungsblatt für das Jahr 20.. vorgelegt:

Kostenarten		Kostenarten	
Personalkosten	854.000 €	Kalkulatorische Zinsen	36.000 €
Energiekosten	52.800 €	Kalkulatorische Abschreibungen	56.000 €
Werbeaufwand	22.400 €	Provisionsaufwendungen	1.240.000 €
Schulungskosten	18.500 €	sonstige Kosten	280.600 €
Kalkulatorische Miete	76.800 €		

Zusatzinformationen:

Auf die Kostenstellen Betriebsabteilung, Schadenabteilung, Verwaltungsabteilung, Vertriebsabteilung sollen die Gemeinkosten wie folgt verteilt werden (Angaben immer in Reihenfolge der Kostenstellen):

a) Personalkosten lt. Gehaltslisten mit folgenden Beträgen: 150.450,00 €; 136.200,00 €; 170.500,00 €; 73.850,00 €. Der Rest wird nach Anzahl der Mitarbeiter verteilt: 12, 4, 20, 2.

b) Energiekosten in Höhe von 20.000,00 € nach verbrauchten kWh 126.200; 30.800; 230.100; 12.900; der Rest nach m^2: 120, 80, 140, 60.

c) Die kalkulatorische Miete: nach m^2.

d) Kalkulatorische Abschreibungen und kalkulatorische Zinsen nach dem betriebsnotwendigen Vermögen: 100.000,00 €; 70.000,00 €; 150.000,00 €: 80.000,00 €

e) Die sonstigen Kosten nach Erfahrungswerten mit folgenden Verhältniszahlen: 5 : 4 : 8 : 3.

f) Von den Werbekosten wird die Kostenstelle Vertriebsabteilung mit 4.500,00 € direkt belastet. Der Rest bezieht sich auf eine Werbe- und Informationsaktion, weil die Versicherungsdienste GmbH künftig auch Bausparverträge vermitteln will.

Aufgaben:

8.1 In welcher Höhe sind Einzel-, Gemein- sowie Kostenstelleneinzel- und Kostenstellengemeinkosten entstanden?

8.2 Erstellen Sie einen Betriebsabrechnungsbogen!

Aufgabe 9

Die Zahlen sind Platzhalter. Ordnen Sie jedem der unten angeführten Begriffe die richtige Zahl zu!

VON DER KOSTENARTENRECHNUNG (KL-BLATT)

ZUR KOSTENSTELLENRECHNUNG (BAB)

Im Rahmen der Kosten-**1**-rechnung haben wir zunächst versucht, aus der **2**-Rechnung die Aufwendungen und **3** in die Kosten- und **4**-rechnung zu übertragen, die auch für den Betrieb **5** und Leistungen darstellen. Dabei mußten einerseits auch **6**-kosten und **7**-kosten berücksichtigt werden, während andererseits **8** Aufwendungen und neutrale **9** aus der GuV-Rechnung nicht Gegenstand der Kosten- und **10**-rechnung sind. Ein Vergleich zwischen Aufwendungen und **11** aus der GuV-Rechnung ergibt das **12**-ergebnis. Das **13**-ergebnis erhalten wir dagegen, wenn Kosten und **14** miteinander verglichen werden.

Aufwendungen aus der GuV-Rechnung sind nur dann auch gleichzeitig **15,** wenn sie a) **16,** b) **17,** c) **18** sind.

Trifft nur **19** dieser Eigenschaften nicht zu, handelt es sich nicht um Kosten, sondern um **20** Aufwendungen.

Für die Kosten-**21**-rechnung werden aus der Spalte „Kosten" des KL-Blattes alle Kostenarten im **22** vertikal vorgetragen, die auch gleichzeitig **23**-kosten darstellen, d.h., dem Kosten-**24** nicht **25** zurechenbar sind. Danach wird jede Gemeinkostenart horizontal auf die betrieblichen **26** verteilt.

Die Kostenstellenbildung kann nach folgenden Vorstellungen erfolgen: a) nach betrieblichen **27**, b) nach **28** Abteilungen und c) nach **29**.

Die Belastung der Kostenstellen mit den Gemeinkostenarten soll nach dem **30**-prinzip mit Hilfe von **31** erfolgen. Durch Periodenvergleich lassen sich Kostenentwicklungen bei den einzelnen Kosten-**32** für betriebliche Planungen und Entscheidungen nachweisen und verwerten.

☐ Verursachungsprinzip	☐ Leistungsrechnung	☐ Kostenartenrechnung
☐ eine	☐ normal	☐ Gemeinkosten
☐ periodenbezogen	☐ Kostenstellen	☐ Erträge
☐ Kostenstellen	☐ Unternehmensergebnis	☐ betriebsbedingt
☐ Erträge	☐ Kostenstellenrechnung	☐ Anderskosten
☐ Verantwortungsbereichen	☐ Zusatzkosten	☐ Betriebsabrechnungsbogen
☐ Kostenträger	☐ GuV-Rechnung	☐ neutrale
☐ Leistungsrechnung	☐ Betriebsergebnis	☐ direkt
☐ neutrale	☐ Kosten	☐ Kosten
☐ Leistungen	☐ Verteilungsschlüsseln	☐ Erträgen
		☐ Funktionen
		☐ objektorientierten

7 Kosten und Beschäftigung

Durch die **sachliche** Abgrenzung und mit Hilfe eines Kosten- und Leistungsblattes sollen Kosten einer Versicherungsagentur **vollständig** ermittelt und **dokumentiert** werden. Informationen über die Kosten**entwicklung** bei einer veränderten **Beschäftigung** lassen sich mit einer Kostenartenrechnung nicht gewinnen.

Was ist unter „Beschäftigung" zu verstehen?

7.1 Begriffsklärung „Beschäftigung"

Beschäftigung hat in diesem Zusammenhang nichts oder nur teilweise etwas mit der Anstellung von Arbeitnehmern zu tun. Vielmehr ist darunter die Leistungsfähigkeit/Kapazität eines Unternehmens (oder einer Maschine) gemeint. Insofern drückt der Beschäftigungsgrad (BG) das Verhältnis zwischen genutzter Kapazität pro Zeiteinheit und maximal möglicher Kapazität pro Zeiteinheit aus.

Beispiel:

Ein Mitarbeiter der Poststelle kann mit einer Frankiermaschine pro Stunde im günstigsten Fall 500 Briefe frankieren. Die maximale Kapazität (100 %) beträgt 500 Stück/Stunde. Schafft er nur 300 Briefe, liegt die Auslastung bei 60 % (Beschäftigungsgrad, BG). Demnach lässt sich der BG nach folgender Formel ermitteln:

$$BG = \frac{\text{genutzte Kapazität} \cdot 100}{\text{maximal mögliche Kapazität}}$$

Beispiel:

Ein Laser-Drucker kann 6 Seiten pro Minute drucken und wird pro Tag max. 500 Minuten genutzt. In einer Arbeitswoche (Montag bis Freitag) werden insgesamt 12.300 Seiten gedruckt.

Wie hoch ist der wöchentliche Beschäftigungsgrad dieses Druckers?

$$BG = \frac{12.300 \cdot 100}{15.000} = 82\%$$

Die Leistungsfähigkeit pro Zeiteinheit (z. B. 3 Monate, 1 Jahr) kann bei einem **Industrie**unternehmen gemessen werden, indem man prüft, wie viele Fertigerzeugnisse in dieser Zeit hergestellt wurden. Um den aktuellen BG für ein Vierteljahr zu ermitteln, müsste man allerdings auch wissen, wie viele Fertigerzeugnisse das Unternehmen in dieser Zeit **maximal** hätte herstellen können.

Für Versicherungsagenturen und Versicherer, die **Dienstleistungen** anbieten, ist eine Kapazitätsangabe schwieriger, weil mögliche Bezugsgrößen nicht so konkret sind.

Werden Versicherungsagenturen nach ihrer „Größe" (Leistungsfähigkeit) befragt, werden meist folgende **umsatzorientierte** Leistungsdaten wie

➤ Höhe der Gesamt-VS des betreuten Bestandes
➤ Höhe der Provisionserträge
➤ Anzahl der betreuten Verträge

genannt.

Diese Informationen können, um ihren Aussagegehalt zu erhöhen, auch noch für einzelne Versicherungssparten aufbereitet werden.

In den Geschäftsberichten vieler Versicherer findet man hinsichtlich ihrer Leistungsfähigkeit ebenfalls nach Versicherungssparten getrennt folgende Angaben:

➤ Höhe der Monatsbeiträge (in der PKV)
➤ Anzahl der übernommenen Risiken (Verträge)
➤ Höhe der Gesamt-VS (in der LV)
➤ Höhe der Prämieneinnahmen (bei Komposit-VR).

7.2 Fixe und variable Kosten

Im Zusammenhang mit dem Thema **Kosten und Beschäftigung** wird untersucht, wie sich die Kosten entwickeln, wenn sich der BG ändert.

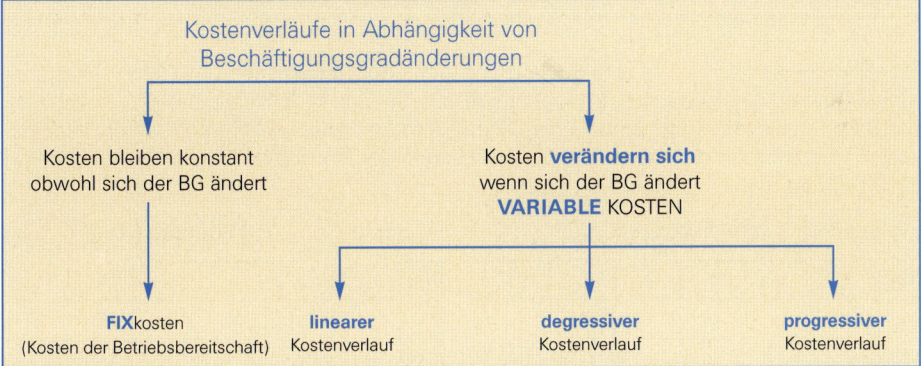

Grafische Darstellung der Kostenverläufe:

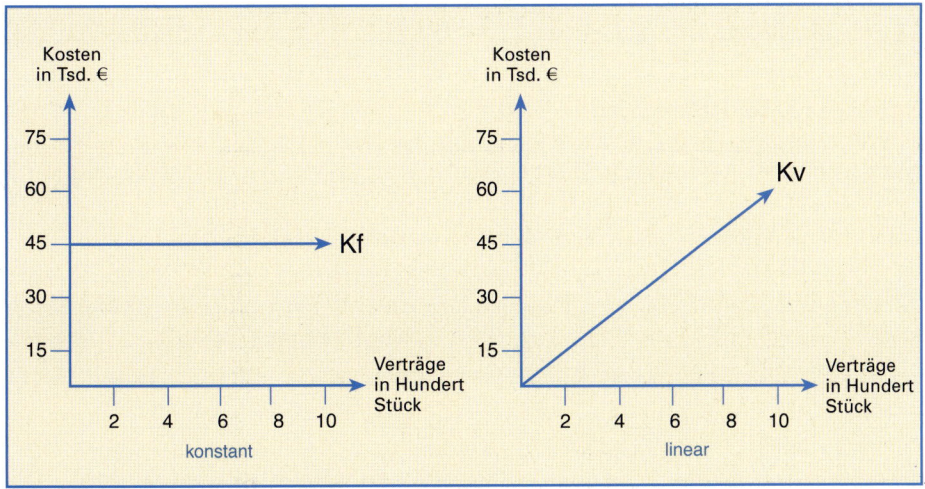

13 Drapatz/Franke/Hess – ISBN 978-3-8120-0494-7

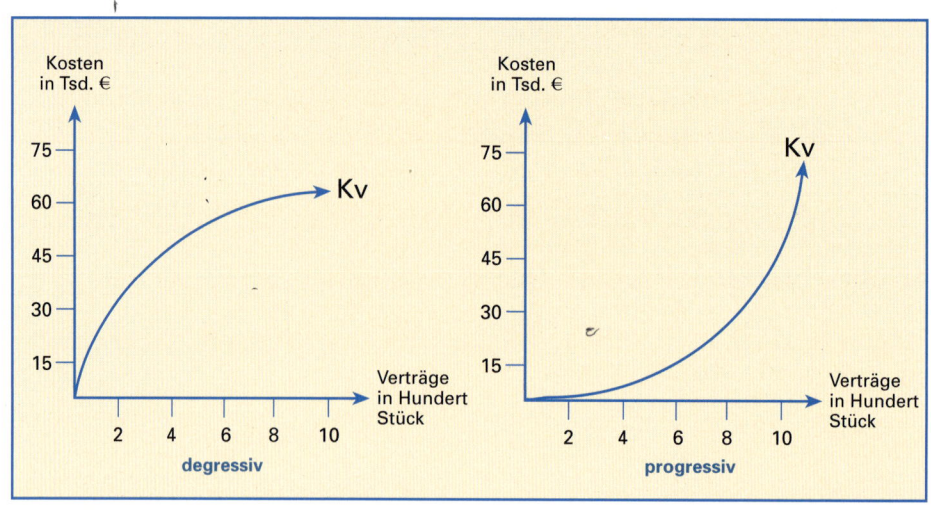

Die Abhängigkeit der Kostenentwicklung von den abgeschlossenen/vermittelten Versicherungsverträgen einer Versicherungsagentur lässt sich auch in Form folgender Wertetabellen darstellen, wobei mit K' die Grenz- oder Differenzkosten bezeichnet werden. Unter Differenzkosten versteht man die Kosten, die bei Ausweitung der Produktion (Versicherungsverträge) **zusätzlich** anfallen.

Wertetabelle zu den **Fix**kosten

Vtr.	0	2	4	6	8	10
Kf	45	45	45	45	45	45
K'	–	0	0	0	0	0	–

Wertetabelle zu den **linearen** Kosten

Vtr.	0	2	4	6	8	10
Kv	00	10	20	30	40	50
K'	–	10	10	10	10	10	–

Wertetabelle zu den **degressiven** Kosten

Vtr.	0	2	4	6	8	10
Kv	00	36	51	60	66	70
K'	–	36	15	9	6	4	–

Wertetabelle zu den **progressiven** Kosten

Vtr.	0	2	4	6	8	10
Kv	00	25	75	130	200	280
K'	–	25	50	55	70	80	–

Erklärungen zu den Abkürzungen:

Vtr. = Versicherungsverträge in Hundert Stück, Kf = fixe Gesamtkosten in Tsd €, Kv = variable Gesamtkosten in Tsd €; K' = Differenzkosten in Tsd €.

Beispiel für die Interpretation der Differenzkosten bei **degressivem** Verlauf:

Eine Steigerung der Vertragszahlen von 200 Stück auf 400 Stück führt zu einem Kostenanstieg von 15.000,00 €. Dagegen führt eine Zunahme der Vertragszahlen von 400 Stück auf 600 Stück nur noch zu einem Kostenanstieg von 9.000,00 € (fallende Differenzkosten).

Die Entwicklung der Differenzkosten gibt Auskunft über die Art des Kostenverlaufs:

➤ Bei **fixen** Kostenverläufen entstehen **keine** Differenzkosten.

➤ Bei **linearen** Kostenverläufen entstehen **konstante** Differenzkosten.

➤ Bei **degressiven** Kostenverläufen entstehen **sinkende** Differenzkosten.

➤ Bei **progressiven** Kostenverläufen entstehen **steigende** Differenzkosten.

Fixe oder variable Kosten**arten** sind beispielhaft in folgendem Schaubild aufgeführt:

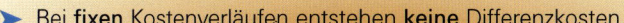

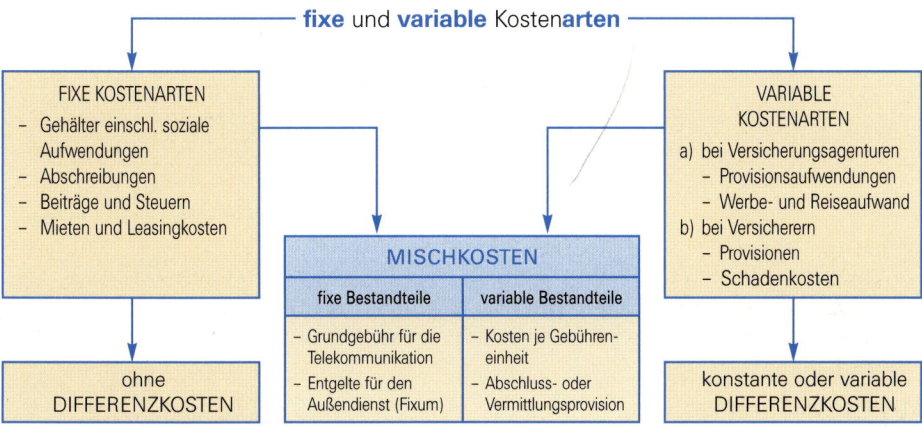

Ermittlung der Nutzenschwelle:

Bereits am Ende des ersten Geschäftsjahres wird für eine Versicherungsagentur ein Gewinn von 40.800,00 € ermittelt. Der Agenturinhaber ist mit dem Ergebnis zufrieden. Er fragt sich aber: Wie viele Verträge mussten mindestens abgeschlossen oder vermittelt werden, um einen Gewinn zu erwirtschaften?

Um diese Fragen zu klären, lässt er sich von seinem Mitarbeiter folgendes Zahlenmaterial vorlegen:

➤ abgeschlossene/vermittelte Verträge: 840 Stück

➤ fixe Kosten: 60.000,00 €

➤ variable Kosten: 12.600,00 €

➤ Provisionserträge: 113.400,00 €

Demnach entfallen **durchschnittlich auf einen Vertrag:**

135,00 € Provisionserträge
15,00 € variable Kosten

Die Lösung ergibt sich aus folgender Formel, wobei „x" die gesuchte Anzahl der Verträge darstellt:

$$\text{Ertrag pro Vertrag} \cdot \text{Anzahl der Verträge} = \left(\text{variable Kosten pro Vertrag} \cdot \text{Anzahl der Verträge} \right) + \text{Fixkosten}$$

$$135\,x \qquad = 15\,x + 60.000,00/-15\,x$$
$$135\,x - 15\,x = 60.000,00$$
$$120\,x \qquad = 60.000,00/:120$$
$$x \qquad = 500 \text{ (Verträge)}$$

Ob diese Lösung richtig ist, kann auch grafisch geprüft werden. Die folgende Wertetabelle entspricht der obigen Ausgangslage.

Anzahl der Verträge	0	200	400	600	800	1.000
Provisions-erträge	0,00 €	27.000,00 €	54.000,00 €	81.000,00 €	108.000,00 €	135.000,00 €
fixe Kosten	60.000,00 €	60.000,00 €	60.000,00 €	60.000,00 €	60.000,00 €	60.000,00 €
variable Kosten	0,00 €	3.000,00 €	6.000,00 €	9.000,00 €	12.000,00 €	15.000,00 €
Gesamt-kosten	60.000,00 €	63.000,00 €	66.000,00 €	69.000,00 €	72.000,00 €	75.000,00 €

Die grafische Darstellung der Kosten- und Ertragsverläufe ergibt folgendes Schaubild:

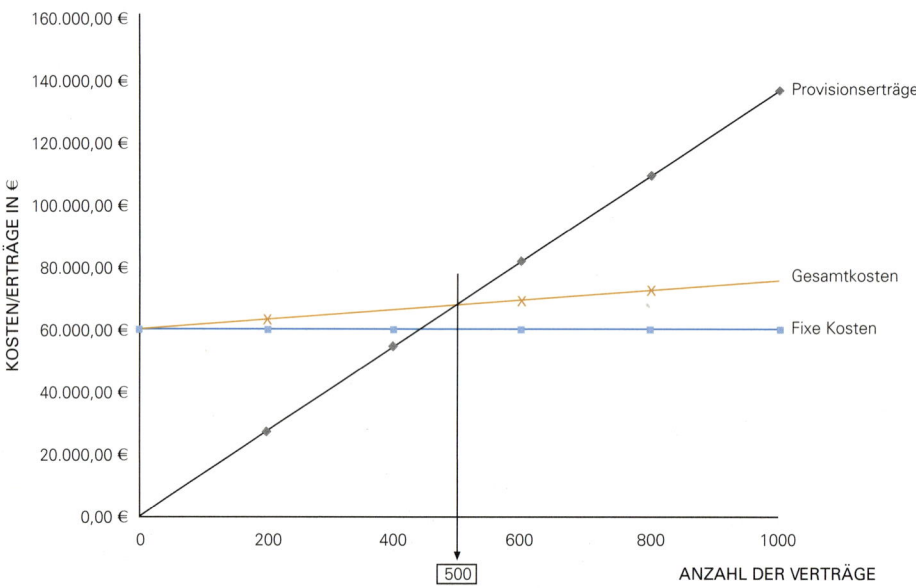

Bei 500 abgeschlossenen/vermittelten Verträgen schneidet die Ertragsgerade genau die Gerade der Gesamtkosten. Hier gilt: **Kosten = Erträge.** Diesen „kostenkritischen" Punkt nennt man **Nutzenschwelle.** Werden mehr Verträge abgeschlossen bzw. vermittelt, beginnt die **Gewinnzone.**

Musteraufgaben zu Kapitel 7.2

1. 1.1 *Entscheiden Sie durch Ankreuzen, welche der angegebenen Kosten eines Versicherungsunternehmens a) fixe Kosten, b) variable Kosten, c) Mischkosten sind!*

Kostenarten	a)	b)	c)
1. Schadenskosten			
2. kalkulatorische Miete			
3. Kommunikationskosten			
4. Provisionsaufwand			
5. Personalkosten			
6. Kosten für den Sachverständigen			
7. Energiekosten			
8. Abschreibungen			
9. Kosten der Rückversicherung			
10. Regulierungsaufwand			

1.2 *Welche der o. a. Kostenarten sind in der Kosten- und Leistungsrechnung einer Versicherungsagentur nicht zu berücksichtigen?*

2. *Ihnen liegt folgende Wertetabelle vor (Werte in Tsd. Stück bzw. in Tsd. €):*

Verträge	0	0,5	1	1,5	2	2,5	3
Provisionen	0	50	100	140	180	220	270
fixe Kosten	60	60	60	60	60	60	60
variable Kosten	0	10	20	30	45	70	100
Differenzkosten							
Gesamtkosten							
Gewinn/Verlust							

a) *Vervollständigen Sie die Tabelle!*

b) *Stellen Sie den Verlauf der Gesamtkosten, der fixen und variablen Kosten sowie der Provisionen grafisch dar!*

c) *Interpretieren Sie die Entwicklung der Differenzkosten bei den variablen Kosten!*

d) *Ab welcher Bestandsgröße wird ein Gewinn erwirtschaftet?*

Lösung der Musteraufgaben zu Kapitel 7.2

1. 1.1

Kostenarten	a)	b)	c)
1. Schadenskosten		x	
2. kalkulatorische Miete	x		
3. Kommunikationskosten	x	x	x
4. Provisionsaufwand	x	x	x
5. Personalkosten	x		
6. Kosten für den Sachverständigen		x	
7. Energiekosten	x	x	x
8. Abschreibungen	x		
9. Kosten der Rückversicherung		x	
10. Regulierungsaufwand		x	

1.2 ➤ Schadenskosten

➤ Kosten für den Sachverständigen

➤ Kosten der Rückversicherung

➤ Regulierungsaufwand

2. a)

Verträge	0	0,5	1	1,5	2	2,5	3
Provisionen	0	50	100	140	180	220	270
fixe Kosten	60	60	60	60	60	60	60
variable Kosten	0	10	20	30	45	70	100
Differenzkosten		10	10	10	15	25	30
Gesamtkosten	60	70	80	90	105	130	160
Gewinn/Verlust	−60	−20	20	50	75	90	110

b) Grafische Darstellung:

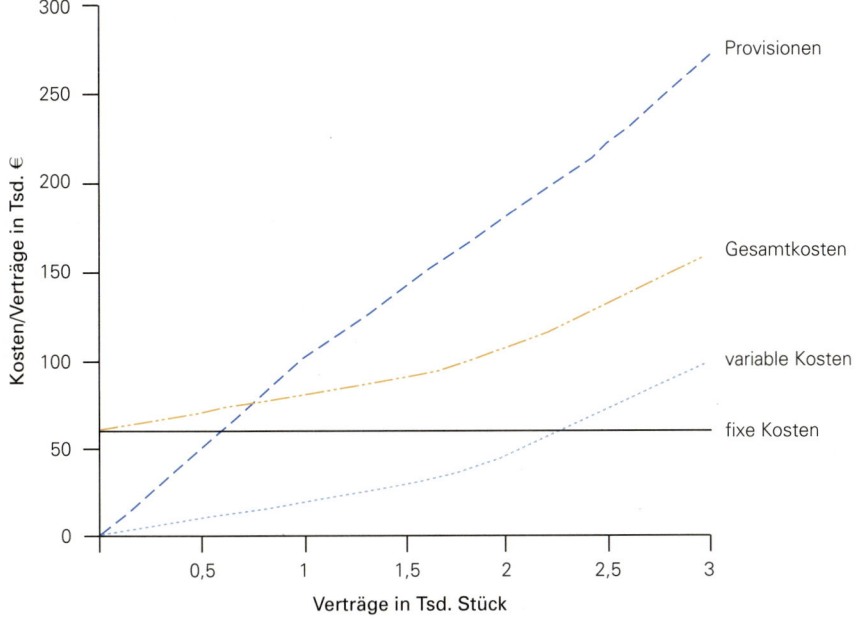

c) Interpretation der Differenzkosten (Beträge in Tsd. €):

➤ Bis zu einer Bestandsgröße von 1.500 Verträgen verlaufen die variablen Kosten linear.

➤ Ab einer Bestandsgröße von 2.000 Verträgen verlaufen die variablen Kosten progressiv.

Gründe: Die Ausweitung des Marktanteils führt dazu, dass Verwaltungsaufwand und Reise- oder Werbeaufwand progressiv steigen.

d) Erst ab einer Bestandsgröße von 750 bis 800 Verträgen wird ein Gewinn erzielt.

7.3 Untersuchung der fixen Kosten

Neben den absolut fixen Kosten gibt es noch die relativ fixen Kosten. Diese relativ fixen Kosten zeichnen sich dadurch aus, dass sie – in Abhängigkeit vom Beschäftigungsgrad – in Intervallen steigen.

Beispiel:

Nach der Deregulierung des Versicherungsmarktes im Jahre 1994 hat die Versicherungsdienste GmbH ihr Geschäftsvolumen ständig ausgeweitet und neue Mitarbeiter eingestellt. Um dem mittlerweile entstandenen Raumproblem zu begegnen, wurden neue Geschäftsräume angemietet. Laut Mietvertrag entstehen dadurch zusätzliche Mietkosten in Höhe von 50.000,00 € jährlich, sodass die bisherigen fixen Kosten ebenfalls entsprechend steigen.

Unterschied zwischen

absolut fixen Kosten

➤ Kosten der Betriebsbereitschaft
➤ beschäftigungsunabhängige Kosten

Beispiel:

➤ Leasingraten für die Anmietung
   von DV-Anlagen

relativ fixen Kosten

➤ **sprungfixe** Kosten
➤ steigen in Abhängigkeit
   vom Beschäftigungsgrad in Intervallen an

Beispiel:

➤ zusätzliche Schaffung eines EDV-Arbeitsplatzes
➤ Anmietung von weiteren Geschäftsräumen

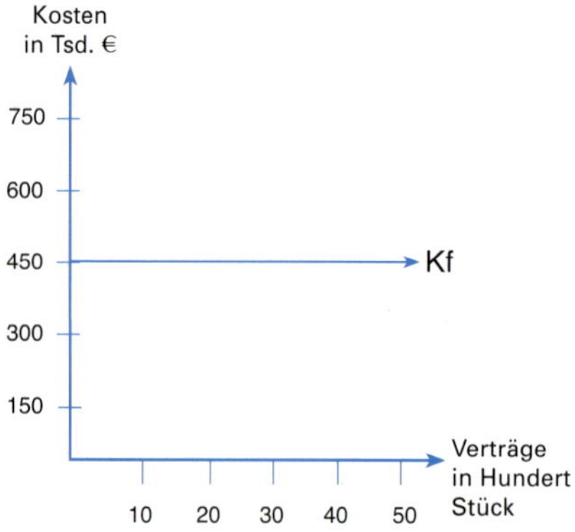

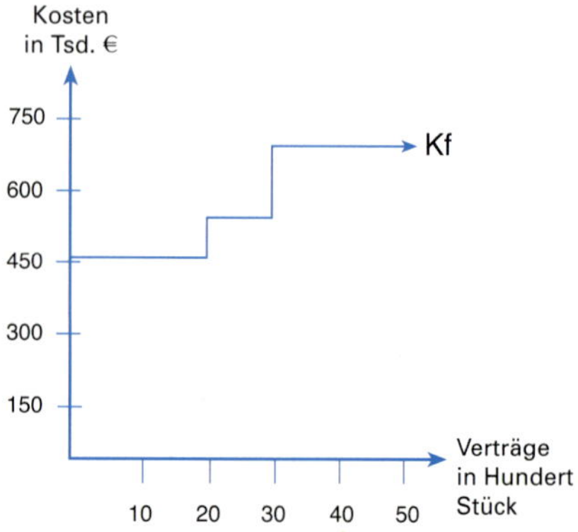

Kosten
in Tsd. €

750 —
600 —
450 — ————————→ Kf
300 —
150 —
                      Verträge
                      in Hundert
  10 20 30 40 50 Stück

Kosten
in Tsd. €

750 —
600 —   ┌──── Kf
450 — ────┘
300 —
150 —
                      Verträge
                      in Hundert
  10 20 30 40 50 Stück

es handelt sich aber in beiden Fällen um
zeitabhängige Kosten

Langfristig betrachtet sind alle fixe Kosten variabel, d. h., sie reagieren auf eine Änderung des Beschäftigungsgrades.

Beispiel:

Wegen rückläufiger Nachfrage nach Versicherungsschutz werden zur besseren Auslastung der Mitarbeiter im Innendienst zwei Abteilungen zusammengelegt. Ein Teil der angemieteten Büroräume wird überflüssig; der Mietvertrag für diese Räume hat eine Laufzeit von einem Jahr. Mietaufwand lt. Vertrag 2.500,00 € monatlich.

BETRACHTUNGSZEITRAUM

1 Jahr

Für ein Jahr bleiben die Mietkosten fix, da die Versicherungsagentur den Mietvertrag erfüllen muss.

2 Jahre

Nach 2 Jahren werden die Mietkosten variabel und sinken wegen der Kündigung des Mietvertrages auf ein niedrigeres Niveau.

Ursachen für die Entstehung relativ fixer Kosten

➤ Arbeitsrechtliche Vorschriften: z.B. Einhaltung von Kündigungsfristen im Rahmen des Kündigungsschutzes.

➤ Unternehmerische Entscheidungen: z.B. Abschluss langfristiger (Miet)-Verträge, Aufnahme von Fremdkapital.

➤ Kostenrechnerische Entscheidungen unter Berücksichtigung des Steuerrechts: z.B. lineare Abschreibungsbeträge vom Anschaffungswert, statt leistungsproportionaler[1] Abschreibungsbeträge.

Übungsaufgaben

Aufgaben zum Kapitel Kosten und Beschäftigung

Aufgabe 1

Es wird behauptet, dass die fixen Kosten leistungsunabhängig aber zeitabhängig sind.

1.1 Erläutern Sie diese Aussage!

1.2 Belegen Sie das Ergebnis Ihrer Überlegungen mit drei Beispielen!

Aufgabe 2

2.1 Erklären Sie den Begriff „Differenzkosten"; belegen Sie Ihre Ausführungen auch mit einem Zahlenbeispiel!

2.2 2.2.1 Erklären Sie den Zusammenhang zwischen den Differenzkosten und den möglichen 4 Kostenverläufen!

2.2.2 Belegen Sie Ihre Ausführungen mit einem Zahlenbeispiel für einen **fixen** Kostenverlauf!

Aufgabe 3

Von der REWE-Abteilung einer großen Versicherungsagentur erhalten Sie folgende Zahlen:

Provisionseinnahmen:	Gesamtkosten:
0,00 €	50.000,00 €
200.000,00 €	150.000,00 €

Aufgaben: (Es wird ein **linearer** Verlauf der variablen Gesamtkosten unterstellt)

3.1 Ermitteln Sie die fixen und die variablen Kosten pro 1,00 € Provision bei einer Einnahme von 200.000,00 €!

3.2 Wie hoch sind bei einer Provisionseinnahme von 300.000,00 €

3.2.1 Die Gesamtkosten?

3.2.2 Die fixen Kosten pro 1,00 € Provision?

3.2.3 Die Gesamtkosten pro 1,00 € Provision?

3.2.4 Der Erfolg des Unternehmens?

---

1 Anmerkung:
Bei der Ermittlung des Abschreibungsbetrages für Kfz geht man in der KLR häufig nicht von der Gesamtnutzungsdauer aus. Als Grundlage gilt vielmehr die geschätzte Gesamtfahrleistung in km. Deshalb wird pro Jahr jeweils nach den gefahrenen km (leistungsorientiert) abgeschrieben.

Aufgabe 4

Von der REWE-Abteilung einer großen Versicherungsagentur erhalten Sie folgende Zahlen:

Provisionseinnahmen:	Gesamtkosten:
200.000,00 €	180.000,00 €
450.000,00 €	300.000,00 €

Aufgaben: (Es wird ein **linearer** Verlauf der variablen Gesamtkosten unterstellt)

4.1 Ermitteln Sie die fixen und variablen Gesamtkosten bei einer Provisionseinnahme von 600.000,00 €!

4.2 Wie hoch sind bei einer Provisionseinnahme von 600.000,00 €

    4.2.1 Die fixen Kosten pro 1,00 € Provision?

    4.2.2 Die Gesamtkosten pro 1,00 € Provision?

    4.2.3 Der Erfolg des Unternehmens?

Aufgabe 5

Das folgende Schaubild beschreibt die Entwicklung von Kosten und Provisionseinnahmen eines Versicherers.

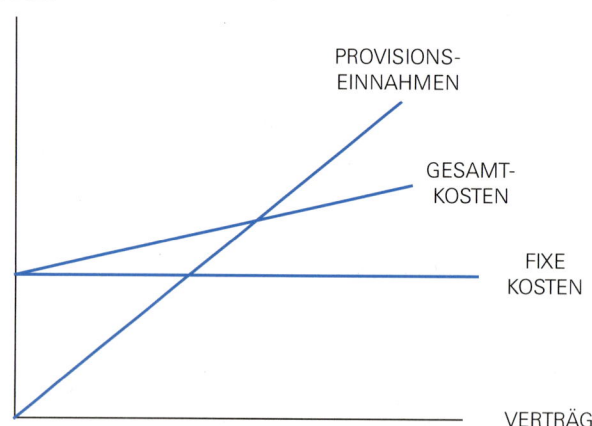

PROVISIONSEINNAHMEN
KOSTEN

PROVISIONS-EINNAHMEN

GESAMT-KOSTEN

FIXE KOSTEN

VERTRÄGE

These:

„Die in der Grafik dargestellte Kosten- und Provisionsentwicklung ist unrealistisch und ökonomisch falsch!"

Aufgabe:

Ist diese These richtig oder falsch? Ihre Entscheidung ist zu begründen!

Aufgabe 6

Die Zahlen sind Platzhalter. Ordnen Sie jedem unten aufgeführten Begriff die richtige Zahl zu!

Wiederholung und Ergänzung

In der Kostenartenrechnung, denken Sie bitte an das Kosten- und Leistungsblatt, werden Aufwendungen aus der **1**-Rechnung nach **2**-kosten, Anders- und **3**-kosten aufgeteilt. Dagegen ist beim Thema „Kosten und **4** die Aufteilung der Gesamtkosten (K) in **5** Kosten (Kf) und **6** Kosten **7** von Bedeutung. Demnach können sich folgende Gleichungen für die Ermittlung der Gesamtkosten ergeben:

In der Kostenartenrechnung: Gesamtkosten = **8** und **9** und **10**
Zum Thema Kosten und Beschäftigung: Gesamtkosten = **11** Kosten und **12** Kosten

Der Kostenverlauf bei den variablen Kosten kann degressiv, **13** oder **14** sein. Man kann den Verlauf variabler Kosten erkennen, wenn man sich aus vorgegebenen Wertetabellen die **15**-kosten errechnet. **16** die Differenzkosten, ist der Kostenverlauf progressiv, während es bei den Kf **17** Differenzkosten gibt. Wenn die Differenzkosten bei **18** Beschäftigungsgrad **19**, handelt es sich um degressive Kosten.

Bei dem Thema „Kosten und Beschäftigung" wird untersucht, wie sich die **20** Kosten verhalten, sobald sich der Beschäftigungsgrad ändert (steigt oder **21**).

Wenn Versicherungsagenturen ihre wirtschaftliche Leistungsfähigkeit **22** darstellen, werden häufig die eingenommenen Provisionserträge, die gesamte Höhe der **23** und die Anzahl der abgeschlossenen/vermittelten **24** erwähnt. Dabei ist die Zahl der Verträge als Leistungskriterium deshalb so aussagekräftig, weil sie die Anzahl der **25** wiedergibt.

Versicherungssummen	Verträge	Kv
steigendem	GuV-Rechnung	Kapazität
Zusatzkosten	fixe	Differenzkosten
Grundkosten	Anderskosten	Grundkosten
sinken	variablen	Beschäftigung
keine	Zusatzkosten	linear
fixe	sinkt	variable
Kundenkontakte	steigen	progressiv
variable		

Aufgabe 7

Ihnen liegt folgende Wertetabelle vor (Kosten und Provisionseinnahmen in Tsd. €):

Verträge:	0	500	1.000	1.500	2.000	2.500
Provisionseinnahmen:	0	60	120	180	240	300
Gesamtkosten:	70	100	130	160	190	210

7.1 Vervollständigen Sie diese Tabelle um die fehlenden Differenzkosten!

7.2 Begründen Sie den Verlauf der variablen Gesamtkosten!

7.3 Ermitteln Sie grafisch die Nutzenschwelle!

7.4 Bei welchem geschätzten Beschäftigungsgrad erreicht das Unternehmen die Gewinnzone, wenn als maximale Kapazität eine Bestandsgröße von 3.200 Verträgen angenommen wird?

Aufgabe 8

Aus der Buchführungsabteilung einer Agentur erhalten Sie folgende Zahlen (in Tsd. €):

Versicherungs-summen:	0,0	300	600	900	1.200	1.500	1.800	2.100	2.400	2.700	3.000
Provisionsein-nahmen:	00	15	30	45	60	75	90	105	120	135	150
Gesamtkosten:	20	24	28	32	36	50	54	58	62	66	70

8.1 Stellen Sie grafisch form- und sachgerecht den Kosten- und Ertragsverlauf dar!

8.2 Ermitteln Sie die Nutzenschwelle!

8.3 Weisen Sie rechnerisch den Verlauf der variablen Gesamtkosten nach!

8.4 Begründen Sie mit einem sinnvollen Argument den Verlauf der Gesamtkostenkurve bei einer Bestandsgröße von 1.500.000,00 € Versicherungssummen!

8 · Deckungsbeitragsrechnung

8.1 Unterschiede zwischen Voll- und Teilkostenrechnung

Neben der Beratung von Versicherungsnehmern ist der Abschluss- bzw. die Vermittlung von Versicherungsverträgen die wichtigste Aufgabe einer Versicherungsagentur. Es ist nahe liegend, dass eine Agentur nur dann einen Gewinn erwirtschaftet, wenn die durch diese Tätigkeiten verursachten Kosten von agenturtypischen Erträgen wie

➤ Abschluss-/Vermittlungsprovision,

➤ Bestandspflegeprovision,

➤ Zuschüsse/Bonifikationen des VR

gedeckt („**getragen**") werden. Insofern kann jeder abgeschlossene/vermittelte Versicherungsvertrag als **„Kostenträger"** verstanden werden. Darüber hinaus ist es auch möglich, ganze, spartenspezifisch getrennte Bestände von Versicherungsverträgen, als Kostenträger zu bestimmen (vgl. S. 184).

Um zu prüfen, in welchem Umfang ein Kostenträger zum Erfolg einer Versicherungsagentur beigetragen hat, müssen naheliegenderweise folgende zwei Fragen geklärt werden:

1. Welche Provisionserträge sind durch den „Verkauf" des Kostenträgers entstanden?
2. Welche (variablen) Kosten sind durch die Vermittlung/den Abschluss des Kostenträgers entstanden?

Es gibt die Möglichkeit, den Kostenträgern **alle** Kosten, nämlich fixe und variable Kosten, zuzuordnen. Dieses Verfahren bezeichnet man als **Vollkosten**rechnung. Dabei soll jeder Kostenträger möglichst nur mit den Kosten belastet werden, die bei seiner Herstellung (Produktion) auch entstanden sind (verursachungsgerechte Zuordnung).

Eine solche Zuordnung ist aber deshalb problematisch, weil sie für die **fixen** Kosten nicht oder nur unter bestimmten Umständen (vgl. Seite 193 ff.,) möglich ist. Wie bekannt, entstehen fixe Kosten auch dann, wenn keine Versicherungsverträge vermittelt oder abgeschlossen werden. Nur bei den variablen Kosten kann ein sinnvoller Bezug zu den Erzeugnissen festgestellt werden. Deshalb wurde ein Kalkulationsschema entwickelt, bei dem nur die variablen Kosten auf die Kostenträger verteilt werden. Diese Methode wird als **einstufige Deckungsbeitragsrechnung** bezeichnet. Da jeder Kostenträger nur mit einem Teil der Gesamtkosten belastet wird, spricht man im Zusammenhang mit der Deckungsbeitragsrechnung auch von der **Teil**kostenrechnung.

Gleichzeitig will man wissen, welchen **Beitrag** jeder Kostenträger noch zur **Deckung** der restlichen Fixkosten leistet **(Deckungsbeitrag)**.

Der Deckungsbeitrag für jedes Erzeugnis wird also wie folgt ermittelt:

Provisionseinnahmen pro Vertrag/Versicherungsbestand
./. variable Kosten pro Vertrag/Versicherungsbestand
Deckungsbeitrag pro Vertrag/Versicherungsbestand

Nur wenn die Summe der Deckungsbeiträge (DB) aller Kostenträger größer als die gesamten Fixkosten ist, erzielt die Versicherungsagentur einen Gewinn (Beginn der Gewinnzone).

8.2 Deckungsbeitragsrechnung als Instrument der Ergebnisrechnung

Zum Ende des laufenden Geschäftsjahres will die Geschäftsführung der ALSTER-Versicherungsdienste GmbH mit Hilfe der Deckungsbeitragsrechnung von Herrn Nimz, Prokurist der REWE-Abteilung, wissen, in welchem Umfang die verwalteten Versicherungsbestände zum Gesamterfolg des Betriebes beigetragen haben. Als Kostenträger kommen Verträge zur Hausrat-, Gebäude-, Kraftfahrt-, Haftpflicht-, Lebens- und Unfallversicherung infrage.

Das Kosten- und Leistungsblatt weist für das Geschäftsjahr folgende Kosten und Leistungen aus:

Betriebsergebnisrechnung der ALSTER-Versicherungsdienste GmbH für das Geschäftsjahr 20.. (Beträge in Tsd. €)		
	Kosten	Leistungen
Provisionserträge		1.684,20
Bonifikationen		50,40
Provisionsaufwand	730,23	
Gehälter	335,11	
sozialer Aufwand	65,20	
Verwaltungsaufwand	32,80	
Schulungsaufwand	54,60	
kalk. Abschreibungen	32,25	
Steueraufwand	18,10	
Werbeaufwand	34,80	
Kraftfahrzeugaufwand	12,37	
kalk. Zinsaufwand	11,10	
Energieaufwand	18,70	
Summen:	1.345,26	1.734,60
Betriebsergebnis:	389,34	
Summen:	1.734,60	1.734,60

Leistungen und variable Einzelkosten können den Kostenträgern wie folgt zugewiesen werden, sodass sich die Deckungsbeiträge pro Kostenträger ermitteln lassen.

Leistungen/Kosten	Gesamt-summen	Hausrat-versicherung	Gebäude-versicherung	Kraftfahrt-versicherung	Haftpflicht-versicherung	Lebens-versicherung	Unfall-versicherung
Provisionserträge	1.684,20 €	357,86 €	405,60 €	279,21 €	190,73 €	344,40 €	106,40 €
Bonifikationen[1]	50,40 €				18,10 €	20,20 €	12,10 €
Provisionsaufwendungen	730,23 €	−188,37 €	−222,67 €	−58,90 €	−67,84 €	−156,83 €	−35,62 €
Werbeaufwand[2]	34,80 €				−5,00 €	−12,60 €	−3,50 €
Schulungsaufwand[3]	54,60 €			−12,30 €	−20,70 €	−12,60 €	
Deckungsbeiträge		169,49 €	182,93 €	208,01 €	115,29 €	182,57 €	79,38 €
Summe aller DB	937,67 €						
Fixkosten[4]	−548,33 €						
Betriebsergebnis	389,34 €						

1. Die Bonifikation wurde vom Versicherer gewährt, weil die Prämieneinnahmen in den Sparten Haftpflicht-, Lebens- und Unfallversicherung höher waren als die vereinbarten Soll-Zahlen.
2. Von den Werbeaufwendungen lassen sich 13,70 € nicht den einzelnen Kostenträgern zuordnen.

3. Für besondere Fortbildungen in den Versicherungszweigen Kraftfahrt-, Haftpflicht- und Lebensversicherung wurden 45,60 € ausgegeben; der Rest betraf alle Versicherungssparten.

4. Zu den Fixkosten gehören die gesamten Restkosten zuzüglich der nicht verrechneten Werbe- bzw. Schulungsaufwendungen (13,70 €/9,00 €).

Mit Hilfe dieses Rechenbeispiels wird festgestellt, dass der Bestand an Kraftfahrtversicherungen den höchsten Beitrag zur Deckung der fixen Kosten beisteuert. Das ist umso erstaunlicher, da die durch ihn erwirtschafteten Provisionserträge im Vergleich zu den Bereichen Hausrat- und Gebäudeversicherungen bzw. Lebensversicherungen relativ gering sind.

Außerdem ist bekannt, dass die Provisionssätze für den Abschluss von Kraftfahrthaftpflichtversicherungen erheblich niedriger sind als für den Abschluss in anderen Versicherungssparten. Deshalb ist zu vermuten, dass die Provisionseinnahmen von 279.210,00 € mit einer hohen Zahl von **Kundenkontakten**[1] verbunden sind, die als Potenzial für die Ausweitung des Geschäftes von Nutzen sein können.

Um den Erkenntniswert der Deckungsbeitragsrechnung für die Ergebnisrechnung zu vertiefen, kann das bisherige Kalkulationsschema (Provisionserträge – variable Kosten) noch weiter wie folgt differenziert werden:

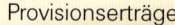

Provisionserträge
+ Zuschüsse des Versicherers
− Provisionsaufwendungen

= **Deckungsbeitrag I**
− Schulungskosten
− Werbe- und Reiseaufwand

= **Deckungsbeitrag II**
− Erzeugnis(-gruppen-)fixe Kosten

= **Deckungsbeitrag III**
− Restfixe Kosten

= **Betriebsergebnis**

Dabei versteht man unter „erzeugnis(-gruppen-)fixe Kosten" Aufwendungen, die zwar Fixkostencharakter haben, aber dennoch einzelnen Kostenträgern oder Kostenträgergruppen zugeordnet werden können. So sind Personalkosten des Innendienstes als erzeugnisgruppenfix für den/die Kostenträger Hausrat- und Gebäudeversicherung zu beurteilen, wenn bestimmte Sachbearbeiter **nur** für die Bearbeitung derartiger Versicherungsverträge eingesetzt werden.

Weitere Bemerkungen zum Kalkulationsschema:

Der Aufbau eines Kalkulationsschemas sollte sich an „sachlogischen" Erwägungen und dem Aussagegehalt der Deckungsbeitragsstufen orientieren. Dabei können auch betriebliche Besonderheiten Berücksichtigung finden. Für eine Versicherungsagentur ist es zunächst einmal sinnvoll, Kosten nach ihrer „Vertriebsnähe" und der Zurechenbarkeit auf die Kostenträger zu **ordnen**. Folgerichtig betrifft der Deckungsbeitrag I die **unmittelbar** beim Absatz von Versicherungsschutz entstehenden Kosten. Der Deckungsbeitrag II beinhaltet ebenfalls Kosten (z. B. Schulungs- und Reisekosten), die direkt durch den Einsatz des Außendienstes entstehen, aber eine von den Provisionsaufwendungen getrennte Erfassung **sachlich** rechtfertigen. Fixum und Personalkosten des Innendienstes, die hier den Deckungsbeitrag III betreffen, sind schon Kosten, die nicht mehr unmittelbar durch den Vertrieb entstehen. Außerdem ist beim

---

1 Vgl. auch S. 228 ff..

Fixum eine direkte Zuordnung auf Kostenträger nur noch mit geeigneten Verteilungsschlüsseln möglich. Bei den „restfixen" Kosten ist eine Verteilung auf die Kostenträger entweder unmöglich oder durch einen nicht zu rechtfertigenden Arbeitsaufwand unrealistisch.

Der Geschäftsführer der Versicherungsdienste GmbH will für das erste Quartal des Geschäftsjahres 20.. den Erfolg der Zweigstelle Kiel festellen. Dafür wird ihm aus der REWE-Abteilung folgendes Zahlenmaterial zur Verfügung gestellt:

Kosten- und Ertragsarten*	Summen	Sach-versicherung (ohne HV)	Haftpflicht-versicherung	Personen-versicherung (ohne PKV)
1. Provisionserträge	679.575,00 €	227.725,00 €	140.150,00 €	311.700,00 €
2. Provisionsaufwand	350.000,00 €	124.800,00 €	66.300,00 €	158.900,00 €
3. Zuschüsse der ALSTER-Versicherungs-AG	18.400,00 €	8.200,00 €	4.100,00 €	6.100,00 €
4. Schulungskosten	7.700,00 €	2.300,00 €	2.300,00 €	3.100,00 €
5. Personalkosten	93.000,00 €	48.000,00 €		30.000,00 €
6. Fixum	140.000,00 €	49.920,00 €	26.520,00 €	63.560,00 €
7. Sonstige Gemeinkosten	44.500,00 €			
8. Werbe- und Reisekosten	25.800,00 €	15.000,00 €		10.800,00 €

* Anmerkungen zu den Kosten- und Ertragsarten:
- Die Kosten- und Ertragsarten 1, 2, 3, 4, 8 lassen sich den Kostenträgern bzw. der Kostenträgergruppe direkt zuordnen.
- Von den Personalkosten lassen sich 15.000,00 € den Kostenträgern/der Kostenträgergruppe nicht zuordnen.
- Das Fixum des Außendienstes ist gemäß den Provisionsaufwendungen verrechnet worden.
- Die sonstigen Gemeinkosten können nicht verrechnet werden.

Das Betriebsergebnis unter Verwendung der „verfeinerten" Deckungsbeitragsrechnung und der Zusatzinformationen aus den Anmerkungen kann wie folgt ermittelt werden:

Kosten- und Ertragsarten*	Summen	Sach-versicherung (ohne HV)	Haftpflicht-versicherung	Personen-versicherung (ohne PKV)
Provisionserträge	679.575,00 €	227.725,00 €	140.150,00 €	311.700,00 €
Zuschüsse der ALSTER-Versicherungs-AG	18.400,00 €	8.200,00 €	4.100,00 €	6.100,00 €
Provisionsaufwand	–350.000,00 €	–124.800,00 €	–66.300,00 €	–158.900,00 €
Deckungsbeitrag I	**347.975,00 €**	**111.125,00 €**	**77.950,00 €**	**158.900,00 €**
Schulungskosten	–7.700,00 €	–2.300,00 €	–2.300,00 €	–3.100,00 €
Werbe- und Reisekosten	–25.800,00 €	–15.000,00 €		–10.800,00 €
Deckungsbeitrag II	**314.475,00 €**	**101.325,00 €**	**68.150,00 €**	**145.000,00 €**
Fixum	–140.000,00 €	–49.920,00 €	–26.520,00 €	–63.560,00
Personalkosten	–78.000,00 €	–48.000,00 €		–30.000,00
Deckungsbeitrag III	**96.475,00 €**	**45.035,00 €**		**51.440,00**
Summe DB III	96.475,00 €			
Restfixe Kosten*	–69.500,00 €			
Betriebsergebnis	**26.975,00 €**			

* 15.000,00 € Personalkosten und 44.500,00 € sonstige Gemeinkosten

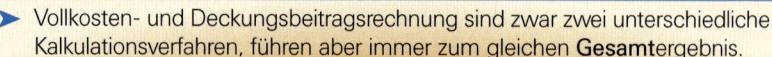

> ➤ Vollkosten- und Deckungsbeitragsrechnung sind zwar zwei unterschiedliche Kalkulationsverfahren, führen aber immer zum gleichen **Gesamt**ergebnis.
>
> ➤ Die Deckungsbeitragsrechnung gibt außerdem darüber Auskunft, in welchem Umfang der einzelne Kostenträger an der Deckung der Fixkosten beteiligt ist.
>
> ➤ Solange ein Kostenträger einen **positiven** Deckungsbeitrag erwirtschaftet, trägt er zur Deckung der Fixkosten bei und verbessert so auch die **Gewinn**situation der Versicherungsagentur.[1]

1. Musteraufgabe zu Kapitel 8.2

Die ALSTER-Versicherungsdienste GmbH bietet Hausrat-, Wohngebäude- und Geschäftsversicherungen an.

a) *Ermitteln Sie für das 1. Quartal 20.. die Deckungsbeiträge für die Kostenträger Hausrat-, Wohngebäude- und Geschäftsversicherung. Die variablen Kosten werden auf die Kostenträger wie folgt verrechnet (alle Beträge in Tsd. €):*

Kostenarten/ Provisionseinnahmen	Beträge in Tsd. €	Kostenträger		
		Hausrat- versicherung	Wohngebäude- versicherung	Geschäfts- versicherung
Provisionsaufwand	58,0	20,6	23,4	14,0
Werbeaufwand	6,4	3,1	3,3	
Reiseaufwand	3,6	1,2	1,7	0,7
Schulungskosten	4,5		2,9	1,6
Die Provisionseinnahmen verteilen sich wie folgt:	212,8	83,6	92,3	36,9

b) *Ermitteln Sie den Erfolg der ALSTER-Versicherungsdienste GmbH mit Hilfe der Deckungsbeitragsrechnung, wenn die Kf 105,90 € betragen!*

Lösung der 1. Musteraufgabe zu Kapitel 8.2

a) + b)

Kostenarten/ Provisionseinnahmen	Beträge in Tsd. €	Kostenträger		
		Hausrat- versicherung	Wohngebäude- versicherung	Geschäfts- versicherungen
Provisionseinnahmen	212,8	83,6	92,3	36,9
Provisionsaufwand	58,0	–20,6	–23,4	–14,0
Werbeaufwand	6,4	–3,1	–3,3	
Reiseaufwand	3,6	–1,2	–1,7	–0,7
Schulungskosten	4,5		–2,9	–1,6
Deckungsbeiträge	140,3	58,7	61,0	20,6
abzüglich Fixkosten	–105,9			
Gewinn	34,4			

---

1 Weitere Anwendungsmöglichkeiten der Deckungsbeitragsrechnung finden Sie im Kapitel 9.3.7, S. 250 ff.

2. Musteraufgabe zu Kapitel 10.2

Zum Bereich Sachversicherung liegen Ihnen folgende Daten einer Versicherungsagentur vor:

Kosten- und Ertragsarten*		Hausrat-versicherung	Gebäude-versicherung	Gewerbliche Versicherungen
1.	Provisionserträge	420.000,00 €	147.600,00 €	142.200,00 €	130.200,00 €
2.	Provisionsaufwand	156.000,00 €	51.900,00 €	67.400,00 €	36.700,00 €
3.	Fixum	31.200,00 €			
4.	Personalkosten (Innendienst)	84.200,00 €	52.200,00 €		32.000,00 €
5.	Bürokostenzuschüsse eines VR	12.000,00 €	5.000,00 €	4.000,00 €	3.000,00 €
6.	Provisionsstorno zu 1.	8.080,00 €	4.100,00 €	2.560,00 €	1.420,00 €
	Provisionsstorno zu 2.	2.690,00 €	1.530,00 €	840,00 €	320,00 €
7.	Reise- u. Werbekosten	14.000,00 €			
8.	Sonstige Gemeinkosten	52.800,00 €			

* Anmerkungen zu den Kosten- und Ertragsarten:

zu 3.: Das Fixum ist gemäß den Provisionsaufwendungen zu verteilen.

zu 4.: Von den Personalkosten entfallen 52.200,00 € auf die Hausrat- und Gebäudeversicherung, der Rest auf gewerbliche Versicherungen.

zu 5.: Von den Bürokostenzuschüssen entfallen 5.000,00 € auf die Hausratversicherung, 4.000,00 € auf die Gebäudeversicherung und der Rest auf gewerbliche Versicherungen.

zu 6.: Die Provisionsstorni sind in den Provisionserträgen (Ziff. 1) und Provisionsaufwendungen noch nicht berücksichtigt.

zu 7.: Die Reise- und Werbekosten sind nach den Provisionserträgen zu verteilen.

zu 8.: Die sonstigen Gemeinkosten können nicht auf die Kostenträger verrechnet werden.

a) *Ermitteln Sie gemäß dem Rechenschema auf Seite 206 die Deckungsbeiträge I, II und III für die Versicherungssparten und das Betriebsergebnis der Abteilung Sachversicherung!*

b) *1. Welche Informationen lassen sich aus den Angaben zu Ziff. 6 der Kostenarten gewinnen?*

   2. Warum sind diese Informationen nicht aussagekräftig genug, um als Grundlage für betriebswirtschaftliche Entscheidungen zu dienen?

14 Drapatz/Franke/Hess – ISBN 978-3-8120-0494-7

Lösung der 2. Musteraufgabe zu Kapitel 8.2

a)

Kosten- und Ertragsarten		Hausrat-versicherung	Gebäude-versicherung	Gewerbliche Versicherungen
Provisionserträge	420.000,00 €	147.600,00 €	142.200,00 €	130.200,00 €
Provisionsstorno zu 1.	−8.080,00 €	−4.100,00 €	−2.560,00 €	−1.420,00 €
Bürokostenzuschüsse eines VR	12.000,00 €	5.000,00 €	4.000,00 €	3.000,00 €
Provisionsaufwand	−156.000,00 €	−51.900,00 €	−67.400,00 €	−36.700,00 €
Provisionsstorno zu 2.	2.690,00 €	1.530,00 €	840,00 €	320,00 €
Deckungsbeitrag I	270.610,00 €	98.130,00 €	77.080,00 €	95.400,00 €
Reise- und Werbekosten	−14.000,00 €	−4.920,00 €	−4.740,00 €	−4.340,00 €
Deckungsbeitrag II	256.610,00 €	93.210,00 €	72.340,00 €	91.060,00 €
Fixum	−31.200,00 €	−10.380,00 €	−13.480,00 €	−7.340,00 €
Personalkosten (Innendienst)	−84.200,00 €	−52.200,00 €		−32.000,00 €
Deckungsbeitrag III	141.210,00 €	89.490,00 €		51.720,00 €
Summe DB III		141.210,00 €		
Sonstige Gemeinkosten	−52.800,00 €	−52.800,00 €		
Betriebsergebnis	88.410,00 €	88.410,00 €		

b) 1. Die Höhe der Provisionsstorni gibt Auskunft über die Zufriedenheit der Versicherungsnehmer mit dem Außendienst und über eine bedarfs- sowie sachgerechte Versorgung des Versicherungsnehmers mit Versicherungsschutz.

2. Die Angaben zu den Provisionsstorni können nur dann sachgerecht interpretiert werden, wenn sie mit Erfahrungswerten aus der Vergangenheit verglichen werden. Darüber hinaus ist es notwendig zu klären, welche Mitarbeiter diese Provisionsstorni zu verantworten haben.

Übungsaufgaben

Aufgaben zum Kapitel Deckungsbeitragsrechnung

Aufgabe 1

Beschreiben Sie den grundlegenden Unterschied zwischen Vollkosten- und Teilkostenrechnung!

Aufgabe 2

Ihnen liegt folgende Wertetabelle einer Versicherungsagentur vor (Beträge in Tsd. €):

Provisionseinnahmen:	0	50	100	150	200	250
Gesamtkosten:	100	120	140	160	180	200

2.1 Vervollständigen Sie diese Tabelle um die fehlenden Differenzkosten!

2.2 Begründen Sie den Verlauf der variablen Gesamtkosten!

2.3 Welcher Deckungsbeitrag wird bei einer Provisionseinnahme von 150.000,00 € erwirtschaftet?

2.4 Ermitteln Sie grafisch die Nutzenschwelle, wobei die Provisionseinnahmen der Versicherungsagentur auch gleichzeitig den Beschäftigungsgrad darstellen und auf der x-Achse einzutragen sind.

2.5 Bei welchem geschätzten Beschäftigungsgrad erreicht die Versicherungsagentur die Gewinnzone, wenn als maximale Kapazität eine Provisionseinnahme von 320.000,00 € angenommen wird?

Aufgabe 3

Die folgende Wertetabelle kennzeichnet einen s-förmigen Gesamtkostenverlauf (Beträge in Tsd. €) eines kleinen Versicherungsvereins auf Gegenseitigkeit.

Prämien-einnahmen:	000	500	1.000	1.500	2.000	2.500	3.000	3.500	4.000	4.500	5.000
Gesamt-kosten:	400	1.000	1.500	1.900	2.100	2.400	2.700	3.200	3.800	4.500	5.300

3.1 Bei welchem Beschäftigungsgrad ändert sich der Gesamtkostenverlauf, wenn davon auszugehen ist, dass die maximale Kapazität des VVaG bei einer Prämieneinnahme von 5 Mio. € liegt?

3.2 Begründen Sie, warum eine beliebige Ausweitung der Kapazität, mit Verlusten für den VR verbunden sein kann!

Aufgabe 4

Als Ergebnis einer Kostenanalyse für das 1. Quartal des Geschäftsjahres liegen Ihnen folgende Zahlen der ALSTER-Versicherungsdienste GmbH vor (in Tsd. €):

Provisionseinnahmen:

Sachversicherung: 675,0
Personenversicherung: 827,0
HUK Versicherung: 719,0

Kosten:

Provisionsaufwand	373,84	Energieaufwand[2]	21,80
Personalkosten	189,40	Sonstige Verwaltungskosten	99,64
Kalk. Abschreibungen	78,00	Kosten der Kommunikation[3]	4,43
Werbeaufwand[1]	76,63	Schulungsaufwand[4]	8,40
Kalk. Miete	36,00	Sonstige fixe Kosten	86,50
Kalk. Zinsen	6,06		

1 Hinsichtlich des Werbeaufwandes hatte die Geschäftsleitung zu Beginn des Geschäftsjahres wie folgt entschieden:
- für Werbemaßnahmen, die sich auf das ganze Unternehmen beziehen, dürfen 10.000,00 € pro Quartal ausgegeben werden.
- für bestandsbezogene Werbung dürfen 3% der Provisionseinnahmen ausgegeben werden.

2 Davon entfallen 5.600,00 € auf Grundgebühren.

3 Davon entfallen 1.200,00 € auf Grundgebühren.

4 2.800,00 € betreffen eine Fortbildung über die HUK-Versicherungen.

4.1 Ermitteln Sie:

    4.1.1 Die Einzelkosten!

    4.1.2 Die variablen Kosten!

    4.1.3 Die fixen Kosten!

4.2 4.2.1 Ermitteln Sie die Deckungsbeiträge der Kostenträgergruppen Sach-, Personen- und HUK-Versicherungen! Berücksichtigen Sie dabei, dass die variablen Kosten auf die Kostenträger nach folgenden Verhältniszahlen zu verteilen sind: 1,50; 1,75; 2,25.

    4.2.2 Ermitteln Sie das Betriebsergebnis!

Aufgabe 5

Ihnen liegt folgendes Schaubild vor!

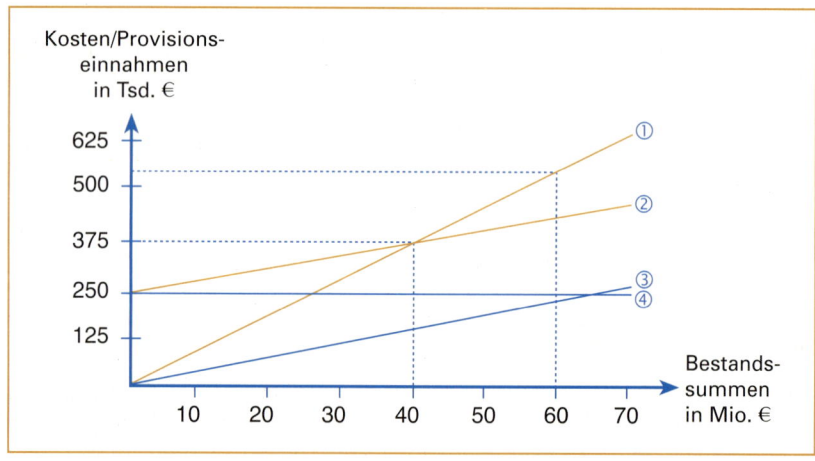

5.1 Vervollständigen Sie das Schaubild mit den richtigen Bezeichnungen für die Ziff. 1, 2, 3 und 4

5.2 Wie hoch ist der Deckungsbeitrag bei einer Bestandssumme von 40 Mio. €?

5.3 Wie hoch sind die Differenzkosten je 10 Mio. € Bestandssumme?

5.4 Wie hoch ist der Deckungsbeitrag bei einer Bestandssumme von 60 Mio. €?

5.5 Wie hoch ist der Gewinn bei einer Bestandssumme von 60 Mio. €?

9 Planungs- und Steuerungsinstrumente einer Versicherungsagentur

9.1 Notwendigkeit der Auswertung von Geschäftsergebnissen zur Steuerung von Unternehmensentscheidungen

Der Inhaber der in Hamburg ansässigen Mehrfachagentur Fischer & Söhne, Lutz Fischer, eröffnet einen weiteren Betrieb in Dresden. Nach erfolgreichem Studium und Praktikum in verschiedenen Betrieben wird sein Sohn Max künftig in der Geschäftsleitung mitarbeiten. Der Hauptsitz in Hamburg wird weiter vergrößert. Bei Fischer & Söhne in Hamburg arbeiten jetzt insgesamt zehn Mitarbeiterinnen und Mitarbeiter, die teilweise im Innen- oder im Außendienst eingesetzt sind. In Dresden startet der Betrieb mit drei Versicherungskaufleuten. Herr Fischer setzt sich gemeinsam mit Sohn Max als langfristiges Ziel, das Geschäftsvolumen in den nächsten drei Jahren um 30 % zu steigern und auch überregional größere Marktanteile zu gewinnen. Mit den insgesamt dreizehn Angestellten im Innen- und Außendienst sowie weiteren zehn nebenberuflichen Vermittlern verspricht sich die Geschäftsleitung im gesamten norddeutschen Raum eine stärkere Präsenz. Wegen der demografischen Entwicklung in der bundesdeutschen Bevölkerung und der damit verbundenen Probleme der staatlichen Alterssicherungssysteme sieht Herr Fischer die Chance, sehr viel mehr als bisher Produkte der privaten und der betrieblichen Altersvorsorge zu vermitteln. Einen weiteren Schwerpunkt sieht er in dem Ziel, seine Versicherungskunden noch stärker an sein Unternehmen zu binden.

Wie können Fischer & Söhne das angestrebte Ziel erreichen?

Um das angestrebte Wachstumsziel zu erreichen, muss die Geschäftsleitung langfristig planen. Die gesetzten Ziele müssen im Einklang stehen mit den Entscheidungen, wie diese Ziele erreicht werden sollen. Um die richtigen Wege zu finden, sind Analysen der gegenwärtigen Situation und der Entwicklungsmöglichkeiten erforderlich. Dazu sind vielfältige Informationen nötig. Sie müssen beschafft und im Hinblick auf die Unternehmensziele aufbereitet werden.

Für die Agentur Fischer & Söhne sind beispielsweise Informationen zur Betriebsgröße ihrer jetzigen gewerblichen Kunden nötig. Auch interessiert sie die wirtschaftliche Lage der mittelständischen Betriebe im norddeutschen Raum, wo sie sich um Neukunden bemühen möchte. In den ostdeutschen Bundesländern möchte sie von dem Standort Dresden aus neue Betriebe mit den Produkten zur betrieblichen Altersversorgung bedienen. Ihr Versicherer liefert ihr die erforderlichen Informationen über die Tarife, Tarifbausteine und Bedingungswerke für die anzubietenden Versicherungsprodukte. Außerdem benötigt sie Unterstützung für Qualifizierungsmaßnahmen ihrer Mitarbeiterinnen und Mitarbeiter im Hinblick auf die neuen Produkte.

Zu den Aufgaben der Geschäftsleitung gehört es, die Planungen in Aktivitäten umzusetzen. Die Wirkungen dieser Entscheidungen müssen kontinuierlich mit den Marktdaten und den eigenen Zielen verglichen werden, damit ggf. steuernd eingegriffen werden kann. Die Instrumente dazu können sehr vielseitig sein und sind abhängig von dem zu erreichenden Ziel.

Versucht die Agentur z. B. eine stärkere Kundenbindung zu erreichen, dann muss dies operationalisiert werden können. Das heißt, es soll in Zahlen gemessen werden, durch welche Einflussgrößen die Kundenbindung bestimmt wird und wann das gesetzte Ziel als erreicht anzusehen ist.

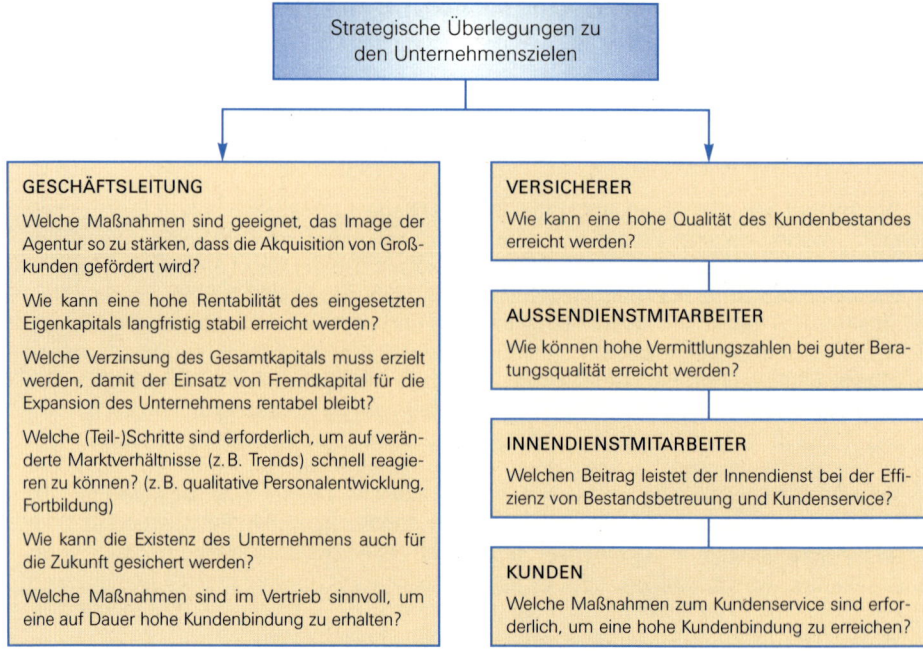

Die Geschäftsleitung könnte als einen bestimmenden (von der Agentur beeinflussbaren) Parameter der Kundenbindung die Qualifikation von Innen- und Außendienst ansehen. Das Ziel könnte z. B. als erreicht angesehen werden, wenn von den Kunden des Bestands jährlich weniger als 3 % die Agentur verlassen.

An all diesen Aufgaben ist typischerweise das so genannte Controlling beteiligt.

In einer Versicherungsagentur wird als „Produkt" die Kundenberatung und das Vermitteln bzw. der Abschluss von Versicherungsverträgen „hergestellt". Dies funktioniert generell nach den gleichen Prinzipien wie in anderen Branchen auch. Herr Fischer wird für die Kostenstellen seines Betriebes Steuerungsgrößen benötigen, die durch geeignete Maßnahmen innerhalb der Kostenstellen im Sinne der Unternehmensziele beeinflusst werden können.

Zusammenhang zwischen Kostenstellen und Steuerungsgrößen einer Versicherungsagentur

Kostenstellen Steuerungsgrößen	Kundenbetreuernder Innendienst	Außendienst	Geschäfts-leitung	Ausbildung	Personal-entwicklung
Kapitalstruktur			X		
Liquiditätssituation			X		
Verwaltungskostensituation	X			X	X
Gewinnsituation			X		
Abschlusszahlen		X			
Abschlussprovision		X			
Kundenmanagement		X			
Qualifikationspotenzial	X	X		X	X

Beispiele:

➤ Die **Steuerungsgröße „Verwaltungskosten"** kann z. B. für den kundenbetreuenden Innendienst daraufhin analysiert werden, wie effizient der Innendienst bei der Kundenbetreuung organisiert ist. Welche Kosten (Kostenartenrechnung) werden durch ihn verursacht und welche Leistungen stehen diesen Kosten gegenüber? Dazu könnten all diejenigen Erträge herangezogen werden, die durch die Tätigkeit des Innendienstes entstehen bzw. erhalten bleiben. Durch das Controlling wird nun versucht, diese Relation in einer sachgerechten kurzen Verhältniszahl zum Ausdruck zu bringen. Wird das geplante Ziel nicht erreicht, können weitergehende Analysen mit Hilfe der Kosten- und Leistungsrechnung kurzfristige Maßnahmen erforderlich machen.

➤ Bei der **Steuerungsgröße „Kundenmanagement"** kann beispielsweise u. a. überprüft werden, in welchen zeitlichen Abständen gewerbliche Kunden durch den Außendienst besucht werden. Auch hier wird vom Controlling eine Kennzahl ermittelt, die diesen Sachverhalt ausdrückt.

Wird die gewünschte Größe nicht erreicht, dann muss über die Terminpläne des Außendienstes noch einmal nachgedacht werden, um sie zu optimieren.

➤ Die **Steuerungsgröße „Liquidität"** spielt für die kurzfristige Zahlungsfähigkeit des Unternehmens eine bedeutsame Rolle. Um neben den laufenden Aufwendungen weitere Mittel für kurzfristige Finanzierungen, z. B. von notwendigen Schulungsmaßnahmen der Mitarbeiter, zur Verfügung zu haben, bedarf es „flüssiger" Mittel. Die Geschäftsleitung hat mit Unterstützung des Controllings dafür zu sorgen, dass nicht jede kurzfristige Maßnahme durch Fremdkapital finanziert werden muss. Regelmäßig vorgelegte Kennzahlen zur Liquidität erleichtern der Unternehmensleitung die Erfüllung dieser Vorgabe.

Kontrollfragen zu Kapitel 9.1

1. *Machen Sie an einem Beispiel deutlich, warum Entscheidungen der Geschäftsleitung an den Unternehmenszielen orientiert sein müssen!*

2. *Welche Problematik ergibt sich aus der Abstimmung zwischen Maßnahme und Unternehmensziel?*

3. *Die Höhe der Abschlussprovision für die Außendienstmitarbeiter kann als Steuerungsgröße für die Aktivität des Außendienstes gesehen werden. Erläutern Sie das Problem der Messbarkeit dieses Zusammenhangs, wenn das Unternehmensziel „Kundenbindung" darüber beeinflusst werden soll!*

Lösung der Kontrollfragen zu Kapitel 9.1

1. ➤ Unternehmerische Entscheidungen beziehen sich auf Maßnahmen wie z. B. die Verbesserung der Qualifikation von Mitarbeitern.

   ➤ Bessere Qualifikationen verbessern z. B. die Arbeitsabläufe oder die Kundenzufriedenheit.

   ➤ Bei verbesserter Kundenzufriedenheit könnte das Unternehmensziel der stärkeren Kundenbindung erreicht werden.

2. Problematisch ist häufig, dass die Wirkung von Maßnahmen und deren Umsetzung nicht eindeutig gemessen werden können. Es sind also geeignete Indikatoren zu finden, die eine gewünschte Wirkung auch tatsächlich messen können.

3. Die Kundenbindung kann durch höhere Kundenzufriedenheit erreicht werden. Zufriedener werden Kunden dann, wenn sie z. B. besseren Service und bessere Beratungsleistungen erhalten. Da dies subjektiv ist, könnte ein Indikator die Stornoquote sein, also wie viele Kunden den Bestand verlassen.

9.2   Controlling

9.2.1   Begrifflichkeiten

Bei der umgangssprachlichen Beschreibung des Begriffs Controlling wird häufig „Kontrolle"
im Vordergrund gesehen. Dies ist so nicht richtig. Der Begriff hat im englischen Sprachraum
eine umfassendere Bedeutung. Controlling leitet sich zwar von „control" ab, ist aber eher mit
„steuern", „regeln", „beeinflussen", „überprüfen" und „lenken" zu übersetzen.

> Mit **Controlling** ist demnach die Planung, Steuerung und Überwachung von
> Unternehmensprozessen mit Hilfe von Messgrößen (Kennzahlen) gemeint.

Es werden also Maßnahmen in Zahlensysteme übersetzt, um so den Weg zum gewünschten
Erfolg einfacher überwachen und steuern zu können. Controllingmitarbeiter sind insofern betriebswirtschaftliche Berater der Entscheidungsträger eines Unternehmens.

Aufgaben des Controllings

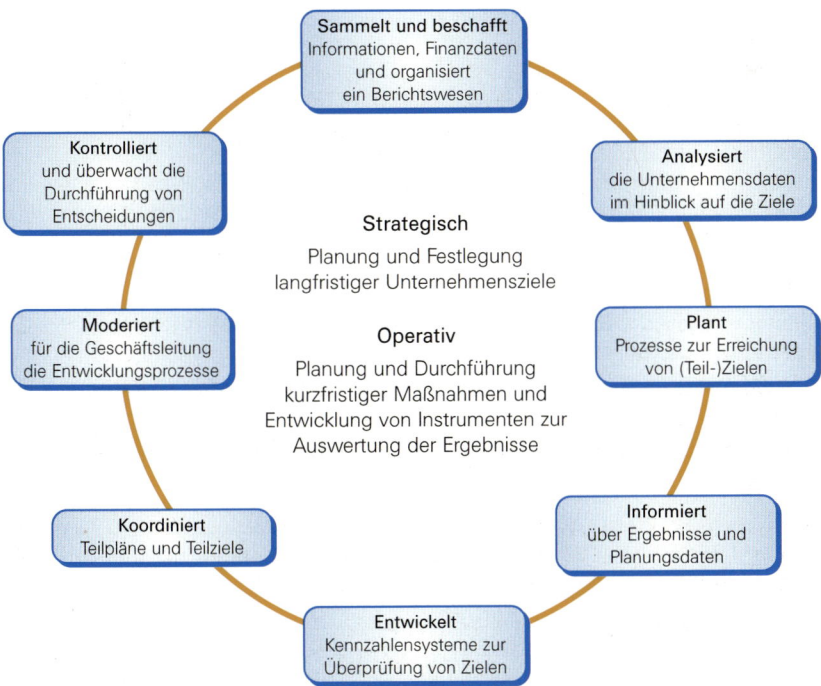

9.2.2 Integration in die Geschäftsführung

Herr Fischer hat Entscheidungen zu treffen, die in der Zukunft zu den gewünschten Ergebnissen führen sollen. Solche Entscheidungen sind stets mit Unsicherheiten und Risiken behaftet. Eine wesentliche Basis seiner Entscheidungen liefern die Daten und Zahlen seines eigenen Unternehmens. Die Finanzbuchhaltung und die Kosten- und Leistungsrechnung stellen zahlreiche Daten zur Verfügung. Diese Daten sind in ihrem Originalzustand zu komplex und müssen deshalb aufbereitet werden.

Die Bilanz- und Erfolgsdaten der Finanzbuchhaltung geben zunächst einen Überblick über das Unternehmensergebnis (nicht das Betriebsergebnis!) und die Kapital- und Vermögensverhältnisse. Die Kosten- und Leistungsrechnung stellt Informationen über die Art der entstandenen Kosten und Leistungen, deren Herkunft und Verursacher sowie die Verantwortlichkeiten der Kosten zur Verfügung. Mit ihr wird das Betriebsergebnis (also der Erfolg aus dem eigentlichen Betriebszweck) und das neutrale Ergebnis (also dem wirtschaftlichen Erfolg, der nicht aus dem Verkauf von Versicherungen dieser Rechnungsperiode resultiert) ermittelt. Dieses Material ist sehr umfangreich und muss in einzelne Messgrößen zusammengefasst werden.

9.2.3 Zusammenhang zwischen Controlling und Rechnungswesen

Die **Finanzbuchhaltung** als Teil des betrieblichen Rechnungswesens unterliegt relativ strengen rechtlichen Vorgaben. Sie hat erhebliche Außenwirkung, weil sie eine Rechenschaftslegungsfunktion gegenüber der Öffentlichkeit erfüllt. Deshalb sind die betrieblichen Vorgänge nach festgelegten Regeln zu erfassen und in Zahlen ausgedrückt zu verarbeiten. Insofern arbeitet die Finanzbuchhaltung **vergangenheitsorientiert**. Die **Kosten- und Leistungsrechnung** als zweiter wesentlicher Teil des Rechnungswesens ist im Unterschied dazu nicht an gesetzliche Vorgaben gebunden. Sie beschäftigt sich auf der Basis der Zahlen der Finanzbuchhaltung mit der „tatsächlichen" Ergebnisrechnung, indem sie die wirklichen Gegebenheiten des Betriebes in einer kalkulatorischen Ergebnisrechnung berücksichtigt.

> **Beispiel:**
> Für Herrn Fischer stehen die Zahlen der vom Finanzamt vorbestimmten bilanziellen Wertminderungen für seinen Fuhrpark zur Verfügung. Andererseits zeigt ihm die Kosten- und Leistungsrechnung u. a. den kalkulatorisch ermittelten tatsächlichen Werteverzehr der Firmenfahrzeuge entsprechend ihrer Nutzung und ihres Zustandes an.

Um eine realistische Einschätzung der eigenen Wettbewerbssituation zu erreichen, liefert die Kosten- und Leistungsrechnung z. B. auch Informationen über kalkulatorische Kosten, die in der Finanzbuchhaltung keine Rolle spielen (dürfen), wie z. B. der kalkulatorische Eigenkapitalzins. Das **Controlling** ist auf die Zulieferfunktion beider Bereiche des Rechnungswesens angewiesen. Es erfasst diese Ergebnisse im Hinblick auf die gesetzten Unternehmensziele, analysiert und bereitet sie auf. Ausgehend von dem gelieferten Ist-Zustand wird ein geplanter Soll-Zustand beschrieben. Um ihn zu erreichen, werden Maßnahmenempfehlungen und Messzahlen als Maß für die Zielerreichung entwickelt. Da sich die Wirtschaftsbedingungen ständig verändern, müssen auch vom Controlling stetig Informationen dazubeschafft, analysiert und für Anpassungsnotwendigkeiten ausgewertet werden. Insofern ist das Controlling „dynamisch" und stark **zukunftsorientiert**.

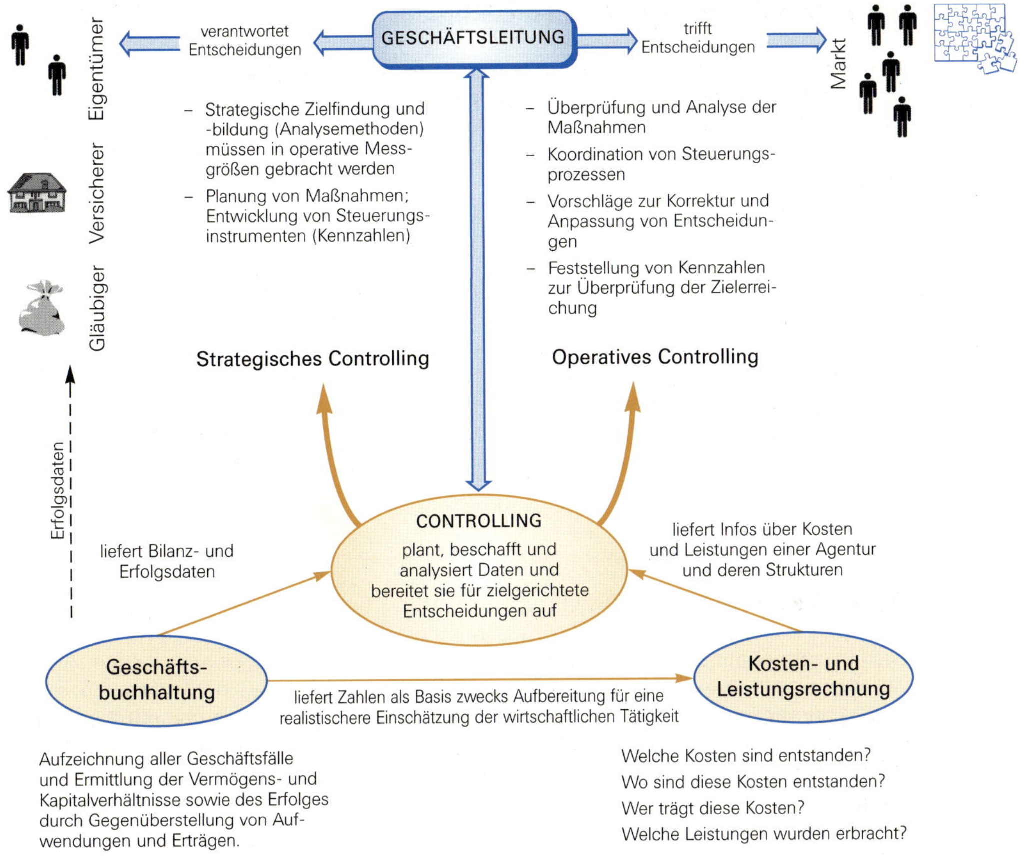

Eigentümer

Versicherer

Gläubiger

Erfolgsdaten

GESCHÄFTSLEITUNG

verantwortet
Entscheidungen

trifft
Entscheidungen

Markt

– Strategische Zielfindung und
  -bildung (Analysemethoden)
  müssen in operative Messgrößen gebracht werden
– Planung von Maßnahmen;
  Entwicklung von Steuerungsinstrumenten (Kennzahlen)

– Überprüfung und Analyse der
  Maßnahmen
– Koordination von Steuerungs-
  prozessen
– Vorschläge zur Korrektur und
  Anpassung von Entscheidun-
  gen
– Feststellung von Kennzahlen
  zur Überprüfung der Zielerrei-
  chung

Strategisches Controlling

Operatives Controlling

CONTROLLING
plant, beschafft und
analysiert Daten und
bereitet sie für zielgerichtete
Entscheidungen auf

liefert Bilanz- und
Erfolgsdaten

liefert Infos über Kosten
und Leistungen einer Agentur
und deren Strukturen

**Geschäfts-
buchhaltung**

liefert Zahlen als Basis zwecks Aufbereitung für eine
realistischere Einschätzung der wirtschaftlichen Tätigkeit

**Kosten- und
Leistungsrechnung**

Aufzeichnung aller Geschäftsfälle
und Ermittlung der Vermögens- und
Kapitalverhältnisse sowie des Erfolges
durch Gegenüberstellung von Aufwendungen und Erträgen.

Welche Kosten sind entstanden?
Wo sind diese Kosten entstanden?
Wer trägt diese Kosten?
Welche Leistungen wurden erbracht?

Kontrollfragen zu Kapitel 9.2.1 bis 9.2.3

1. Controlling hat einen umfassenden „Aufgabenkranz".

   1.1 Begründen Sie, weshalb man sagen kann, dass das Controlling ein
   zentrales Arbeitsmittel für die Entscheidungsträger eines Unternehmens ist!

   1.2 Erläutern Sie, inwiefern die Behauptung stimmt, dass das Rechnungswesen eines Unternehmens ein Arbeitsmittel für das Controlling darstellt!

2. Inwiefern stimmt die Aussage, dass das Controlling für ein Unternehmen
   eine zentrale Koordinationsaufgabe für alle betrieblichen Bereiche hat?

3. Begründen Sie, weshalb Controlling nur teilweise etwas mit kontrollieren
   zu tun hat!

Lösungen der Kontrollfragen zu Kapitel 9.2.1 bis 9.2.3

1. 1.1 Die Controllingaufgaben sind sehr vielfältig. Als Arbeitsmittel der Geschäftsleitung kann es insofern bezeichnet werden, als die Entscheidungsträger wesentlich darauf angewiesen sind, dass ihnen ausreichend Informationen und Unternehmensdaten geliefert werden. Das können grundsätzlich auch andere betriebliche Abteilungen. Die Besonderheit beim Controlling besteht darin, die Informationen aller anderen Abteilungen systematisch zu sammeln, im Hinblick auf konkrete Fragestellungen zu analysieren und für die Pläne und Ziele des Unternehmens als Entscheidungsgrundlage vorzubereiten.

   1.2 Das Rechnungswesen ist nicht geschaffen, um dem Controlling Daten zu liefern. Die Finanzbuchhaltung und die Kosten-Leistungsrechnung erfüllen jeweils ganz eigene Aufgaben. Aber das Controlling bedient sich dieser beiden Rechnungslegungen, um deren Daten für andere Zwecke zu verarbeiten.

2. Unternehmensprozesse werden initiiert, um bestimmte Ziele zu erreichen. Die einzelnen Bereiche eines Betriebes erfüllen Aufgaben, die einen Teilbeitrag zum Gesamtziel leisten. Damit die Summe aller Teilziele und -pläne letztlich in die gleiche Richtung der Unternehmensziele führen, bedarf es der systematischen Koordination. Das heißt, die Teilziele werden vom Controlling stetig auf ihren Beitrag hin überprüft, um ggf. Korrekturen vornehmen zu können.

3. Sämtliche Maßnahmen und Entscheidungen bewirken Geschäftsprozesse. Ob diese Prozesse die gewünschten Ergebnisse bringen, muss permanent überprüft werden. Insofern hat das Controlling eine Kontrollfunktion. Damit Maßnahmen und Entscheidungen getroffen werden können, sind viele Vorarbeiten zu leisten – angefangen von der Beschaffung der Daten, deren Analyse, die Aufbereitung für die Ziele einschließlich der Planung von Teilzielen bis hin zur Entwicklung von Überwachungsinstrumenten (Kennzahlen) und zur Information, Koordination und Moderation erfüllt das Controlling im Idealfall ein breites Spektrum von Aufgaben.

9.2.4 Analysemethoden

Je nach Fragestellung sind grundsätzlich unterschiedliche Herangehensweisen sinnvoll.

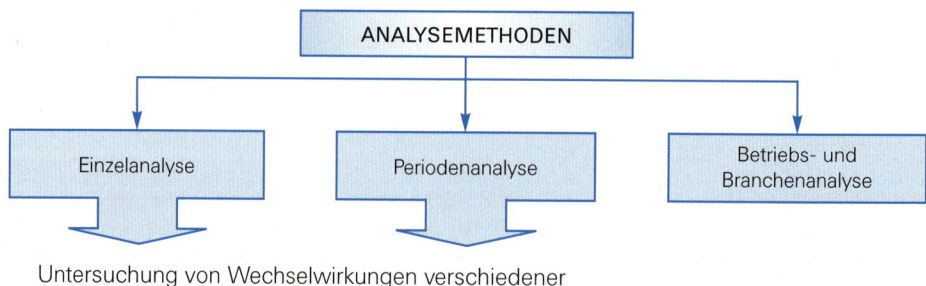

Untersuchung von Wechselwirkungen verschiedener
Größen miteinander

9.2.4.1 Einzelanalyse

Sollen die Ergebnisse einer Rechnungsperiode daraufhin untersucht werden, inwieweit bestimmte gesetzte Ziele erreicht wurden, spricht man von **Einzelanalyse.** Die Zahlen des Geschäftsberichts werden dabei isoliert von früher erreichten Werten oder Werten anderer Unternehmen betrachtet. Die Ergebnisse werden mit den erwarteten oder geplanten (Soll-)Werten verglichen.

Beispiel:

Einzelanalyse
➤ Wurde die geplante Steigerung des Beitragsvolumens erreicht?
➤ Konnte die geplante Vertragsstückzahl in den Sachsparten erreicht werden?
➤ Inwieweit konnte die höhere Produktion mit den vorhandenen Mitarbeitern geschafft werden?

Gemessen wird der Grad der Zielerreichung. Eine Aussage über die Entwicklung der Agentur ist damit nicht ohne Weiteres möglich.

9.2.4.2 Periodenanalyse

Werden die Ergebnisse mit den Werten früherer Rechnungsperioden verglichen, spricht man von **Perioden- oder Zeitanalysen.** Damit sind weitergehende Interpretationen möglich, weil Entwicklungstendenzen transparent werden. Die Auswirkungen von zufälligen Ereignissen wie z.B. ein hoher Schaden bei einem Großkunden ist damit besser aus der Unternehmensentwicklung herauszuhalten. Die Wirkungen unternehmensspezifischer Maßnahmen können im Zeitablauf besser analysiert werden.

Beispiel:

Periodenanalyse
➤ Wie hat sich das Beitragsvolumen in der Kfz-Haftpflicht in den letzten 5 Jahren verändert?
➤ Inwieweit haben sich die Schulungsmaßnahmen der Mitarbeiter auf das Kündigungsverhalten der VN ausgewirkt?

9.2.4.3 Betriebs- und Branchenanalyse

Schließlich können Vergleiche mit anderen Versicherungsagenturen, die in der/den gleichen Sparte(n) tätig sind, vorgenommen werden. In der Regel wird damit das Ziel verfolgt, die eigene Marktstellung besser einschätzen zu können. Üblich ist darüber hinaus auch ein Vergleich mit den Durchschnittswerten z.B. aller Agenturen, die für einen VR tätig sind.

Beispiel:

Betriebs- und Branchenanalyse
➤ Inwieweit konnte der Anteil der Agentur an der Bestandssumme des VR gehalten werden?
➤ Liegt die Zahl der vorzeitigen Vertragsauflösungen über dem Durchschnitt der anderen Agenturen?

Solche **Betriebs- bzw. Branchenanalysen** sind jedoch nicht unproblematisch. Da nicht von homogenen Betriebs- und Bestandsstrukturen auszugehen ist, wird der Aussagegehalt umso problematischer, je heterogener die Branchenmitglieder zusammengesetzt sind. Für sinnvolle Vergleiche wären deshalb ausgewählte Betriebe zu finden, deren Erfolgs- und Bestandsgrößen auf ähnliche Betriebsstrukturen hinweisen. Orientierungsgrößen könnten z. B. sein:

➤ die betriebenen Sparten,

➤ das Beitragsvolumen,

➤ die Anzahl der Verträge,

➤ die Vertriebsstrukturen,

➤ Vergleiche nur mit Vertretern, die Agenturverträge haben.

Weitere Möglichkeiten, Unternehmen hinsichtlich ihrer Betriebsergebnisse vergleichbar zu machen, bietet die Kosten- und Leistungsrechnung (vgl. Kapitel 6). Die aufbereiteten Zahlen lassen lediglich eine Auswertung im Hinblick auf das Versicherungsgeschäft zu. Allgemeinere betriebswirtschaftliche Auswertungen verlangen nach weiteren Informationen, die als Entscheidungsgrundlagen dienen können.

Wichtige Entscheidungsgrundlagen können z. B. sein:

➤ die Entwicklung der Aufwendungen für den Vertrieb,

➤ die Aufwendungen für die Bestandsbetreuung,

➤ die Zahl der gekündigten Verträge,

➤ die Höhe der Provisionen für Untervertreter und deren Provisionsstruktur,

➤ die Effektivität der Verwaltung (Innendienst).

Generell ist es sinnvoll zu überprüfen, wie sich Werte, z. B. aus der GuV-Rechnung und der Bestandsentwicklung, zueinander verhalten. Häufig stehen bestimmte Größen wie z. B. der Provisionsertrag und die Zahl der Neuverträge in einer positiven (gleichgerichteten) Wechselbeziehung (Korrelation). Steigt die Zahl der Neuverträge, steigt auch die Provision. Umgekehrt können Zusammenhänge „negativ korrelieren", z. B. können steigende Aufwendungen für Schulungsmaßnahmen die Zahl der Vertragskündigungen verringern. Wenn man diese Wechselwirkungszusammenhänge zwischen unterschiedlichen Größen kennt, kann der Erfolg getroffener Maßnahmen zur Beeinflussung einer Größe an der Wirkung auf die andere Größe gemessen werden.

9.2.4.4 Zusammenfassung

Ziel:

Betriebswirtschaftliche Problemstellungen mit Hilfe von Informationen aus dem Geschäftsbericht interpretieren.

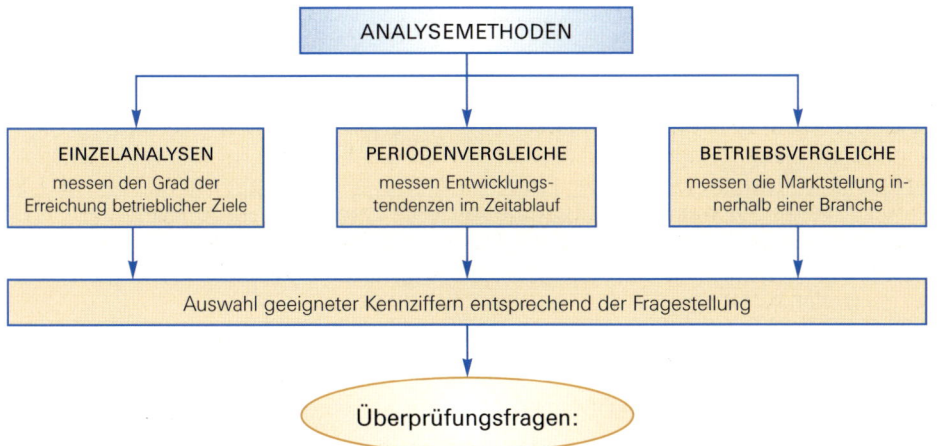

Überprüfungsfragen:

➤ Wurde die angestrebte Erhöhung der Stückzahl neuer Verträge nach den Qualifizierungsmaßnahmen der Mitarbeiter erreicht?

➤ Hat die Betonung der Kundenorientierung zu einer Verringerung der Stornoquote geführt?

➤ Konnte der Anstieg der Verwaltungskosten in den letzten Jahren gestoppt werden?

➤ Konnte die Position der Agentur, gemessen an der Beitragssumme, im Vergleich mit anderen Vermittlern des VU gehalten werden?

9.3 Ausgewählte Kennzahlen

9.3.1 Was sind Kennzahlen, wozu dienen sie und welchen Nutzen haben sie?

Die Expansion von Fischer & Söhne ist durch Investitionen gekennzeichnet und damit verbunden mit Risiken des Misserfolgs. Letztlich liegt es nicht nur an den Bemühungen der Mitarbeiter und der Geschäftsleitung, ob das gesetzte Ziel erreicht wird. Externe Einflüsse durch die wirtschaftliche Entwicklung, z. B. der Einkommensverhältnisse der Bevölkerung, oder die Konkurrenz durch andere Agenturen sind nicht vorhersehbar. Sollte sich die gewünschte Entwicklung nicht realisieren lassen, müssen kurzfristig Entscheidungen getroffen werden, um bereits eingeleitete Maßnahmen zu korrigieren. Dies setzt voraus, dass während der Entwicklung Indikatoren (Messgrößen) entwickelt wurden, die die Geschäftsprozesse permanent überwachen. Auch diese Aufgabe gehört zum Controlling.

Das heißt, es müssen je nach Bedarf und Fragestellung die Geschäftsprozesse so ausgewertet werden, dass keine langatmigen Berichte verfasst, sondern möglichst prägnante Messwerte berechnet werden. Diese Messwerte sollen so konstruiert sein, dass sie den gewünschten Zweck auch tatsächlich erfassen.

Es gibt keine gesetzlich vorgeschriebenen Kennziffern. Vielmehr werden nur die Zahlen ermittelt, die für den gewünschten Zweck und die beobachtete Situation sinnvolle Aussagen ermöglichen. Dabei ist die Gefahr von Fehlschlüssen groß, wenn in einem Vergleich von Zahlen die Zusammenhänge der beobachteten Sachverhalte nicht mit in die Interpretation einfließen. Wird z.B. der Krankenstand der Mitarbeiter für ein halbes Jahr festgestellt, dann muss berücksichtigt werden, für welche Monate bzw. welche Jahreszeit diese Zahl gilt. Außerdem ist darauf zu achten, dass die Messwerte auch tatsächlich das messen, was sie messen sollen. Hat die Agentur beispielsweise Fortbildungsanstrengungen für die Mitarbeiter unternommen, dann sind die Kosten dafür alleine keine sinnvolle Messgröße für den Erfolg. Waren die Schulungsmaßnahmen z.B. auf die Nutzung von DV-Technologie gerichtet, dann könnten sich positive Wirkungen an den Bearbeitungszeiten oder dem Umfang des Kundenservice messen lassen.

> Die richtig konstruierten oder ausgewählten Messwerte zur Beobachtung ganz bestimmter Sachverhalte verbunden mit einer sachgerechten Interpretation verschaffen der Geschäftsleitung die Basis, um richtige Entscheidungen treffen zu können.

Fehlschlüsse aus den Messwerten und damit Fehlentscheidungen werden umso eher vermieden, je besser die Messwerte die Geschäftsprozesse abbilden und charakterisieren. Kennzahlen haben also die Aufgabe, mehr oder weniger komplexe Sachverhalte in einer einzigen Zahl auszudrücken.

Kennzahlen erfüllen verschiedene Funktionen:

Funktionen	Beschreibung
Vorgaben (Sollwerte)	Formulierung von Zielen durch Vorgabe von (kritischen) Messwerten für die Zielerreichung
	Beispiele: Stornoquote $< 6\%$ Eigenkapitalverzinsung $> 10\%$
Operationalisierung von Zielen	Kundenzufriedenheit und Kundenorientierung kann nicht unmittelbar mit einem Ergebnis der Erfolgsrechnung gemessen werden. Deshalb können beispielsweise verschiedene Stornoquoten als Maß festgelegt werden.
	Beispiele: ➤ bezogen auf den Bestand als Maß für die Betreuungsqualität durch den Innen- und Außendienst ➤ bezogen auf das Neugeschäft als Maß für die Beratungsqualität beim Abschluss von Verträgen
Kontrolle	Kontinuierliche Überwachung der angestrebten Sollwerte mit den Istwerten
	Beispiele: ➤ Vergleich der tatsächlichen Kosten mit dem geplanten Wert ➤ Liegen die tatsächlichen Abschlusszahlen auf dem Niveau der geplanten Werte?
Steuerung	Bei Nichterreichen festgelegter Messwerte müssen bestimmte Maßnahmen zur Korrektur getroffen werden.
	Beispiel: Überschreitet die Schadenquote eines gewerblichen Kunden 85%, dann sind mit ihm Maßnahmen zur Risikominderung zu treffen.

Funktionen	Beschreibung
Information	Betriebliche Ergebnisse werden kontinuierlich erfasst und ausgewertet und den Entscheidungsträgern vermittelt.
	Beispiel: Die Abschlusszahlen aller Außendienstmitarbeiter eines Monats werden gesammelt und aufbereitet.
Kommunikation	Systematische Aufbereitung von Kennzahlen ist die Basis für eine sach-gerechte Diskussion zwischen den Entscheidungsträgern. Dokumentierte Sachverhalte stellen für alle Beteiligten eine einheitliche Gesprächsgrundlage dar.
	Beispiel: Der Erfolg der Außendienstmitarbeiter beim Abschluss von Verträgen wird als eindeutiger Messwert ermittelt.

Arten von Kennzahlen

Kennzahlen sollen in stark komprimierter Form einen Sachverhalt mit einem einzigen oder wenigen Werten charakterisieren

ABSOLUTE KENNZAHLEN

Können ohne Weiteres aus der Bilanz und der GuV-Rechnung entnommen werden

Beispiele:
Höhe der Abschluss-provision
Höhe der Telekommuni-kationskosten
Höhe der Forderungen gegen das VU
Höhe der Verbindlichkeiten bei Untervertretern

VERHÄLTNISZAHLEN

Stellen mehrere Zahlenwerte zueinander in eine Beziehung. Damit können auch unterschiedliche Sachverhalte in eine Relation gebracht werden

Gliederungszahlen

drücken das Verhält-nis einer Teilmenge zur Gesamtmenge aus.

Beispiele:
Anteil der Abschluss-provision an der Gesamtprovision
Anteil der Kasko-verträge an allen Kfz-Verträgen
Krankenstand

Beziehungszahlen

Es werden unter-schiedliche absolute Zahlenwerte aus ver-schiedenen Sachver-halten zueinander in Beziehung gesetzt.

Beispiele:
Durchschnittliche Telefonkosten je Mitarbeiter
Anteil der ausgebil-deten Versicherungs-kaufleute an allen Mitarbeitern
Deckungsbeitrag je Außendienst-mitarbeiter

Indexzahlen

setzen vergleichbare Werte zueinander ins Verhältnis und drü-cken deren Verände-rung in Bezug auf einen Basiswert (=100) aus.

Beispiele:
Baupreis in der gleitenden Neuwert-versicherung
Lebenshaltungs-kostenindex

RICHTZAHLEN

kennzeichnen den Vergleich eigener Werte mit denen von Wettbewerbern (=Benchmarking)

Beispiele:
Marktanteile eines Versicherers
Vergleich der Vertrags-abschlüsse der jeweiligen Vertriebswege
Vergleich des Call-Center-Einsatzes in bezug auf die Kundenzufriedenheit

15 Drapatz/Franke/Hess – ISBN 978-3-8120-0494-7

Pro und Contra bei dem Einsatz von Kennzahlen:

PRO	CONTRA
➤ Durch die permanente Erfassung von Kennzahlen können Abweichungen von Zielen, Schwachstellen etc. frühzeitig erkannt werden.	➤ Interpretationen sind nicht allgemein gültig, sondern abhängig von der Kennzahlenkonstruktion.
➤ Durch die Ermittlung von Kennzahlen als „Schwellenwert" können rechtzeitig Maßnahmen zwecks Gegensteuerung getroffen werden.	➤ Gefahr, dass Kennzahlen ausgewählt werden, die den Zielen am ehesten entsprechen.
➤ Komplexe betriebliche Sachverhalte können stark komprimiert dargestellt werden.	➤ Eine Kennzahl charakterisiert nur einen Teilbereich ökonomischer Zusammenhänge.
➤ Ziele und Zielgrößen können quantitativ exakt operationalisiert werden.	➤ Qualitative Aspekte sind häufig nicht operationalisierbar.
➤ Bei sachgerechter Kennzahlenkonstruktion können betriebliche Entwicklungen in präziser Form beschrieben werden.	➤ Scheinobjektivität, wenn andere Sichtweisen vernachlässigt werden wie z. B. Mitarbeiterzufriedenheit.

9.3.2 Kennzahlen zur Vertriebs- und Kundenorientierung

Der Inhaber der Agentur Fischer & Söhne hat anlässlich seiner Firmenvergrößerung mit der ALBATROS Versicherungs AG seinen Agenturvertrag überarbeitet. Die ALBATROS und Lutz Fischer haben sich geeinigt, dass die Vergütung für die Tätigkeit der Agentur in den Sachversicherungssparten stärker kundenbindungs- und leistungsorientiert gestaltet wird. Fischer & Söhne bekommen neben der Abschlussprovision für Neuverträge eine Zuwachsprovision in Abhängigkeit von der jährlichen Beitragssteigerung. Darüber hinaus wird eine Gewinnbeteiligung in Abhängigkeit vom Beitragsvolumen und von der Höhe der Schadenzahlungen für den Bestand der Agentur gezahlt. Die Höhe der Gewinnbeteiligung ist abhängig von der Schadenbelastung der Agentur-Kunden und davon, wie viele VN ihre Verträge kündigen. Im Hinblick auf die gewünschte Kundenbindung wird unter bestimmten Voraussetzungen eine Verlängerungsprovision und bei entsprechend geringer Anzahl von Vertragsauflösungen eine Sonderprovision gewährt.

Mit welchem Instrumentarium kann Fischer die Arbeit seines Unternehmens so analysieren, dass er während des Geschäftsjahres verfolgen kann, wie sich die Vergütungen entwickeln?

Da die Zahlen aus der GuV-Rechnung und der Bilanz stichtagsbezogen sind, sind sie nicht geeignet, Auskunft z. B. über die Höhe der zu erwartenden Gewinnbeteiligung zu geben. Herr Fischer benötigt Indikatoren (Messgrößen), die ihm anzeigen, wie sich die Geschäftsprozesse entwickeln, also z. B. wie aktiv sich der Außendienst um das Neugeschäft bemüht und wie gut die Qualität der Kundenberatung ist.

Solche Kennzahlen zur Vertriebs- und Kundenorientierung sind:

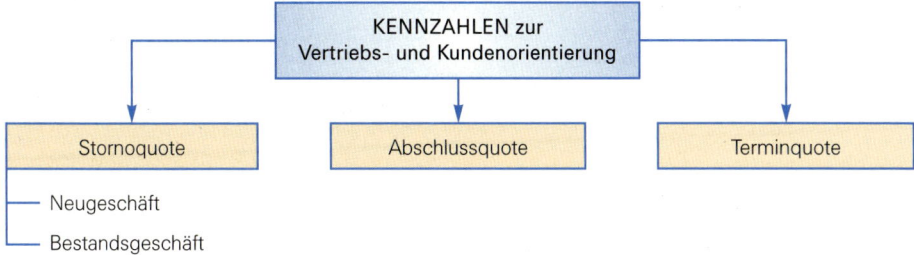

9.3.2.1 Stornoquote

Der Agent Lutz Fischer ist daran interessiert, dass möglichst wenige Kunden seinen Bestand verlassen. Der Erfolg von Maßnahmen, die z. B. zur Qualifizierung der Kundenbetreuung ergriffen wurden, kann u. a. an der so genannten **Stornoquote für das Bestandsgeschäft** gemessen werden. Sie wird ermittelt aus dem Verhältnis der Beitragssumme gekündigter Verträge (aus dem Bestand, also ohne Neuverträge) zum gesamten Beitrag des Agenturbestandes einer Sparte.

$$\text{Stornoquote (für den Bestand einer Sparte)} = \frac{\text{Beiträge aller gekündigten Verträge} \cdot 100}{\text{Summe aller Beiträge}}$$

Eine Stornoquote von z. B. 8 % besagt, dass von 100,00 € Beiträgen 8,00 € durch Kündigung verloren gegangen sind. Lutz Fischer müsste dann versuchen, nach einer Analyse der Kündigungsgründe geeignete Maßnahmen zu veranlassen, um diese Quote zu senken. Die Höhe seiner Vergütung (Gewinnbeteiligung) kann von der Höhe dieser Stornoquote abhängig sein, d. h., der Provisionssatz steigt mit sinkender Stornoquote. Zwischen diesen beiden Parametern gibt es also eine negative Korrelation.

Ein Problem dieser Kennzahl ist es, dass die Quote schon deshalb hoch sein kann, weil nur wenige Verträge mit hohen Beitragssummen aufgelöst werden. Ein Maß für die Zufriedenheit der Kunden ist diese Quote deshalb nur mit Einschränkungen.

Gegebenenfalls muss Lutz Fischer auch über die Gestaltung der Vergütung seiner (nebenberuflichen) Außendienstmitarbeiter nachdenken. Ist der finanzielle Druck zum Verkauf zu hoch, dann besteht die Gefahr, dass der Außendienst nicht qualifiziert genug berät und Kunden kurze Zeit später den Vertrag wieder kündigen. Ein Maß für diese Qualität ist die **Stornoquote für das Neugeschäft.** Sie wird z. B. ermittelt aus:

$$\text{Stornoquote (Neuverträge einer Sparte)} = \frac{\text{Stückzahl gekündigter Neuverträge} \cdot 100}{\text{Stückzahl aller Neuverträge (bis zum Ende der Stornohaftung)}}$$

Eine Quote von 10 % besagt, dass von 100 Neuverträgen bzw. Kunden 10 Verträge gekündigt wurden. Die Neuvertragsstornoquote kann auch bezogen werden auf die Beiträge des Neugeschäfts.

Für Lutz Fischer ist es wichtig, die Vergütung so zu gestalten, dass der Verkaufsanreiz ausreichend hoch ist (z. B. durch das Verhältnis aus Fixum und Provision), aber nicht die Notwendigkeit für den Mitarbeiter entsteht, aus finanziellen Gründen unbedingt verkaufen zu müssen. Eventuell sind begleitende Schulungs- und Betreuungsmaßnahmen sinnvoll, sofern Mängel bei der Beratung Kündigungsgründe darstellen. Die im Agenturvertrag verabredete Zuwachsprovision ist abhängig von dem Anstieg des Beitragsvolumens. Stornierungen reduzieren den Gesamtbeitrag und damit auch die Zuwachsprovision. Darüber hinaus sind i. d. R. Vereinbarungen zur Provisionshaftung (Abschlussprovision) getroffen worden, wenn Verträge vorzeitig gekündigt werden.

9.3.2.2 Abschlussquote

Viele Kunden sind im Zeitalter der umfassenden Informationstechnik aufgeklärter oder haben das Empfinden, es zu sein. Dennoch ist die Beratung bei Verträgen, die evtl. über viele Jahre laufen, in der Regel auch aus Sicht des Kunden erforderlich. Das Produkt „Versicherungsschutz" ist generell in hohem Maße erklärungsbedürftig. Insbesondere in der Lebens- und Krankenversicherung des Privatkundengeschäfts, aber auch im gewerblichen Geschäft ist eine bedarfsorientierte Aufklärung notwendig. Nur dann kann ein passendes Produkt gefunden werden. Unsichere Kunden benötigen auf jeden Fall eine qualifizierte Beratung in der Regel durch Außendienstmitarbeiter. Dies führt in der Praxis dazu, dass sich potenzielle Kunden evtl. durch verschiedene Versicherungsvermittler beraten lassen. Und bei starkem Wettbewerbsdruck steigt dann nicht unbedingt die Qualität der Kundenberatung. Für Agenturinhaber Fischer ist demnach ein Indikator für die Qualität des Außendienstes, bei wie vielen Kundenbesuchen es tatsächlich zu einem Vertragsabschluss kommt. Diese Kennzahl nennt man Abschlussquote.

$$\text{Abschlussquote} = \frac{\text{Zahl erfolgreicher Kundentermine} \cdot 100}{\text{Zahl wahrgenommener Kundentermine}}$$

Gemessen wird damit, wie effektiv der Außendiensteinsatz ist. Je erfolgreicher die Beratungen, desto näher wird diese Kennzahl bei 100 % liegen. Führen alle wahrgenommenen Kundentermine zu einem Vertragsabschluss, dann ist unter dem Gesichtspunkt der Vertriebsorientierung das Maximum erreicht.

Wird Lutz Fischer z. B. durch Änderungen der Vergütungsregelungen den Erfolgsdruck für seine Außendienstmitarbeiter erhöhen, dann könnte zwar die Abschlussquote steigen, gleichzeitig besteht aber das Risiko der schlechteren Kundenorientierung, die zu einer höheren Stornoquote führen kann.

Beispiel:

Der Außendienstmitarbeiter Sven Bruns hatte im ersten Quartal insgesamt 300 Kundentermine wahrgenommen, wovon 190 zu Vertragsabschlüssen geführt haben. Im selben Zeitraum haben von den 190 Neukunden 20 Kunden den Vertrag vorzeitig aufgelöst. Die Abschlussquote beträgt dann 63 % und die Stornoquote 10,53 % bezogen nur auf diesen Mitarbeiter.

Würde es durch verkaufsorientierte Schulungsmaßnahmen dazu kommen, dass Herr Bruns 220 Neuverträge bringt und die Vertragsstornierungen dann beispielsweise auf 30 Kunden ansteigen, dann wäre die entsprechende Kennzahlenkombination: Abschlussquote 73,33 %, Stornoquote 13,64 %.

Diese Wirkungsrichtung ist nicht zwangsläufig gegeben. Es können auch andere Gründe zu einem Anstieg der Stornoquote führen, die nichts mit der Qualität der Beratung zu tun haben.

An diesem Beispiel wird deutlich, dass einzelne Kennzahlen nicht isoliert betrachtet werden können, sondern stets auch damit verbundene Sachverhalte einzubeziehen sind. Das Beispiel zeigt auch, dass durch geeignete Kombinationen von Kennzahlen die Wirkungen komplexer Zusammenhänge besser verdeutlicht werden können.

9.3.2.3 Terminquote

Der zuvor geschilderte Sachverhalt kann zu Fehlschlüssen führen, wenn man alleine die Kennzahlen Abschluss- und Stornoquote betrachtet. Eine Abschlussquote von 100 % wird z. B. bereits dann erreicht, wenn nur fünf Kunden erfolgreich besucht wurden. Die absolute Zahl der wahrgenommenen Termine kann nicht vernachlässigt werden. Sinnvoll erscheint es deshalb, wenn zusätzlich erfasst wird, wie viele Kundentermine vereinbart und welche dann tatsächlich zustande gekommen sind. Angesichts der zeitlichen Hektik, in der sich viele Menschen befinden, werden viele Verabredungen nicht eingehalten, weil sie nicht zwingend als verbindlich angesehen werden oder weil z. B. Konkurrenztermine bereits erfolgreich wahrgenommen worden sind. Da unangemeldete Besuche nicht erlaubt sind, müssen Verabredungen mit Kunden schriftlich vorbereitet werden. Dies kann auch über das Internet geschehen. Aber gerade die damit verbundene Anonymität erhöht aus Sicht vieler Kunden die Unverbindlichkeit einer Terminabsprache. Wie erfolgreich Terminvereinbarungen sind, wird mit der so genannten Terminquote gemessen.

$$\text{Terminquote} = \frac{\text{Zahl zustande gekommener Kundentermine} \cdot 100}{\text{Zahl der vereinbarten Kundentermine}}$$

Sie ist ein Maß dafür, wie erfolgreich Kundentermine vereinbart werden. Eine Quote von z. B. 70 % besagt, dass es bei 100 vereinbarten Terminen in 70 Fällen tatsächlich zu einer Beratung kommt.

Beispiel:

Aus dem Tätigkeitsbericht des Außendienstmitarbeiters Sven Bruns gehen folgende Zahlen hervor:

	April	Mai	Juni
Vereinbarte Kundentermine	55	50	62
Zustande gekommene Kundentermine	43	45	50
Erfolgreiche Kundentermine	35	39	40
Vorzeitig aufgelöste Neuverträge	4	2	7

Die Auswertung durch das Controlling von Sohn Max Fischer ergibt folgende Kennzahlen für das zweite Quartal:

Terminquote	$\frac{(43 + 45 + 50)}{(55 + 50 + 62)} = \frac{138}{167} \cdot 100$	82,63 %
Abschlussquote	$\frac{(35 + 39 + 40)}{(43 + 45 + 50)} = \frac{114}{138} \cdot 100$	82,61 %
Stornoquote	$\frac{(4 + 2 + 7)}{(35 + 39 + 40)} = \frac{13}{114} \cdot 100$	11,40 %

Die Bewertung dieser Kennzahlenkombination hängt im wesentlichen davon ab, welche Größen in der Vergangenheit erreicht wurden und welche Ziele zwischen Geschäftsleitung und Mitarbeiter vereinbart worden sind. Gegebenenfalls können auch Vergleichswerte mit anderen Außendienstmitarbeitern herangezogen werden.

Auf den ersten Blick scheinen die Termin- und Abschlussquote akzeptabel zu sein. Je nachdem, über welche Wege die Kundenkontakte angebahnt wurden, stellen diese Messgrößen mehr oder weniger gute Werte dar. Sind diese Kennzahlen beispielsweise das Ergebnis einer „Kaltakquisition" oder durch Werbeauftritte im Internet, dann wurde sowohl eine hohe Verbindlichkeit bei der Terminvereinbarung erzielt als auch eine gute Effizienz beim Abschluss von Verträgen.

Einzig die Stornoquote liegt mit 11,4 % zu hoch. Wenn Fischer & Söhne das Ziel einer starken Kundenbindung anstreben, um dadurch Sonderprovisionen zu erwirtschaften, dann wäre die Beratungsqualität verbesserungswürdig. Die Interpretation sollte auch beachten, in welcher Sparte und bei welchen Produkten diese Kennzahl erzielt wurde. Im standardisierten Massengeschäft mit hohem Konkurrenzdruck mit wenig Transparenz für die Kunden ist dieser Wert eher zu akzeptieren als bei beratungsintensiven Einzelrisiken im gewerblichen Bereich.

Um Fehlschlüsse zu vermeiden, müssen bei der Interpretation der Kennzahlen die wirtschaftlichen Rahmenbedingungen, unter denen diese Ergebnisse zustande gekommen sind, beachtet werden. Es ist beispielsweise von Bedeutung,

➤ ob der Außendienstmitarbeiter in einer Region mit hoher Konkurrenz arbeitet,

➤ ob Wettbewerber gerade massive Werbeaktionen gestartet haben aber auch

➤ ob die Agentur selbst verkaufsfördernde Marketingmaßnahmen veranlasst hat.

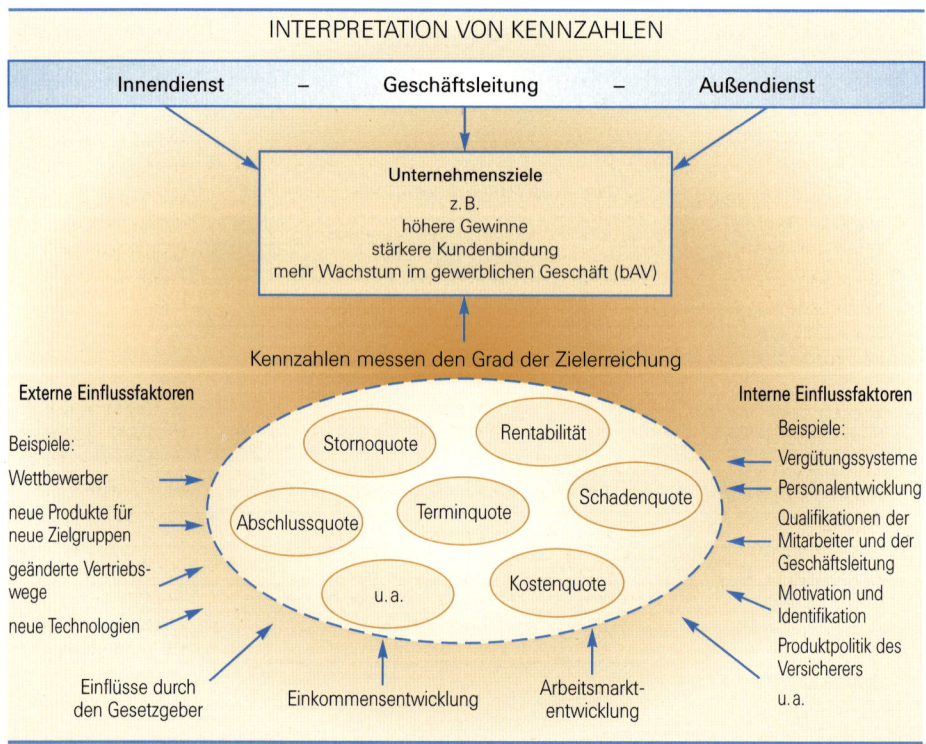

INTERPRETATION VON KENNZAHLEN

Innendienst – Geschäftsleitung – Außendienst

Unternehmensziele
z. B.
höhere Gewinne
stärkere Kundenbindung
mehr Wachstum im gewerblichen Geschäft (bAV)

Kennzahlen messen den Grad der Zielerreichung

Externe Einflussfaktoren

Beispiele:
Wettbewerber
neue Produkte für neue Zielgruppen
geänderte Vertriebswege
neue Technologien

Stornoquote
Rentabilität
Abschlussquote
Terminquote
Schadenquote
u.a.
Kostenquote

Interne Einflussfaktoren

Beispiele:
Vergütungssysteme
Personalentwicklung
Qualifikationen der Mitarbeiter und der Geschäftsleitung
Motivation und Identifikation
Produktpolitik des Versicherers
u.a.

Einflüsse durch den Gesetzgeber

Einkommensentwicklung

Arbeitsmarktentwicklung

9.3.2.4 Zusammenfassung der Kennzahlen zur Vertriebs- und Kundenorientierung

> **ZUSAMMENFASSUNG**
> der Kennzahlen zur
> Vertriebs- und Kundenorientierung

Mögliche Ursachen

➤ Beratungsqualität nimmt zu

➤ Betreuungsqualität nimmt zu

➤ Vergütungssysteme veranlassen den AD zu mehr Service und Kundenorientierung

➤ die wirtschaftliche Lage der Kunden verbessert sich

STORNOQUOTE

$$\frac{\text{Beiträge aller gekündigten Verträge}}{\text{Summe aller Beiträge}} \cdot 100$$

$$\frac{\text{Stückzahl gekündigter Neuverträge}}{\text{Stückzahl aller Neuverträge}} \cdot 100$$

ist ein Maß der Zufriedenheit der Kunden. Je höher die Quote, desto mehr Verträge bzw. desto mehr Beiträge gehen durch Kündigung verloren. Die Agentur verliert Provision.

sinkt / *steigt*

Mögliche Ursachen

➤ Kunden wurden nicht ausreichend über das gekaufte Produkt informiert

➤ Kunden fühlen sich überredet

➤ Zunahme des Wettbewerbs zwischen Agenturen

➤ Kunden geraten in wirtschaftliche Schwierigkeiten

➤ Kunden haben sich geirrt

➤ Zeitdruck nimmt zu

➤ erforderliche Beratungsqualifikation ist nicht vorhanden

➤ Produkte sind nicht kundengerecht

➤ wirtschaftliche Lage lässt Kunden kritischer werden

➤ stärkerer Wettbewerb

➤ Marktsättigung für bestimmte Produkte

ABSCHLUSSQUOTE

$$\frac{\text{Zahl erfolgreicher Kundentermine}}{\text{Zahl wahrgenommener Kundentermine}} \cdot 100$$

ist ein Maß für die Effektivität des Außendiensteinsatzes. Der Erfolg kann gemessen werden an der Anzahl der vermittelten Verträge. Je näher die Kennziffer bei 100 % liegt, desto effizienter arbeitet dieser Außendienstmitarbeiter.

sinkt / *steigt*

➤ verkaufsorientierte Schulungsmaßnahmen

➤ kundenorientierte Produktgestaltung

➤ Vergütungssysteme verstärken den Verkaufsdruck

➤ Bedarf bei den Kunden wächst, z. B. bAV

➤ stärkere Konkurrenz durch Wettbewerber

➤ unverbindliche Anbahnungsvereinbarung

➤ mehr öffentliche Aufklärung in Versicherungsfragen

➤ mehr Anonymität durch Online-Anbahnung

TERMINQUOTE

$$\frac{\text{Zahl zustande gekommener Kundentermine}}{\text{Zahl der vereinbarten Kundentermine}} \cdot 100$$

ist ein Maß dafür, wie erfolgreich Kundentermine, die vereinbart worden sind, auch tatsächlich realisiert werden können. Je näher die Kennzahl bei 100 % liegt, desto optimaler die Vereinbarungen mit den Kunden.

sinkt / *steigt*

➤ wirtschaftliche Rahmenbedingungen erhöhen den Bedarf für die Kunden

➤ zuverlässigere Kunden-Zielgruppe

➤ kundenorientierte Anbahnung

➤ effektivere Marketingmaßnahmen

9.3.3 Kennzahlen zur Wirtschaftlichkeit

9.3.3.1 Schadenquote

Die Überlegungen von Lutz Fischer und die von ihm aufgrund seines Controllings getroffenen Maßnahmen werden auch durch Vorgaben und Vereinbarungen seines Versicherers beeinflusst. Neben den Vertragsstornierungen hängen die erreichbare Zuwachsprovision und die Gewinnbeteiligung auch davon ab, wie hoch die Schadenzahlungen für die Kunden des Bestandes der Agentur Fischer & Söhne sind. Lutz Fischer wird sich deshalb bemühen,

➤ sowohl die Gesamtbelastung durch Schadenfälle seines Bestandes gering zu halten als auch

➤ einen Beitrag zu Vorsorgemaßnahmen (Schadenminderung und -verhütung, Aufklärung, Informationen etc.) bei einzelnen Großkunden aus dem gewerblichen Geschäft zu leisten.

Die Agentur hat zwar meist keinen direkten Einfluss auf die Schadenregulierungsmodalitäten (relativ geringer Umfang der Schadenregulierungsvollmacht) und letztlich auf die Höhe der Entschädigungszahlungen, aber deren Gesamthöhe belastet indirekt über einen geringeren Deckungsbeitrag des Versicherers die Gewinnbeteiligung der Agentur (vgl. dazu Kapitel 9.3.7).

Fischer & Söhne erhalten deshalb von der ALBATROS die notwendigen Informationen über die Schadenhöhen. Diese Angaben können sich sowohl auf den Bestand einer Sparte als auch auf einen bestimmten VN-Kreis (Großkunden) beziehen. Damit lassen sich entsprechende Kennzahlen ermitteln.

9.3.3.1.1 Bestandsbezogene Schadenquote

Die **bestandsbezogene Schadenquote** wird ermittelt aus:

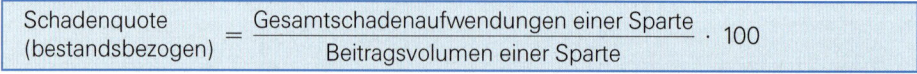

$$\text{Schadenquote (bestandsbezogen)} = \frac{\text{Gesamtschadenaufwendungen einer Sparte}}{\text{Beitragsvolumen einer Sparte}} \cdot 100$$

Eine Schadenquote von 60 % besagt, dass von 100,00 € Beiträgen insgesamt 60,00 € für Schadenzahlungen aufgewendet werden.

Eine Provisionsagentur hat nur wenig direkt wirkende Instrumente, um die Schadenquote zu verringern. Über die Annahmepolitik entscheidet das Versicherungsunternehmen. Bei entsprechender Qualifizierung der Außendienstmitarbeiter der Agentur können jedoch durchaus positive Effekte zur Schadenvermeidung erreicht werden. Dazu erforderliche Qualifikationen und Weiterbildungsmaßnahmen sind allerdings auch ein Kostenfaktor, der beachtet werden muss, d.h., für die Agentur sind unter betriebswirtschaftlichen Aspekten höher qualifizierte und teurere Mitarbeiter nur dann rentabel, wenn die höheren Aufwendungen durch einen besseren Erfolg kompensiert werden. Die Betreuung eines gewerblichen Kunden mit hohem Prämienvolumen schließt auch die Überwachung dieses Kunden im Hinblick auf das Schadenvolumen mit ein. Von Bedeutung ist, wie sich die Schadenquote über mehrere Jahre entwickelt. Ein einmalig „schlechtes" Jahr kann nicht zur Grundlage einer Entscheidung für eine Vertragskündigung gemacht werden. Dies widerspräche dem Versicherungsgedanken. Vielmehr muss die Agentur bei einer negativen Schadenentwicklung über mehrere Jahre die Ursachen dafür herausfinden. Auf Basis einer solchen Analyse können dann geeignete Maßnahmen (gemeinsam mit dem VN) ergriffen werden, um diese Entwicklung zu stoppen.

9.3.3.1.2 Kundenbezogene Schadenquote

Die **kundenbezogene Schadenquote** wird ermittelt aus:

$$\text{Schadenquote (kundenbezogen)} = \frac{\text{Gesamte Schadenaufwendungen für diesen VN}}{\text{Summe aller Beiträge dieses Kunden}} \cdot 100$$

Eine Schadenquote von über 100% bedeutet nicht zwangsläufig, dass dieser Kunde ein schlechtes Risiko darstellt. Erst wenn die Kennzahl dauerhaft zu hoch ist, muss die Vertragsauflösung als eine mögliche Maßnahme angesehen werden.

9.3.3.2 Kostenquote

Der Erfolg von Fischer & Söhne hängt nicht nur von den Kundenbeziehungen und den damit verbundenen Erträgen ab. Der Gewinn wird auch von der Effektivität der eigenen Arbeitsprozesse bestimmt. Die Betreuung und Verwaltung des Bestandes verursachen Verwaltungskosten. Je höher diese Kosten sind, umso stärker wird der Gewinn belastet.

Aus der Kostenrechnung weiß die Leitung der Agentur, welche Kosten durch welche betrieblichen Funktionen zu welchem Zweck entstanden sind. Damit kann sehr differenziert analysiert werden, ob z.B.

➤ die Kosten für die Telekommunikationsdienste zu hoch sind,

➤ die Beantwortung von Kundenanfragen in kurzer Zeit erfolgt oder

➤ Reisekosten für die Kundenbetreuung unverhältnismäßig hoch sind und deshalb reduziert werden müssen.

Ein Maß für dieses Kostencontrolling stellt die so genannte **Verwaltungskostenquote** dar.

$$\text{Verwaltungskostenquote} = \frac{\text{Alle Verwaltungsaufwendungen}}{\text{Bestandsprovisionen}} \cdot 100$$

Damit ein Maß für die Effektivität der Kundenbetreuung gefunden wird, dürfen bei den Verwaltungskosten nur die Kosten berücksichtigt werden, die durch den Innendienst der Agentur veranlasst sind. Nicht dazu gehören also z.B. Provisionsaufwendungen für Untervertreter oder Reisekosten der Außendienstmitarbeiter sowie Werbeaufwendungen zum Zweck der Neukundengewinnung.

Beispiel:

Aus dem Kosten-Leistungsblatt der Agentur Fischer & Söhne in Dresden sind folgende Werte bekannt: (alle Beträge in €)

Positionen der GuV-Rechnung	Kosten	Leistungen
Bestandsprovisionen		125.000,00
Provisionen für besondere Tätigkeiten		1.200,00
Abschlussprovision		28.400,00
Provisionsaufwand	8.500,00	
Gehälter und soziale Aufwendungen	41.200,00	
Abschreibungen	13.600,00	
Zinsaufwand	2.100,00	
Energieaufwand	1.800,00	
Kosten für Telekommunikation	1.650,00	
Allgemeine Verwaltungskosten	6.200,00	
Mietaufwand	22.000,00	
SUMMEN	97.050,00	154.600,00

Die Abschlussprovision muss aus den Leistungen wieder herausgerechnet werden, weil sie nicht die Folge der Innendiensttätigkeit ist. Es verbleiben demnach 126.200,00 € an Leistungen aus der Tätigkeit des Innendienstes. Bei den Kosten darf der Provisionsaufwand nicht berücksichtigt werden, sodass 88.550,00 € verbleiben. Daraus errechnet sich eine Verwaltungskostenquote von 70,17 %. Diese Kennzahl sagt aus, dass von 100,00 € Erträgen des Bestandes 70,17 € für die Bestandsverwaltung verbraucht werden. Ob dieser Wert als hoch einzuschätzen ist, hängt auch davon ab, welche Aufwendungen der Betrieb noch zu decken hat, die nicht unmittelbar mit der Bestandsbetreuung bzw. der Versicherungsvermittlung zu tun haben. Wird er als zu hoch angesehen, dann hätte das Controlling der Agentur die Aufgabe, Maßnahmen zu planen, um die Quote zu senken. Beispielsweise könnten Mitarbeitern Anreize gegeben werden, Vorschläge für die Umgestaltung innerbetrieblicher Arbeitsabläufe zu machen, sodass Kosten eingespart werden können. Eventuell lassen sich die Kosten für die Inanspruchnahme von Telekommunikationsdiensten je nach Nutzungsart durch andere Tarife reduzieren.

9.3.3.3 Beispiel für den Einsatz von Kennzahlen als Indikatoren zur Überprüfung betriebswirtschaftlicher Maßnahmen in einer VA

Ein Ziel der Agentur Fischer & Söhne ist es, eine bessere Kundenbindung ohne einen dauerhaften Anstieg der Kosten zu erreichen. Zur Unterstützung dieses Ziels wurden Innen- und Außendienst mit modernster IuK-Technik ausgestattet. Damit soll erreicht werden, dass Kundenanfragen vom Innendienst sofort umfassend bearbeitet werden können. Die Arbeitsprozesse werden erheblich beschleunigt. Der Außendienst ist in der Lage, sämtliche Angebotsberechnungen sofort beim Kunden durchzuführen und die Anträge elektronisch zu erfassen. Den Kunden können somit verbindliche Auskünfte auch schriftlich gegeben werden.

Wie soll vom Controlling geprüft werden, ob die gewünschten Ziele erreicht werden?

Der Einsatz von IuK-Technologien wird durch den Wettbewerb erzwungen, weil die Organisierung von Arbeitsabläufen mit elektronischer Hilfe deutlich effizienter wird. Da diese Entwicklung in diesem Bereich sehr kurzfristige Veränderungen mit sich bringt, ist es schwierig, den Anforderungen ständig gerecht zu werden.

Die Interpretationen bei dem Einsatz von Kennzahlen muss den schnellen Wandel berücksichtigen. Schlussfolgerungen aus den ermittelten Messwerten müssen vorsichtig und zukunftsorientiert getroffen werden.

(Teil-)Ziele	Kennzahl	Beispiel
Kundenbindung erhöhen	Stornoquote	Je zufriedener die Kunden bei der Betreuung, desto unwahrscheinlicher ist ein Wechsel zu anderen Wettbewerbern. Verbesserungen der Serviceleistungen senken die Stornoquote. Bearbeitungszeiten werden verkürzt; Kunden müssen weniger auf Rückfragen beim VR verwiesen werden, weil elektronische Datenbanken umfassende Auskünfte ermöglichen.
Kostenanstieg minimieren	Kostenquote	Elektronische Plausibilitätsprüfungen bei der Eingabe von Antragsdaten mindern die notwendige Nachbearbeitung und helfen dadurch Kosten sparen. Fehler in der Bearbeitung von Vorgängen werden eher vermieden. Die Erhöhung der Durchlaufzeiten steigert die Arbeitsproduktivität und senkt damit die Kosten für die Vorgänge.
Arbeitsabläufe optimieren, um mehr Zeit für Beratung zu bekommen	Schadenquote	Schnellere Schadenabwicklung durch Online-Verfahren mit dem VU und damit mehr Zeit für die Beratung zur Risikovorsorge. Telefonische und schriftliche Kommunikation mit Kunden und Anspruchssteller werden beschleunigt; hierbei gibt es einen positiven Zusammenhang mit der Kundenbindung.
Verbesserung der Kundenberatung (hier: bei Neukunden)	Terminquote Abschlussquote	Anbahnung von Terminen wird durch Online-Präsenz verbessert. Zwischen der Akquisition eines Termins und der Terminwahrnehmung können dem Kunden zwischenzeitlich (online) Vorinformationen (Downloadverfahren) übermittelt werden, die für ihn interessant sind. Dadurch steigt die Wahrscheinlichkeit, dass angekündigte Termine auch wahrgenommen werden.

9.3.3.4 Zusammenfassung der Kennzahlen zur Wirtschaftlichkeit

> **ZUSAMMENFASSUNG**
> der Kennzahlen
> zur Wirtschaftlichkeit

Mögliche Ursachen

➤ strengere Risikoprüfung und Annahmerichtlinien durch VR

➤ verschärfte Auflagen und Bedingungen

➤ mehr Informationen und Aufklärung über Maßnahmen zur Schadenverhütung und Schadenminderung

➤ restriktivere Schadenregulierung

➤ Arbeitsproduktivität der Mitarbeiter steigt

➤ Verbesserung von Arbeitsabläufen

➤ Qualifizierung der Mitarbeiter im Hinblick auf die Kundenbetreuung und Kundennähe

➤ Einführung neuer Technologien zur Einsparung von Kosten

SCHADENQUOTE

$$\frac{\text{Schadenaufwand einer Sparte}}{\text{Beitragsvolumen einer Sparte}} \cdot 100$$

$$\frac{\text{Gesamtschäden eines Kunden}}{\text{Alle Beiträge dieses Kunden}} \cdot 100$$

gibt an, welcher Anteil des Beitragsvolumens durch Schadenfälle verbraucht wird. Höhere Schadenquoten verringern den Deckungsbeitrag und damit die Provision.

sinkt / *steigt*

VERWALTUNGSKOSTENQUOTE

$$\frac{\text{Verwaltungsaufwendungen}}{\text{Bestandsprovision}} \cdot 100$$

ist ein Maß für den Aufwand zur Betreuung und Pflege des Kundenbestandes durch den Innendienst. Je niedriger die Kennzahl, desto effektiver arbeitet der Innendienst.

sinkt / *steigt*

Mögliche Ursachen

➤ mangelhafte Risikoprüfung und Tarifierung

➤ hoher Wettbewerb zwingt zu gelockerten Annahmerichtlinien

➤ Wettbewerb verhindert risikoadäquate Beiträge

➤ großzügige Schadenregulierung

➤ hohe Kulanzzahlungen

➤ Umgestaltung mit neuen Technologien (kurzfristige Wirkung)

➤ schlechter Kundenservice

➤ mangelhafte Qualifikation der Mitarbeiter

➤ Reduzierung der Provisionssätze für die Bestandspflege

➤ zu geringes Kostenbewusstsein der Mitarbeiter

9.3.4 Kennzahlen zur Rentabilität

9.3.4.1 Eigenkapitalrentabilität

Lutz Fischer hat für seine Agentur in Hamburg folgende aufbereitete Zahlen vorliegen:

Anfangsbestand Eigenkapital	688.000,00 €
Schlussbestand Eigenkapital	880.000,00 €
Anfangsbestand Fremdkapital	1.800.000,00 €
Zinsaufwand	100.800,00 €
Gewinn	192.000,00 €

Lutz Fischer möchte wissen, wie sich sein eingesetztes Eigenkapital verzinst hat.

Das Ziel von Lutz Fischer ist es letztlich, Gewinne zu erwirtschaften und ggf. sein Eigenkapital zu stärken.

Der Gewinn der GuV-Rechnung ist das Ergebnis eines Geschäftsjahres. Der Überschuss von 192.000,00 € ist also das Resultat der Vermittlungs- und Betreuungstätigkeit des gesamten Betriebes während eines Jahres. Sämtliche Aufwendungen sind gedeckt und darüber hinaus wurden 192.000,00 € erwirtschaftet, die das Eigenkapital erhöhen. Die Rentabilität ergibt sich aus dem Verhältnis von erwirtschaftetem Überschuss zum Eigenkapital. Während der Gewinn aus der gesamten Periode stammt, bezieht sich das Eigenkapital nur auf einen Zeitpunkt (am Anfang oder am Ende des Geschäftsjahres). Deshalb ist es sinnvoll, wenn für das Eigenkapital ein Durchschnittswert ermittelt wird, der dann ins Verhältnis zum Gewinn gesetzt wird.

$$\text{Eigenkapitalrentabilität} = \frac{\text{Gewinn}}{\text{durchschnittliches Eigenkapital}} \cdot 100$$

Bezogen auf das Beispiel ergibt sich:

$$\text{Eigenkapitalrentabilität} = \frac{192.000}{(688.000 + 880.000) : 2} \cdot 100 = 24,49\%$$

Bei 100,00 € eingesetztem eigenen Kapital erwirtschaftet der Betrieb einen Überschuss von 24,49 €.

9.3.4.2 Gesamtkapitalrentabilität

In dem Betrieb wird aber mit weiteren 1,8 Mio. € Fremdkapital gearbeitet, die einen Zinsaufwand von 100.800,00 € verursacht haben. Die Rentabilität des insgesamt eingesetzten Kapitals errechnet man durch

$$\text{Gesamtkapitalrentabilität} = \frac{\text{Gewinn} + \text{Zinsaufwand}}{\text{durchschnittliches Gesamtkapital}} \cdot 100$$

Bezogen auf das obige Beispiel ergibt sich dann:

$$\text{Gesamtkapitalrentabilität} = \frac{192.000 + 100.800}{784.000 + 1.800.000} \cdot 100 = 11,33\%$$

> **Warum muss bei der Ermittlung der Gesamtkapitalrentabilität der Zinsaufwand für das Fremdkapital zum Gewinn addiert werden?**

Die Gesamtkapitalrentabilität gibt die Verzinsung des gesamten Kapitals an. Die Zusammensetzung des Gesamtkapitals aus Eigen- und Fremdkapital darf dabei keine Rolle spielen. Deshalb sind von dem eingesetzten Kapital nicht nur der Gewinn laut GuV-Rechnung, sondern auch die Zinsen für das Fremdkapital erwirtschaftet worden.

Das gesamte eingesetzte Kapital verzinst sich also mit 11,33 %. Wenn sich Lutz Fischer entschließt, mit seinem Unternehmen zu expandieren, benötigt er dazu weiteres Kapital. Solange die Inanspruchnahme von Fremdkapital weniger Zinsen kostet als das gesamte Kapital erwirtschaftet, lohnt sich die Finanzierung durch Fremdkapital. In diesem Fall steigt die Eigenkapitalrentabilität durch die Hereinnahme von Fremdkapital weiter an.

9.3.4.3 Zusammenfassung der Kennzahlen zur Rentabilität

> **ZUSAMMENFASSUNG**
> der Kennzahlen
> zur Rentabilität

Mögliche Ursachen

> mit sinkenden Überschüssen bei Verschlechterung der Wirtschaftslage und einem Anstieg der Kosten
> wenn der FK-Zinssatz höher ist als die Gesamtkapitalrentabilität
> mit steigendem EK bei gleichen Zinssätzen

EIGENKAPITALRENTABILITÄT

$$\frac{\text{Gewinn}}{\text{durchschnittl. Eigenkapital}} \cdot 100$$

ist ein Maß für die Verzinsung des eingesetzten Eigenkapitals. Diese Kennzahl verändert sich auch in Abhängigkeit von der Gesamtkapitalrentabilität des Betriebes.

sinkt / *steigt*

Mögliche Ursachen

> mit steigenden Gewinnen
> zusätzliches FK kostet weniger Zins, als mit dem Kapital erwirtschaftet wird
> Erhöhung der Produktivität
> Verringerung der Kosten
> mit sinkendem FK-Zins

> bei sinkenden Gewinnen, z. B. bei rückläufigen Provisionen
> Kostenanstieg, z. B. durch intensive Werbung
> mit steigendem EK bei unverändertem Überschuss
> mit steigendem FK bei sonst gleichem Output

GESAMTKAPITALRENTABILITÄT

$$\frac{\text{Gewinn + FK-Zinsen}}{\text{durchschnittl. Gesamtkapital}} \cdot 100$$

ist ein Maß für die Verzinsung des eingesetzten Gesamtkapitals. So lange dieser Zinssatz höher ist als die FK-Zinsen, wird durch zusätzliches FK die EK-Rentabilität gesteigert.

sinkt / *steigt*

> mit steigenden Gewinnen, z. B. durch höhere Provisionen oder durch Senkung der Kosten
> zusätzliches FK kostet weniger Zins, als mit dem Kapital erwirtschaftet wird
> Erhöhung der Produktivität

9.3.5 Kennzahlen zur Vermögens- und Kapitalstruktur

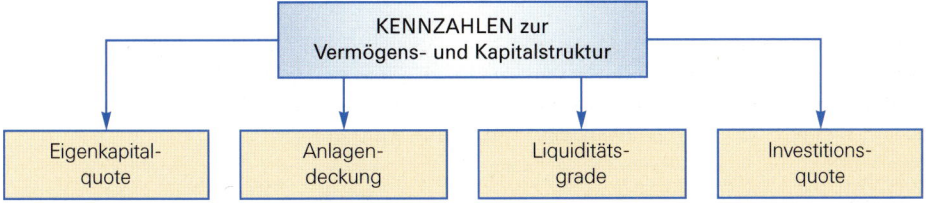

9.3.5.1 Die Eigenkapitalquote

Der Inhaber von Fischer & Söhne benötigt für die Expansion seines Unternehmens Kapital, um z. B. die Betriebseinrichtung und die Firmenfahrzeuge zu finanzieren. Da er diese Mittel nicht vollständig aus dem Gewinn aufbringen kann und möchte, ist zu entscheiden, woher das notwendige Kapital kommen soll. Herr Fischer hat die Wahl zwischen Eigenkapital und Fremdkapital.

Eine Zwischenbilanz enthält folgende Werte:

Aktiva	BILANZ der Agentur Fischer & Söhne zum 31.12.20..			Passiva
I. Anlagevermögen		Eigenkapital		880.000,00
Grundstücke und Bauten	1.920.000,00	Fremdkapital		
Betriebseinrichtung	305.000,00	I. Langfristig		
Kraftfahrzeuge	190.000,00	Hypothekenverbindlichkeiten	1.180.000,00	
		Darlehensverbindlichkeiten	290.000,00	
II. Umlaufvermögen		II. Kurzfristig		
Darlehensforderungen	140.000,00	Sonstige Rückstellungen	217.000,00	
Forderungen g. VU	90.000,00	Sonstige Verbindlichkeiten	35.000,00	
Bankguthaben	15.000,00	Verbindlichkeiten aus L.u.L.	40.000,00	
Postbankguthaben	12.000,00	Verbindlichkeiten bei UV	38.000,00	
Kasse	8.000,00			
	2.680.000,00			2.680.000,00

Wodurch wird die erforderliche Entscheidung beeinflusst?

Wie bereits bei der EK-Rentabilität festgestellt, kann es unter bestimmten Bedingungen wirtschaftlich günstig sein, notwendige Mittel über Fremdkapital zu beschaffen. Für Kreditgeber spielt jedoch u. a. auch eine Rolle, wie abhängig oder unabhängig ein Unternehmen von Geldgebern ist. Wenn man das gesamte Vermögen der Agentur Fischer & Söhne betrachtet (880 Tsd. € Eigenkapital und 1,8 Mio. € Fremdkapital = 2,68 Mio. € Gesamtkapital), dann stellt sich die Frage, welchen Anteil davon Herr Fischer aus seinem Eigenkapital eingebracht hat. Diesen Anteil bezeichnet man als Eigenkapitalquote.

$$\text{Eigenkapitalquote} = \frac{\text{Eigenkapital}}{\text{Gesamtkapital}} \cdot 100$$

Für die Agentur Fischer & Söhne ergibt sich daraus:

$$\text{Eigenkapitalquote} = \frac{880.000}{2.680.000} \cdot 100 = 32,84\,\%$$

Vom gesamten Kapital der Agentur stammen 32,84 % aus dem Eigenkapital der Familie Fischer bzw. vom gesamten Vermögen des Unternehmens wurde knapp ein Drittel aus Eigenkapital finanziert.

Je höher diese Quote, desto größer ist die Unabhängigkeit und Sicherheit des Unternehmens aus Sicht eines Gläubigers. In der Bundesrepublik Deutschland gelten EK-Quoten je nach Branche zwischen 10 und 30 % als üblich. Demnach hat die Familie Fischer eine recht hohe EK-Quote. Der Grad an finanzieller Unabhängigkeit kann entsprechend als gut angesehen werden. Ein hoher EK-Anteil reduziert die festen Zins- und Tilgungszahlungen beim Fremdkapital und verbessert die Voraussetzungen für eine gute Zahlungsfähigkeit des Unternehmens. Unter diesem Gesichtspunkt könnte eine Fremdfinanzierung sinnvoll sein, wenn die Finanzierungskosten nicht höher sind als die (erhoffte) Verzinsung des gesamten Kapitals. Für einen Fremdkapitalgeber ist die Sicherheit umso besser, je mehr Fremdkapital durch eigene Mittel gedeckt sind.

9.3.5.2 Die Anlagendeckung

Die Sicherheit und Unabhängigkeit der Agentur bemisst sich nicht nur aus einer hohen Eigenkapitalquote, sie hängt auch davon ab, in **welche** Vermögenswerte die eigenen bzw. fremden Mittel investiert wurden. Es ist z. B. von Bedeutung, ob Fremdkapital in die Modernisierung der Betriebs- und Geschäftsausstattung und moderne Telekommunikationseinrichtungen investiert wurde, was dem Betrieb mittel- bis langfristig dient. Wenn das Fremdkapital aber innerhalb kurzer Zeit zurückgezahlt werden muss, können sich daraus erhebliche Liquiditätsprobleme ergeben. Wird andererseits langfristig angelegtes Anlagevermögen mit Eigenkapital finanziert, dann entstehen daraus keine Rückzahlungsverpflichtungen. Der Betrieb wird in seiner Liquidität weniger belastet.

Selbstverständlich wird die Liquiditätslage nicht nur vom EK-Anteil bestimmt, sondern hängt wesentlich auch von den Werteflüssen aus den Geschäftsprozessen ab, also davon, wie erfolgreich die Agentur zusätzlich zu ihrem Bestand Neuverträge vermittelt und dabei wirtschaftlich arbeitet. Erhält die Agentur für ihre Leistungen hohe Provisionszahlungen, dann verbessert sich die Zahlungsfähigkeit. Werden Provisionen an Untervertreter weitergegeben, dann schränkt dies die Liquidität ein. Die Finanzierungs- bzw. Bilanzregel, wonach das langfristig gebundene Vermögen mit langfristigem Kapital (z. B. Eigenkapital) finanziert werden sollte, ist somit nur ein Kriterium von vielen. Die Kennzahl, die dieses Maß zum Ausdruck bringt, ist die so genannte Anlagendeckung. Man unterscheidet dabei zwei Grade:

$$\text{Anlagendeckungsgrad I} = \frac{\text{Eigenkapital}}{\text{Anlagevermögen}} \cdot 100$$

Diese Messzahl bringt zum Ausdruck, wie viel Prozent des Anlagevermögens mit Eigenkapital finanziert wird. Ein Deckungsgrad von z. B. 40 % besagt, dass 40 % des Anlagevermögens durch langfristig gebundenes Eigenkapital finanziert werden. Umgekehrt heißt dies, dass 60 % des langfristig gebundenen Kapitals durch Fremdkapital finanziert sind.

Der

$$\text{Anlagendeckungsgrad II} = \frac{\text{Eigenkapital} + \text{langfristiges Fremdkapital}}{\text{Anlagevermögen}} \cdot 100$$

sollte möglichst über 100 % liegen. Wäre das Ergebnis beispielsweise 85 %, dann bedeutet dies, dass nur 85 % des langfristig angelegten Vermögens durch langfristiges Kapital finanziert wurden. Demnach müssen 15 % durch kurzfristiges Fremdkapital bezahlt worden sein. Da dies auch kurzfristig zu tilgen ist, muss dies fristgerecht aus dem Umlaufvermögen erfolgen. Das ist deshalb problematisch, weil neben der Tilgung weitere Auszahlungen wie z. B. für Gehälter und Provisionen regelmäßig und kurzfristig vorzunehmen sind.

Das Anlagevermögen hat bei einer Versicherungsagentur naturgemäß eine andere Bedeutung als z. B. bei einer Spedition. Dort sind Investitionen in das Anlagevermögen in höherem Maß erforderlich, weil ein Fuhrpark, das Betriebsgelände und ggf. eigene Werkstätten notwendig sind. Eine Versicherungsagentur erbringt ihre Leistungen weniger mit Hilfe langfristig gebundenen Anlagevermögens als mit den Qualifikationen der Geschäftsleitung und der Mitarbeiter im Innen- und Außendienst. Das hat bei der Wahl der Finanzierungsentscheidung zur Folge, dass bei der Aufnahme von Fremdkapital hauptsächlich auf die Fristigkeit zu achten ist. Beim Kauf eines Firmenfahrzeuges wäre es demnach wichtig, die Tilgungsdauer an der geplanten Einsatzdauer des Fahrzeuges zu orientieren.

Wie hoch sind die Deckungsgrade der Agentur auf Basis der Bilanz (siehe S. 239) zum 31. 12. 20..?

$$\text{Grad I:} \quad = \frac{880.000}{2.415.000} \cdot 100 = 36,44\,\%$$

$$\text{Grad II:} \quad = \frac{(880.000 + 1.470.000)}{2.415.000} \cdot 100 = 97,31\,\%$$

Die Kennzahl I sagt aus, dass etwas mehr als ein Drittel des gesamten Anlagevermögens durch das Eigenkapital finanziert ist und demnach rund zwei Drittel durch Fremdkapital.

Die Kennzahl II liegt knapp unter 100 %, was keinen guten Wert darstellt. Sicherer wäre es, wenn das langfristig gebundene Anlagevermögen auch durch langfristig festgelegtes Eigen- und Fremdkapital finanziert wäre. Jede Differenz unter 100 % muss durch liquidiertes Umlaufvermögen gezahlt werden.

9.3.5.3 Liquiditätsgrade

Fischer & Söhne investieren für den Aufbau des zusätzlichen Betriebs auch in langfristig gebundenes Anlagevermögen. Um die Kommunikation und den Informationsaustausch der beiden Betriebe zu optimieren, wird in modernste IuK-Technologie für beide Betriebe investiert. Das schließt z. B. die Anbindung der im Außendienst eingesetzten mobilen Datengeräte an das Intranet der Agentur mit ein, sodass Kundendaten online verarbeitet werden können.

Worauf ist bei der Finanzierung zu achten, damit die Zahlungsfähigkeit der Agentur erhalten bleibt?

Die Planungsdaten der Geldflüsse einer Agentur sind zu einem erheblichen Teil gut erfassbar. Herr Fischer hat einen festen Kundenbestand, aus dem ihm regelmäßig Bestandsprovisionen zufließen. Diese Einnahmen sind gut vorhersehbar. Da sie ihm regelmäßig gezahlt werden, ist ein gewisser Teil seiner Zahlungsfähigkeit darüber garantiert. Ein Maß, inwieweit die Agentur ihre kurzfristig zu erfüllenden Verbindlichkeiten nachkommen kann, ist der so genannte Liquiditätsgrad. Untersucht wird dabei für verschiedene Stufen das Verhältnis zwischen den relativ liquiden Mitteln des Umlaufvermögens (Kasse, Bankguthaben, Forderungen gegen

16 Drapatz/Franke/Hess – ISBN 978-3-8120-0494-7

das Versicherungsunternehmen) und den kurzfristigen Verbindlichkeiten (Verbindlichkeiten gegenüber Untervertretern, Verbindlichkeiten aus Lieferungen und Leistungen, Sonstige Verbindlichkeiten, Sonstige Rückstellungen). Die einzelnen Grade erlauben eine Bewertung, wie schnell die Agentur ihren kurzfristigen Zahlungsverpflichtungen nachkommen kann.

$$\text{Liquidität 1. Grades} = \frac{\text{Kassenbestand} + \text{Bankguthaben}}{\text{kurzfristige Verbindlichkeiten (bis maximal 1 Jahr)}} \cdot 100$$

Bei den flüssigen Mitteln ist zu unterscheiden in Vermögensteile, die vollständig liquide sind (Kasse und Bankguthaben) und in Mittel, deren Zufluss in Kürze zu erwarten ist (Forderungen gegen das Versicherungsunternehmen).

Ein Ergebnis von z.B. 20 % besagt, dass ein Fünftel der kurzfristig zu tilgenden Schulden über Barmittel gedeckt ist.

Da sich die Tilgung der kurzfristigen Verbindlichkeiten über mehrere Monate (bis zu einem Jahr) erstreckt, ist es sinnvoll, das kurzfristige Umlaufvermögen in die Rechnung einzubeziehen.

$$\text{Liquidität 2. Grades} = \frac{\text{Barmittel} + \text{kurzfristige Forderungen}}{\text{kurzfristige Verbindlichkeiten (bis maximal 1 Jahr)}} \cdot 100$$

Die regelmäßigen Provisionszahlungen aus den Forderungen gegen das Versicherungsunternehmen gehen i.d.R. monatlich an die Agentur und können dann zum Ausgleich von Rechnungen etc. eingesetzt werden. Dieser Liquiditätsgrad sollte dann mindestens 100 % betragen, wenn bei den kurzfristigen Forderungen alle Zahlungen berücksichtigt werden, die innerhalb eines Jahres der Agentur zufließen.

Eine Liquidität dritten Grades lässt sich berechnen, wenn man das gesamte Umlaufvermögen den kurzfristigen Verbindlichkeiten gegenüberstellt.

$$\text{Liquidität 3. Grades} = \frac{\text{gesamtes Umlaufvermögen}}{\text{kurzfristige Verbindlichkeiten (bis maximal 1 Jahr)}} \cdot 100$$

Dieser Wert sollte deutlich über 100 % liegen, weil auch Umlaufvermögen erfasst wird, das zumindest teilweise erst später liquidiert wird als die kurzfristigen Verbindlichkeiten zu zahlen sind.

Wie hoch sind die Liquiditätsgrade auf Basis der Bilanz vom 31.12.20..?

$$\text{Liquiditätsgrad 1:} = \frac{(8.000 + 12.000 + 15.000)}{330.000} \cdot 100 = 10,61\%$$

$$\text{Liquiditätsgrad 2:} = \frac{(35.000 + 90.000)}{330.000} \cdot 100 = 37,88\%$$

Der Wert von 10,61 % bedeutet, dass für die Tilgung der gesamten kurzfristigen Verbindlichkeiten rund 10 % Barmittel zur Verfügung stehen. Da hier nicht bekannt ist, wie sich die Fälligkeit der Schulden verteilt, kann die Kennzahl nicht sinnvoll bewertet werden. Bezieht man die monatlich fälligen Provisions- und Abrechnungsforderungen von 90.000,00 € mit ein, dann erhält man den Liquiditätsgrad von 37,88 %. Die Summe dieser Mittel reicht also bei weitem nicht aus, die Verbindlichkeiten zu tilgen. Die Agentur hat jedoch noch Darlehensforderungen, die zumindest teilweise innerhalb der Fälligkeit von einem Jahr an die Agentur zurückfließen. Zusammen mit den Werten des Liquiditätsgrades 2 sollten hier auf jeden Fall 100 % überschritten werden. Denn nur dann ist gewährleistet, dass die innerhalb eines Jahres zu tilgenden Schulden aus den „liquidierten" Mitteln des Umlaufvermögens gezahlt werden können. Werden die Darlehensforderungen innerhalb dieses Jahres fällig, dann beträgt der

$$\text{Liquiditätsgrad 3: } \frac{(125.000 + 140.000)}{330.000} \cdot 100 = 80,30\,\%.$$

Die Agentur wird auf Basis der bisherigen Zahlen selbst im günstigsten Fall nicht genügend flüssige Mittel haben, um die kurzfristigen Verbindlichkeiten zu decken. Verschärfend kommt hinzu, dass auch die langfristigen Schulden regelmäßig zu tilgen sind.

9.3.5.4 Investitionsquote

Der Betrieb der Agentur in Hamburg wird von Herrn Fischer schon seit Jahren geführt. Der neue Betrieb in Dresden wurde erst eingerichtet und hat mit seiner Vermittlungtätigkeit begonnen. Dazu waren hohe Investitionen, z. B. für die Geschäftseinrichtung und den Fuhrpark, nötig. Das Anlagevermögen eines Unternehmens wird zwar langfristig genutzt. Dennoch kommt es durch unterschiedliche Einflüsse regelmäßig dazu, dass Gegenstände des Anlagevermögens ersetzt oder neue Einrichtungen (z. B. IuK-Technologie) angeschafft werden müssen. Beispielsweise könnte es die Anbindung der DV-Anlagen der Agentur an das Intranet des Versicherungsunternehmens erforderlich machen, dass neue oder zusätzliche Geräte beschafft werden müssen. Die Wettbewerbssituation erlaubt es Fischer & Söhne nicht, auf diese Online-Anbindung zu verzichten. Nach einigen Jahren sind auch die Firmenfahrzeuge zu ersetzen. Ein paar Jahre länger sind die Büromöbel zu nutzen, aber auch da können Erweiterungs- oder Ersatzinvestitionen notwendig sein.

Ein Maß dafür, in welchem Umfang Anlagevermögen ersetzt oder erweitert wird, ist die so genannte Investitionsquote.

$$\text{Investitionsquote} = \frac{\text{Investitionen eines Jahres}}{\text{Anlagevermögen}} \cdot 100$$

Eine Quote von z. B. 20 % besagt, dass ein Fünftel des Wertes des gesamten Anlagevermögen in neue oder Ersatzinvestitionen getätigt wurde.

Problematisch ist an dieser Quote, dass ein einmaliger Wert eines Jahres nicht für eine sachgerechte Interpretation genutzt werden kann. Erst wenn über mehrere Jahre die Kennzahlen miteinander verglichen werden, können sinnvolle Aussagen getroffen werden. Ist die Quote tendenziell z. B. bei 25 %, dann kann daraus gefolgert werden, dass nach rund 4 Jahren das gesamte Anlagevermögen ausgetauscht bzw. modernisiert worden ist.

Allerdings unterscheidet die Quote nicht zwischen zusätzlichem Anlagevermögen (Erweiterungsinvestitionen) und Ersatzinvestitionen. Deshalb ist die zuvor getroffene Aussage zur Modernisierung des Unternehmens nur mit zusätzlichen Informationen zu treffen. Es kann allerdings aus einer stetig niedrigen Investitionsquote der Schluss gezogen werden, dass das

Anlagevermögen dieses Betriebes eher veraltet ist. Wollen Fischer & Söhne mit dem Stand der Technik mithalten, dann sind zumindest im Bereich der technischen Ausstattung ständig Investitionen erforderlich.

Die Agentur Fischer & Söhne hat im abgeschlossenen Jahr 420.000,00 € in die Erweiterung des Firmengebäudes und in Neuanschaffungen der Betriebseinrichtung und des Fuhrparks investiert.

Wie hoch ist die Investitionsquote?

$$\text{Investitionsquote:} \quad \frac{420.000}{2.415.000} \cdot 100 = 17,39\,\%$$

Dieser Wert ist für eine Versicherungsagentur auf einem hohen Niveau, denn er besagt rechnerisch, dass bei einer konstanten Quote dieser Höhe der Betrieb entweder rasch wächst oder sich in wenigen Jahren komplett erneuert. Da das Anlagevermögen einer Agentur im Vergleich zu Produktionsbetrieben einem relativ geringen Verschleiß unterliegt, bedarf es nicht so häufiger Ersatzinvestitionen. Damit wird die Investitionsquote niedriger sein müssen. Insofern wird eine stetig hohe Investitionsquote auf Erweiterungen und Modernisierungen, z. B. durch IuK-Technologien, hinweisen.

9.3.5.5 Zusammenfassung der Kennzahlen zur Vermögens- und Kapitalstruktur

ZUSAMMENFASSUNG
der Kennzahlen zur
Vermögens- und Kapitalstruktur

Mögliche Ursachen

➤ günstige Marktzinsen für Fremdkapital, deshalb vermehrt FK-Aufnahme

➤ bei guter Geschäftslage wird EK durch FK ersetzt

➤ hohe Privatentnahmen werden durch FK kompensiert

➤ leichter Zugang zu Fremdkapital

➤ Zunahme der Rückstellungen

Mögliche Ursachen

➤ Gewinne werden in das Unternehmen investiert

➤ Privateinlagen größer als Privatentnahmen

➤ Tilgung von Fremdkapital

➤ Auflösung von Rückstellungen

EIGENKAPITALQUOTE

$$\frac{\text{Eigenkapital}}{\text{Gesamtkapital}} \cdot 100$$

steigt / *sinkt*

ist ein Maß für die Unabhängigkeit und Sicherheit eines Unternehmens aus Sicht eines Gläubigers. Eine hohe Quote verringert die Tilgungs- und Zinsbelastung. Sie kann andererseits die EK-Rentabilität schmälern.

➤ Privatentnahmen sind höher als die -einlagen

➤ Finanzierung von AV über FK (auch kurzfristig)

➤ Tilgung von langfristigem FK

➤ Abschreibung des AV höher als die Tilgung von langfristigem FK

➤ Privateinlagen nehmen zu

➤ Finanzierung von AV aus dem Gewinn

➤ Umschuldungen von kurz- in langfristiges FK

ANLAGENDECKUNGSGRAD

Grad I:
$$\frac{\text{Eigenkapital}}{\text{Anlagevermögen}} \cdot 100$$

Grad II:
$$\frac{\text{EK} + \text{langfristiges FK}}{\text{Anlagevermögen}} \cdot 100$$

steigt / *sinkt*

gibt an, in welchem Umfang Anlagevermögen mit EK bzw. mit EK + FK finanziert wurde. Je höher der Wert, desto weniger wird Umlaufvermögen zur Schuldentilgung benötigt.

➤ Provisionen fließen langsamer zu

➤ Vermittlung von Neugeschäft ist rückläufig

➤ Zunahme der kurzfristigen Verbindlichkeiten

➤ steigende Zahlungsmittelzuflüsse

➤ Tilgung kurzfristiger Verbindlichkeiten

➤ höhere Abschlussprovisionen

➤ Zufluss von Bonifikationen

LIQUIDITÄTSGRADE

Grad I:
$$\frac{\text{Barmittel}}{\text{kurzfristige Verbindlichkeiten}} \cdot 100$$

Grad II:
$$\frac{\text{Barmittel} + \text{kurzfristige Forderungen}}{\text{kurzfristige Verbindlichkeiten}} \cdot 100$$

Grad III:
$$\frac{\text{gesamtes Umlaufvermögen}}{\text{kurzfristige Verbindlichkeiten}} \cdot 100$$

steigt / *sinkt*

➤ Neuinvestitionen sind rückläufig

➤ notwendige Ersatzinvestitionen unterbleiben

➤ unsichere wirtschaftliche Lage reduziert die Investitionsbereitschaft

➤ mehr Neuinvestitionen und Ersatzinvestitionen

➤ Technologisierung des Anlagevermögens

➤ Verkäufe von Anlagevermögen

INVESTITIONSQUOTE

$$\frac{\text{Investitionen eines Jahres}}{\text{Anlagevermögen}} \cdot 100$$

steigt / *sinkt*

ist ein Maß für die künftige Veralterung des Anlagevermögens. Eine konstant hohe Quote spricht für eine wettbewerbsfähige Ausstattung des Anlagevermögens.

9.3.6 Der Cashflow als Kennzahl zur Finanzkraft

9.3.6.1 Ausgangssituation

Familie Fischer hat eine hohe Summe an Eigenkapital in ihre Agentur investiert. Die Modernisierung und Ausweitung der Datenverarbeitungs- und Kommunikationstechnik und der Aufbau der Agentur in Dresden erfordern eine starke Finanzkraft. Gerade in der Aufbauzeit in Dresden sind die Arbeitsprozesse von Innen- und Außendienst noch nicht optimiert. Es ist deshalb damit zu rechnen, dass insbesondere in den ersten Jahren weitere Investitionsmittel benötigt werden.

Wie kann von Fischer & Söhne festgestellt werden, in welchem Umfang die Agentur solche notwendigen Finanzierungsmittel aus der Vermittlertätigkeit erwirtschaftet?

Aus dem Jahresabschluss der Agentur können nur begrenzt Schlussfolgerungen über das Finanzierungspotenzial der Agentur gezogen werden. Die Bilanz zeigt im Vergleich mit dem Vorjahr lediglich die Entwicklung der Vermögenslage und der Kapitalverhältnisse. Die tatsächlich für Finanzzwecke zur Verfügung stehenden Mittel können nicht zuverlässig entnommen werden. Die GuV-Rechnung gibt nur Auskunft über die Ertrags- und Aufwandsstrukturen. Auch hier sind nur bedingt Rückschlüsse auf die Liquiditätslage möglich. Denn nicht alle Erträge und Aufwendungen führen zu Einzahlungen und Auszahlungen.

Der für das Controlling zuständige Sohn Max hat deshalb die Aufgabe festzustellen, wie die wirkliche Zahlungsfähigkeit der Agentur ist. Er muss also ermitteln, welche Mittel in dem betrachteten Zeitraum aus dem Vermittlungs- und Betreuungsgeschäft zu- und abgeflossen sind.

Die Differenz zwischen den Ein- und Auszahlungen stellt dann den finanzwirtschaftlichen Überschuss dar. Diese Größe bezeichnet man als **Cashflow.** Der Cashflow erfasst also die Zahlungsströme aus der Betriebstätigkeit. Diese Kennzahl charakterisiert allerdings nur die für den betrachteten Zeitraum zu- bzw. abgeflossenen Finanzmittel. Ermittelt werden kann sie grundsätzlich auf zwei Wegen.

9.3.6.2 Direkte Ermittlung des Cashflows

```
  Zahlungsbedingte Erträge (Einnahmen)
− Zahlungsbedingte Aufwendungen (Ausgaben)
= Cashflow
```

Zu den zahlungsbedingten Erträgen der Agentur gehören z. B. sämtliche zufließenden Provisionen, Zinsen auf Guthaben oder Kapitalanlagen und Mieterträge.

Zu den zahlungsbedingten Aufwendungen gehören z. B. sämtliche an Untervertreter weitergegebene Provisionen, Zinszahlungen für das Fremdkapital, Versicherungsbeiträge, betriebliche Steuern, zu zahlende Mieten, Gehälter usw.

Nicht berücksichtigt werden dürfen sämtliche Aufwendungen, die nicht zu Zahlungen führen, wie z. B. Abschreibungen, außerordentliche Aufwendungen aus dem Verkauf von Anlagevermögen und die Bildung von Rückstellungen.

Die zweite Möglichkeit der Ermittlung des Cashflows sieht folgendermaßen aus:

9.3.6.3 Indirekte Ermittlung des Cashflow

> Gewinn bzw. Verlust
> + nicht zahlungsbedingte Aufwendungen
> – nicht zahlungsbedingte Erträge
> = Cashflow

Nur diese Mittel stehen aus der eigenen wirtschaftlichen Tätigkeit für die weitere Entwicklung der Agentur zur Verfügung. Für einen Kreditgeber spielt diese Größe insofern eine Rolle, als damit die Kreditwürdigkeit beeinflusst wird. Bei einer zunehmenden Verschuldung durch Aufnahme von Fremdkapital ist es wichtig festzustellen, ob das Unternehmen aus der betrieblichen Tätigkeit ausreichend Mittel erwirtschaftet, um die Zinsen und die Tilgung zu zahlen. Insofern unterstützt der Cashflow die Funktion des Eigenkapitals in dessen Haftungsfunktion.

> ➤ Je höher der Cashflow, desto besser ist die finanzielle Unabhängigkeit und Flexibilität gegenüber Fremdkapitalgebern.
>
> ➤ Je niedriger der Cashflow, desto eher wird das Eigenkapital geschwächt und das Unternehmen muss sich stärker verschulden, was wiederum durch die Zunahme der Zins- und Tilgungszahlungen zu einem weiteren Rückgang des Cashflows führt.

9.3.6.4 Zusammenfassung der Kennzahl zur Finanzkraft

ZUSAMMENFASSUNG
der Kennzahl
zur Finanzkraft

Mögliche Ursachen

➤ verstärkte Marketingmaßnahmen führen zu höheren Aufwendungen

➤ Anstieg der Aufwendungen ist höher als der Zuwachs der Erträge

➤ sinkende Abschlussprovisionen

➤ Abschreibungen und Rückstellungen bei sonst gleichen Bedingungen rückläufig

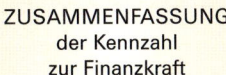

CASHFLOW

1. Direkte Ermittlung

zahlungsbedingte Erträge
– zahlungsbedingte Aufwendungen
= Cashflow

2. Indirekte Ermittlung

Gewinn bzw. Verlust
+ nicht zahlungsbedingte Aufwendungen
– nicht zahlungsbedingte Erträge
= Cashflow

Der Cashflow sagt etwas darüber aus, wie stark das Unternehmen sich von innen heraus finanzieren kann, also wie groß das finanzielle Potenzial aus dem Betrieb der Versicherungsvermittlung ist.

Mögliche Ursachen

➤ Einsparungsmaßnahmen bei den zahlungsbedingten Aufwendungen durch Rationalisierung

➤ Zunahme der Bestands- und Abschlussprovision

➤ Zunahme von Abschreibungen und/oder Rückstellungen bei sonst gleichen Bedingungen

Musteraufgabe zu Kapitel 9.3.6

Beispiel:

Aktiva   Bilanz Fischer & Söhne zum 31. 12. 20.. (in €)   Passiva

I. Anlagevermögen		Eigenkapital	158.810,00
Grundstücke und Bauten	220.000,00	Fremdkapital	
Betriebseinrichtung	65.000,00	I. Langfristig	
Kraftfahrzeuge	28.000,00	Hypothekenverbindl.	120.000,00
II. Umlaufvermögen		Darlehensverbindl.	34.000,00
Darlehensforderungen	18.500,00	II. Kurzfristig	
Forderungen g. VU	11.500,00	Sonst. Rückstellungen	14.600,00
Bank	3.000,00	Verbindlichk. a. L.u.L	18.100,00
Postbank	4.600,00	Verbindlichk. b. UV	3.900,00
Kasse	1.800,00	Verbindlichk. b. SVT	3.400,00
Aktive Rechnungsabgr.	1.400,00	Sonstige Verbindl.	510,00
		Passive Rechnungsabgr.	480,00
	353.800,00		**353.800,00**

Aufwendungen   GuV-Rechnung Fischer & Söhne zum 31. 12. 20.. (in €)   Erträge

Abschreibung auf AV	18.000,00	außerordentlicher Ertrag[3]	1.700,00
außerordentlicher Aufwand[1]	900,00	Haus- u. Grundstückserträge[4]	19.600,00
Gehälter	96.000,00	Provisionserträge	185.000,00
Sozialer Aufwand	13.700,00	Zinserträge	2.100,00
Haus- u. Grundstücksaufwand[2]	13.700,00		
Kfz-Aufwand	2.400,00		
Provisionsaufwand	14.800,00		
Verwaltungsaufwand	7.600,00		
Werbe- und Reiseaufwand	3.900,00		
Zuführung zur Rückstellung	11.000,00		
GEWINN	26.400,00		
	208.400,00		**208.400,00**

1 aus dem Verkauf von Betriebseinrichtung unter dem Buchwert
2 davon 10.000,00 € Abschreibung auf das Firmengebäude
3 aus dem Verkauf eines Fahrzeuges über dem Buchwert
4 aus der Vermietung einer Wohnung im Firmengebäude

a) Ermitteln Sie den Cashflow nach der direkten Methode!

b) Ermitteln Sie den Cashflow nach der indirekten Methode!

c) Interpretieren Sie die Ergebnisse!

Lösung der Musteraufgabe zu Kapitel 9.3.6

a) **Cashflow nach der direkten Methode**

➤ Zahlungsbedingte Erträge

außerordentliche Erträge	1.700,00 €
+ Haus-u. Grundstückserträge	19.600,00 €
+ Provisionserträge	185.000,00 €
+ Zinserträge	2.100,00 €
= Summe	208.400,00 €

➤ Zahlungsbedingte Aufwendungen

außerordentliche Aufwendungen	900,00 €
+ Gehälter u. soziale Aufwendungen	109.700,00 €
+ Haus- u. Grundstücksaufwendungen	3.700,00 €
+ Kfz-Aufwendungen	2.400,00 €
+ Provisionsaufwendungen	14.800,00 €
+ Verwaltungsaufwendungen	7.600,00 €
+ Werbe- u. Reiseaufwendungen	3.900,00 €
= Summe	143.000,00 €

Zahlungsbedingte Erträge	208.400,00 €
– Zahlungsbedingte Aufwendungen	143.000,00 €
= **CASHFLOW**	**65.400,00 €**

b) **Cashflow nach der indirekten Methode**

Gewinn	26.400,00 €
+ Abschreibungen auf AV	18.000,00 €
+ HuGa	10.000,00 €
+ Zuführungen zur Rückstellung	11.000,00 €
– nicht zahlungsbedingte Erträge	0,00 €
= **CASHFLOW**	**65.400,00 €**

c) Der Cashflow von 65.400,00 € besagt, dass der Agentur erheblich mehr Mittel zu Finanzierungszwecken zur Verfügung stehen, als der Gewinn von 26.400,00 € vermuten lässt. Fischer & Söhne haben rund 40.000,00 € kurzfristige Schulden. Dieser Betrag ist durch den finanzwirtschaftlichen Überschuss gedeckt. Darüber hinaus verbleiben der Agentur rund 25.000,00 € zur Tilgung und Zinszahlung der langfristigen Schulden. Die Ertragskraft der Agentur in Dresden ist als gut zu bezeichnen. Die außerordentlichen Aufwendungen und Erträge sind absolut betrachtet relativ niedrig und kompensieren sich außerdem teilweise. Die hohe Differenz zum Gewinn ist auf die Abschreibungen und die Rückstellungsbildung zurückzuführen. Diese Aufwendungen haben zu keinem Zahlungsmittelabfluss geführt.

9.3.7 Der Deckungsbeitrag als Kennzahl zur Mitarbeiterbeurteilung

Die Agentur Fischer & Söhne will am Ende des Geschäftsjahres 20.. ihre besonders erfolgreichen Vertreter mit Sonderzuwendungen von insgesamt 10.000,00 € belohnen. Auf Vorschlag von Fischer Junior sollen die Sonderzuwendungen mit Hilfe der Deckungsbeitragsrechnung erfolgsorientiert an die in Betracht kommenden Mitarbeiter der Zweigstellen Hamburg und Dresden verteilt werden. Von den REWE-Abteilungen der Zweigstellen wird das folgende Zahlenmaterial zur Verfügung gestellt:

Kosten/Erträge — Name	MITARBEITER DER ZWEIGSTELLE HAMBURG			MITARBEITER DER ZWEIGSTELLE DRESDEN		
	BRUNS	PETERS	KÖNIG	MEYER	SCHMIDT	SCHULZE
1.	53.200,00 €	26.800,00 €	40.100,00 €	60.100,00 €	90.000,00 €	35.300,00 €
2.	10.000,00 €	12.000,00 €	10.000,00 €	0,00 €	10.000,00 €	15.000,00 €
3.	2.500,00 €	2.500,00 €	3.000,00 €	2.000,00 €	2.000,00 €	2.000,00 €
4.	71.300,00 €	45.900,00 €	62.500,00 €	68.200,00 €	112.450,00 €	53.600,00 €

Bedeutung der Ziffern:

1. Provisionsaufwendungen der Agentur Fischer & Söhne für die Mitarbeiter (ohne stornobedingte Rückprovisionen)
2. das nach den jeweiligen Agenturverträgen an die Mitarbeiter zu leistende Fixum
3. Kosten für die Schulung der Mitarbeiter
4. von der ALBATROS Sachversicherungs-AG für den Abschluss/die Vermittlung von Versicherungsverträgen gutgeschriebenen Provisionen unter Berücksichtigung stornierter Versicherungsverträge

Nach welchem Verteilungsschlüssel soll die Bonifikation auf die Mitarbeiter verteilt werden?

Mit Hilfe der Deckungsbeitragsrechnung kann eine sachgerechte Zuweisung der Gratifikation auf die infrage kommenden Mitarbeiter erreicht werden. Es bietet sich folgendes Kalkulationsschema an:

> Provisionserträge der Agentur
> − Provisionsaufwendungen
> = **Deckungsbeitrag I**
> − Fixum
> − Kosten für Schulungen
> = **Deckungsbeitrag II**

Werden die von den Mitarbeitern erwirtschafteten Deckungsbeiträge I und II mit Hilfe des vorgenannten Rechenmodells ermittelt, ergibt sich folgende Lösung:

	BRUNS	PETERS	KÖNIG	MEYER	SCHMIDT	SCHULZE
Provisionserträge	71.300,00 €	45.900,00 €	62.500,00 €	68.200,00 €	112.450,00 €	53.600,00 €
Provisionsaufwendungen	−53.200,00 €	−26.800,00 €	−40.100,00 €	−60.100,00 €	−90.000,00 €	−35.300,00 €
Deckungsbeitrag I	18.100,00 €	19.100,00 €	22.400,00 €	8.100,00 €	22.450,00 €	18.300,00 €
Fixum	−10.000,00 €	−12.000,00 €	−10.000,00 €	0,00 €	−10.000,00 €	−15.000,00 €
Kosten für Schulungen	−2.500,00 €	−2.500,00 €	−3.000,00 €	−2.000,00 €	−2.000,00 €	−2.000,00 €
Deckungsbeitrag II	5.600,00 €	4.600,00 €	9.400,00 €	6.100,00 €	10.450,00 €	1.300,00 €

Wie lassen sich die Sonderzuwendungen erfolgsorientiert, d. h. nach der Höhe der einzelnen Deckungsbeiträge, verteilen?

Rechenformel:	$\dfrac{\text{Sonderzuwendungen} \cdot \text{DB pro Mitarbeiter}}{\sum \text{aller DB}}$

Unter Berücksichtigung dieser Rechnung sieht das Verteilungsergebnis wie folgt aus:

	BRUNS	PETERS	KÖNIG	MEYER	SCHMIDT	SCHULZE
Deckungsbeitrag II	5.600,00 €	4.600,00 €	9.400,00 €	6.100,00 €	10.450,00 €	5.300,00 €
Sonderzuwendungen 10.000,00 €	1.351,03 €	1.109,77 €	2.267,79 €	1.471,65 €	2.521,11 €	1.278,65 €

Schmidt soll den größten Teil der Sonderzuwendungen erhalten, da auch der auf ihn entfallende Deckungsbeitrag II mit 10.450,00 € der höchste ist. Bis auf König sind alle Mitarbeiter mit dieser Entscheidung einverstanden. König macht geltend, dass die Leistungsbewertung der Kollegen nicht allein von der Höhe des Deckungsbeitrages abhängig sein sollte. Es sei vielmehr gerechter, wenn zur Feststellung des Erfolges auch das Verhältnis zwischen den erwirtschafteten Provisionserträgen und den Deckungsbeiträgen in Form eines **Deckungsbeitragssatzes** herangezogen wird. König will den Deckungsbeitragssatz nach folgender Formel berechnen:

$$\text{Deckungsbeitragssatz} = \frac{\text{DB pro Mitarbeiter} \cdot 100}{\text{Provisionserträge pro Mitarbeiter}}$$

Das Ergebnis sieht wie folgt aus:

	BRUNS	PETERS	KÖNIG	MEYER	SCHMIDT	SCHULZE
Provisionserträge	71.300,00 €	45.900,00 €	62.500,00 €	68.200,00 €	112.450,00 €	53.600,00 €
Deckungsbeitrag II	5.600,00 €	4.600,00 €	9.400,00 €	6.100,00 €	10.450,00 €	5.300,00 €
Deckungsbeitragssätze	7,85 %	10,02 %	15,04 %	8,94 %	9,29 %	9,89 %
Sonderzuwendungen 10.000,00 €	1.286,69 €	1.641,80 €	2.463,91 €	1.465,28 €	1.522,42 €	1.619,90 €

Die Verteilung der Sonderzuwendungen lässt sich wie folgt ermitteln:

$$\frac{\text{Sonderzuwendungen} \cdot \text{DB-Satz pro Mitarbeiter}}{\sum \text{aller DB-Sätze}}$$

Danach hätte König mit einem Deckungsbeitragssatz von 15,04 % erheblich besser abgeschnitten als Schmidt, der sich plötzlich auf einem der letzten Plätze wiederfindet. Verständlicherweise bittet er König, allen Beteiligten zu erklären, was ein Deckungsbeitragssatz von 15,04 % aussagt.

Für König ist die Erklärung einfach: Von den durch seine Tätigkeit eingenommenen 100,00 € Provisionserträgen bleiben 15,04 € zur Deckung fixer Kosten der Versicherungsagentur Fischer & Söhne übrig, während Schmidt nur einen Deckungsbeitrag über 9,29 € nachweisen kann!

Weitere Erkenntnisse aus dem gewonnenen Zahlenmaterial:

➤ Peters hat auch im Vergleich zu den anderen einen sehr niedrigen Deckungsbeitrag II aufzuweisen. Die geringen, durch seine Tätigkeit eingenommenen Provisionserträge deuten darauf hin, dass er (als Berufsanfänger?) noch nicht über einen größeren Bestand verfügt. Hier fehlen allerdings Informationen über Provisionserträge aus dem Neu- oder Bestandsgeschäft.

➤ Die Agenturverträge von Peters und Schulze weisen ein relativ hohes Fixum aus. Auch dieser Tatbestand könnte darauf hindeuten, dass beide noch nicht lange im Außendienst tätig sind und ihnen deshalb ein höheres garantiertes Mindesteinkommen zugestanden wurde.

➤ Andererseits ist der von Peters erwirtschaftete Deckungsbeitragssatz bemerkenswert. Für die Agentur Fischer & Söhne wäre es deshalb durchaus überlegenswert (evtl. zu Lasten des Fixums), den Prozentanteil der Provisionsaufwendungen an den durch Peters eingenommenen Provisionserträgen zu erhöhen.

Musteraufgabe zu Kapitel 9.3.7

Von der REWE-Abteilung der Versicherungsagentur Fischer & Söhne erhalten Sie über die Mitarbeiter Schneider, Schmidt und Meier folgendes Zahlenmaterial:

	Schneider	Schmidt	Meier
Provisionserträge	77.450,00 €	96.260,00 €	110.500,00 €
Schulungskosten	3.000,00 €	2.100,00 €	2.100,00 €
Provisionsaufwendungen	46.700,00 €	67.300,00 €	75.100,00 €
Fixum	18.000,00 €	10.000,00 €	15.600,00 €

a) *Berechnen Sie für jeden Mitarbeiter die Deckungsbeiträge I und II!*

b) *Berechnen Sie für jeden Mitarbeiter den Deckungsbeitragssatz!*

c) *Begründen Sie anhand der Aufgabe, warum der Deckungsbeitragssatz besser zur Mitarbeiterbeurteilung geeignet ist als ein Deckungsbeitrag!*

d) *Welche Konsequenzen sollten nach Ihrer Meinung hinsichtlich des Ergebnisses von Mitarbeiter Schneider gezogen werden?*

Lösung der Musteraufgabe zu Kapitel 9.3.7

a) + b)

Kosten und Ertragsarten	Schneider	Schmidt	Meier
Provisionserträge	77.450,00 €	96.260,00 €	110.500,00 €
Provisionsaufwendungen	−46.700,00 €	−67.300,00 €	−75.100,00 €
Deckungsbeitrag I	30.750,00 €	28.960,00 €	35.400,00 €
Fixum	−18.000,00 €	−10.000,00 €	−15.600,00 €
Schulungskosten	−3.000,00 €	−2.100,00 €	−2.100,00 €
Deckungsbeitrag II	9.750,00 €	16.860,00 €	17.700,00 €
Deckungsbeitragssätze	12,59 %	17,52 %	16,02 %

c) ➤ Laut DB II hat Meier am erfolgreichsten gearbeitet.

➤ Wenn man die DB-Sätze als Entscheidungsgrundlage nimmt, ist dagegen Schmidt noch erfolgreicher gewesen. Diese Entscheidung ist auch sachgerechter, denn von 100,00 € durch Schmidt erarbeiteten Provisionserträgen bleiben 17,52 € zur Deckung der agenturfixen Kosten übrig; bei Meier sind es nur 16,02 €.

d) Zur Motivation sollten in Verhandlungen mit Schneider das Fixum reduziert und die Provisionssätze erhöht werden.

Übungsaufgaben

Aufgaben zu Kapitel 9.2.4 Analysemethoden

Entscheiden und begründen Sie, für welche der nachfolgend beschriebenen Situationen welche Analysemethode(n) bei einer Versicherungsagentur sinnvoll ist (sind)!

a) Eine expandierende Agentur hat festgestellt, dass die an Untervertreter weitergegebene Abschlussprovision in den letzten fünf Jahren nahezu konstant geblieben ist.

b) Die Agentur hatte im letzten Jahr Maßnahmen zur Reduzierung der Verwaltungskosten getroffen. Ziel war es, den Anstieg der Verwaltungskosten vom Vorjahr zum Geschäftsjahr unter 3 % zu halten. Tatsächlich beträgt der Zuwachs 3,8 %.

c) Der Bestand einer Agentur an Hausratverträgen betrug im letzten Jahr 1.800 Verträge. Aufgrund intensiver Marketingaktionen zur Anwerbung von Neukunden konnte die angestrebte Gesamtzahl von 2.000 Verträgen um 50 Verträge überschritten werden.

d) Das Versicherungsunternehmen hat einen Wettbewerb zum Verkauf der Riester-Rente veranlasst, wonach die zehn verkaufsstärksten Vermittler eine Sonderprovision erhalten.

e) Die Kunden der Versicherungsagentur Ruhland hatten im abgelaufenen Geschäftsjahr in der Sparte Kfz-Haftpflicht eine Gesamtschadensumme von 4 Mio. € verursacht. Im Vergleich mit anderen Vermittlern des gleichen Unternehmens liegt dieser Wert 10 % über dem Durchschnitt.

f) Welche Problematik ergibt sich bei dem Vergleich in Aufgabe e)?

Aufgaben zu Kapitel 9.3.2
Kennzahlen zur Vertriebs- und Kundenorientierung

Aufgabe 1

Die Agentur Ruhland hatte im letzten Jahr Qualifizierungsmaßnahmen für ihre drei angestellten Außendienstmitarbeiter durchgeführt. Die Geschäftsleitung hat sich davon einen effektiveren Außendiensteinsatz versprochen. Folgende Zahlen des abgelaufenen Jahres wurden vom Controlling ermittelt:

	Außendienstmitarbeiter		
	Fender	Bretz	Kohler
Beitragssumme aller Neuverträge	50.500	51.300	58.900
Beitragssumme der aufgelösten Neuverträge	4.900	9.400	3.100
Stückzahl aller Neuverträge	130	145	128
Stückzahl der vorzeitig aufgelösten Neuverträge	12	21	8
akquirierte Kundenbesuche	188	212	176
Zustande gekommenen Kundenbesuche	150	173	140

a) Ermitteln Sie die Storno-, Abschluss- und Terminquote!

b) Interpretieren Sie die Ergebnisse!

c) Die Werte des Vorjahres betrugen:

	Fender	Bretz	Kohler
Stornoquote (beitragsbez.)	10,5	16,0	8,9
Abschlussquote	79,0	82,0	83,0
Terminquote	75,0	76,0	78,0

Interpretieren Sie den Erfolg der Qualifizierungsmaßnahmen!

Aufgabe 2

Die Generalagentur Ruhland hat für den gesamten Sachbestand eine Neuvertrags-Stornoquote von 8,5 % ermittelt. Herr Ruhland möchte die möglichen Gründe für die nach seiner Meinung zu hohe Kennzahl wissen. Welche der im Folgenden genannten Aussagen kommen als mögliche Ursachen infrage?

a) Die im letzten Jahr neu eingeführte regelmäßige Schulung der Außendienstmitarbeiter wirkt sich jetzt aus.

b) Das Fixum wurde zu Lasten der Provision für die Außendienstmitarbeiter angehoben.

c) Das Fixum wurde bei gleichbleibenden Provisionssätzen gesenkt.

d) Die Außendienstmitarbeiter erhalten ein geringeres Fixum, gleichzeitig wird ihnen in Abhängigkeit von der Stückzahl eine Bonusprovision gewährt.

e) Die schlechte wirtschaftliche Lage mit steigender Arbeitslosigkeit lässt die Kunden kritischer gegenüber Versicherungsverträgen werden.

Aufgabe 3

Die Stornoquote für den Gesamtbestand einer Sparte ist jährlich angestiegen und liegt im Geschäftsjahr bei 7 %. Welche Maßnahmen sind geeignet, die Quote zu verringern?

a) Dem Außendienst ein geringeres Fixum zahlen, damit die Beratungsqualität verbessert wird.

b) Den Innendienst mit besserer Technik ausstatten, damit Arbeitsvorgänge schneller erledigt werden können.

c) Durch geeignete Schulungsmaßnahmen für alle Mitarbeiter die Qualität der Kundenbetreuung verbessern.

d) Durch Einrichtung eines Call-Centers können Kunden eher von Kündigungen abgehalten werden.

e) Durch geeignete Maßnahmen den Außendienst veranlassen, mehr Neuverträge abzuschließen.

Aufgabe 4

Die ALBATROS Versicherungs-AG hat im abgelaufenen Geschäftsjahr in der Sparte Hausratversicherung einen Wettbewerb zwischen den Agenturen der Gesellschaft gestartet. Die drei erfolgreichsten Agenturen weisen folgende Zahlen auf:

Agenturen	Anzahl Neuverträge	Prämie Neuverträge in €	Anzahl der Stornierungen	Beiträge stornierter Verträge in €
Ruhland GmbH	265	66.250,00	11	2.530,00
Fischer & Söhne	239	57.360,00	10	2.600,00
Hanse Agentur	212	55.120,00	13	3.120,00
GESAMT	716	178.730,00	34	8.250,00

a) Welche Stornoquoten für das Neugeschäft haben die Agenturen erzielt?

b) Wie hoch ist im Durchschnitt der drei Agenturen die stückzahlbezogene Neugeschäftsstornoquote?

c) Wie hoch sind die Stornoquoten bezogen auf die Beiträge?

Aufgaben zu Kapitel 9.3.3 Kennzahlen zur Wirtschaftlichkeit

Aufgabe 1

Hans-Hermann Grüning ist Prokurist der Versicherungsagentur Ruhland. Er ermittelt für seinen Chef wichtige Kennzahlen der Agentur. Es liegen ihm folgende Informationen zur Sachversicherung vor:

	A	B	C	D	E	F
1	Aufbereitete Daten					
2	Bilanzdaten		Erfolgsdaten		Bestandsdaten lt. Liste des VU	
3	AB Eigenkapital	190.000	Bestandsprovision	163.000	Stückzahl Neuverträge	210
4	SB Eigenkapital	210.000	Zusatzprovisionen	6.200	Gesamtbeiträge	865.000
5	AB Fremdkapital	430.000	Abschlussprovision	18.200	Beiträge gek. Neuvertr.	9.800
6	SB Fremdkapital	400.000	Provisionsaufwand	7.400	gek. Neuverträge	19
7			Gehälter u. soz.Aufw.	75.000	Beiträge aller gek. Vertr.	29.600
8			Zinsaufwand	8.500	Gesamtschadenaufwand	585.000
9			Werbekosten	1.100		
10			Abschreibung	12.150		
11			Energieaufwand	810		
12			Allgem. Verwaltungsk.	7.600		
13			Kosten der Telekomm.	2.100		
14			Mietaufwand	8.000		
15			Gewinn	50.000		

a) Herr Grüning soll die Stornoquoten, die Schadenquote und die Verwaltungskostenquote ermitteln und seinem Chef eine Interpretation der Ergebnisse vorlegen.

b) Im letzten Jahr lag die Stornoquote für das Neugeschäft noch über 8%. Sollte das diesjährige Ergebnis nicht besser sein, muss Herr Grüning Vorschläge machen, wie die Quote verringert werden kann.

c) Der Chef, Herr Ruhland, weiß, dass andere Agenturen des gleichen Versicherungsunternehmens im Durchschnitt eine Schadenquote von 72% haben. Er möchte das Ergebnis seiner Agentur in diesem Zusammenhang interpretiert haben.

d) Herrn Ruhland liegt sehr viel an seinem langjährigen Großkunden, der Spedition Berger. Die Firma Berger zahlt für alle Versicherungsverträge der Sachsparte Beiträge über insgesamt 28.600,00 €. Die Schadenquote dieses Jahres hat sich gegenüber dem letzten Jahr leicht auf 98% verschlechtert. Herr Ruhland befürchtet, dass ihn sein Versicherer bald auffordern wird, das Vertragsverhältnis zu prüfen und eventuell aufzulösen.

    da) Wie hoch waren die Schadenaufwendungen der Spedition Berger im Geschäftsjahr?

    db) Interpretieren Sie die Kennzahlenentwicklung!

    dc) Welche Möglichkeiten hat die Agentur, die kundenbezogene Schadenquote zu verringern?

Aufgabe 2

Die Stornoquote ist eine wichtige Kennzahl auch für eine Provisionsagentur.

a) Erläutern Sie den Aussagegehalt einer bestandsbezogenen Stornoquote von 4,6%!

b) Beschreiben Sie, weshalb eine zu hohe Stornoquote von Nachteil für eine Agentur ist!

c) Welche Ursachen kann eine zu hohe stückzahlbezogene Stornoquote aus Sicht einer Agentur haben?

d) Beschreiben Sie die inhaltlichen (nicht mathematischen) Unterschiede zwischen einer stückzahlbezogenen Stornoquote von 11 % und einer bestandsbezogenen Stornoquote von 11 %!

Aufgabe 3

Auf den Agenturbestand bezogene Schadenquoten sind häufig für die Vergütungsregelungen in Agenturverträgen von großer Bedeutung.

a) Was besagt eine bestandsbezogene Schadenquote von 63 %?

b) Welche Höhe einer Schadenquote kann man als kritisch ansehen?

c) Weshalb ist der Vergleich der Schadenquote einer Agentur mit dem Durchschnitt aller Agenturen eines VU problematisch?

Aufgabe 4

Welchen Sinn haben kundenbezogene Schadenquoten für eine Agentur?

Aufgabe 5

Die Verwaltungskostenquote gilt als ein Maß für die Effizienz des Innendienstes im Hinblick auf die Bestandspflege.

a) Erläutern Sie, weshalb die Abschlussprovision und der Provisionsaufwand gegenüber Untervertretern nicht in die Berechnung der Kennzahl einbezogen werden dürfen!

b) Interpretieren Sie die Verwaltungskostenquote von 78 %!

c) Erläutern Sie, vor welcher Problematik eine Agentur steht, wenn die Verwaltungskostenquote nahe bei 100 % liegt!

Aufgabe 6

Die Agentur Ruhland betreut einen gewerblichen Großkunden, der mehrere Baumärkte betreibt. Die Schadenquote für den Sachbestand dieses Kunden liegt bei 98 %.

Welche Maßnahmen der Agentur sind sinnvoll, um die Schadenquote zu senken?

a) Die Agentur sollte insbesondere bei der Regulierung von größeren Schäden weniger kulant sein.

b) Die Agentur sollte in Zusammenarbeit mit dem VU mehr Informationen über Möglichkeiten der Schadenminderung und -verhütung an den Großkunden geben.

c) Die Agentur sollte bei dem VR veranlassen, dass in den Sachverträgen ein höherer Selbstbehalt mit dem Kunden vereinbart wird.

d) In den Verträgen des Kunden sollten vorhandene Auflagen zur Risikobegrenzung gemildert werden.

Aufgabe 7

Die Schadenquote für den gesamten Sachbestand der Agentur Ruhland beträgt 65 %. Welche Einflussmöglichkeit auf die Höhe der Quote hat die Agentur?

a) Die Agentur kann durch häufigeres Ablehnen der Leistungspflicht die Quote verringern.

b) Die Agentur muss ihre eigene Regulierungspraxis überprüfen. Dann ist eine deutliche Senkung der Schadenquote möglich.

c) Bei der Betreuung der Kunden des Sachgeschäfts ist mehr Wert zu legen auf Information und Aufklärung über Schadenverhütungs- und Schadenminderungsmöglichkeiten.

d) Die Agentur muss ihren Kunden klarmachen, dass Ersatzleistungen des VU zu höheren Prämien oder Einschränkungen der Leistung führen.

e) Die Agentur kann durch restriktivere Annahmerichtlinien unmittelbar die Quote senken.

17 Drapatz/Franke/Hess – ISBN 978-3-8120-0494-7

Aufgabe 8

Die Agentur Ruhland hatte in den letzten drei Jahren folgende Verwaltungskostenquoten:

68,5 %, 72,1 % und im abgelaufenen Jahr 75,9 %

Welche Gründe können zu dieser Entwicklung geführt haben?

a) Die Agentur hatte in den vergangenen Jahren hohe Aufwendungen für die Schulung von Außendienstmitarbeitern.

b) Aus Gründen der Rationalisierung wurde in den vergangenen Jahren verstärkt in neue Technologien investiert. Dabei gab es sowohl technische Schwierigkeiten als auch erhöhten Qualifizierungsbedarf für die Mitarbeiter.

c) Nach der Einführung neuer Technologien wurden nicht mehr benötigte Mitarbeiter entlassen bzw. nach ihrem Ausscheiden nicht mehr ersetzt.

d) Nach Verhandlungen mit dem VU konnte erreicht werden, dass die Bestandsprovision nach der Umstellung auf das Zentralinkasso nur einen Prozentpunkt gesenkt wurde.

Aufgabe 9

Die Geschäftsleitung der Agentur Fischer & Söhne erwartet von ihren Mitarbeitern Unterstützung bei dem Ziel, dass die Verwaltungskostenquote im nächsten Jahr sinkt. Welchen Beitrag können die Mitarbeiter dazu leisten?

a) Um den Arbeitsrückstand für Vertragsumstellungen auf neue AVB zu beseitigen, sind die Mitarbeiter bereit, generell um 10 % längere Arbeitszeiten auch ohne Lohnausgleich zu akzeptieren.

b) Einige Innendienst-Mitarbeiter haben sich durch Fortbildung im IT-Bereich insoweit spezialisiert, dass Störungen des EDV-Systems zu weniger Ausfallzeiten führen und die Arbeitsrückstände nicht noch weiter anwachsen.

c) Die Mitarbeiter haben es durch geeignete Qualifizierungsmaßnahmen geschafft, die Kundenbetreuung so zu verbessern, dass die Stornoquote gesunken ist.

d) Mit den Außendienst-Mitarbeitern wurde vereinbart, dass die Abschlussprovisionssätze erhöht und das Fixum deutlich verringert wurde.

Aufgabe 10

Die Agentur Ruhland erhält am Jahresende von der ALBATROS Versicherungs-AG ein Bordero, in dem sämtliche, die Agentur betreffende Daten jeder Sparte zusammengefasst sind.

	Hausrat	Kraftfahrt
BESTANDSDATEN		
Stückzahl aller Verträge	2.189	3.215
Stückzahl der Neuverträge	178	204
Stornierte Neuverträge	3	11
Gesamtbeiträge des Bestandes in €	415.910,00	1.896.850,00
Beiträge aller Neuverträge in €	36.312,00	140.760,00
Beiträge der stornierten Neuverträge in €	633,00	8.855,00
Beiträge aller stornierten Verträge in €	2.100,00	123.800,00
ERFOLGSDATEN		
Bestandsprovision in €	35.352,00	56.800,00
Abschlussprovision in €	6.420,00	6.334,00

	Hausrat	Kraftfahrt
Bonifikationen für Bestandspflege in €	4.290,00	7.100,00
Zusatzprovision für Neuverträge in €	850,00	620,00
LEISTUNGEN DES VU		
Anzahl der Schäden	168	415
Durchschnittl. Schadenaufwand in €	540,00	2.100,00
Schadenregulierungsaufwand in €	3.900,00	112.400,00
Vom Rückversicherer zu zahlen	20 %	35 %
Beiträge an den Rückversicherer in €	83.182,00	663.898,00

a) Ermitteln Sie die Schadenquote für die Kraftfahrt- und die Hausratversicherung!

b) Stellen Sie fest, wie hoch die gesamte Schadenquote beider Sparten zusammen ist!

c) Um wie viel Prozent hat sich die Stornoquote des gesamten Bestandes verändert, wenn die Stornoquote im Vorjahr bei 4,5 % lag?

d) In dem Bordero konnte nicht berücksichtigt werden, dass die Kfz-Verträge eines Großkunden der Agentur (Speditionsunternehmen) aus dem Bestand der ALBATROS genommen und bei einer anderen Gesellschaft untergebracht wurden. Die Beitragssumme dieser Verträge beträgt pro Jahr 23.950,00 €.

   Wie hoch ist die korrigierte Stornoquote für die Kfz-Sparte?

e) Berechnen Sie die Stornoquote des Neugeschäfts je Sparte bezogen auf die Stückzahl und auf das Beitragsvolumen!

f) Der Unterschied dieser Kennzahlen ist damit zu erklären,

   fa) dass die beitragsbezogene Stornoquote in homogenen Beständen in der Regel niedriger ist, weil sie sich auf den Gesamtbestand einer Sparte bezieht und alle Kunden enthält,

   fb) dass die stückbezogene Stornoquote sich nur auf das Neugeschäft bezieht und dort erfahrungsgemäß die Kunden noch „unentschiedener" sind als die Kunden des Bestandes,

   fc) dass Neuverträge meistens höhere Beiträge zu zahlen haben und deshalb die Neugeschäftsstornoquote höher sein muss,

   fd) dass die Beiträge von Großkunden im Neugeschäft wegen der höheren Prämien ein stärkeres Gewicht bekommen.

Aufgaben zu Kapitel 9.3.4 Kennzahlen zur Rentabilität

Aufgabe 1

Welche Aussage kann mit der Eigenkapitalrentabilität einer Agentur gemacht werden?

Aufgabe 2

Bei der Entscheidung darüber, ob Investitionen mit Eigen- oder Fremdkapital finanziert werden, spielt die Gesamtkapitalrentabilität eine wichtige Rolle.

a) Erläutern Sie, unter welcher (mathematischen) Voraussetzung die Finanzierung durch Fremdkapital und unter welcher Bedingung die Finanzierung durch Eigenkapital sinnvoller ist!

b) Beschreiben Sie den unterschiedlichen Aussagegehalt von Gesamtkapitalrentabilität und Eigenkapitalrentabilität!

Aufgabe 3

Der Geschäftsleitung einer Agentur liegen folgende aufbereitete Daten aus dem Jahresabschluss vor:

	A	B	C	D	E	F
1	Aufbereitete Daten					
2	**Bilanzdaten**		**Erfolgsdaten**		**Bestandsdaten lt. Liste des VU**	
3	AB Eigenkapital	165.000	Bestandsprovision	70.000	Stückzahl Neuverträge	186
4	SB Eigenkapital	175.000	Zusatzprovisionen	3.400	Gesamtbeiträge	420.000
5	AB Fremdkapital	310.000	Abschlussprovision	9.100	Beiträge gek. Neuvertr.	7.200
6	SB Fremdkapital	285.000	Provisionsaufwand	3.200	gek. Neuverträge	21
7			Gehälter u. soz.Aufw.	33.500	Beiträge aller gek. Vertr.	17.340
8			Zinsaufwand	4.900	Gesamtschadenaufwand	265.000
9			Werbekosten	900		
10			Abschreibung	8.200		
11			Energieaufwand	700		
12			Allgem. Verwaltungsk.	4.100		
13			Kosten der Telekomm.	1.760		
14			Mietaufwand	6.000		
15			Gewinn	45.000		

a) Ermitteln Sie die Kennzahlen für die Stornoquote, Schadenquote, Verwaltungskostenquote sowie für die Gesamtkapital- und Eigenkapitalrentabilität!

b) Begründen Sie, weshalb das Eigenkapital nur um 10.000,00 € zunahm, obwohl die Agentur einen Gewinn von 45.000,00 € gemacht hat!

c) Interpretieren Sie die Kennzahlen.

d) Wie veränderten sich die Rentabilitätskennzahlen, wenn der Zinsaufwand 11.000,00 € und der Gewinn 25.000,00 € betrüge?

e) Wie würde sich diese Änderung auf die anderen Kennzahlen auswirken?

f) Entscheiden und begründen Sie, ob und ggf. welche Kennzahlen die Agentur veranlassen sollten, über Änderungsmaßnahmen zu entscheiden!

Aufgabe 4

Eine Aufgabe des Controlling stellt die Auswertung von betrieblichen Ergebnissen mit Hilfe von Rentabilitätskennzahlen dar. Welche der folgenden Aussagen treffen in diesem Zusammenhang zu?

a) Die Eigenkapitalrentabilität ist ein wichtiger Indikator für den wirtschaftlichen Erfolg des eingesetzten Eigenkapitals, weil

aa) sie die Verzinsung des Eigenkapitals unabhängig von der Verschuldung des Betriebes angibt

ab) im Unterschied zur Gesamtkapitalrentabilität die Höhe der Fremdkapitalzinsen keinen Einfluss haben

ac) bei dem erwirtschafteten Gewinn die Fremdkapitalzinsen bereits berücksichtigt sind und der Überschuss deshalb nur zum Eigenkapital in Beziehung zu setzen ist

ad) die Rentabilität bei gleichem Gewinn auf jeden Fall zunimmt, wenn mehr Eigenkapital eingesetzt wird.

b) Die Eigenkapitalrentabilität lässt sich steigern, wenn bei gleichbleibendem Gewinn

ba) dem Betrieb mehr Eigenkapital zugeführt wird

bb) dem Betrieb mehr Fremdkapital zugeführt wird unabhängig davon, wie hoch der Fremdkapitalzins ist

bc) dem Betrieb Eigenkapital entnommen wird

bd) zusätzliches Fremdkapital weniger Zins kostet, als damit erwirtschaftet wird.

c) Die Höhe der Eigenkapitalrentabilität hängt u.a. davon ab,

ca) wie sich bei der Veränderung der wirtschaftlichen Verhältnisse die Relation zwischen Aufwendungen und Erträgen entwickelt

cb) wie sich die Gesamtkapitalrentabilität entwickelt

cc) ob die Produktivität des Betriebes stetig zunimmt

cd) ob es dem Betrieb gelingt, jährlich die Kosten zu reduzieren

ce) ob die Eigenkapitalgeber keine Gewinne entnehmen.

Aufgabe 5

Der Inhaber der Agentur Ruhland überlegt, ob er sein Eigenkapital aufstocken soll. Zuvor möchte er die Verzinsung seines bisher eingesetzten Kapitals wissen. Folgende Daten liegen vor:

AB Eigenkapital	240.000,00 €	Gesamte Aufwendungen	68.000,00 €
SB Eigenkapital	265.000,00 €	Gesamte Erträge	85.000,00 €

a) Wie hoch ist die Eigenkapitalrentabilität?

b) Wie würde sich die Eigenkapitalrentabilität verändern, wenn Herr Ruhland sein Eigenkapital durch eine Privateinlage von 20.000,00 € erhöht und die Erträge um 1.000,00 € zunehmen?

c) Wie würde sich die Eigenkapitalrentabilität verändern, wenn Herr Ruhland anstatt Eigenkapital zusätzlich 20.000,00 € Fremdkapital aufnimmt und die Aufwendungen um 1.200,00 € zunehmen, der Ertrag um 1.500,00 € zunimmt?

Aufgaben zu Kapitel 9.3.5
Kennzahlen zur Vermögens- und Kapitalstruktur

Aufgabe 1

Beschreiben Sie zwei Ursachen, weshalb es zu einem Rückgang der Eigenkapitalquote kommen kann!

Aufgabe 2

Inwiefern kann eine hohe EK-Quote aus Gläubigersicht als positiv gewertet werden?

Aufgabe 3

Beschreiben Sie den Zusammenhang zwischen der EK-Quote und der EK-Rentabilität!

Aufgabe 4

Die EK-Quote betrug am Ende des Geschäftsjahres bei einem Gesamtkapital von 850.000,00 € 28%. Wie hoch ist das Eigenkapital?

Aufgabe 5

Interpretieren Sie einen Anlagendeckungsgrad I von 60%!

Aufgabe 6

Erläutern Sie, weshalb der Anlagendeckungsgrad II möglichst weit über 100% liegen sollte!

Aufgabe 7

Welche Problematik ergibt sich daraus, wenn der Anlagendeckungsgrad II 90% beträgt?

Aufgabe 8

Nehmen Sie zu der Behauptung Stellung, dass ein Liquiditätsgrad I von 30% für ein Unternehmen wirtschaftlich von Nachteil sein kann!

Aufgabe 9

Erläutern Sie, weshalb ein Liquiditätsgrad III höher als 100% sein sollte!

Aufgabe 10

Begründen Sie den möglichen Zusammenhang zwischen einem Liquiditätsgrad III von 80% und einer drohenden Insolvenz!

Aufgabe 11

Welche Aussage lässt sich aus einer über Jahre konstanten Investitionsquote von 25% treffen?

Aufgabe 12

Begründen Sie, weshalb bei einer Versicherungsagentur eine Investitionsquote von 30% eher nicht über Jahre hinweg dieses Niveau haben wird!

Aufgaben zu Kapitel 9.3.6
Der Cashflow als Kennzahl zur Finanzkraft

Aufgabe 1

a) Erläutern Sie den Aussagegehalt des Cashflows!

b) Begründen Sie, weshalb der Gewinn nur begrenzt etwas über die tatsächliche Finanzkraft aussagt.

Aufgabe 2

Bei der Ermittlung des Cashflows dürfen nichtzahlungswirksame Aufwendungen und Erträge nicht berücksichtigt werden.

a) Begründen Sie diese Notwendigkeit!

b) Erläutern Sie am Beispiel von Abschreibungen, weshalb diese bei der Berechnung des Cashflows nicht berücksichtigt werden dürfen!

c) Nennen Sie jeweils drei nichtzahlungsbedingte Aufwendungen und Erträge!

Aufgabe 3

Erläutern Sie, inwiefern der Cashflow einer Agentur für einen Kreditgeber von Bedeutung ist!

Aufgabe 4

Beschreiben Sie aus Sicht einer Agentur eine mögliche Wirkungskette für die Entwicklung des Cashflows, wenn der Betrieb hohe Investitionen in die Modernisierung durch IuK-Technologie mit Hilfe von Fremdkapital vorgenommen hat!

Aufgabe 5

In einer Versicherungsagentur wurden in den vergangenen Rechnungsperioden folgende Ergebnisse ermittelt:

	Periode 1	Periode 2	Periode 3	Periode 4
Gewinn	45.000	38.000	37.000	51.000
Cashflow	64.000	58.000	65.000	83.000

a) Ermitteln Sie die prozentualen Veränderungen und beschreiben Sie die Entwicklung der Ergebnisse!

b) Beschreiben Sie mögliche Ursachen für die Entwicklung von Cashflow und Gewinn!

Aufgabe 6

Aktiva		Bilanz zum 31.12.20..				Passiva
	Vorjahr in €	Geschäfts-jahr in €			Vorjahr in €	Geschäfts-jahr in €
I. Anlagevermögen			I. Eigenkapital	545.000,00	563.800,00	
Grundstücke u. Bauten	890.000,00	878.000,00	II. Fremdkapital			
Kraftfahrzeuge	30.500,00	25.500,00	Hypothekenverb	440.000,00	408.000,00	
Geschäftsausstattung	153.400,00	138.400,00	Darlehensverbindlichkeiten	105.550,00	91.200,00	
II. Umlaufvermögen			Verbindlichkeiten bei UV	6.320,00	7.140,00	
Forderungen gegen VR	9.120,00	15.550,00	Verbindlichkeiten bei Finanzamt	2.150,00	3.223,00	
Forderungen gegen AN	3.170,00	2.060,00	Verbindlichkeiten bei SVT	1.210,00	1.580,00	
Wertpapiere	15.000,00	17.467,00	Verb. aus Lieferung und Leistung	6.130,00	6.550,00	
Bank	4.850,00	4.780,00	PRA	3.650,00	3.870,00	
Kasse	1.340,00	1.460,00				
ARA	2.630,00	2.146,00				
SUMMEN	1.110.010,00	1.085.363,00	SUMMEN	1.110.010,00	1.085.363,00	

Zusatzinformationen:

1. Im laufenden Geschäftsjahr wurde kein Anlagevermögen neu angeschafft.
2. Lt. GuV beliefen sich die Zinsaufwendungen auf 48.000,00 €.
3. Die Wertpapiere sind an der Börse frei handelbar.

a) Berechnen Sie für das Geschäftsjahr die
   - Eigenkapitalquote
   - Anlagendeckungsgrade I und II
   - Liquiditätsgrade I und II
   - Eigenkapitalrentabilität
   - Gesamtkapitalrentabilität

b) Begründen Sie unter Berücksichtigung der ermittelten Gesamtkapitalrentabilität, ob eine weitere Verschuldung für die Versicherungsagentur Ruhland sinnvoll ist!

Aufgaben zu Kapitel 9.3.7
Der Deckungsbeitrag als Kennzahl zur Mitarbeiterbeurteilung

Aufgabe 1

Interpretieren Sie den Aussagegehalt eines Deckungsbeitragssatzes von 25%!

Aufgabe 2

Aus dem Vorjahr der Ruhland Versicherungsagentur liegt Ihnen folgendes Zahlenmaterial vor:

	Paulsen	Franzen	Graul
Deckungsbeiträge I	18.000,00 €	20.500,00 €	16.300,00 €
Deckungsbeiträge II	6.720,00 €	4.670,00 €	5.650,00 €
Deckungsbeitragssätze	14,50%	9,00%	12,20%

a) Nennen Sie zwei Gründe, die zu den Differenzen zwischen DB I und DB II führen!

b) Wer von den drei Mitarbeitern hatte für die Ruhland Versicherungsagentur die höchsten Provisionserträge erwirtschaftet?

Aufgabe 3

Der Geschäftsleiter der Ruhland Versicherungsagentur erwartet für das laufende Geschäftsjahr von seinen Außendienstmitarbeitern Paulsen, Franzen und Graul eine Steigerung ihrer Deckungsbeiträge II und Deckungsbeitragssätze aus dem Vorjahr (siehe Aufgabe 2) um 10%.

a) In welchem Umfang wurden von Paulsen, Franzen und Graul die Erwartungen der Geschäftsleitung erfüllt, wenn zum 31. 12. des laufenden Geschäftsjahres folgende Daten vorliegen?

	Paulsen	Franzen	Graul
Schulungskosten	1.200,00 €	2.800,00 €	4.240,00 €
Provisionsaufwendungen	44.700,00 €	47.880,00 €	38.100,00 €
Fixum	1.100,00 €	3.200,00 €	5.100,00 €
Provisionserträge	54.350,00 €	60.230,00 €	54.360,00 €

b) Interpretieren Sie Ihre Ergebnisse!

10 Marketing einer Versicherungsagentur

Auch nach zwei Jahren intensiver Bemühungen hat die Agentur Fischer & Söhne ihre gesetzten Ziele nur teilweise erreicht. Es konnte zwar die Kundenbindung verbessert werden (Rückgang der Stornoquote), aber das gesetzte Ziel zur Vergrößerung des Geschäftsvolumens um 30 % konnte nicht erreicht werden. Das von Sohn Max aufgebaute Controlling-System mit seinen verschiedenen Steuerungsinstrumenten (Kennzahlen) hat deutlich gemacht, dass die Ziele der Agentur und die bisherigen Maßnahmen regelmäßig überprüft werden müssen.

Max hat deshalb den Auftrag, Maßnahmen zu entwickeln, um den gewünschten Erfolg dennoch zu erreichen.

Die nach wie vor angestrebten Ziele sind:

➤ Steigerung der Bestandssumme um 30% innerhalb der nächsten drei Jahre.

➤ Erhöhung des Marktanteils gegenüber anderen Agenturen der gleichen Gesellschaft.

➤ Zunahme der Vermittlungszahlen für Versicherungsprodukte zur betrieblichen Altersversorgung um 40%.

➤ Zunahme des Anteils am gewerblichen Geschäft

➤ Weitere Stabilisierung der Kundenbindung

Wie soll Max vorgehen?

Max ist bewusst, dass die Erreichung dieser Ziele von der Kombination verschiedener geeigneter Maßnahmen abhängig ist. Aus seinem Studium weiß er, dass es eine Vielzahl von Instrumenten gibt, die unter dem Begriff „Marketing" zusammengefasst sind.

Unter **Marketing** versteht man die Summe aller Maßnahmen und Handlungen eines Unternehmens, die auf die Erreichung bestimmter Ziele ausgerichtet sind. Die Abstimmung zwischen den spezifischen Unternehmenszielen, der gegenwärtigen Marktsituation und den Mitteln (Instrumente) zur Durchsetzung der Ziele bezeichnet man als „Marketingkonzept". Die Kombination der Marketinginstrumente nennt man „Marketing-Mix".

10.1 Notwendigkeit einer Analyse

Die Aufgabe von Max ist zunächst die Analyse der gegenwärtigen Situation. Dazu können ihm **bereits vorhandene Informationen** dienen wie z.B.

➤ der eigene Jahresabschluss,

➤ die Bestandszahlen, die die Agentur regelmäßig von ihrem Versicherer erhält,

➤ die monatlichen Abrechnungslisten des Versicherungsunternehmens,

➤ Statistiken seines Versicherungsunternehmens, z.B. über die Bestandsentwicklung und Trends in einzelnen Sparten, Schadenentwicklungen,

➤ Statistiken über den Marktanteil der eigenen Agentur im Vergleich mit anderen Agenturen des gleichen Unternehmens,

➤ die Zufriedenheit und Motivation der eigenen (Außendienst-)Mitarbeiter.

Notwendig sind darüber hinaus auch **eigene Marktanalysen**, z.B. über

➤ die Auswertung der vom eigenen Außendienst gesammelten Einschätzungen zu der Entwicklung von Kundenbedürfnissen,

➤ die Erhebung von Daten zur wirtschaftlichen Entwicklung in der Region (z.B. Wachstumszahlen, wirtschaftliche Entwicklung einzelner Branchen, Neuansiedlung von Gewerbebetrieben, Arbeitslosenzahlen, Einkommensentwicklung in der Region),

➤ Änderungen in der Steuergesetzgebung und die sich daraus ableitenden Folgerungen für den Abschluss und die Gestaltung von Versicherungsverträgen,

➤ die Erhebung von Firmendaten und Mitarbeiterzahlen für Angebotszwecke,

➤ die Stellung und das Ansehen der eigenen Agentur in der Region.

Analyse und Bewertung dieser Informationen müssen dann im Hinblick auf die gesetzten Ziele erfolgen. Erst dann können Maßnahmen auf dieser Basis entwickelt werden, die die Agentur der Zielerreichung näherbringen.

Zusammenhang von Unternehmenszielen , Controlling und Maßnahmen zur Zielerreichung

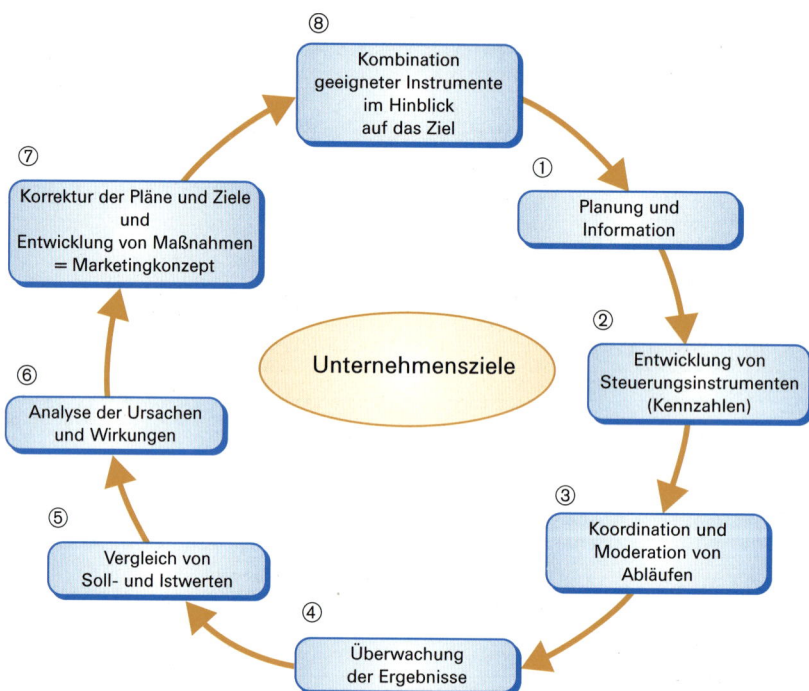

Die Agentur Fischer & Söhne betreibt die *„Vermittlung"* von Versicherungsprodukten. Sie stellt diese Produkte also nicht selbst her und hat auf deren Gestaltung keinen Einfluss.

10.2 Marketinginstrumente

Die klassischen Marketinginstrumente können nur teilweise genutzt werden:

Klassische Instrumente	Beispiele	Einfluss der Agentur
Produktpolitik	Angebotene Produkte und Produktdifferenzierung, z.B. Hausratversicherungstarife „Standard", „Erweiterte Deckung", „Optimal", also unterschiedlicher Leistungsumfang je nach Zielgruppe und Tarifgestaltung	Nicht beeinflussbar
Vertriebspolitik (Distributionspolitik)	➤ Wahl unterschiedlicher Vertriebswege (Direktvertrieb, Strukturvertrieb, Servicevertrieb, Vertrieb über das Internet) ➤ Verschiedene Absatzkanäle (Außendienstorganisation mit angestellten Vermittlern, selbstständigen Vermittlern und Maklern) ➤ Vergütungssysteme (Provisionspolitik, Fixum, Boni, Beteiligung am Stornorisiko)	Agentur ist selbst Teil der Vertriebspolitik des VU. Sie kann jedoch den eigenen Außendienst mit zieladäquaten Vergütungssystemen steuern.
Servicepolitik (Kundendienstpolitik)	➤ Beratungsqualität beim Verkauf ➤ Betreuungsqualität des Bestandes (Beratungsleistungen, Aufklärung über Schadenverhütungsmaßnahmen, Unterstützung bei Versicherungsfällen, bedarfsgerechte „Versorgung" mit Versicherungsschutz)	Hoher Aktivitätsgrad der Agentur ist möglich.
Kommunikationspolitik	➤ Werbung für neue Produkte und für Anpassungen des Versicherungsumfangs ➤ Direktaktionen zur Kundengewinnung ➤ Online-Dienste zu Informationszwecken ➤ Öffentlichkeitsarbeit (Werbung zur Vertrauensbildung und zum Erscheinungsbild der Agentur = Corporate Identity) ➤ Maßnahmen zur Verkaufsförderung im Allgemeinen (Qualifizierungsmaßnahmen für Innen- und Außendienst, technologische Unterstützung durch Einsatz verbesserter Technik, Adressensammlung)	Sowohl eigene als auch mit dem VU kombinierte Maßnahmen sind möglich.

10.2.1 Die Produktpolitik

Es wird deutlich, dass Max Fischer in den Bereichen der **Produktpolitik** keine und in der Vertriebspolitik eingeschränkte Gestaltungsmöglichkeiten besitzt. Diese Instrumente werden vom VU eingesetzt und wirken sich natürlich auch auf die Agentur unmittelbar aus. Über die Produktpalette und die Tarifgestaltung entscheidet alleine das Versicherungsunternehmen. Die Agentur kann nur versuchen, sich das Produkt des Unternehmens „zu eigen" zu machen, d.h., sie könnte nach Absprache mit dem Versicherer durch Aufdruck des Agenturnamens Teil des Produkts werden. Eine wirkliche Gestaltung ist damit jedoch nicht verbunden.

10.2.2 Die Vertriebspolitik

Im Bereich der **Vertriebspolitik** kann die **Agentur** auf der Basis der eigenen Provisionierung durch das VU die Vergütungsregelungen der Außendienstmitarbeiter und damit auch die Qualität der Beratung beeinflussen. Bei den Maßnahmen des Vertriebs bieten sich Gestaltungsmöglichkeiten.

➤ Die Außendienstmitarbeiter können für neue Produkte oder für spezifische Änderungen, z.B. im Steuer- oder Vertragsrecht, geschult werden. Dabei ist es wichtig, die Aktualisierung der Qualifikation an den Bedürfnissen des Außendienstes zu orientieren. Die Intensität von Aufklärungs- und Schulungsmaßnahmen ist abhängig vom Ausmaß der Änderungen rechtlicher Regelungen.

> **Beispiel:**
>
> Die Änderungen durch das so genannte „Alterseinkünftegesetz" haben differenzierte Informationen in Bezug auf die steuerliche Behandlung der Alters- und Hinterbliebenenversorgung erforderlich gemacht.

➤ Der Innendienst kann durch organisatorische und fachliche Unterstützung den Vertriebserfolg erheblich beeinflussen. Schnelle Reaktions- und Bearbeitungszeiten mit Hilfe modernster Informationstechnologie verbessern die Verkaufssituation für die Vermittler. Auch Maßnahmen zur reibungslosen und verständnisvollen Kommunikation zwischen Innen- und Außendienst sind hilfreich. Hier greifen Vertriebs- und Servicepolitik ineinander.

➤ Schließlich wird der Verkauf von Versicherungsverträgen unmittelbar auch vom Verkaufsdruck beeinflusst, dem der Außendienstmitarbeiter ausgesetzt ist. Die Erwartungshaltung der Geschäftsleitung ist ebenso von Bedeutung wie das Vergütungssystem. Die Mischung aus Fixum, Abschlussprovision und Sonderprovisionen bei Erreichen bestimmter Kennzahlen (z.B. Stornoquote) wirkt mehr oder weniger motivierend auf das Verkaufsverhalten des Mitarbeiters.

Eine besondere Bedeutung hat die **Vertriebspolitik des Versicherungsunternehmens** für die Agentur. Auf sämtliche Marktänderungen reagieren auch die Versicherer mit ihren Marketinginstrumenten. Deshalb kann es für die Agentur nur von Vorteil sein, sich vom eigenen Unternehmen in dessen Vertriebspolitik einbinden zu lassen. Deren geplante und durchgeführte Marketingaktionen ersparen der Agentur vielfältige eigene Planungsarbeiten und somit auch Kosten.

Wie sollen nun die verbleibenden beiden Marketinginstrumente Servicepolitik und Kommunikationspolitik ausgestaltet werden, um die o.g. Ziele zu erreichen?

10.2.3 Die Kommunikationspolitik

Die Herstellung einer besonders für gewerbliche Kunden wichtigen professionellen Beratungssituation kann durch Maßnahmen der **Kommunikationspolitik** verbessert werden. Die schnelle Verfügbarkeit zuverlässiger Informationen durch den Einsatz modernster Technologie gehört hierzu. Dazu zählt auch ein für Kunden aufbereiteter Online-Zugang zu kundennahen Informationen. Angeboten werden kann ebenfalls ein regelmäßiges Informationsangebot (Newsletter) für gewerbliche Kunden, z.B. über Steuerrechtsänderungen im Zusammenhang mit der betrieblichen Altersversorgung. Denkbar ist außerdem die Bereitstellung von Downloadmöglichkeiten zu Informationsmaterial und die Verlinkung auf weitergehende Sites.

10.2.4 Die Servicepolitik

Servicepolitik sollte aus Sicht einer Agentur ein Schwerpunkt im Bereich des Marketings sein. Die Versicherungsvermittlung ist ein Dienstleistungsprodukt. Sie besteht aus der Beratung und laufenden Betreuung der Kunden rund um Fragen der Absicherung versicherbarer Risiken und dem Kauf von Finanzprodukten. Der Service einer Agentur muss dabei so flexibel sein, dass er sich an wechselnde Bedürfnisse privater und gewerblicher Kunden anpasst.

Die Grundlage hierfür ist einerseits die Qualifikation des Außendienstes und andererseits der Kontakt zum Kunden. Die Entscheidung zum Vertragsabschluss wird auf Seiten der Kunden auch von Gefühlen und Emotionen geprägt.

> Die hohe Wertschätzung der Qualitäten der Agentur hängt davon ab, welche fachlichen Leistungen mit welcher kommunikativen Kompetenz geboten werden.

Deshalb sind Schulungsmaßnahmen in Bezug auf fachliche sowie persönliche Anforderungen notwendig. Es geht dabei nicht nur um trainierbare Fähigkeiten, sondern auch um soziale Kompetenzen, im weiteren Sinne um Persönlichkeitsbildung. Vertrauen schaffen durch authentisches Handeln ist sicher eine Basis für eine starke Kundenbindung.

Von Bedeutung ist die kommunikative Kompetenz der jeweiligen Beratungsperson auch im Hinblick auf das Gesamterscheinungsbild der Agentur. Diese Kompetenz kann wiederum durch geeignete Coaching- und Trainingsmaßnahmen gefördert werden.

Zur Corporate Identity (CI) gehört daneben auch die Selbstdarstellung der Agentur durch den Außendienstmitarbeiter. Ein zwar persönliches, aber im Hinblick auf das Verhalten gegenüber den Kunden einheitliches Auftreten der Mitarbeiter fördert das homogene Erscheinungsbild der Agentur (Corporate Behavior).

Ziel der Agenturleitung sollte es sein, das Arbeitsklima positiv zu beeinflussen und die Identifikation mit dem eigenen Unternehmen zu unterstützen.

Beispiel für den Marketing-Mix einer Versicherungsagentur

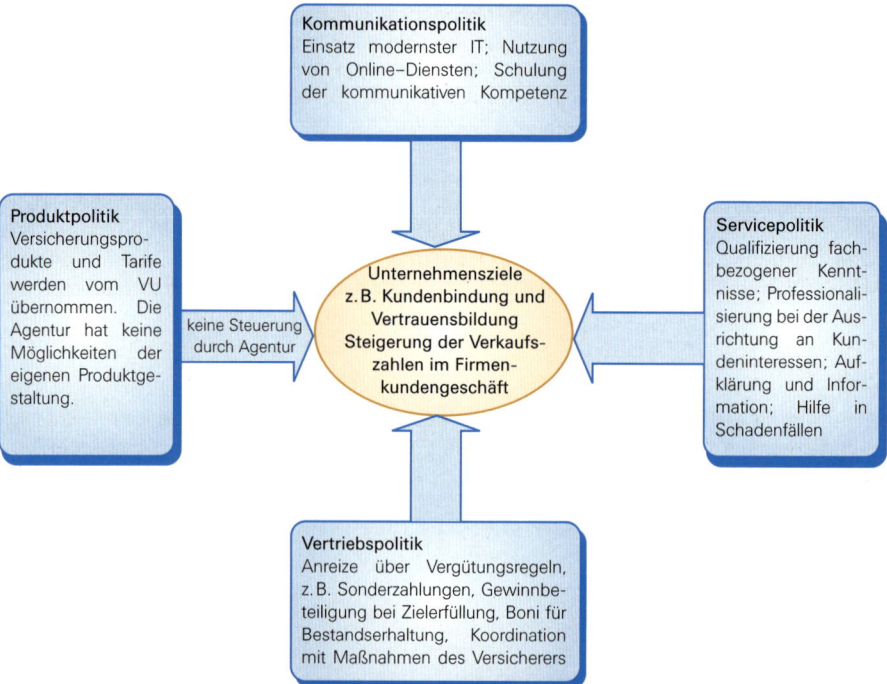

Dieser Marketing-Mix stellt nur eine von sehr vielen Kombinationsmöglichkeiten dar. Je mehr Maßnahmen miteinander kombiniert werden, desto schwieriger wird die Einschätzbarkeit der **Wechselbeziehungen** untereinander. Die Erhöhung der Servicequalität durch Qualifizierungsmaßnahmen verlangt ebenso nach Kapitaleinsatz wie die Schaffung finanzieller Anreize für den Außendienst. Dies wiederum kann Auswirkungen auf andere Kennzahlen des Unternehmens wie z. B. die Rentabilität und die Kostenquote haben.

Auch **externe Einflüsse** sind regelmäßig nur schlecht vorherzusagen. Wirtschaftliche Entwicklungen oder Aktionen der Wettbewerbsunternehmen beeinflussen die gewünschten Wirkungen negativ oder positiv.

Sehr hilfreich für eine Agentur ist die **koordinierte Zusammenarbeit** mit dem Marketing des Versicherungsunternehmens. Wird beispielsweise der Absatz von Produkten zur betrieblichen Altersversorgung vom Versicherer beworben, dann sollte die Agentur dies in ihre eigene Marketingstrategie einbauen. Dies ist auch deshalb von Vorteil, weil das Versicherungsunternehmen in der Regel eher in der Lage ist, breit angelegte Marktforschung zu betreiben (und sie auch finanziert), wovon die Agentur dann indirekt profitiert.

Versicherungsunternehmen stellen i. d. R. ihren Agenturen umfangreiches Angebotsmaterial zur Verfügung. Wenn dies zeitlich mit den Vorhaben der Agentur koordiniert wird, erfährt die Agentur auf diesem Weg direkte Unterstützung des eigenen Marketings.

Welche Maßnahmen kommen in Frage, die Sohn Max vorschlagen sollte, um die gesetzten Ziele zu erreichen?

Die relativ kurzfristig geplante Steigerung der Bestandssumme um 30% ist stark von der Wettbewerbssituation abhängig. Da Fischer & Söhne insbesondere bei Produkten zur betrieblichen Altersversorgung und im Firmenkundengeschäft wachsen wollen, sollte der Außendienst für diese Bereiche besonders gut qualifiziert werden. Umfassende Kenntnisse der steuerlichen Auswirkungen der jeweiligen Produkte, aber auch spezielles Wissen um betriebswirtschaftlich effektive und sinnvolle Maßnahmen zur Schadenverhütung und -minderung verbessern die Beratungsqualität.

Gerade bei den Produkten zur betrieblichen Altersversorgung kommt es sehr auf die Kenntnis der steuerlichen Wirkungen an. Da sich in diesem Bereich die rechtlichen Grundlagen relativ schnell durch Verordnungen, Gesetze und die Rechtsprechung verändern, ist es hinsichtlich der Kundenbindung sinnvoll, den eigenen Kunden Newsletter über Änderungen in diesem Bereich zur Verfügung zu stellen. Weitere Online-Angebote mit Informationen und weiteren Verweisen könnten ebenfalls sinnvoll sein. In diesem Zusammenhang ist die Ausstattung aller Mitarbeiter mit modernsten Kommunikationsmitteln und die dafür erforderlichen Schulungen notwendig.

Der Service der Agentur ist aus Sicht der Agentur wie ein eigenes Produkt zu sehen. Es sollte deshalb gelingen, dieses eigene „Produkt", den Service, optimal mit den Vorgaben der Produktpolitik des Versicherers abzustimmen. Dann identifiziert der Kunde das „Gesamtpaket" als aus einer Hand stammend und erleichtert somit dem Außendienst die kompetente Darstellung und Erläuterung des Versicherungsschutzes und der damit verbundenen Leistungen durch die Agentur.

Übungsaufgaben

Aufgaben zum Kapitel Marketing einer Versicherungsagentur

Aufgabe 1

Unternehmen setzen sich Ziele, die erreicht werden sollen. Der Grad der Zielerreichung wird mit Instrumenten des Controllings überprüft und gesteuert. Wenn gesetzte Ziele nicht erreicht werden, müssen auch die eingesetzten Marketinginstrumente modifiziert oder der Marketing-Mix geändert werden.

Begründen Sie, welche Voraussetzung zunächst erfüllt werden muss, damit Marketinginstrumente zielgerichtet eingesetzt werden können!

Aufgabe 2

Beschreiben Sie den Unterschied zwischen den Begriffen „Marketinginstrument" und „Marketing-Mix"!

Aufgabe 3

a) Beschreiben Sie die vier klassischen Marketinginstrumente mit jeweils einem Beispiel aus einer Versicherungsagentur!

b) Begründen Sie, weshalb aus Sicht der Versicherungsagentur der Servicepolitik eine weit bedeutsamere Funktion zukommt als der Produktpolitik!

Aufgabe 4

Die Agentur Fischer & Söhne hat verschiedene Maßnahmen geplant, mit denen die Kundenbindung verbessert, das Image gestärkt und der Bekanntheitsgrad der Agentur erhöht werden soll.

Entscheiden und begründen Sie, welche Maßnahme welchem Marketinginstrument zuzuordnen ist!

a) Die Kunden der Agentur können sich mit ihrer Versicherungsscheinnummer als Identifikation auf der Homepage der Agentur für den Bezug eines Newsletters anmelden.

b) Gewerblichen Kunden wird regelmäßig online ein Newsletter über Neuregelungen der betrieblichen Altersversorgung zugestellt.

c) Versicherungsnehmer können online Angebote für eine Pkw-Haftpflichtversicherung abfragen.

d) Die Geschäftsleitung hat die Stornohaftung der Außendienstmitarbeiter für Lebensversicherungsverträge von drei auf fünf Jahre verlängert und gleichzeitig Bonuszahlungen zugesagt, wenn die Stornoquote unter 4 % liegt.

e) Sämtliche Mitarbeiter der Agentur erhalten Schulungen zur Qualifizierung über neue Produkte.

f) Der Verkauf von „Riester"-Verträgen und anderen Rentenversicherungen soll durch eine neue Software unterstützt werden, mit der die Versorgungslücke der Kunden zuverlässiger ermittelt werden kann.

Übungen zur Prüfungsvorbereitung

Die Aufgabenstellungen sind teilweise komplexer als in der Prüfung, sollen aber das Spektrum möglicher Fragestellungen zu einer Thematik abbilden!

> *Bei Berechnungen müssen die Rechenwege (auch in der Prüfung) stets nachvollziehbar sein!*

I. Agenturbuchführung

Aufgabe 1

Als Mitarbeiter der Agentur Schmielke müssen Sie sich auch mit dem Rechnungswesen (insbesondere dem Jahresabschluss) auseinandersetzen.

Vor Erstellung des Jahresabschlusses sind **für das laufende Geschäftsjahr** noch folgende Vorgänge zu erfassen:

Buchungen auf dem Agentur-Bankkonto:

Schadenzahlung an einen VN (Haftpflichtschaden)	250,00 €
Überweisung der Rechnung für die Reparatur des Privat-Pkw der Agententochter	650,00 €
Belastung von Hypothekenzinsen für das Geschäftsgebäude	250,00 €
Überweisung eines „Strafzettels" wegen überhöhter Geschwindigkeit des Agenten im Straßenverkehr an das Ordnungsamt	300,00 €
Abbuchung der Telefonrechnung für Dezember	74,00 €
Gutschrift von Zinsen für Oktober – Dezember	150,00 €
Gutschrift: Erstattung von Arzt- und Arzneimittelkosten durch die Private Krankenversicherung des Agenten	1.460,00 €
Überweisung bereits gutgeschriebener Provision durch die Direktion	2.400,00 €

1.1 Ermitteln Sie die Veränderung des Privat-Kontos!

1.2 Berechnen Sie den Erfolg der Agentur!

1.3 Ermitteln Sie die Veränderung des Eigenkapitals!

1.4 Berechnen Sie die Veränderung der Forderungen gegen die Direktion!

Aufgabe 2

Die Agentur Schmielke weist zum **Ende** des Geschäftsjahres einen Eigenkapitalbestand von 120.000,00 € auf.

Folgende Daten liegen Ihnen **für das abgelaufene Geschäftsjahr** vor:

Zinsertrag	600,00 €
Regulierungsaufwand	750,00 €
Privatentnahmen	4.000,00 €
Provisionsaufwand	24.000,00 €
Zinsaufwand	1.200,00 €
Verwaltungsaufwand	6.000,00 €

18 Drapatz/Franke/Hess – ISBN 978-3-8120-0494-7

Haus- u. Grundstücksaufwand	3.200,00 €
Gehälter	12.000,00 €
Entschädigungen	5.000,00 €
Provisionsertrag	84.000,00 €
Kfz-Aufwand	3.600,00 €

2.1 Berechnen Sie den Agenturerfolg des Geschäftsjahres!

2.2 Ermitteln Sie unter Berücksichtigung der o.a. Daten den Bestand des Eigenkapitals zu **Beginn** des Geschäftsjahres!

Aufgabe 3

Folgende Angaben entnehmen Sie dem Rechnungswesen:

Aufwendungen:	230.000,00 €
Erträge:	405.000,00 €
Privateinlagen:	60.000,00 €
Privatentnahmen:	11.000,00 €
Bestand des Eigenkapitals **zu Beginn** des Geschäftsjahres:	110.000,00 €

3.1 Ermitteln Sie den Gewinn/Verlust der Agentur!

3.2 Berechnen Sie den Bestand des Eigenkapitals am Ende des Geschäftsjahres!

3.3 Sie stellen im Nachhinein fest, dass 450,00 € an Zinserträgen versehentlich zu viel über das Konto „Passive Rechnungsabgrenzung'" erfasst wurden.
Erklären Sie, wie sich die vorzunehmende Korrektur auf den Erfolg und den Endbestand des Eigenkapitals auswirkt!

Aufgabe 4

Der Agent, Herr Schmielke, bittet Sie, die Gehaltsabrechnung für die neue Innendienstmitarbeiterin, Frau Karin Moch, durchzuführen.
Frau Moch wohnt in Hamburg, ist ledig, 21 Jahre alt, hat keine Kinder und ist kirchensteuerpflichtig.

Folgende Daten liegen Ihnen vor:

Gehalt brutto:	2.344,00 €
Vermögenswirksame Leistungen:	40,00 €
Lohnsteuer (Steuerklasse 1):	291,00 €
Solidaritätszuschlag:	? €
Kirchensteuer:	? €

Führen Sie eine Gehaltsabrechnung durch!*

4.1 Ermitteln Sie den Betrag der gesamten Steuerabzüge!

4.2 Ermitteln Sie differenziert die Sozialversicherungsbeiträge für die Arbeitnehmerin und den Arbeitgeber, wenn Frau Moch bei ihrer Krankenkasse einen Zusatzbeitrag von 0,5% zahlen muss!

4.3 Berechnen Sie den Betrag, der an Frau Moch überwiesen wird!

4.4 Frau Moch hat zu Monatsbeginn einen Vorschuss von 150,00€ erhalten.

Erläutern Sie, wie sich die Verrechnung dieses Vorschusses auf die Gehaltsabrechnung auswirkt!

---

* Fehlende aktuelle Daten können Sie diesem Buch entnehmen.

Aufgabe 5

Der angestellte Außendienstmitarbeiter D. Lausen erhält nach langjähriger Tätigkeit ein relativ hohes monatliches Festgehalt. Er hat sich schon vor Jahren von der Versicherungspflicht in der gesetzlichen Krankenversicherung befreien lassen. Er ist verheiratet, hat keine Kinder und ist nicht Mitglied einer Kirche.

Für seine Private Krankenversicherung zahlt er monatlich 595,00 €, für die Pflegeversicherung monatlich 35,00 €.

Zu berücksichtigen sind folgende weitere Daten:

Gehalt brutto:	4.300,00 €
Vermögenswirksame Leistungen:	40,00 €
Lohnsteuer (Steuerklasse 3):	? €
Solidaritätszuschlag:	29,14 €

Führen Sie eine Gehaltsabrechnung durch![*]

5.1 Ermitteln Sie den Betrag der gesamten Steuerabzüge!

5.2 Ermitteln Sie differenziert die Sozialversicherungsbeiträge für den Arbeitnehmer und die **sozialen Aufwendungen** des Arbeitgebers!

5.3 Berechnen Sie den Betrag, der an Herrn Lausen überwiesen wird!

Aufgabe 6

Folgende Rechnungen für das **laufende Geschäftsjahr** liegen Ihnen vor, die **umgehend beglichen** wurden:

	Tel./Fax: 040/12345-0	
Autohaus **SANDER**		
	Ihr Zeichen	Herr Schmielke
	Auftrag Nr./vom	19112/27. Nov. …
Autohaus Sander • Musterstr. 1 • 20359 Hamburg	Unser Zeichen	
	Reparaturdatum	28. Nov. …
Versicherungsagentur	Rechnungsdatum	**28. Nov. …**
Hans Schmielke		
………		
20359 Hamburg		

Rechnung 19112/28. 11.

Für die Reparatur des Firmenwagens berechnen wir folgende Arbeiten/Teile:

Bezeichnung	Menge/AE	Einzelpreis	Gesamtbetrag
Stromkreis Airbag prüfen und Steckverbindung erneuern	0,5	56,00 €	28,00 €
Erneuerung Schalter Rückfahrscheinwerfer	0,2	56,00 €	11,20 €
Erneuern Bremsflüssigkeit	1	56,00 €	56,00 €
Schalter	1	16,00 €	16,00 €
Bremsflüssigkeit	1	13,00 €	13,00 €
Summe			124,20 €
MwSt		19 %	23,60 €
Zu zahlen			**147,80 €**

Zahlbar sofort nach Erhalt der Rechnung ohne Abzug …

---

[*] Fehlende aktualle Daten können Sie diesem Buch entnehmen.

MEDIA
Medien- und Verlagsgesellschaft mbH

Media GmbH, Kuhreiher 12, 21111 Burghausen

Versicherungsagentur
Hans Schmielke
....

20359 Hamburg

Rechnung 1147-19/K
Bankverbindung:
Sparkasse Lütterau (BIC …)
IBAN …

Ihr Zeichen	Auftrag Nr.	Unser/Zeichen	Rechnungsdatum
Herr Schmielke	11 47	Media/sur	13. 12..

Wir lieferten Ihnen im Jahr 20..

Bezeichnung	Menge	Einzelpreis	Gesamtbetrag
Zeitschrift für Versicherungswirtschaft	12	2,90 €	34,80 €
Zeitschrift „Der Hochsee-Angler"	6	4,70 €	28,20 €
Summe			63,00 €
MwSt.		7 %	4,41 €
Zu zahlen			**67,41 €**

Zahlbar sofort nach Erhalt der Rechnung ohne Abzug …

Wilhelm SCHNEIDER

W. Schneider, Ring 12, … Hamburg

Versicherungsagentur
Hans Schmielke
....

20359 Hamburg

Ihr Zeichen	Herr Schmielke
Auftrag Nr./vom	1612/11.12. …
Unser Zeichen	Schn(mü
Lieferdatum	6. 1. 20 ..
Rechnungsdatum	**6. 1. 20 ..**

Rechnung 14-66-20..

Wir lieferten Ihnen

Bezeichnung	Artikel-Nr.	Menge	Einzelpreis	Gesamtbetrag
Schreibtisch Modell „Success"	23-678	1	395,00 €	395,00 €
Stuhl Modell „Relax"	23-680	3	90,00 €	270,00 €
Büro-Regalwand „Sunlight"	34-056	1	1.350,00 €	1.350,00 €
Summe				2.015,00 €
MwSt.			19 %	382,85 €
Zu zahlen				**2.397,85 €**

Zahlbar sofort nach Erhalt der Rechnung ohne Abzug …

276

Begründen Sie, wie und in welcher Höhe sich die Geschäftsfälle am Jahresende auf die Gewinn- und Verlustrechnung auswirken, wenn die geschätzte Nutzungsdauer für Gegenstände der Büroausstattung 10 Jahre beträgt und Herr Schmielke

6.1 steuerliche Möglichkeiten **bezogen auf das Geschäftsjahr aufwandmaximierend** nutzen möchte,

6.2 alternativ andere steuerliche Möglichkeiten wie die „Poolbildung für Anlagegüter" bevorzugt!

Aufgabe 7

Die Agentur hat ein neues EDV-Equipment erhalten. Am 20.8. geht die Rechnung ein.

ELEKTRO NICK

Welt der ElektroNik

G. Nick – Musterstr. 24 – 20359 Hamburg

Musterstr. 24
20359 Hamburg
Tel/Fax: 040/4711-12

Versicherungsagentur
H. Schmielke
....
20359 Hamburg

Rechnung 12-776

Ihr Zeichen	Auftrag Nr./vom	Unser Zeichen	Lieferdatum	Rechnungsdatum
Herr Schmielke	12-776/4.8. …	Nick/Sander	19.8. …	**19.8. …**

Wir lieferten und installierten

Bezeichnung	Menge	Einzelpreis	Gesamtbetrag
Personal-Computer, Marke/Modell …	2	1.600,00 €	3.200,00 €
Farb-Laserdrucker, Marke/Modell …	2	379,00 €	758,00 €
Bildschirm, Marke/Modell …	2	156,00 €	312,00 €
Tastatur	2	56,00 €	112,00 €
Whireless Mouse	2	26,00 €	52,00 €
USB-Stick	5	15,00 €	75,00 €
Techniker-Stunden Installation	4	60,00 €	240,00 €
Summe			4.749,00 €
MwSt		19%	902,31 €
Zu zahlen			**5.651,31 €**

Rechnung bis 26.8. … abzüglich 3% Skonto oder bis 19.9. … netto Kasse
auf das Konto Nr. …

7.1 Ermitteln Sie die Anschaffungskosten (mit Begründung), die Sie auf dem Konto „Geschäftsausstattung" erfassen, wenn Sie die Rechnung am 23.8. begleichen!

7.2 Ermitteln Sie die Abschreibung zum Ende des Geschäftsjahres bei einer Nutzungsdauer von 3 Jahren!

7.3 Nennen Sie zwei Gründe für die **planmäßige** Abschreibung von Wirtschaftsgütern!

Aufgabe 8

Die Agentur schafft am 12. Januar einen neuen Firmen-Pkw an.
Der Händler stellt folgende Rechnung:

Preis lt. Liste	34.000,00 €
Aufpreis für Sonderausstattung „Esprit"	3.000,00 €
Überführungskosten	650,00 €
Zulassungskosten	75,00 €
Summe	37.725,00 €
19 % MwSt.	7.167,75 €
Gesamtsumme	44.892,75 €
Inzahlungnahme des alten Pkw	12.000,00 €
Zu zahlen	**32.892,75 €**

8.1 Begründen Sie, wie hoch die Anschaffungskosten für den **neuen** Pkw sind.

8.2 Begründen Sie, wie die Inzahlunggabe des **alten Firmen-Pkw** den Erfolg der Agentur beeinflusst, wenn Sie der Buchführung alternativ folgende Restbuchwerte für das „Altfahrzeug" entnehmen:

    a)   12.000,00 €

    b)   10.000,00 €

    c)   13.000,00 €

8.3 Berechnen Sie den Abschreibungsbetrag für den **neuen** Pkw bei einer geplanten Nutzungsdauer von 6 Jahren!

Aufgabe 9

Am 14.07. des Jahres kaufte die Agentur ein Grundstück mit Gebäude für insgesamt 380.800,00 €. In diesem Betrag sind die Nebenkosten der Anschaffung (Makler, Notar, Grunderwerbsteuer, Grundbuchamt) mit 40.800,00 € enthalten. Der Bodenwert des Grundstücks beträgt 125.000,00 €.

Ermitteln Sie den Abschreibungsbetrag zum Jahresende bei einem Abschreibungssatz von 3 % (mit Begründung)!

Aufgabe 10

Die Agentur Hans Schmielke stellt am 10.1. im Rahmen ihrer Abschlussarbeiten für das abgelaufene Geschäftsjahr fest, dass

– Darlehenszinsen für den Zeitraum 1. Dezember des abgelaufenen Geschäftsjahres bis einschl. Februar des jetzigen Jahres (insgesamt 345,00 €) bereits am 3.12. des abgelaufenen Geschäftsjahres per Bank überwiesen wurden

– die Garagenmiete für Dezember des abgelaufenen Geschäftsjahres (50,00) noch nicht gezahlt wurde.

10.1 Begründen Sie, warum Herr Schmielke hier buchhalterisch tätig werden muss!

10.2 Beschreiben Sie, wie und in welcher Höhe die buchhalterischen Korrekturen erfolgen!

10.3 Wie wirken sich die Korrekturen auf den Jahresabschluss des abgelaufenen Geschäftsjahres (GuV und Bilanz) aus?

Aufgabe 11

Folgende Geschäftsfälle müssen noch beim Rechnungsabschluss für das Geschäftsjahr berücksichtigt werden:

a) Die Jahresprämie für die Versicherung des Geschäftsgebäudes (360,00 €) wurde für den Zeitraum 1.11. des Geschäftsjahres bis einschl. 31.10. des Folgejahres am 3.11. des Geschäftsjahres überwiesen.

b) Die Zinsbelastung für die Hypothek des Geschäftsgebäudes (monatlich 140,00 €) wurde am 1.12. des Geschäftsjahres für drei Monate im Voraus gezahlt.

c) Für den Geschäfts-Pkw wurde die Jahressteuer (180,00 €) am 1.4. des Geschäftsjahres vom Bankkonto abgebucht.

d) Unser Mieter hat die Miete für den Januar des Folgejahres (650,00 €) bereits am 23.12. des Geschäftsjahres überwiesen.

e) Die Direktion wird uns bereits gutgeschriebene Provision in Höhe von 5.000,00 € für Dezember erst im Januar des Folgejahres überweisen.

11.1 Ermitteln Sie den Betrag, der zum 31.12. aktiv abgegrenzt werden muss!

11.2 Welche Auswirkung hat die „Aktive Rechnungsabgrenzung" auf die GuV-Rechnung des Geschäftsjahres?

11.3 Welche Auswirkung hat die „Aktive Rechnungsabgrenzung" auf die GuV-Rechnung des Folgejahres?

Aufgabe 12

Herr Schmielke rechnet am Ende des Geschäftsjahres wegen der guten Ertragslage mit einer Gewerbesteuernachzahlung (im Folgejahr) von ca. 1.500,00 €.

12.1 Begründen Sie, wie und warum Herr Schmielke hier buchhalterisch tätig werden muss!

12.2 Wie wirkt sich die buchhalterische Maßnahme auf den Jahresabschluss des abgelaufenen Geschäftsjahres (GuV-Rechnung und Bilanz) aus?

Aufgabe 13

Herr Schmielke hat am Ende des Geschäftsjahres eine Rückstellung über 4.000,00 € für zu erwartende geschäftliche Prozesskosten gebildet.

Begründen Sie für folgende **alternative Situationen,** welche Auswirkungen diese auf das Rechnungswesen im Folgejahr haben!

13.1 Das Urteil fällt zu seinen Gunsten aus. Der Antragsgegner muss alle Kosten tragen.

13.2 Das Urteil fällt für Herrn Schmielke enttäuschend aus. Die Verfahrenskosten betragen letztendlich 4.500,00 €.

13.3 Es wird ein Vergleich geschlossen. Die Verfahrenskosten betragen nur 2.800,00 €.

Aufgabe 14

Der Bilanz für das Geschäftsjahr können Sie unter anderem folgende Posten entnehmen:

Sonstige Rückstellungen	3.000,00 €
Sonstige Verbindlichkeiten	2.500,00 €
Passive Rechnungsabgrenzung	240,00 €

14.1 Erläutern Sie den Unterschied zwischen „Sonstigen Rückstellungen" und „Sonstigen Verbindlichkeiten"!

14.2 Erläutern Sie, welche Auswirkung die „Passive Rechnungsabgrenzung" auf die Bilanz und GuV-Rechnung des Geschäftsjahres hat!

14.3 Was bewirkt die Auflösung der „Passiven Rechnungsabgrenzung" im Folgejahr?

Lösungen zu I. Agenturbuchführung

1.1 Das Privatkonto steigt (Privateinlage) um 510,00 € (1.460,00 – 300 – 650).

1.2 Verlust von 174,00 € (150,00 – 250,00 – 74,00). Der Provisionsertrag wurde schon vorher bei Gutschrift erfasst.

1.3 Das EK steigt um 336,00 € (Privateinlage minus Verlust: 510,00 – 174,00)

1.4 Die Forderungen gegen die Direktion sinken um 2.150,00 € (250,00 Forderung aus Entschädigung minus 2.400,00 Provisionsüberweisung)

2.1 84.000,00 + 600,00 – 24.000,00 – 1.200,00 – 6.000,00 – 3.200,00 – 12.000,00 – 3.600,00 = 34.600,00 € (Gewinn)

2.2 120.000,00 – 34.600,00 + 4.000,00 (Privatentnahmen) = 89.400,00 €

3.1 405.000,00 – 230.000,00 = 175.000,00 € (Gewinn)

3.2 110.000,00 – 11.000,00 + 60.000,00 + 175.000,00 (Gewinn) = 334.000,00 €

3.3 Die Rückbuchung der Zinsen erhöht den Ertrag, d.h. den Gewinn des Geschäftsjahres um 450,00€. Entsprechend steigt das EK auf 334.450,00€.

4.

				Summen	
Grundgehalt	2.344,00 €				
VWL-Zulage	40,00 €	ges. brutto		2.384,00 €	
Lohnsteuer	291,00 €				
Solidaritäszuschlag	16,01 €	5,5 %			
Kirchensteuer	26,19 €	9 %		333,20 €	zu 4.1
AN-Beitrag zur					
Krankenvers.	185,95 €	7,8 %			
Pflegevers.	28,01 €	1,175 %			
Rentenvers.	222,90 €	9,35 %			
Arbeitslosenvers.	35,76 €	1,5 %		472,62 €	zu 4.2
Nettogehalt				1.578,18 €	
VWL				40,00 €	
Überweisung AN				1.538,18 €	zu 4.3
AG-Anteil zur					
Krankenvers.	174,03 €	7,3 %			
Pflegevers.	28,01 €	1,175 %			
Rentenvers.	222,90 €	9,35 %			
Arbeitslosenvers.	35,76 €	1,5 %		460,70 €	zu 4.2

4.4   Da Vorschüsse „Netto-Vorauszahlungen" sind, vermindert sich der Auszahlungsbetrag an Frau
       Moch auf 1.388,18 €

5.

				Summen	
Grundgehalt	4.300,00 €				
VWL-Zulage	40,00 €	ges. brutto		4.340,00 €	
Lohnsteuer	**529,82 €**				
Solidaritäszuschlag	29,14 €	5,5%			
Kirchensteuer	– €	0,0%		**558,96 €**	**zu 5.1**
SV-Beiträge des Arbeitnehmers					
Krankenvers.	– €	0,0%			
Pflegevers.	– €	0,0%			
Rentenvers.	405,79 €	9,35%			
Arbeitslosenvers.	65,10 €	1,5%		**470,89 €**	**zu 5.2**
Nettogehalt				3.310,15 €	
VWL		minus		– 40,00 €	
Arbeitgeberzuschuss PKV u. Pflege	**50%**	plus		315,00 €	
Überweisung an AN				**3.585,15 €**	**zu 5.3**
Sozialer Aufwand d. Arbeitgebers					
Private Kranken-/Pflegevers.	315,00 €				
Rentenvers.	405,79 €	9,35%			
Arbeitslosenvers.	65,10 €	1,5%		**785,89 €**	**zu 5.2**

6.1   Kfz-Reparatur **(147,80 €)** und Fachzeitschrift (34,80 € x 107% = **37,24 €**) sind Kfz- bzw. Ver-
       waltungsaufwand. Die 3 Stühle „Relax" (Einzelpreis 90,00 x 119% = 107,10 x 3 = **321,30 €**)
       können ebenfalls sofort als Verwaltungsaufwand erfasst werden, da der Netto-Einzelpreis unter
       150,00 € liegt.
       Der Schreibtisch „Success" hat einen Netto-Anschaffungspreis unter 410,00 €,
       kann somit als GwG aktiviert und am Jahresende in Höhe von **470,05 €** (395,00 x 119%) voll
       aufwandswirksam abgeschrieben werden.
       Die Regalwand (Anschaffungskosten 1.350,00 x 119% = 1.606,50) wird mit 10% (160,65) li-
       near abgeschrieben.
       Gesamtaufwand: 147,80 + 37,24 + 321,30 + 470,05 + 160,65 = **1137,04 €**

6.2   Der Schreibtisch wird auf dem Jahressammelkonto (Poolkonto) erfasst, da sein Netto-Anschaf-
       fungspreis (395,00) über 150,00 €, aber unter 1.000,00€ liegt. Der Wert einschl. MwSt.
       (470,05) wird linear über 5 Jahre mit jeweils 94,01 € abgeschrieben.
       Sonst keine Änderungen.
       Somit sinkt der **Aufwand** des Geschäftsjahres auf **761,00 €**.

7.1   Alle Konfigurationsbestandteile unterliegen dem Systemzusammenhang, da sie separat nicht
       selbstständig nutzbar sind, und müssen somit aktiviert werden. Die Vergütung für die Installa-
       tion muss als Anschaffungsnebenkosten ebenfalls aktiviert werden. USB-Sticks sind selbst-
       ständig nutzbar und werden sofort als Verwaltungsaufwand erfasst.

4.674,00 + 19% MwSt. (888,06) = 5.562,06 €

Da die Zahlung der Rechnung am 23.8. erfolgt, dürfen 3% Skonto abgezogen werden (166,86), so dass die Anschaffungskosten letztendlich nur 5.395,20 betragen (Erfassung auf dem Konto „Geschäftsausstattung").

7.2   Die Anschaffung erfolgte im August des Geschäftsjahres, so dass eine anteilige Nutzung von 5 Monaten vorliegt.
        Abschreibung: 5.395,20 : 3 Jahre : 12 Monate x 5 Monate = 749,33 €

7.3   Alterung, Verschleiß, technischer Fortschritt

8.1   44.892,75 €. Alle Anschaffungsnebenkosten müssen aktiviert werden.

8.2   a) Keine Auswirkung, da Verkauf genau zum Buchwert.

        b) Es entsteht ein außerordentlicher (periodenfremder) Ertrag von 2.000,00 €, da Verkauf über Buchwert.

        c) Es entsteht ein außerordentlicher (periodenfremder) Aufwand von von 1.000,00 €, da Verkauf unter Buchwert.

8.3   44.892,75 : 6 = 7.482,13 €

9.   Es darf nur vom Gebäudewert und den anteiligen Erwerbs- und Nebenkosten abgeschrieben werden, da Grundstücke keiner regelmäßigen Entwertung unterliegen.

	Anschaffungs-preis	Anteilige Nebenkosten	Gesamte Ansch.kosten	
Gebäude	215.000,00 €	25.800,00 €	240.800,00 €	3% = 7.224,00 €
Grundstück	125.000,00 €	15.000,00 €	140.000,00 €	
	340.000,00 €	40.800,00 €	380.800,00 €	

Da die Immobilie im Juli angeschafft wurde, ist anteilig der halbe Abschreibungsbetrag anzusetzen: 7.224,00 : 2 = 3.612,00 €

10.1   Um den korrekten periodengerechten Erfolg der Agentur zu ermitteln, muss bzw. darf Herr Schmielke nur die Aufwendungen und Erträge in der GuV erfassen, die auch das Geschäftsjahr betreffen (unabhängig vom Zahlungszeitpunkt).

10.2   Von den Darlehenszinsen betreffen 230,00 € den Januar und Februar des Folgejahres und müssen über das Konto „Aktive Rechnungsabgrenzung (ARA)" abgegrenzt werden.
        Die Garagenmiete für Dezember muss als Aufwand und „Sonstige Verbindlichkeit" erfasst werden.

10.3   Die Abgrenzung über ARA verringert den Aufwand, d.h. der Gewinn und das Eigenkapital (EK) steigen.

        Parallel steigt durch ARA die Vermögensseite der Bilanz, d.h. die Bilanz ist wieder ausgeglichen.

        Durch die Erfassung der Garagenmiete steigt der Aufwand, d.h. Gewinn und EK sinken. Der Bilanzausgleich auf der Passivseite erfolgt durch die „Sonstigen Verbindlichkeiten".

11.1   a) 300,00   b) 280,00   c) 45,00 = 625,00 €

11.2   Die zeitliche Abgrenzung über ARA bewirkt, dass der Aufwand für das Geschäftsjahr sinkt, somit der Gewinn steigt.

11.3   Durch die Auflösung der ARA im nächsten Jahr wird der Aufwand erfolgswirksam, somit wird der Gewinn geschmälert.

12.1   Herr Schmielke muss die erwartete Nachzahlung im Sinne einer periodengerechten Erfolgsermittlung als Aufwand für das Geschäftsjahr erfassen und eine „Sonstige Rückstellung" bilden.

12.2   Durch die Erfassung der erwarteten Steuernachzahlung steigt der Aufwand, d.h. Gewinn und EK sinken. Der Bilanzausgleich auf der Passivseite erfolgt durch die „Sonstige Rückstellung".

13.1 Die Rückstellung ist voll erfolgswirksam aufzulösen. Es entsteht ein „Außerordentlicher (periodenfremder) Ertrag" in Höhe von 4.000,00 €.

13.2 Die Rückstellung wird in voller Höhe zunächst erfolgsneutral aufgelöst (Buchung z.B. „Sonstige Rückstellung" an „Bank").
Darüber hinaus ist in Höhe von 500,00 € ein „Außerordentlicher (periodenfremder) Aufwand" zu erfassen.

13.3 2.800,00 € der Rückstellung werden erfolgsneutral aufgelöst. Die restlichen 1.200,00 € sind als außerordentlicher (periodenfremder) Ertrag zu erfassen.

14.1 Rückstellungen sind nur dem Grunde nach zu erwartende Verbindlichkeiten. Es herrscht jedoch Unsicherheit bezüglich der genauen Höhe und/oder des Zahlungszeitpunktes.

Sonstige Verbindlichkeiten stehen dagegen bezüglich der Höhe und des Zahlungszeitpunktes genau fest.

14.2 Durch die „Passive Rechnungsabgrenzung (PRA)" steigt die Passivseite der Bilanz.
Durch die Abgrenzung (Minderung) eines Ertrages, der für das Folgejahr bereits im Geschäftsjahr vereinnahmt wurde, sinkt der Gewinn. Der Bilanzausgleich erfolgt dann über die Minderung des EK.

14.3 Durch die Auflösung der PRA wird ein Ertrag erfolgswirksam, d.h. der Gewinn steigt.

II. Kosten- und Leistungsrechnung

Aufgabe 1

1.1 **Definieren/erklären** Sie folgende Begriffe aus dem Rechnungswesen:

    1.1.1 Erfolg,

    1.1.2 Grundkosten,

    1.1.3 Anderskosten,

    1.1.4 Betriebsergebnis.

1.2 **Folgende Daten liegen Ihnen vor:**

Provisionsaufwand	32.400,00 €
Regulierungsaufwand	2.140,00 €
Grundgehälter	25.100,00 €
Vermögenswirksame Leistungen	480,00 €
Sozialer Aufwand	4.860,00 €
Werbe- und Reiseaufwand	1.130,00 €
Provisionsertrag	84.200,00 €
Haus- und Grundstücksertrag	8.200,00 €
Verwaltungsaufwand	6.230,00 €
Miete für Geschäftsräume	14.400,00 €
Privatentnahme	1.340,00 €
Abschreibungen	6.210,00 €
Kalkulatorische Abschreibungen	7.500,00 €
Energieaufwand	2.140,00 €
Kfz-Aufwand	3.770,00 €
Zinserträge	1.200,00 €
Außerordentlicher Aufwand	600,00 €

Berechnen Sie aus diesen Daten die Beträge zu 1.1.1 bis 1.1.4.

1.3 Begründen Sie, welche Werte Sie aus der obigen Aufstellung nicht in der Kosten- und Leistungsrechnung berücksichtigen!

Aufgabe 2

2.1 Definieren/erklären sie folgende Begriffe **und nennen Sie je ein Beispiel** aus dem **Agenturbereich:**

   2.1.1 Einnahmen

   2.1.2 Ausgaben,

   2.1.3 fixe Kosten,

   2.1.4 variable Kosten

2.2 Entscheiden Sie bei folgenden Vorgängen, ob es sich um Aufwendungen **und/oder** fixe oder variable Kosten **und/oder** Ausgaben handelt!

   2.2.1 Banküberweisung der Miete (850,00 €) für die Geschäftsräume.

   2.2.2 Die Gehaltsabrechnung für unsere Bürokraft ergibt abzuführende Sozialversicherungsbeiträge von 940,00 €.

   2.2.3 Der Agent entnimmt der Geschäftskasse 200,00 € für private Zwecke.

   2.2.4 Lineare Abschreibung auf die Betriebs- und Geschäftsausstattung lt. GuV- und Kostenrechnung in Höhe von 2.300,00 €.

   2.2.5 Gutschrift von Provision für den Untervertreter in Höhe von 5.400,00 €.

   2.2.6 Barzahlung eines Gehaltsvorschusses (250,00 €) an unsere Bürokraft.

   2.2.7 Abbuchung von Hypothekenzinsen (350,00 €) vom Bankkonto.

Aufgabe 3

Die Agentur Schmielke kauft eine neue Büroausstattung.

Kaufpreis netto 15.200,00 €, Messerabatt netto 1.520,00 €,
Anlieferungs- und Aufbaukosten netto 400,00 €.
Als Nutzungsdauer sind steuerrechtlich 13 Jahre anzusetzen, der Agent rechnet aber kaufmännisch realistisch mit 10 Jahren.

3.1 Ermitteln Sie die Anschaffungskosten!

3.2 Die Rechnung geht am 13.1. des Geschäftsjahres ein und wird sofort per Banküberweisung beglichen.

   Wann und in welcher Höhe entsteht/entstehen der Agentur

   3.2.1 eine Ausgabe,   3.2.2 ein Aufwand,   3.2.3 Kosten?

Aufgabe 4

Folgende Vorgänge entnehmen Sie dem Rechnungswesen:

Banküberweisung eines Bürokostenzuschusses durch die Direktion	500,00 €
Kapitaleinlage des Agenten lt. Kontoauszug	20.000,00 €
Bankeinzug der Kfz-Steuer	360,00 €
Überweisung der fälligen Miete durch den Mieter	720,00 €
Rückzahlung von Energiekosten für das Vorjahr	120,00 €
Abschreibung auf die Geschäftsausstattung	2.000,00 €
Gehaltsabrechnung für die Bürokraft	2.250,00 €
Kalkulatorische Abschreibung auf die Geschäftsausstattung	2.300,00 €

Ermitteln Sie

4.1 den Erfolg der Agentur,

4.2 die Ausgaben und Einnahmen,

4.3 die Kosten.

Aufgabe 5

Folgende Daten liegen Ihnen **für das abgelaufene Geschäftsjahr** vor:

Zinsertrag	600,00 €
Regulierungsaufwand	750,00 €
Privatentnahmen	4.000,00 €
Provisionsaufwand	24.000,00 €
Zinsaufwand	1.200,00 €
Verwaltungsaufwand	6.000,00 €
Haus- u. Grundstücksaufwand	3.200,00 €
Gehälter	12.000,00 €
Entschädigungen	5.000,00 €
Provisionsertrag	84.000,00 €
Kfz-Aufwand	3.600,00 €
Sozialer Aufwand	2.300,00 €

Berechnen Sie:

5.1 den Agenturerfolg des Geschäftsjahres,

5.2 die Leistungen, Kosten und das Betriebsergebnis!

Aufgabe 6

Für die Kosten- und Leistungsrechnung stellt Ihnen der Agent folgende Daten zur Verfügung:

Provisionsaufwand	34.000,00 €
Regulierungsaufwand	340,00 €
Außerordentlicher Ertrag	420,00 €
Zinsertrag	800,00 €
Privateinlage	12.000,00 €
Gehälter	24.000,00 €
Sozialer Aufwand	4.800,00 €
Entschädigungen	2.300,00 €
Werbe- und Reiseaufwand	3.100,00 €
Provisionsertrag	66.000,00 €
Steueraufwand	1.600,00 €
Verwaltungsaufwand	6.400,00 €

6.1 Berechnen Sie aus den o.a. Daten

   6.1.1   das neutrale Ergebnis,

   6.1.2   die Leistungen und Kosten sowie das Betriebsergebnis.

6.2 Sie vermissen in der obigen Aufstellung den Posten „Abschreibungen". In der Buchführung wurde dieser mit einem Wert von 6.400,00 € erfasst. Erläutern Sie anhand von zwei Argumenten, warum Sie den Wert in dieser Höhe grundsätzlich nicht in die Kostenrechnung übernehmen würden.

6.3 In der Buchführung wurde zudem ein „Haus- und Grundstücksaufwand" erfasst, der auch die Abschreibung auf das gemischt genutzte Geschäftsgebäude (Büroräume der Agentur und vermietete Flächen) enthält.

   Erläutern Sie, wie Sie die geschäftliche Teilnutzung des Gebäudes in der Kosten- und Leistungsrechnung berücksichtigen.

Aufgabe 7

In der Kosten- und Leistungsrechnung der Agentur Schmielke finden Sie die Posten „Kalkulatorischer Unternehmerlohn" und „Kalkulatorische Zinsen".
Begründen sie, warum die Agentur diese Posten ansetzt.

Aufgabe 8

Ihnen liegt folgende Ausgabenaufstellung für den Monat März vor:

Provisionsaufwand	2.400,00 €
Regulierungsaufwand	250,00 €
Gehälter	2.100,00 €
Sozialer Aufwand	410,00 €
Werbe- und Reiseaufwand	140,00 €
Flatrate für Telefon und Internet	54,00 €
Miete für Geschäftsräume	1.200,00 €
Reparatur des Pkw der Agententochter	340,00 €
Heizkostennachzahlung für das Vorjahr	210,00 €

8.1 Ermitteln Sie

    8.1.1 die fixen Kosten,

    8.1.2 die variablen Kosten.

8.2 Begründen Sie, warum Sie andere Ausgaben aus der obigen Aufstellung nicht in die Kostenrechnung übernehmen.

Aufgabe 9

Folgende Geschäftsfälle wurden im abgelaufenen Monat im Rechnungswesen erfasst:

a)	Überweisung der Monatsrechnung für Büroreinigung	610,00 €
b)	Barkauf von Büromaterial	62,00 €
c)	Gutschrift der Einkommensteuererstattung für den Agenten auf dem Agenturbankkonto	1.200,00 €
d)	Provisionsgutschrift für den Untervertreter	2.320,00 €
e)	Monatliche Abschlagzahlung für die Energieversorgung	240,00 €
f)	Verkauf des Firmen-Kfz mit **1.500,00 € unter Buchwert**	5.000,00 €

Ermitteln Sie die

9.1 Einnahmen und Ausgaben,

9.2 gesamten Aufwendungen,

9.3 neutralen Aufwendungen,

9.4 variablen sowie fixen Kosten, und begründen Sie, um welche Kostenart es sich hierbei handelt.

Aufgabe 10

Die Agentur verfügte im Geschäftsjahr über eine durchschnittliche Eigenkapitalausstattung von 60.000,00 €.
Der Gewinn- und Verlustrechnung entnehmen Sie Provisionserträge in Höhe von 93.630,00 € und einen **Gewinn** von 55.700,00 €.

Für die Kostenrechnung sind noch folgende Aspekte zu berücksichtigen:

a) Grundkosten sind in Höhe von 38.340,00 € angefallen.

b) Die kalkulatorische Nutzungsdauer für die Geschäftsausstattung (ursprüngliche Anschaffungskosten 12.300,00 €) beträgt acht Jahre, wobei bis zur Wiederbeschaffung mit einer Preissteigerung von ca. 10% gerechnet werden muss.

c) Das Firmen-Kfz kostete ursprünglich 38.400,00 €. Es ist aufgrund der hohen Fahrleistung von einer fünfjährigen Nutzungsdauer und einem Wiederbeschaffungswert in Höhe von ca. 40.000,00 auszugehen.

d) Der Mietwert der Agenturräume im agentureigenen Geschäftsgebäude ist mit monatlich 950,00 € anzusetzen.

e) Der Agent erwartet
   – eine Eigenkaptalverzinsung von mindestens 3%,
   – für seine Tätigkeit eine Unternehmervergütung von mindestens 4.000,00 € monatlich.

10.1 Berechnen Sie das Betriebsergebnis für das Geschäftsjahr.

10.2 Begründen Sie, ob die Erwartungen des Agenten aus der rein betrieblichen Tätigkeit erfüllt wurden.

10.3 Erläutern Sie anhand von zwei Argumenten, wie die Abweichung des Gewinns vom Betriebsergebnis zu erklären sein könnte.

Lösungen zu II. Kosten- und Leistungsrechnung

1.1 und 1.2

1.1.1 **Gewinn/Verlust** = Erträge minus Aufwendungen lt. GuV-Rechnung
84.200,00 + 8.200,00 + 1.200,00 − 32.400,00 − 25.100,00 − 480,00 − 4.860,00 − 1.130,00 − 6.230,00 − 14.400,00 − 6.210,00 − 2.140,00 − 3.770,00 − 600,00 = **− 3.720,00 € (Verlust)**

1.1.2 Kosten, die der Höhe nach den Aufwendungen lt. GuV-Rechnung entsprechen.
32.400,00 + 25.100,00 + 480,00 + 4.860,00 + 1.130,00 + 6.230,00 + 14.400,00 + 2.140,00 + 3.770,00 = **90.510,00 €**

1.1.3 Kosten, die zwar dem Grunde nach Aufwendungen darstellen, aber in abweichender Höhe in die Kostenrechnung einfließen.
7.500,00 € (kalkulatorische Abschreibungen)

1.1.4 Differenz zwischen Leistungen (Erlösen aus der betrieblichen Tätigkeit) und den Kosten
84.200,00 (Provisionsertrag) − 90.510,00 (aus 1.1.2) − 7.500,00 (aus 1.1.3)
= **− 13.810,00 €** (negatives Betriebsergebnis)

1.3 **Regulierungsaufwand** (2.140,00 €) stellt weder Aufwand noch Kosten für die Agentur dar, da diese Ausgaben von der Direktion erstattet werden.
Haus- und Grundstückserträge (8.200,00) sind keine Leistungen, d.h. neutral, da Erträge aus Vermietung und Verpachtung nichts mit der betrieblichen Tätigkeit zu tun haben.

Eine Privatentnahme (1.340,00) stellt für die Agentur weder Aufwand noch Kosten dar, sondern ist lediglich eine Entnahme von Eigenkapital. Private Vorgänge dürfen nicht mit dem betrieblichen Bereich vermischt werden.
Zinserträge (1.200,00) und **außerordentliche Aufwendungen** (600,00) sind betriebs- bzw. periodenfremd und folglich kostenneutral.

2.1.1 **Einnahmen** bedeuten den Zufluss von Zahlungsmitteln, d.h. Zahlungseingänge oder die Zunahme von Forderungen.
Beispiele: Bankgutschrift, Kasseneinzahlungen, Erhöhung der Forderungen gegenüber der Direktion.

2.1.2 **Ausgaben** bedeuten den Abfluss von Zahlungsmitteln, d.h. Auszahlungen oder die Zunahme von Verbindlichkeiten.
Beispiele: Bankabbuchung/-überweisung, Kassenauszahlungen, Erhöhung der Verbindlichkeiten gegenüber dem Finanzamt oder Sozialversicherungsträger.

2.1.3 **Fix** sind Kosten, die nicht beschäftigungs-, umsatz- oder verbrauchsabhängig sind und periodisch (z.B. monatlich, jährlich) immer wieder in gleicher Höhe anfallen.
Beispiele: Mieten, Kfz-Steuer, Gehälter.

2.1.4 **Variabel** sind Kosten, die beschäftigungs-, umsatz- oder verbrauchsabhängig sind.
Beispiele: Provisionsaufwendungen, Werbe- und Reisekosten, teilweise auch Verwaltungskosten.

2.2.1 Ausgabe, Aufwand und **fixe** Kosten

2.2.2 Ausgabe (zunehmende Verbindlichkeiten), Aufwand und fixe Kosten.

2.2.3 Ausgabe, kein Aufwand und keine Kosten (da privat)

2.2.4 Keine Ausgabe, aber Aufwand und **fixe** Kosten

2.2.5 Ausgabe (zunehmende Verbindlichkeiten), Aufwand u. **variable** Kosten

2.2.6 Ausgabe, kein Aufwand, keine Kosten (Aufwand und Kosten erst bei Gehaltsabrechnung). **Hinweis:** Es entsteht gleichzeitig eine Einnahme, da die „Forderungen gegen Arbeitnehmer" steigen.

2.2.7 Ausgabe, Aufwand, keine Kosten (neutraler Aufwand)

3.1

Kaufpreis netto	15.200,00 €
– Messerabatt netto	1.520,00 €
+ Anlieferung und Aufbau netto	400,00 €
Zwischensumme	14.080,00 €
Mehrwertsteuer (19%)	2.675,20 €
Gesamt	**16.755,20 €**

3.2.1 bei Überweisung am 13.1. in Höhe von 16.755,20 €

3.2.2 bei Buchung der linearen Abschreibung in Höhe von 1.288,86 € (16.755,20 : 13) am Ende des Geschäftsjahres

3.2.3 bei Erfassung der **kalkulatorischen** Abschreibung von 1.675,52 € (16.755,20 : 10)

4.1 500,00 (Korrektur/Minderung des Verwaltungsaufwandes) + 720,00 + 120,00 – 360,00 – 2.000,00 – 2.250,00 = - 3.270,00 € (Verlust)

4.2 Einnahmen: 500,00 + 20.000,00 + 720,00 + 120,00 = 21.340,00 €
Ausgaben: 360,00 + 2.250,00 = 2.610,00 €

4.3 – 500,00 (Korrektur Verwaltungsaufwand) + 360,00 + 2.300,00 (kalk. Abschreibung) + 2.250,00 = 4.410,00 €

5.1 600,00 + 84.000,00 – 24.000,00 – 1.200,00 – 6.000,00 – 3.200,00 – 12.000,00 – 3.600,00 – 2.300,00 = 32.300,00 € (Gewinn)

5.2 **84.000,00 (Leistungen)**
24.000,00 + 1.200,00 + 6.000,00 + 12.000,00 + 3.600,00 + 2.300,00 =
49.100,00 € (Kosten)
84.000,00 – 49.100,00 = **34.900,00** (positives Betriebsergebnis)

6.1.1 420,00 (betriebs- oder periodenfremder Ertrag) + 800,00 (Zinsertrag) = 1.220,00 €

6.1.2 **66.000,00 € (Leistungen)**
34.000,00 + 24.000,00 + 4.800,00 + 3.100,00 + 1.600,00 + 6.400,00 =
73.900,00 € (Kosten)
– 7.900,00 € (negatives Betriebsergebnis)

6.2 Die Abschreibungen lt. GuV-Rechnung erfolgen aufgrund steuerlich formal vorgegebener Nutzungsdauern und erfassen oft nicht den tatsächlichen Wertverlust. Zudem darf in der GuV nur eine lineare Abschreibung von den ursprünglichen Anschaffungskosten erfolgen.
In der Kostenrechnung sollten aber Abschreibungen erfasst werden, die den tatsächlichen Wertverlust und ggf. zu erwartende Preissteigerungen bis zum Zeitpunkt der Wiederbeschaffung abbilden.

6.3 Es wird eine kalkulatorische Miete angesetzt, die der Höhe nach widerspiegeln soll, was die Anmietung vergleichbarer Geschäftsräume (Lage, Größe, Ausstattung) kosten würde.

7. **Kalkulatorischer Unternehmerlohn:**

Für den Agenten als Unternehmer wird in der GuV-Rechnung kein Gehalt als Aufwand erfasst. Er erwartet aber, dass seine Arbeit angemessen vergütet, folglich über die Leistungen (Erlöse) erwirtschaftet wird. Das Gehalt eines angestellten Geschäftsführers (einer anderen Agentur) würde schließlich auch als Grundkosten in die Rechnung einfließen. Nur so ist auch eine Vergleichbarkeit mit den Kosten anderer Agenturen gewährleistet.

Kalkulatorische Zinsen:

Für das in der Agentur langfristig gebundene betriebsnotwendige Kapital, insbesondere das Eigenkapital, erwartet der Agent eine Rendite, die mindestens der Verzinsung einer alternativen langfristigen Anlage am Markt entspricht. Somit dürfen sich die „Zinskosten" nicht auf die Zinsaufwendungen für das Fremdkapital lt. GuV-Rechnung beschränken, sondern es muss der durch die Bindung des betriebsnotwendigen Kapitals im Unternehmen „entgangene Zins" einer Alternativanlage in die Berechnung des Betriebsergebnisses einfließen.

8.1.1 $2.100,00 + 410,00 + 54,00 + 1.200,00 = 3.764,00$ €

8.1.2 $2.400,00 + 140,00 = 2.540,00$ €

8.2 Regulierungsaufwand: Kein Aufwand, keine Kosten, da Erstattung durch die Direktion.
Pkw-Reparatur: Privatbereich.
Heizkostennachzahlung für das Vorjahr: Periodenfremd.

9.1 Einnahmen: $1.200,00 + 5.000,00 = 6.200,00$ €
Ausgaben: $610,00 + 62,00 + 2.320,00 + 240,00 = 3.232,00$ €

9.2 Aufwendungen: $610,00 + 62,00 + 2.320,00 + 240,00 + 1.500,00$ (aus Kfz-Verkauf) = $4.732,00$ €

9.3 $1.500,00$ € (Außerordentlicher Aufwand aus Kfz-Verkauf)

9.4 $610,00 + 240,00 = 850,00$ € (fixe Kosten)
$62,00 + 2.320,00 = 2.382,00$ € (variable Kosten)
Es handelt sich durchweg um Grundkosten, da sie in aufwandsgleicher Höhe anfielen.

10.1

		Nebenrechnungen:
Leistungen	93.630,00 €	
Grundkosten	38.340,00 €	
Kalkulatorische Abschreibungen:		
Geschäftsausstattung	1.691,25 €	12.300,00 € zu 110 % : 8 Jahre
Kfz	8.000,00 €	40.000,00 € : 5 Jahre
Andere kalkulatorische Kosten:		
Verzinsung Eigenkapital	1.800,00 €	60.000,00 € zu 3 %
Unternehmerlohn	48.000,00 €	4.000,00 € x 12 Monate
Kalk. Miete	11.400,00 €	950,00 € x 12 Monate
Betriebsergebnis	**– 15.601,25 €**	

10.2 Der Agent konnte seine Ziele aus der rein betrieblichen Tätigkeit (insb. Verzinsung des Eigenkapitals und Unternehmerlohn) nicht erreichen, da das Betriebsergebnis negativ ist.

10.3 Der Agent hat ggf. betriebsfremde (hohe) Erträge erwirtschaftet (z. B. aus Vermietung und Verpachtung), die folglich keine Leistungen darstellen.
Ferner werden hohe kalkulatorische Kosten (Unternehmerlohn, Miete und die erwartete Eigenkapitalverzinsung) nicht in der GuV erfasst, somit entstehen hier keine Aufwendungen, die das Ergebnis schmälern können.
Auch sind die Abschreibungen lt. GuV niedriger, so dass weniger Aufwendungen als Kosten erfasst werden.

III. Betriebliche Kennzahlen

Aufgabe 1

Sie sind Mitarbeiter(in) der Agentur Fischer. Ihr Chef bittet Sie, aus den Daten der folgenden Bilanz einige Kennzahlen zu ermitteln.

Aktive	Bilanz		Passiva
Grundstücke und Gebäude	350.000,00	Eigenkapital	220.000,00
Betriebs- und Geschäftsausstattg.	65.400,00	Hypothekenverbindlichkeiten	180.600,00
Kraftfahrzeuge	48.200,00	Darlehensverbindlichkeiten	68.200,00
Forderungen gegen VR	11.700,00	Verbindlichkeiten gegen UV	7.400,00
Forderungen gegen AN	1.600,00	Verbindlichkeiten bei Finanzamt	8.200,00
Wertpapiere	18.500,00	Verbindlichk. bei Sozialvers.	6.900,00
Bank	6.500,00	Verbindlichkeiten aus LuL	12.740,00
Kasse	2.100,00	Passive Rechnungsabgrenzung	4.070,00
Aktive Rechnungsabgrenzung	4.110,00		
	508.110,00		508.110,00

1.1 Ermitteln Sie die Eigenkapitalquote!

1.2 Berechnen Sie, wie sich die Eigenkapitalquote verändert, wenn im Folgejahr das Geschäftsgebäude erweitert wird und die Herstellungskosten in Höhe von 120.000,00 Euro zu 60 % mit Fremdkapital finanziert werden.

1.3 Herr Fischer möchte erreichen, dass das langfristig gebundene Vermögen durch langfristiges Kapital (Eigenkapital und langfristiges Fremdkapital) gedeckt wird.

Ermitteln Sie dafür den Deckungsgrad!

1.4 Interpretieren Sie das Ergebnis aus 1.3.

1.5 Herr Fischer möchte aus den Werten der Bilanz eine Kennzahl haben, die ihm angibt, in welchem Maß die Agentur ihren kurzfristig zu erfüllenden Verbindlichkeiten nachkommen kann.

Ermitteln Sie hierfür den Liquiditätsgrad 2. Grades!

1.6 Erläutern Sie, inwiefern der Liquiditätsgrad durch einen Rückgang des Neugeschäfts sinken kann!

Aufgabe 2

Aus Veröffentlichungen in Fachzeitschriften haben Sie folgende Daten für sämtliche Sachversicherungssparten zusammengestellt:

Verdiente Beiträge	1,85 Mrd €
Anzahl der Versicherungsverträge	1,22 Mio
Gemeldete Schäden	605.000
Gezahlte Entschädigungen inkl. Schadenrückstellungen	1,235 Mrd €

2.1 Ermitteln Sie die Schadenquote!

2.2 Berechnen Sie die Schadenhäufigkeit in Prozent!

2.3 Berechnen Sie den durchschnittlichen Schaden!

2.4 Ermitteln Sie die reine Risikoprämie (Schadenbedarf)!

Aufgabe 3

Sie sind Mitarbeiter(in) der Agentur Fischer und haben von Ihrer Direktion für das letzte Jahr die Auswertung der Vertriebsergebnisse erhalten. Dabei ist herausgekommen, dass der Zugang des Neugeschäfts sehr gut gewesen ist. Die beitragsbezogene Stornoquote für das Neugeschäft betrug lediglich 2,1 %. Die Stornoquote für den Bestand betrug im gleichen Zeitraum jedoch 6,8 %.

Erläutern Sie drei mögliche Gründe für diese Entwicklung!

Aufgabe 4

Den Agenturinhaber, Herrn Fischer interessiert, wie sich der Bestand an gewerblichen ED-Versicherungen in Norddeutschland insgesamt entwickelt hat. Sie ermitteln folgende Daten:

Bestand zum Beginn des Jahres:	Beiträge: 6,2 Mio €	Verträge:	2.300 Stück
Neugeschäft im Geschäftsjahr:	Beiträge: 58.000 €	Verträge:	278 Stück
Bestandsstorno im Geschäftsjahr:	Beiträge: 41.200 €	Verträge	245 Stück
Storno des Neugeschäfts:	Beiträge: 2.100 €	Verträge	9 Stück

4.1 Berechnen Sie die beitragsbezogene Bestandsveränderung in Prozent im Geschäftsjahr!

4.2 Ermitteln Sie die prozentuale Veränderung der Stückzahlen des Bestands im Geschäftsjahr!

Aufgabe 5

Ihr Chef, Herr Fischer, hat Sie beauftragt, aus den Daten des Jahresabschlusses zu ermitteln, ob er die angestrebte Rentabilität von 8 % für sein eingesetztes Eigenkapital erreicht hat.

Folgende Zahlen liegen Ihnen vor:

Schlussbestand des Eigenkapitals	234.700,00
Gehälter	61.600,00
Soziale Aufwendungen	12.100,00
Haus- und Grundstücksaufwand	8.100,00
Verwaltungsaufwand	18.200,00
Schadenregulierungsaufwand	4.100,00
Entschädigungen	12.700,00
Provisionsaufwand	58.200,00
Provisionsertrag	164.900,00
Zinsertrag	1.600,00
Zinsaufwand	2.110,00
Haus- und Grundstücksertrag	9.100,00
Privatentnahmen	15.000,00
Kfz-Aufwand	2.900,00

5.1 Ermitteln Sie das Unternehmensergebnis der Agentur Fischer!

5.2 Berechnen Sie das Eigenkapital zum Beginn des Geschäftsjahres!

5.3 Ermitteln Sie die Eigenkapitalrentabilität!

5.4 Ermitteln Sie die Gesamtkapitalrentabilität, wenn das Gesamtkapital am Ende des Geschäftsjahres 380.000,00 € und zum Beginn 400.000,00 € betragen hat.

Aufgabe 6

Die Agentur Fischer arbeitet mit mehreren Untervertretern zusammen. Wegen der anstehenden Gespräche mit den Außendienstmitarbeitern analysiert Herr Fischer die folgenden Daten zu den Mitarbeitern im Außendienst.

Der Prämienbestand der Agentur betrug zum Jahresbeginn 850.000 €					
Vermittler	vereinbarte Kundentermine	wahrgenommene Kundentermine	vermittelte Verträge	stornierte Neuverträge	Beiträge (Storno ist bereits berücksichtigt)
Gerald Fuchs	365	310	240	21	57.800,00 €
Sven Bruns	225	200	125	15	24.200,00 €
Alex Malchow	290	275	235	11	47.900,00 €

6.1 Ermitteln Sie die Terminquoten für die Vermittler!

6.2 Ermitteln Sie die jeweilige Abschlussquote je Vermittler und insgesamt.

6.3 Beschreiben Sie den Aussagegehalt der Abschlussquote für Herrn Bruns!

6.4 Berechnen Sie für jeden Vermittler und insgesamt die Zuwachsrate des Prämienbestandes.

6.5 Ermitteln Sie die Gesamtstornoquote aller Verträge!

6.6 Beschreiben Sie drei mögliche Ursachen, wenn die ermittelte Stornoquote im Vergleich zum Vorjahr um zwei Prozentpunkte gestiegen ist.

Aufgabe 7

Aus einer Veröffentlichung des Verbandes liegen Ihnen folgende Informationen vor:

Für Schadenfälle wurden insgesamt 520 Mio € gezahlt. Im Vergleich mit dem Vorjahr ist die Schadenquote um 4,8% gestiegen. Die Versicherungsbeiträge teilen sich spartenbezogen wie folgt auf:	
Hausratversicherung	227,0 Mio €
Haftpflichtversicherung	95,2 Mio €
Unfallversicherung	210,0 Mio €
Kraftfahrtversicherung	426,5 Mio €
Wohngebäudeversicherung	188,0 Mio €

7.1 Ermitteln Sie die Gesamtschadenquote für alle Sparten!

7.2 Erläutern Sie zwei mögliche Ursachen für den erheblichen Anstieg der Schadenquote!

7.3 Beschreiben Sie drei konkrete Maßnahmen, die dazu beitragen können, die Schadenquote wieder zu senken!

7.4 Interpretieren Sie den Aussagegehalt der Gesamtschadenquote!

Lösungen zu III. CONTROLLING/Kennzahlen

1.1 Die Eigenkapitalquote misst das Verhältnis zwischen Eigenkapital und Gesamtkapital, also den Anteil des Eigenkapitals am Gesamtkapital, mit dem das Vermögen des Unternehmens finanziert ist.

$$\text{EK-Quote} = \frac{220.000 \ €}{508.110 \ €} \cdot 100 = 43,30\%$$

1.2 Das Gesamtkapital erhöht sich um 120.000 Euro; davon entfallen 40 % = 48.000 € auf das Eigenkapital. Demnach ergibt sich folgende neue EK-Quote:

$$\text{EK-Quote} = \frac{268.000 \ €}{628.110 \ €} \cdot 100 = 42,67\%$$

Wegen des höheren Fremdfinanzierungsanteils sinkt die EK-Quote.

1.3 $$\text{Deckungsgrad} = \frac{(220.000 \ + \ 180.600 \ + \ 68.200)}{(350.000 \ + \ 65.400 \ + 248.200)} \cdot 100 = 101,12\%$$

1.4. Der von Herrn Fischer gewünschte Deckungsgrad gibt an, inwieweit das langfristig gebundene Anlagevermögen durch langfristiges Kapital gedeckt wird. Der gefundene Wert sollte möglichst nicht unter 100 % liegen, weil sonst langfristige Schulden durch liquidiertes Umlaufvermögen getilgt werden muss. Mit 101,12 % wird demnach erreicht, dass das Anlagevermögen der Agentur durch langfristig zur Verfügung stehendes Kapital gedeckt ist.

1.5 Kurzfristig zu erfüllende Verbindlichkeiten werden nicht alle zum gleichen Zeitpunkt fällig, sondern können sich über mehrere Monate eines Geschäftsjahres verteilen. Deshalb werden beim Liquiditätsgrad II nicht nur die Barmittel, sondern auch das kurzfristige Umlaufvermögen berücksichtigt.

$$\text{Liquiditätsgrad II} = \frac{(11.700 \ + \ 1.600 \ + \ 18.500 \ + \ 6.500 \ + \ 2.100)}{(7.400 \ + \ 8.200 \ + \ 6.900 \ + \ 12.740)} \cdot 100 = 114,64\%$$

1.6. Bei einem Rückgang des Neugeschäfts werden die Forderungen gegen die Direktion ebenfalls rückläufig sein, weil sich die Abschlussprovisionen reduzieren. Bei unveränderten kurzfristigen Verbindlichkeiten sinkt demnach der Liquiditätsgrad II.

2.1 Die Schadenquote gibt an, wieviel Prozent der gesamten Beiträge durch Schadenfälle verbraucht werden.

$$\text{Schadenquote} = \frac{1.235.000.000 \ €}{1.850.000.000 \ €} \cdot 100 = 66,76\%$$

2.2 Die Schadenhäufigkeit gibt an, wieviel Prozent der Verträge des Bestandes von einem Schadenfall betroffen sind:

$$\text{Schadenhäufigkeit} = \frac{605.000 \ \text{Schäden}}{1.220.000 \ \text{Verträge}} \cdot 100 = 49,59\%$$

2.3 Der Schadendurchschnitt gibt an, wie hoch bei allen gemeldeten Schäden durchschnittlich ein Schaden gewesen ist:

$$\text{Schadendurchschnitt} = \frac{1.235.000.000 \ €}{605.000 \ \text{Schäden}} = 2.041,32 \ €$$

2.4 Die reine Risikoprämie ohne Berücksichtigung von Zuschlägen und Kosten gibt an, wie hoch der Risikobeitrag mindestens sein muss, um die angefallenen Schäden zu decken (Schadenbedarf):

$$\text{Schadenbedarf} = \frac{1.235.000.000 \ €}{1.220.000} = 1.012,30 \ €$$

3. Die Gründe für die höhere Stornoquote des Bestandes können externer und interner Art sein:

➤ Möglicherweise hat die Agentur Großkunden mit hohem Beitragsaufkommen an Wettbewerber verloren. Das reduziert die Bestandsprovision.

➤ Im Bestand der Agentur befinden sich viele Altverträge mit ungünstigeren Bedingungen und Konditionen, weshalb Wettbewerber Kunden abwerben konnten.

➤ Die Agentur hat sich evtl. zu sehr auf den Verkauf des Neugeschäfts konzentriert und dabei die Betreuung der Bestandskunden vernachlässigt.

➤ Die Agentur hat sich schnelles Wachstum zum Ziel gesetzt, um hohe Abschlussprovisionen zu erzielen, die i. d. R. höher als die Bestandsprovisionen sind. Dabei wurde das mögliche Folgegeschäft aus dem Bestand vernachlässigt.

4.1 Die beitragsbezogene Bestandsveränderung ergibt sich aus dem Beitragszuwachs des Geschäftsjahres abzüglich aller Stornierungen im Verhältnis zum Anfangsbestand des Geschäftsjahres:

$$\frac{(58.000 - 41.200 - 2.100)}{6.200.000} \cdot 100 = 0,24\%$$

d. h. das Beitragsvolumen ist im Geschäftsjahr um 0,24 % gewachsen.

4.2 Die prozentuale Veränderung der Stückzahlen des Bestandes ergibt sich aus dem Neuzugang von Verträgen abzüglich der Stornierungen des Neugeschäfts und Bestands im Verhältnis zum Bestand am Anfang des Geschäftsjahres:

$$\frac{278 \text{ Stück Neuverträge} - 245 \text{ Bestandsstorno} - 9 \text{ Neugeschäftsstorno}}{2.300 \text{ Verträge}} \cdot 100 = 1,04\%$$

Der stückzahlbezogene Gesamtbestand hat um 1,04 % zugenommen.

5.1 Das Unternehmensergebnis ist das Ergebnis der GuV-Rechnung, das sich aus der Differenz von Erträgen und Aufwendungen ergibt:

164.900 + 1.600 + 9.100 − 61.600 − 12.100 − 8.100 − 18.200 − 58.200 − 2.110 − 2.900
= 175.600 € Erträge − 163.210 € Aufwendungen = 12.390 € Gewinn

Der Schadenregulierungsaufwand, die Entschädigungszahlungen sowie die Privatentnahmen haben nichts mit dem Unternehmensergebnis zu tun.

5.2 Das Eigenkapital zum Beginn des Geschäftsjahres wird ermittelt, indem vom Schlussbestand des Eigenkapitals der erwirtschaftete Gewinn abgezogen wird und die Privatentnahmen hinzuaddiert werden:

234.700 € − 12.390 € + 15.000 € = 237.310 € Anfangsbestand des EK

5.3. Die EK-Rentabilität misst die Verzinsung des durchschnittlich im Geschäftsjahr eingesetzten Eigenkapitals:

$$\text{EK-Rentabilität} = \frac{12.390 \text{ € Gewinn}}{(237.310 + 234.700)/2} \cdot 100 = \frac{12.390 \text{ €}}{236.005 \text{ €}} \cdot 100 = 5,25\%$$

Die angestrebte Verzinsung von 8 % wurde also nicht erreicht.

5.4 Bei der Ermittlung der Gesamtkapitalrentabilität sind zusätzlich zu dem Gewinn noch die FK-Zinsen zu berücksichtigen als „Verzinsung" des Fremdkapitals:

$$\text{GK-Rentabilität} = \frac{(12.390 \text{ € } + 2.110 \text{ €})}{390.000 \text{ €}} \cdot 100 = 3,72\%$$

6.1 Die Terminquote gibt an, wieviel Prozent der mit Kunden vereinbarten Termine auch tatsächlich realisiert werden konnten. Sie ist somit ein Maß für den Erfolg von Terminabsprachen.

Fuchs:	(310 / 365) · 100	= 84,93%
Bruns:	(200 / 225) · 100	= 88,88%
Malchow:	(275 / 290) · 100	= 94,83%

6.2 Die Abschlussquote misst den Verkaufserfolg des Mitarbeiters im Verhältnis zu den wahrgenommen Kundenterminen (hier ohne Berücksichtigung der Stornierungen):

Fuchs:	(240 / 310) · 100	= 77,42%
Bruns:	(125 / 200) · 100	= 62,5 %
Malchow:	(235 / 275) · 100	= 85,45%
GESAMT:	(600 / 785) · 100	= 76,43%

6.3 Bruns hat die geringste Abschlussquote der drei Mitarbeiter. Etwas weniger als 2/3 der wahrgenommenen Kundentermine führten bei ihm zum Abschluss eines Vertrages. Das liegt deutlich unter dem Durchschnitt der drei Außendienstmitarbeiter. Alleine auf Basis der Zahlenwerte schneidet Bruns somit am schwächsten ab.

Nicht beachtet wird bei dieser Quote jedoch der qualitative Aspekt. Es sollte mit berücksichtigt werden, wie hoch die Stornoquote von Bruns im Vergleich mit den Kollegen ist. Außerdem wird vernachlässigt, ob es sich um die gleiche Kundenstruktur und die Art der verkauften Produkte handelt. Eine Privathaftpflichtversicherung kann leichter verkauft werden als eine beratungsintensive Kapitallebensversicherung oder eine gewerbliche Versicherung.

6.4. Zuwachsrate des Prämienbestandes:

Fuchs:	(57.800 € / 850.000 €) · 100	=	6,8 %
Bruns:	(24.200 € / 850.000 €) · 100	=	2,85 %
Malchow:	(47.900 € / 850.000 €) · 100	=	5,64 %
GESAMT:	(129.900 € / 850.000 €) · 100	=	15,28 %

6.5 Auf Basis der vorgegebenen Werte lässt sich lediglich die stückzahlbezogene Stornoquote berechnen, weil das Beitragsvolumen der stornierten Neuverträge nicht bekannt ist:

$$\frac{(21 + 15 + 11)}{(240 + 125 + 235)} \cdot 100 = 7,83\%$$

6.6 Ein Anstieg der stückzahlbezogenen Stornoquote insgesamt kann interne als auch externe Ursachen haben.

➤ Steigt z.B. der Verkaufsdruck wegen ungünstiger gewordener Vergütungsregelungen, dann kann sich dies negativ auf die Qualität der Beratung auswirken.

➤ Werden neue Produkte angeboten und die Außendienstmitarbeiter sind nicht ausreichend geschult worden, dann führt auch dies häufig zur Unzufriedenheit bei Kunden.

➤ Eine Zunahme von preiswerten Online-Angeboten über das Internet kann Kunden dazu verleiten, ihre Vertragserklärungen zu widerrufen.

➤ Der Wettbewerb bestimmter Produkte (z.B. Kfz-Versicherung) nimmt zu, so dass Kunden durch Konkurrenten abgeworben werden.

7.1 Die Gesamtschadenquote über alle Sparten ergibt sich aus dem Verhältnis der Gesamtschadenaufwendungen zu den Gesamtbeitragseinnahmen. Die Gesamtbeitragseinnahmen betragen für alle Sparten 1.146,7 Mio Euro.

$$\text{Schadenquote:} \quad \frac{520 \text{ Mio } €}{1.146,7 \text{ Mio } €} \cdot 100 = 45,35\%$$

7.2 Die Höhe der Schadenquote kann vielfältige Ursachen haben:

➤ Ein starker Wettbewerb, der über die Beiträge stattfindet, zwingt Versicherer zu Rabatten, so dass die Beiträge evtl. nicht mehr bedarfsgerecht sind.

➤ Der Wettbewerb veranlasst Versicherer, auch schlechtere Risiken ohne Zuschläge zu versichern.

➤ In einzelnen Sparten kann es durch Klimaereignisse zu besonders gestiegenen Schadenfällen gekommen sein z.B. durch längere Frostphasen mit vereisten Straßen.

7.3 ➤ Mehr Aufklärung und Unterstützung der Kunden zur Vermeidung von Schadenfällen bzw. Reduzierung der Schadenhöhen

➤ Beratung bei der Planung von Sicherheitsmaßnahmen bei Kunden

➤ Restriktivere Schadenregulierung und weniger Kulanzentschädigungen

➤ Strengere Risikoselektion und Annahmerichtlinien

7.4 Der Aussagegehalt der Gesamtschadenquote von 45,35 % ist sehr eingeschränkt. Die Schadenhäufigkeit in den Sparten ist generell sehr unterschiedlich. Insofern berücksichtigt der ermittelte Durchschnitt nicht die Besonderheiten der einzelnen Sparten. In der Kfz-Versicherung ist der Wettbewerb sehr viel stärker als in den anderen Sparten, so dass dort die Beiträge im Verhältnis zu den Schadenaufwendungen wesentlich geringer sind als z. B. in der Unfallversicherung. In einer Sparte kann sich die Schadenquote den 100 % nähern, in einer anderen Sparte liegt sie unter dem Durchschnitt. Die Beiträge müssen aber bedarfsgerecht kalkuliert werden, d. h. die Kunden der Hausratversicherung zahlen mit ihren Beiträgen nur die Schäden der Hausratversicherung. Eine niedrige Gesamtschadenquote suggeriert, dass die Beiträge generell zu hoch sind, was nicht in jeder Sparte stimmen muss.

Exkurs: Degressive Abschreibung

Der Abschreibungssatz wird bei der degressiven Abschreibung auf den jeweiligen Restwert (Buchwert) angewandt. Steuerrechtlich ist die degressive Abschreibung für Wirtschaftsgüter, die nach dem 31.12.2010 angeschafft wurden, nicht erlaubt. Im Handelsrecht und in der Kosten- und Leistungsrechnung kann sie jedoch angewendet werden.

> Bei der **degressiven Abschreibung** werden die **Abschreibungsbeträge von Jahr zu Jahr kleiner.**

Die nachfolgende Tabelle stellt den Verlauf des Restwertes bei degressiver Abschreibung dar (Fortsetzung des Beispiels von Seite 117). Dabei wird von einem degressiven Abschreibungssatz von 25 % ausgegangen.

Jahr		€ (auf volle € gerundet)
	Anschaffungskosten	24.000,00
1	Abschreibungsbetrag Buchwert (Restwert)	6.000,00 18.000,00
2	Abschreibungsbetrag Buchwert (Restwert)	4.500,00 13.500,00
3	Abschreibungsbetrag Buchwert (Restwert)	3.375,00 10.125,00
4	Abschreibungsbetrag Buchwert (Restwert)	2.531,00 7.594,00
5	Abschreibungsbetrag Buchwert (Restwert)	1.899,00 5.695,00
6	Abschreibungsbetrag Buchwert (Restwert)	1.424,00 4.271,00

Entwicklung des Restwertes für den Personenwagen von der Anschaffung bis zum Ende der betriebsgewöhnlichen Nutzungsdauer bei **degressiver** Abschreibung:

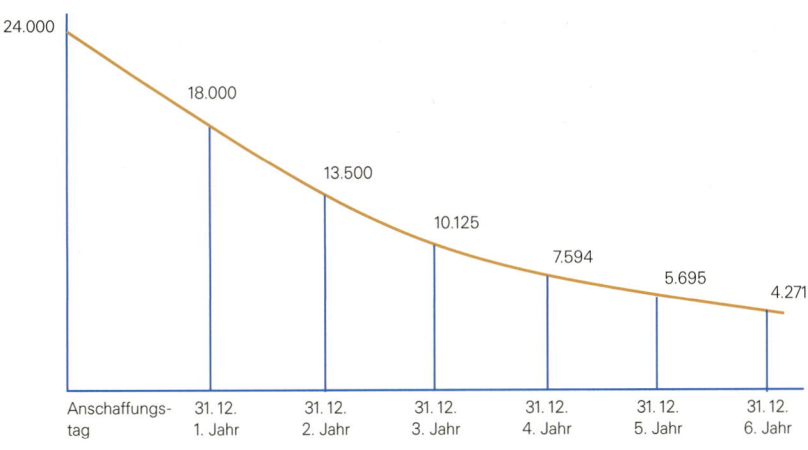

Grundsätzlich kann bei der Abschreibung von Wirtschaftsgütern des Anlagevermögens zwischen der linearen und der degressiven Abschreibung gewählt werden.

Für die **lineare Abschreibung** spricht die leichtere Ermittlung des Abschreibungsbetrages, die gleichmäßige Verteilung der Abschreibungsbeträge über die gesamte Nutzungsdauer und die Abschreibung bis zu einem Restwert von 0,00 € nach Erreichen der angenommenen Nutzungsdauer.

Die **degressive Abschreibung** gibt eher den tatsächlichen Wertverlust des Anlagevermögens wieder. Wirtschaftsgüter verlieren besonders in den ersten Nutzungsjahren mehr an Wert als in späteren Jahren. Durch die höheren Abschreibungsbeträge in den ersten Jahren ist die steuerliche Auswirkung bei der degressiven Abschreibung höher als bei der linearen Methode. Die degressive Abschreibung führt zu einem wesentlich höheren Restwert nach Ablauf der Nutzungsdauer, der jedoch im letzten Jahr der Nutzungsdauer als Teil der Gesamtabschreibung mit abgeschrieben werden darf. Es kann jedoch aus steuerlichen Gründen sinnvoll sein, im Laufe der Nutzungsdauer **von der degressiven zur linearen Abschreibung** zu **wechseln**. Der optimale Zeitpunkt des Wechsels ist dann gegeben, wenn mithilfe der linearen Abschreibung für die Restlaufzeit ein höherer Abschreibungsbetrag als bei fortgeführter degressiver Abschreibung erreicht wird.

Um diesen Zeitpunkt zu bestimmen, wird der Buchwert gleich 100 % gesetzt und durch die Restlaufzeit geteilt. Ist der so ermittelte Abschreibungssatz höher als der bisher angewandte degressive Abschreibungssatz, ist eine Umstellung auf die lineare Abschreibung lohnenswert.

Jahr	1	2	3	4	5	6
degressiver Abschreibungssatz	25 %	25 %	25 %	25 %	25 %	25 %
linearer Abschreibungssatz nach der Umstellung (100/Restlaufzeit)	$16^2/_3$ %	20 %	25 %			

In dem Beispiel ist ein Wechsel von der degressiven zur linearen Abschreibung nach dem zweiten Nutzungsjahr empfehlenswert. Die folgende Tabelle verdeutlicht den Wechselzeitpunkt anhand der Abschreibungsbeträge.

Jahr		Lineare Abschreibung $16^2/_3$ % vom Anschaffungswert	Degressive Abschreibung 25 % vom Buchwert	Linearer Betrag nach Wechsel
	Anschaffungskosten	24.000,00	24.000,00	
1	Abschreibungsbetrag Buchwert (Restwert)	4.000,00 20.000,00	6.000,00 18.000,00	
2	Abschreibungsbetrag Buchwert (Restwert)	4.000,00 16.000,00	4.500,00 13.500,00	: Restlaufzeit (4 Jahre)
3	Abschreibungsbetrag Buchwert (Restwert)	4.000,00 12.000,00	3.375,00 10.125,00	3.375,00 10.125,00
4	Abschreibungsbetrag Buchwert (Restwert)	4.000,00 8.000,00	2.531,00 7.594,00	3.375,00 6.750,00
5	Abschreibungsbetrag Buchwert (Restwert)	4.000,00 4.000,00	1.899,00 5.695,00	3.375,00 3.375,00
6	Abschreibungsbetrag Buchwert (Restwert)	4.000,00 0,00	1.424,00 4.271,00	3.375,00 0,00

Kontenplan

Kontenplan			
Bestandskonten		**Erfolgskonten**	
Aktive Bestandskonten	Passive Bestandskonten	Aufwandskonten	Ertragskonten
Akive Rechnungsabgrenzung (ARA)	Darlehensverbindlichkeiten (DaVer)	Abschreibungen auf Betriebs- und- Geschäftsausstattung (AaBGA)	Außerordentlicher Ertrag (AoE)
Bank (Ba)	Eigenkapital (EK)	Abschreibungen auf geringwertige Wirtschaftsgüter (AaGWG)	Haus- u. Grundstücksertrag (HuGe)
Betriebs- und Geschäftsausstattung (BGA)	Hypothekenverbindlichkeiten (HypVer)	Abschreibungen auf Kraftfahrzeuge (AaKfz)	Provisionsertrag (ProvE)
Darlehensforderungen (DaFo)	Passive Rechnungsabgrenzung (PRA)	Außerordentlicher Aufwand (AoA)	Zinsertrag (ZinsE)
Forderungen gegen Arbeitnehmer (FgAN)	sonstige Verbindlichkeiten (SoVer)	Energieaufwand (EnerA)	
Forderungen gegen Direktion (FgD)	sonstige Rückstellungen (SoRüst)	Gehälter (Geh)	
Geringwertige Wirtschaftsgüter (GWG)	Verbindlichkeiten beim Finanzamt (VbFA)	Haus- und Grundstücksaufwand (HuGa)	
GWG 20...	Verbindlichkeiten beim Sozialversicherungsträger (VbSVT)	Kraftfahrzeugaufwand (KfzA)	
Grundstücke und Bauten (GuB)	Verbindlichkeiten bei Untervertretern (VbUV)	Mietaufwand (MietA)	
Kasse (Ka)		Provisionsaufwand (ProvA)	
Kraftfahrzeuge (Kfz)		Sozialer Aufwand (SozA)	
Postbank (Poba)		Steueraufwand (SteuA)	
Sonstige Forderungen (SoFo)		Verwaltungsaufwand (VerwA)	
		Werbe- und Reiseaufwand (WuRA)	
		Zinsaufwand (ZinsA)	
Abschluss: *Sollseite* SBK	Abschluss: *Habenseite* SBK	Abschluss: *Sollseite* Gewinn- u. Verlustkonto	Abschluss: *Habenseite* Gewinn- u. Verlustkonto

Sonderkonten			
Privat (Priv) Gewinn- und Verlustkonto (GuV)	Abschluss über Eigenkapital	Entschädigungen (Entsch) Regulierungsaufwand (RegA)	Abschluss über Forderungen gegen Direktion

Kommentierter Kontenplan

A. Bestandskonten

I. Aktivkonten

Aktive Rechnungs-abgrenzung	Konto der zeitlichen Rechnungsabgrenzung. Es ist betroffen, wenn Ausgaben im abgelaufenen Geschäftsjahr getätigt wurden, die ganz oder teilweise Aufwand des neuen Geschäftsjahres darstellen (= Leistungsforderung). Buchung am Ende des Geschäftsjahres mit Auflösung zu Beginn des neuen Geschäftsjahres.
Bank	Zahlungsmittelkonto
Betriebs- und Geschäftsausstattung	Alle in der Agentur langfristig genutzten beweglichen Sachen (z. B. Schreibtische, Computer); mit Ausnahme der Kfz.
Darlehensforderungen	Erfasst die Ansprüche der Agentur aus der Gewährung von Darlehen an Dritte (z. B. Untervertreter, Mitarbeiter, Kunden).
Forderungen gegen Arbeitnehmer	Konto für die Erfassung von Vorschüssen an die Mitarbeiter.
Forderungen gegen Direktion	Der Provisionsanspruch gegen die Direktion aus der Vermittlung von Versicherungen wird hier erfasst.
Geringwertige Wirtschaftsgüter	Anlagegüter mit einem Anschaffungswert (netto) bis 150,00 € werden im Laufe des Jahres hier erfasst. Am Jahresende wird dieses Konto im Rahmen der vorbereitenden Abschlussbuchungen auf *Abschreibungen auf geringwertige Wirtschaftsgüter* gebucht.
GWG 20..	Jahrgangsbezogener Sammelposten (Sammelkonto), auf dem geringwertige Wirtschaftsgüter erfasst werden, deren Anschaffungskosten zwischen 150,00 € und 1.000,00 € liegen.
Grundstücke und Bauten	Hier werden die Immobilien erfasst. Bilanziert werden nicht nur der Kaufpreis, sondern auch Anschaffungsnebenkosten (z. B. Notar- und Gerichtskosten, Maklercourtage, Grunderwerbsteuer).
Kasse	Zahlungsmittelkonto für Barzahlungen
Kraftfahrzeuge	Bestand an Geschäftswagen
Postbank	Zahlungsmittelkonto
Sonstige Forderungen	Konto für die zeitliche Rechnungsabgrenzung. Dieses Konto nimmt die Erträge des Geschäftsjahres auf, bei denen aber erst im neuen Jahr die Einnahme erfolgt (= Geldforderungen). Die Auflösung erfolgt im neuen Jahr bei der Zahlung.

II. Passivkonten

Darlehensverbindlichkeiten	Verbindlichkeiten der Agentur aus einer Darlehensinanspruchnahme von einem Dritten (z. B. einer Bank).
Eigenkapital	Erfasst die Mittel, die vom Agenturinhaber selbst in die Agentur eingebracht wurden.
Hypothekenverbindlichkeiten	Verbindlichkeiten der Agentur aus einer Darlehensinanspruchnahme. Ein Grundstück der Agentur dient dabei zur dinglichen Sicherung des Darlehens.
Passive Rechnungsabgrenzung	Konto der zeitlichen Abgrenzung. Erfasst werden die Erträge, die im abgelaufenen Geschäftsjahr bereits eingezahlt wurden, die als Ertrag aber ganz oder teilweise das neue Jahr betreffen (= Leistungsforderung). Buchung am Ende des Geschäftsjahres mit Auflösung zu Beginn des neuen Geschäftsjahres.
Sonstige Rückstellung	Schulden, bei denen am Jahresende der Grund der Schulden bekannt ist, aber der Zeitpunkt der Zahlung und die genaue Höhe erst später feststehen.
Sonstige Verbindlichkeiten	Konto der zeitlichen Rechnungsabgrenzung. Es enthält die Aufwendungen des abgelaufenen Geschäftsjahres, die erst im neuen Jahr beglichen werden (= Geldverbindlichkeit). Buchungsvorgang zum Ende des Geschäftsjahres. Die Auflösung erfolgt im neuen Jahr bei der Zahlung.
Verbindlichkeiten beim Finanzamt	Erfasst die vom Arbeitnehmer zu tragenden und vom Arbeitgeber einbehaltenen Lohn- und Kirchensteuern und den Solidaritätszuschlag. Bis zur Abführung der Beträge im Folgemonat Schulden gegenüber dem Finanzamt.
Verbindlichkeiten beim Sozialversicherungsträger	Enthält den Anteil des Arbeitnehmers und des Arbeitgebers zur Sozialversicherung (Kranken-, Pflege-, Renten-, Arbeitslosenversicherung). Empfänger der Beträge ist der gesetzliche Krankenversicherer.
Verbindlichkeiten bei Untervertretern	Von den Untervertretern bereits verdiente, aber von der Agentur noch nicht gezahlte Provisionsansprüche der Untervertreter.

B. Erfolgskonten

I. Aufwandskonten

Abschreibung auf Betriebs- und Geschäftsausstattung	Erfasst werden die Wertminderungen (Abschreibungen) der Geschäftsausstattung.
Abschreibung auf Kraftfahrzeuge	Erfasst werden die Wertminderungen (Abschreibungen) der Geschäftsfahrzeuge.

Abschreibungen auf geringwertige Wirtschaftsgüter	Abschlusskonto für das aktive Bestandskonto *Geringwertige Wirtschaftsgüter* am Jahresende.
Außerordentlicher Aufwand	Erfasst Aufwendungen, die weder sachlich noch zeitlich im Zusammenhang mit der betrieblichen Tätigkeit der Agentur stehen.
Energieaufwand	Aufwendungen, die zur Bewirtschaftung der Betriebsräume entstehen; z. B. Strom, Wasser, Heizung
Gehälter	Bruttogehälter und -löhne einschließlich vermögenswirksamer Leistungen.
Haus- und Grundstücksaufwand	Auf diesem Konto werden z. B. erfasst: – Gebäude-Abschreibungen – Hypothekenzinsen – Grundsteuer – Gebäudeversicherungen – Sonstiger Erhaltungsaufwand
Kraftfahrzeugaufwand	Nimmt mit Ausnahme der Abschreibungen alle Aufwendungen im Zusammenhang mit der betrieblichen Nutzung des Kfz auf: – Kfz-Versicherungsbeiträge – Kfz-Steuer – Öl, Benzin – Wartungsaufwand – Garagenmiete etc.
Mietaufwand	Erfasst die Miete der betrieblich genutzten und angemieteten Räume.
Provisionsaufwand	Provisionen an den Untervertreter für seine Vermittlertätigkeit
Sozialer Aufwand	– Arbeitgeberanteil zur Sozialversicherung – Zuschuss des Arbeitgebers zur privaten Krankenversicherung
Steueraufwand	Betriebliche Steuern wie z. B. Gewerbesteuern
Verwaltungsaufwand	Alle Verbrauchsmaterialien des Bürobetriebes der Agentur wie z. B.: – Papier, Disketten – Porto – Telefongebühren – Bankgebühren – Wartungsaufwand der Büromaschinen etc. – Versicherungen der Agentur (mit Ausnahme für das Kfz und Gebäude/Grundstück)

Werbe- und Reiseaufwand	Aufwendungen für Zeitungsinserate und Werbebroschüren. Außerdem der Reiseaufwand im Zusammenhang mit der Vermittlung wie z. B. Bahnfahrten, Hotelübernachtungen etc.
Zinsaufwand	Zinsen im Zusammenhang mit der Inanspruchnahme eines Darlehens.

II. Ertragskonten

Außerordentlicher Ertrag	Erträge, die in keinem unmittelbaren zeitlichen oder sachlichen Zusammenhang mit der betrieblichen Tätigkeit stehen (Verkauf von Anlagegütern über Buchwert, Aufwandserstattungen aus den vergangenen Jahren).
Haus- und Grundstücksertrag	Erträge aus der Vermietung von Grundstücken und Gebäuden (Mieten und Pachten).
Provisionsertrag	Provisionen der Direktion für die Vermittlung von Verträgen durch die Agentur.
Zinsertrag	Erträge aus der Gewährung von Darlehen an Dritte bzw. aus Bankguthaben.

C. Sonderkonten

Privat	Erfasst die Entnahmen für den privaten Ge- und Verbrauch und die privaten Einlagen in den Betrieb. Als Unterkonto des Eigenkapitals wird es über dieses am Jahresende abgeschlossen.
Gewinn- und Verlustkonto	Nimmt auf der Sollseite die Salden der Aufwandskonten und auf der Habenseite die Salden der Ertragskonten auf. Wird am Jahresende über Eigenkapital abgeschlossen.
Entschädigungen	Erfasst Entschädigungszahlungen, die im Auftrag der Direktion getätigt wurden. Verrechnung mit bzw. Abschluss über Forderungen gegen Direktion.
Regulierungsaufwand	Erfasst die Aufwendungen, die im Zusammenhang mit der Schadenregulierung im Auftrag der Direktion entstehen. Verrechnung mit bzw. Abschluss über Forderungen gegen Direktion.

Abkürzungsverzeichnis

AB	Anfangsbestand
Abs.	Absatz
AfA	Absetzung für Abnutzung (Abschreibung)
AG	Aktiengesellschaft
AktG	Aktiengesetz
Anm.	Anmerkung
AO	Abgabenordnung
AW	Anschaffungswert
BAB	Betriebsabrechnungsbogen
BaFin	Bundesanstalt für Finanzdienstleistungsaufsicht
BFH	Bundesfinanzhof
BG	Beschäftigungsgrad
BOZ	Beobachtungszeitraum
BS	Buchungssatz
DB	Deckungsbeitrag
e. V.	eingetragener Verein
ev	evangelisch
EStG	Einkommensteuergesetz
EU	Europäische Union
f. e. R.	für eigene Rechnung
FK	Fremdkapital
GDV	Gesamtverband der Deutschen Versicherungswirtschaft e. V.
GK	Gesamtkosten
GKV	Gesetzliche Krankenversicherung
GmbH	Gesellschaft mit beschränkter Haftung
GoB	Grundsätze ordnungsmäßiger Buchführung
GuV	Gewinn- und Verlust (Konto)
GWG	Geringwertige Wirtschaftsgüter
HGB	Handelsgesetzbuch
HUK	Haftpflicht-, Unfall-, Kfz-Versicherungen
i. d. R.	in der Regel
Kf	fixe Kosten
KiSt	Kirchensteuer
KLR	Kosten- und Leistungsrechnung
Kv	variable Kosten
KW	Kurswert
LV	Lebensversicherung
LSt	Lohnsteuer
MwSt	Mehrwertsteuer
NW	Nennwert
PKV	Private Krankenversicherung
PHV	Private Haftpflichtversicherung
PR	Prämien

p.r.t.	pro rata temporis
RechVersV	Verordnung über die Rechnungslegung von Versicherungs-unternehmen
REWE	Rechnungswesen
RV	Rückversicherung
SB	Schlussbestand
SGB	Sozialgesetzbuch
SolZ	Solidaritätszuschlag
SQ	Schadenquote
SV-Kosten	Sachverständigenkosten
u.a.	unter anderem
u.Ä.	und Ähnliches
UStG	Umsatzsteuergesetz
VAG	Versicherungsaufsichtsgesetz
VdS	Verband der Schadenversicherer (heute: GdV)
VersRiLiG	Versicherungsbilanzrichtlinie-Gesetz
VN	Versicherungsnehmer
VR	Versicherer
VU	Versicherungsunternehmen
VVG	Versicherungsvertragsgesetz
VwL	Vermögenswirksame Leistung
zeitl.	zeitlich

Stichwortverzeichnis